高职高专"十二五"规划教材——机电专业系列

# 机械设计基础项目化教程


主　编　熊玲鸿　颜　颖　曹瑞香

副主编　徐　钦　于桂萍

东南大学出版社

·南京·

## 内容简介

本书针对高职教学特点，以对学生进行通用机械设计能力的训练为目标，按项目教学法、任务引领的思路进行编写，力求探索当前职业教育的新形式，强调职业技能实际应用能力的培养，以工程实际中的设备、机构、零件为载体，通过知识点详细地讲解机械设计基本方法和基本技能。全书共10个项目，内容包括机械基础知识、平面连杆机构、凸轮机构、间歇运动机构、机件连接、带传动设计、齿轮及轮系设计、轴承的设计、轴的设计、其他零部件设计。本书结合工程实际，列举丰富多样的示例，项目均采用学习目标、任务导入、任务分析、相关知识、任务实施、技能训练、思考与练习等模式展开，以帮助学生掌握和巩固所学内容，加强应用所学理论知识解决实际问题的能力。

本书主要适合高职高专机械、模具、数控、机电和汽车类等相关专业使用，也可以作为成人高等教育、机械技术社会培训大专班等相关课程的教材及供工程技术人员参考。

**图书在版编目(CIP)数据**

机械设计基础项目化教程 / 熊玲鸿，颜颖，曹瑞香主编. —南京：东南大学出版社，2015.6(2021.9重印)
ISBN 978-7-5641-5815-6

Ⅰ.①机… Ⅱ.①熊… ②颜… ③曹… Ⅲ.①机械设计—高等职业教育—教材 Ⅳ.①TH122

中国版本图书馆CIP数据核字(2015)第124759号

**机械设计基础项目化教程**

出版发行：东南大学出版社
社　　址：南京市四牌楼2号　邮编：210096
出 版 人：江建中
责任编辑：史建农　戴坚敏
网　　址：http://www.seupress.com
电子邮箱：press@seupress.com
经　　销：全国各地新华书店
印　　刷：常州市武进第三印刷有限公司
开　　本：787mm×1092mm　1/16
印　　张：17.25
字　　数：442千字
版　　次：2015年6月第1版
印　　次：2021年9月第9次印刷
书　　号：ISBN 978-7-5641-5815-6
印　　数：10501—11500册
定　　价：49.00元

本社图书若有印装质量问题，请直接与营销部联系。电话：025-83791830

# 前　言

本书是根据教育部有关机械设计基础课程教学基本要求和新近颁布的国家有关标准编写而成的。

本书在编写过程中深入研究和充分吸收近年来国内外高职教育课程改革、教材建设的成果和经验，以培养面向生产、建设、服务和管理第一线需要的高技能人才为目标，从实现各专项能力的需要出发，以“必需”、“够用”为度，密切结合工程实际。本书适合高职高专机械、模具、数控、机电和汽车类等相关专业使用，也可以作为成人高等教育、民办高校、高级技校、技师学院、机械技术社会培训大专班等相关课程的教材及供工程技术人员参考。

作为机械学科课程体系中的一门技术基础课教程，本书编写中力求具有如下特色：

1. 对机械设计基础整体内容进行了重新编排与整理。全书按照实际工程的内在联系和认识的一般规律，依照项目教学重构教学体系，将全书内容分为10个项目进行阐述，形成以设计任务为主线，以实际工程中的设备、机构、零件为载体的教学体系，项目均采用学习目标、任务导入、任务分析、相关知识、任务实施、技能训练、思考与练习等模式展开。

2. 项目教学中，以任务驱动导向，教材列举了丰富多样的工程案例，从常见的工程实践出发，讲清基本概念、工作原理，强调职业技能实际应用能力的培养，具有很强的实践性。

3. 书中在列出定义、公式时主要着力于定性的分析，省略或简化了数学的推导过程，并将机械设计基础所涉及的力学知识高度整合，分三部分在相应的项目中讲解。

本教材由熊玲鸿、颜颖、曹瑞香担任主编，徐钦、于桂萍任副主编。江西制造职业技术学院熊玲鸿编写了项目一、二、三、七；郑州工业安全职业学院徐钦和南京工业大学于桂萍编写了项目四；江西制造职业技术学院颜颖编写了项目八、九、十；江西制造职业技术学院曹瑞香编写了项目五、六；况建军、范双双、肖珍、左斌、张丽萍、段莉远、刘礼鹏为本书的编写提供了大量的素材和图片。

本教材在编写过程中参考了一些相关文献，在此对这些文献的作者表示衷心的感谢！

由于作者水平有限，书中难免存在不足之处，敬请读者和同行提出宝贵意见。

编　者

2015年5月

# 目　录

# 项目一 机械基础知识

## 学习目标

**1）知识目标**

（1）对机器的组成有一个直观的了解；

（2）掌握机构、构件与零件的区别；

（3）了解本课程的性质、内容和任务；

（4）掌握平面机构运动简图的绘制及机构的运动条件。

**2）能力目标**

（1）描述机器的四大组成部分及其作用；

（2）从专业角度，较全面地介绍一款机械产品；

（3）用简单线条表达机构的运动关系；

（4）判定机构是否具有确定相对运动，以助机构分析与创新。

## 任务一　机构的认识与表达

### 任务导入

如图 1-1 所示牛头刨床，其刨头的运动是由平面机构来驱动的，试分析其机器的组成；绘制其机构运动简图。

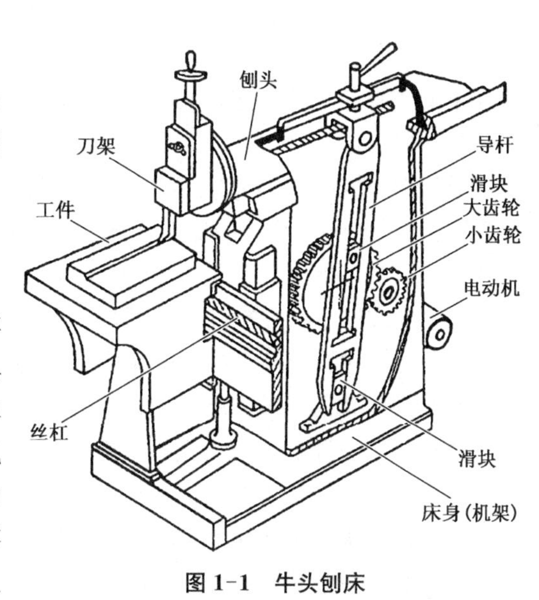


图 1-1　牛头刨床

### 任务分析

机器的种类很多，在我们的生活中普遍存在、发挥着各不相同的作用，虽然这些机器的具体构造各不相同，但它们确具有一些共同的基本特征。本任务要求结合实际，正确认识更多的机器，区分实际生产和生活中的机器有哪些共同的基本特征，同时区分机器与机构，认识构件与零件。不仅要了解机构组成部分及连接方式，而且要明白该机构具有哪些条件才能完成有关动作。

## 相关知识

## 1.1.1 机器与机构

### 1）机器的组成及特征

机械是机器与机构的总称。机器是人类为了减轻体力劳动和提高生产率而创造出来的重要工具。人们在长期的生产实践中，创造发明了各种机器，并通过机器的不断改进，减轻人们的体力劳动，提高劳动生产率。使用机器进行生产的水平已经成为衡量一个国家的技术水平和现代化程度的标志之一。

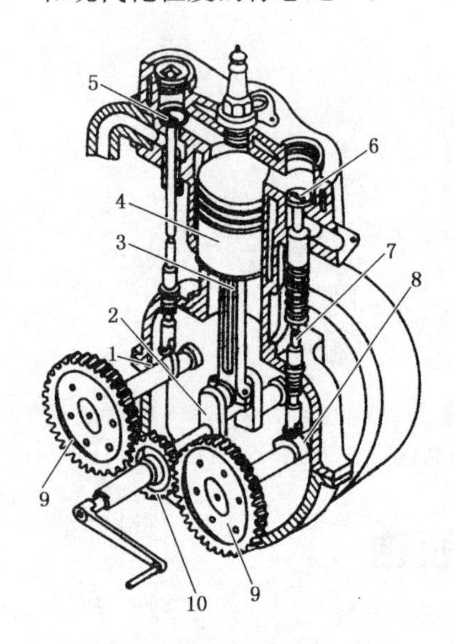

图 1-2 内燃机

一部机器都是由若干个机构组合而成，共同联合工作而实现预定的工作要求的。如图 1-2 所示的单缸内燃机，它由机架(气缸体)1、曲柄 2、连杆 3、活塞 4、进气阀 5、排气阀 6、推杆 7、凸轮 8 以及齿轮 9、10 组成。当燃烧的气体推动活塞 4 做往复运动时，通过连杆 3 使曲柄 2 做连续转动，从而将燃气的压力能转换为曲柄的机械能。齿轮、凸轮和推杆的作用是按一定的运动规律按时开闭阀门，完成吸气和排气。这种内燃机中有三种机构：(1)曲柄滑块机构，由活塞 4、连杆 3、曲柄 2 和机架 1 构成，作用是将活塞的往复直线运动转换成曲柄的连续转动；(2)齿轮机构，由齿轮 9、10 和机架 1 构成，作用是改变转速的大小和方向；(3)凸轮机构，由凸轮 8、推杆 7 和机架 1 构成，作用是将凸轮的连续转动变为推杆的往复移动，完成有规律地启闭阀门的工作。

以上机器中的齿轮机构、凸轮机构、曲柄滑块机构等，由于在各种机器中都有大量使用，故称为常用机构，这些机构在机器中的主要作用是传递运动和动力，实现运动形式或速度的变化。常用机构也就是本课程的主要研究对象。

通过对不同机器的分析，可以这样认为，机器是若干机构的组合体。机器的具体构造虽各不相同，但是所有这些机器都具有三个共同的基本特征：

(1) 机器都是由一系列构件(也称运动单元体)组成。

(2) 组成机器的各构件之间都具有确定的相对运动。

(3) 机器均能转换机械能或完成有用的机械功。

一个现代化的机械系统包括四个方面：原动机、传动装置、执行机构和控制系统。

原动机的功能是用来接受外部能源，通过转换而自由运行，为机械系统提供动力输入，例如电动机将电能转换为机械能、发电机将机械能转换为电能、内燃机将化学能转换为机械能等等。传动部分由原动机驱动，用于将原动机的运动形式、运动及动力参数(如速度、转矩等)进行变换，改变为执行部分所需的运转形式，从而使执行部分实现预期的生产职能，控制系统实现机、电、气、液、计算机综合控制。

**2）机构**

机构是用来传递机械运动和动力的各实物组合。如图 1-2 中由活塞 4、连杆 3、曲柄 2 和机架 1 构成的曲柄滑块机构。尽管机构也有许多不同种类，其用途也各有不同，但它们都有与机器前两个特征相同的特征。由上述分析可知，机构是机器的重要组成部分，用以实现机器的动作要求。一部机器可能只包含有一个机构，也可由若干个机构所组成。

机器与机构的根本区别在于机构的主要职能是传递运动和动力，而机器的主要职能除传递运动和动力外，还能转换机械能或完成有用的机械功。

**3）构件与零件**

零件是机器制造的基本单元体，而构件则是机器中的基本运动单元体，构件可以是单一零件，如内燃机中的曲轴，也可以是多个零件的刚性组合体，如图 1-3 所示的内燃机的连杆是由连杆体 1、连杆盖 5、螺栓 2、螺母 3、开口销 4、轴瓦 6 和轴套 7 等多个零件构成的一个构件。

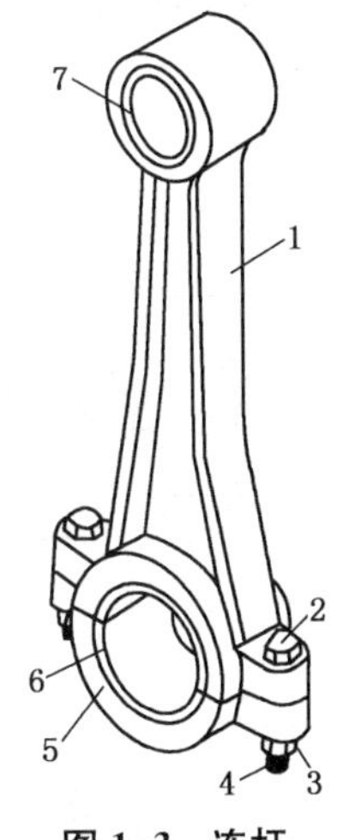

**图 1-3　连杆**

在各种机械中普遍使用的零件称为通用零件，如螺钉、轴、轴承、齿轮等。只在某种机器中使用的零件称为专用零件，如活塞、曲轴、叶片等。

**4）本课程的性质、内容和任务**

（1）本课程的性质

本课程是主要研究常用机构、通用零件与部件以及一般机器的基本设计理论和方法，是机械工程类各专业的主干课程，它介于基础课与专业课程之间，具有承上启下的作用，是一门重要的技术基础课。

（2）本课程的内容

研究机械中常用机构和机械零部件的工作原理、结构特点、基本设计理论和设计方法，并简要介绍机械系统方案设计的有关知识。

（3）本课程的任务

① 获得认识、使用和维护机械设备的一些基本知识。

② 运用有关设计手册、图册、标准、规范等设计资料的能力。

③ 掌握常用机构和通用零、部件的设计理论和方法。

④ 通过课程设计的训练，了解机器设计原则和主要内容，用所学的有关知识设计机械传动装置和简单机械的能力。

⑤ 掌握典型零件的实验方法和培养实验技能。

⑥ 了解常用的现代设计方法及机械发展动向。

## 1.1.2　平面机构及运动简图

**1）运动副及其分类**

（1）运动副

机构是具有确定相对运动构件的组合体。为实现机构的各种功能，各构件之间必须以一定的方式联接起来,并且能具有确定的相对运动。两构件直接接触并能产生一定相对运动的联接,称为**运动副**,也可以说运动副就是两构件间的可动联接。如图 1-4 中轴与轴承、铰链联接、滑块与导轨、轮齿与轮齿等都构成运动副。而两构件直接接触构成运动副的部分称为运动副元素。

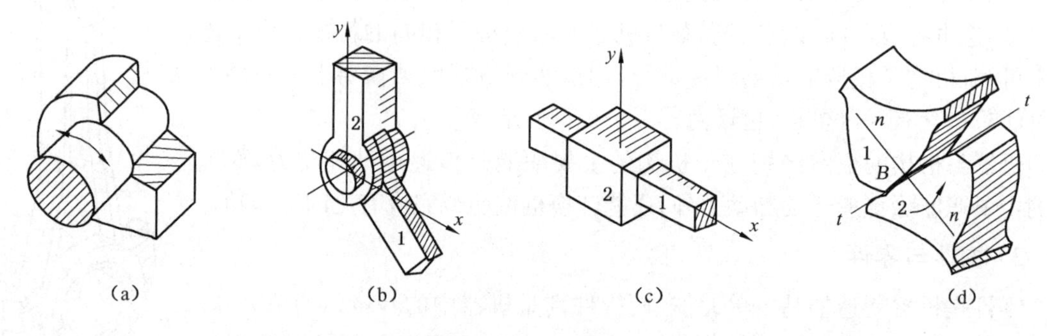


**图 1-4　运动副**

(2) 运动副的分类

根据运动副各构件之间的相对运动是平面运动还是空间运动,可将运动副分成平面运动副和空间运动副。所有构件都只能在相互平行的平面上运动的机构称为平面机构,平面机构的运动副称为平面运动副。

按两构件间的接触特性,**平面运动副**可分为**低副**和**高副**。

**低副**:两构件间为面接触的运动副称为低副。根据构成低副的两构件间的相对运动特点,又分为**转动副**和**移动副**。

两构件只能做相对转动的运动副为转动副。如图 1-4(a)、(b)中轴承与轴颈的联接,铰链联接等都属转动副。

移动副是两构件只能沿某一轴线相对移动的运动副,如图 1-4(c)所示。

**高副**:两构件间为点、线接触的运动副称为高副,如图 1-5(a)所示的车轮与钢轨、图 1-5(b)所示的凸轮与从动件、图 1-5(c)所示的齿轮啮合等均为高副。

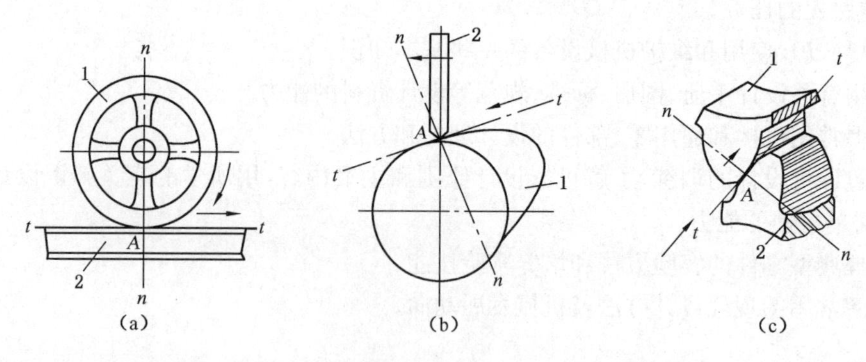


**图 1-5　高副**

常用的运动副还有球面副(球面铰链,如图 1-6(a)所示)、螺旋副(如图 1-6(b)所示),均为**空间运动副**。

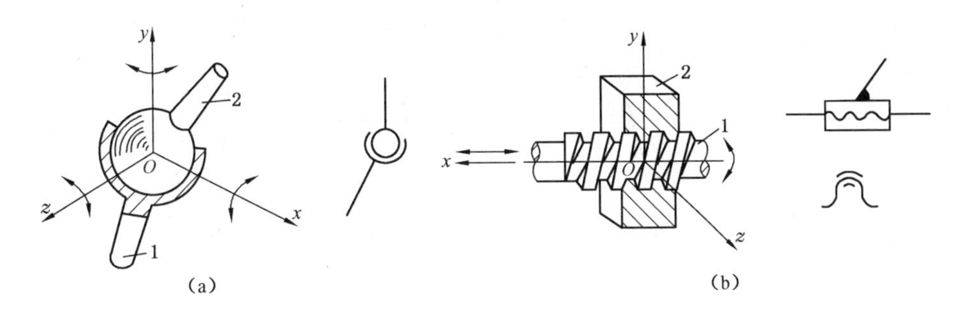


图 1-6　空间运动副

**2）平面机构运动简图**

我们已经知道任何一个机构都是由若干构件组成，这些构件可以分为三类：原动件、机架、从动件。将机构中作用有驱动力或力矩的构件称为原动件，有时也可以把运动规律已知的构件称为原动件；机构中固结于参考系的构件称为机架；机构中除了原动件和机架以外的构件通称为从动件。在任何一个机构中，必须且只能有一个构件作机架；在可动构件中必须有一个或几个构件为原动件。

(1) 平面机构运动简图的概念

对机构进行分析的目的在于了解机构的运动特性，即组成机构的各构件是如何工作的。故在分析时只需要考虑与运动有关的构件数目、运动副类型及相对位置，而无需考虑机构的真实外形和具体结构。因此常用一些简单的线条和符号画出图形，进行方案讨论、运动和受力分析。这种撇开实际机构中与运动关系无关的因素，并用按一定比例及规定的简化画法表示各构件间相对运动关系的图形称为**机构运动简图**。图 1-7 所示为内燃机的运动简图。

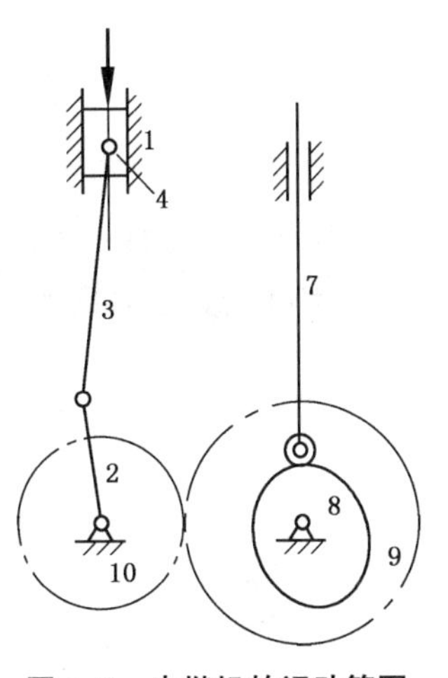


图 1-7　内燃机的运动简图

只要求定性地表示机构的组成及运动原理，而不严格按比例绘制的机构图形称为**机构示意图**。

(2) 运动副及构件的规定表示方法

① 构件常用直线或小方块等来表示，如图 1-8 所示。

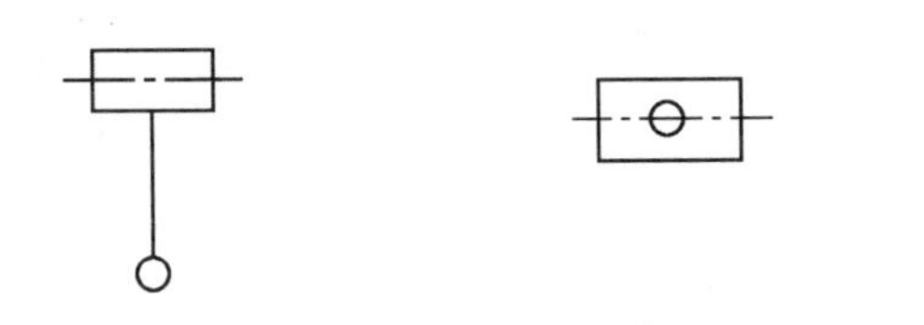
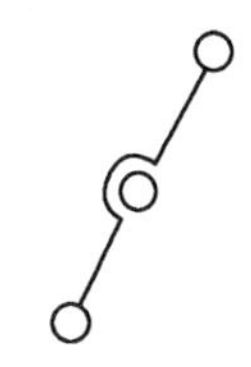

图 1-8　构件的表示方法

② 转动副的表示方法如图 1-9 所示，图中圆圈表示转动副，其圆心代表相对转动的轴线，画有斜线的表示机架，机架固定不动。一个构件具有多个转动副时，则应在两线交界处涂黑，或在其内画上斜线。

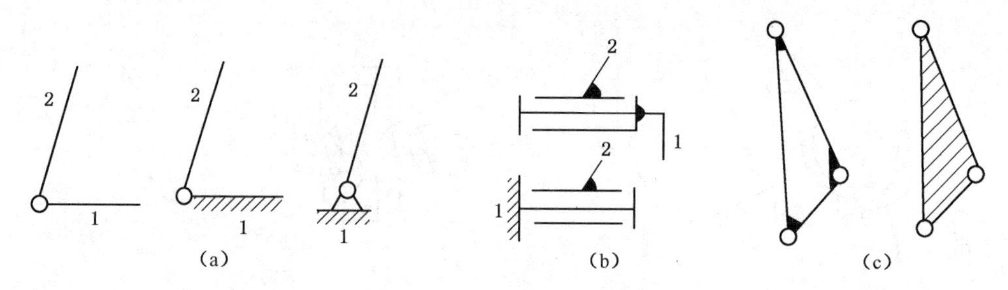


图 1-9　转动副的表示方法

③ 两构件组成移动副的表示方法如图 1-10 所示，移动副的导路必须与相对移动方向一致。

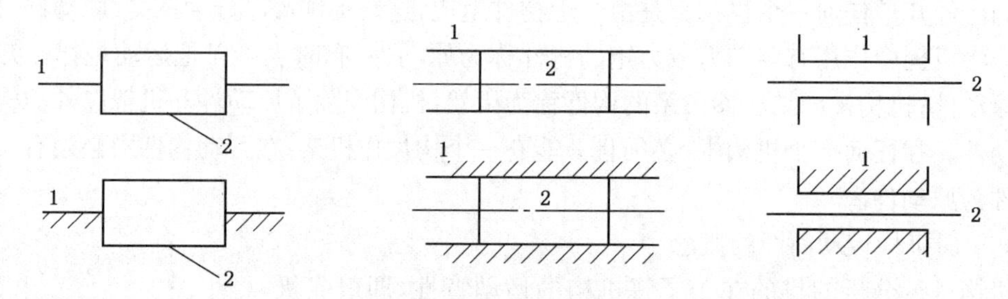


图 1-10　移动副的表示方法

④ 两构件组成平面高副时，其运动简图中应画出两构件接触处的曲线轮廓，对于凸轮、滚子，习惯画出其全部轮廓；对于齿轮，常用点划线画出其节圆，如图 1-11 所示。

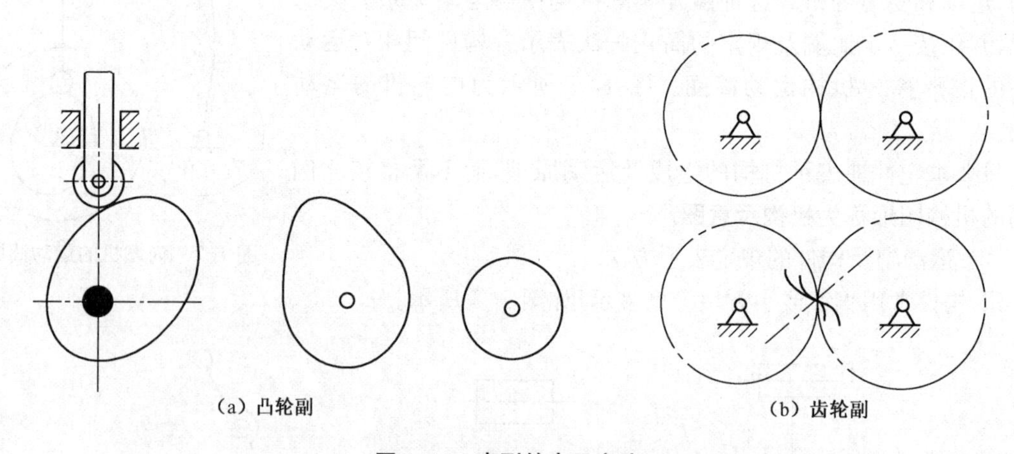


图 1-11　高副的表示方法

(3) 平面机构运动简图的绘制步骤

绘制机构运动简图，首先应了解清楚机构的组成和运动情况，再按下列步骤进行：

① 分析机构的组成，确定机架，确定主动件及从动件的数目。

② 由主动件开始，循着运动路线，依次分析构件间的相对运动形式，并确定运动副的类型和数目。

③ 选择适当的视图投影平面，确定机架、主动件及各运动副间的相对位置，以便清楚地表

达各构件间的运动关系。通常选择与构件运动平行的平面作为投影面。

④ 按适当的比例尺，$\mu_l = \frac{构件实际长度}{构件图示长度}\left(\frac{mm}{mm}\right)$，用规定的符号和线条绘制机构的运动简图，并用箭头注明原动件。

**【例 1-1】** 绘制图 1-2 所示内燃机的机构运动简图。

步骤 1：确定机架，确定主动件、从动件。

由图 1-2 可知，气缸体 1 是机架，缸内活塞 4 是主动件。曲柄 2、连杆 3、推杆 7(两个)、凸轮 8(两个)和齿轮 9(两个)、10 是从动件。

步骤 2：确定运动副类型。

由活塞开始，机构的运动路线见下面的框图：

活塞 → 连杆 → 曲柄～小齿轮 → 大齿轮～凸轮 → 滚子 → 推杆

注：～表示两构件同轴。

活塞与机架构成移动副，活塞与连杆构成转动副；连杆 3 与曲柄 2 构成转动副；小齿轮 10 与大齿轮 9(两个)构成高副，凸轮与滚子(两处)构成高副；滚子与推杆 7(两处)构成转动副；推杆 7 与机架(两处)构成移动副。曲柄、大小齿轮、凸轮与机架(六处)分别构成转动副。

步骤 3：选择适当投影面，这里选择齿轮的旋转平面为正投影面，确定各运动副之间的相对位置。

步骤 4：选择恰当的比例尺，按照规定的线条和符号，绘制出该机构的运动简图，并注明原动件，如图 1-7 所示。

## 任务实施

分析图 1-1 所示牛头刨床机器的组成；绘制其刨头运动的机构运动简图。

步骤 1：分析牛头刨床机器的组成，确定机架，确定主动件、从动件。

图 1-1 所示的牛头刨床中，有带传动机构(图中未画出)、齿轮机构，它们主要用于实现运动速度的改变，将电动机的高速变为工作机所需的较低的转速；曲柄导杆机构，将大齿轮的转动变为刨刀的往复运动，并满足工作行程等速，非工作行程急回的要求；曲柄摇杆机构和棘轮机构(图中未画出)保证工作台的进给，通过三个螺旋机构分别完成刀具的上下、工作台的上下及刀具行程的位置调整功能。

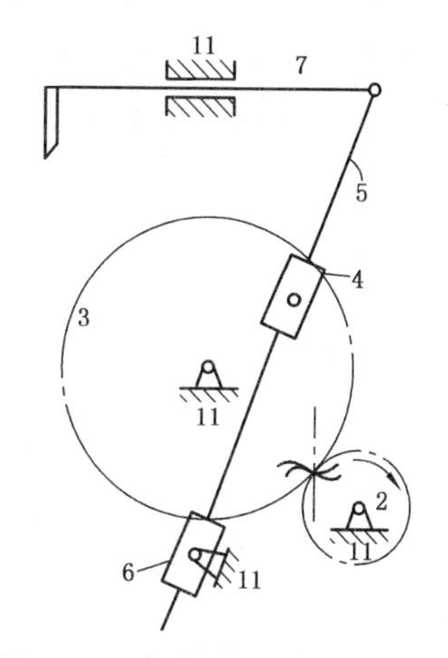


**图 1-12　牛头刨床机构运动简图**

由图 1-1 可知，床身 11 是机架，小齿轮 2 是主动件，大齿轮 3、滑块 4、导杆 5、滑块 6、刨头 7 是从动件。

步骤 2：确定运动副类型。

由小齿轮开始，机构的运动路线见下面框图：

小齿轮 2 → 大齿轮 3 → 滑块 4 → 导杆 5 → 滑块 6 → 刨头 7

小齿轮与机架构成转动副，小齿轮与大齿轮构成齿轮副，大齿轮与滑块 4 构成转动副，滑块 4 与导杆构成移动副，滑块 6 与导杆构成移动副，滑块 6 与机架构成转动副，导杆与刨头构成转动副；刨头与机架构成移动副。

步骤 3：选择适当投影面，这里选择齿轮的旋转平面为正投影面，确定各运动副之间的相对位置。

步骤 4：选择恰当的比例尺，按照规定的线条和符号，绘制出该机构的运动简图，并注明原动件如图 1-12 所示。

## 任务二　判别机构是否具有确定运动

### 任务导入

如图 1-1 所示牛头刨床，判定其能否实现所需要的确定运动。

### 任务分析

牛头刨床是由若干构件和运动副组成的系统，牛头刨床要实现运动变换，必须使其运动具有可能性和确定性，分析该机构具有哪些条件才能完成有关动作。

### 相关知识

### 1.2.1　平面机构的自由度计算

**1）自由度**

由上述分析可知，两个构件以不同的方式相互联接，就可以得到不同形式的相对运动。而没有用运动副联接的做平面运动的构件，独自的平面运动有三个，即沿 $x$ 轴方向和 $y$ 轴方向的两个移动以及在 $xOy$ 平面上绕任意点的转动，如图 1-13 所示。构件的这种独立运动称为**自由度**。做平面运动的自由构件具有三个独立的运动，即具有三个自由度。

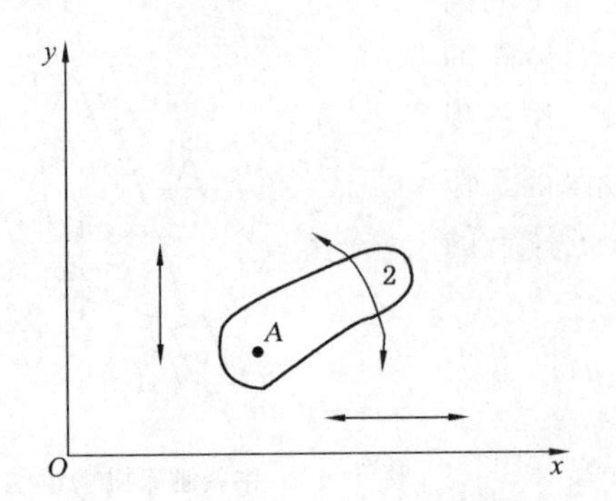


图 1-13　没有联接的平面运动构件的自由度

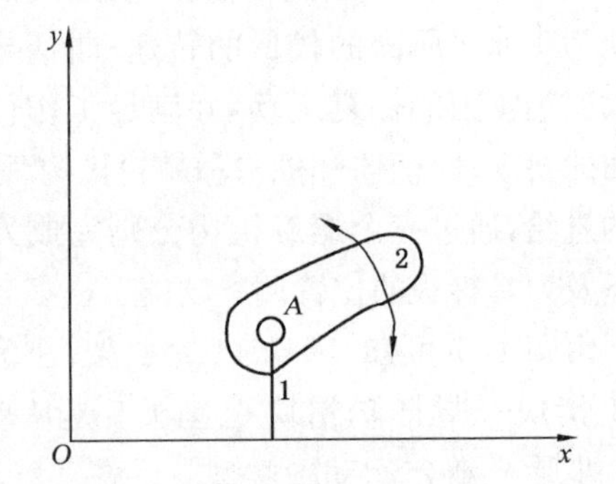


图 1-14　铰接后的平面运动构件的自由度

**2）约束**

当两构件之间通过某种方式联接而形成运动副时，如图 1-14 所示，构件 2 与固联在坐标轴上的构件 1 在 $A$ 点铰接，构件 2 沿 $x$ 轴方向和沿 $y$ 轴方向的独立运动受到限制，这种限制称为**约束**。

对平面低副，由于两构件之间只有一个相对运动，即相对移动或相对转动，说明平面低副构成受到两个约束，因此有低副联接的构件将失去两个自由度。

对平面高副，如凸轮副或齿轮副(见图 1-5(b)、(c))，构件 2 可相对构件 1 绕接触点转动，又可沿接触点的切线方向移动，只是沿公法线方向的运动被限制。可见组成高副时的约束为 1，即失去 1 个自由度。

**3）机构自由度的计算**

机构相对机架所具有的独立运动数目，称为**机构的自由度**。

在平面机构中，设机构的活动构件数为 $n$，在未组成运动副之前，这些活动构件共有 $3n$ 个自由度。用运动副联接后便引入了约束，并失去了自由度。一个低副因有两个约束而将失去两个自由度，一个高副有一个约束而失去一个自由度，若机构中共有 $P_L$ 个低副、$P_H$ 个高副，则平面机构的自由度 $F$ 的计算公式为

$$F = 3n - 2P_L - P_H \tag{1-1}$$

**【例 1-2】** 计算如图 1-15 所示搅拌机的自由度。

如图 1-15 所示的搅拌机，其活动构件数 $n = 3$，低副数 $P_L = 4$，高副数 $P_H = 0$，则该机构的自由度为

$$F = 3n - 2P_L - P_H = 3 \times 3 - 2 \times 4 - 0 = 1$$

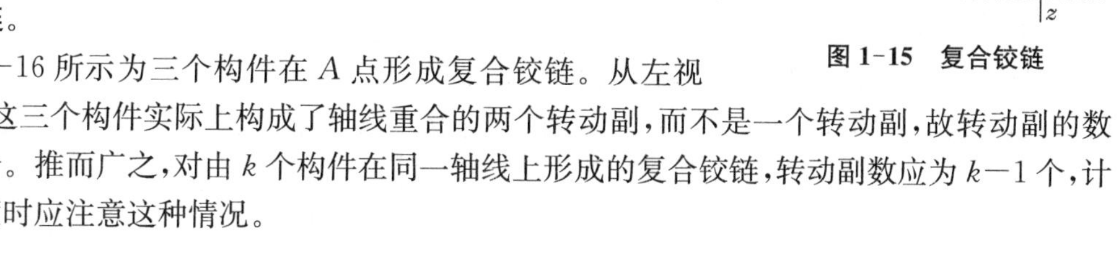

**图 1-15 复合铰链**

**4）平面机构自由度计算的注意事项**

(1) 复合铰链

两个以上的构件共用同一转动轴线所构成的转动副，称为**复合铰链**。

图 1-16 所示为三个构件在 $A$ 点形成复合铰链。从左视图可见，这三个构件实际上构成了轴线重合的两个转动副，而不是一个转动副，故转动副的数目为两个。推而广之，对由 $k$ 个构件在同一轴线上形成的复合铰链，转动副数应为 $k-1$ 个，计算自由度时应注意这种情况。

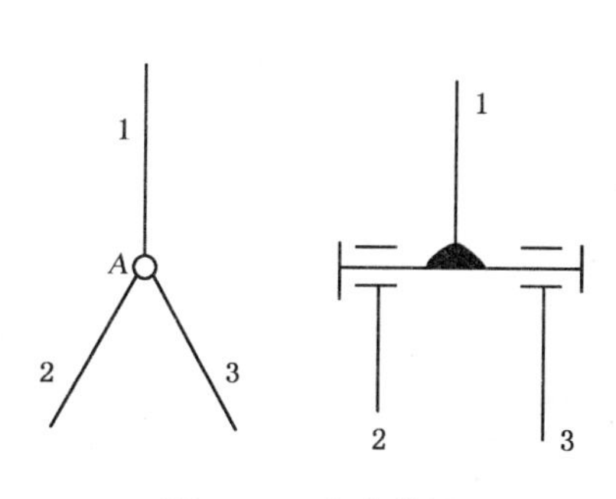


**图 1-16 复合铰链**

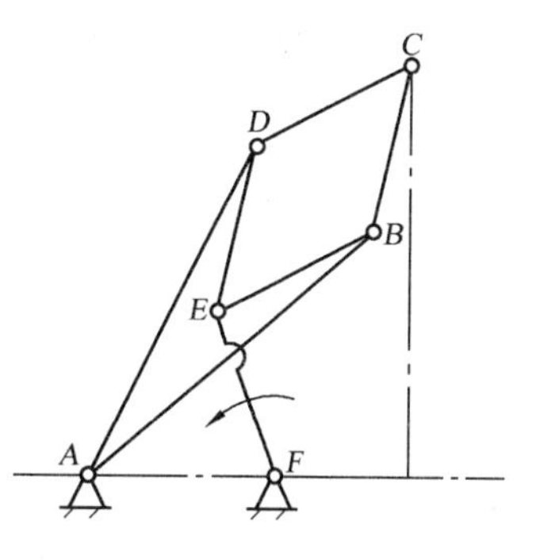


**图 1-17 直线机构**

**【例 1-3】** 求图 1-17 所示直线机构自由度。

在直线机构中，$A$、$B$、$E$、$D$ 四点均为由三个构件组成的复合铰链，每处应有两个转动副，因此，该机构 $n=7$，$P_L=10$，$P_H=0$，其自由度

$$F=3n-2P_L-P_H=3\times7-2\times10-0=1$$

(2) 局部自由度

与机构整体运动无关的构件的独立运动称为**局部自由度**。在计算机构自由度时，局部自由度应略去不计。

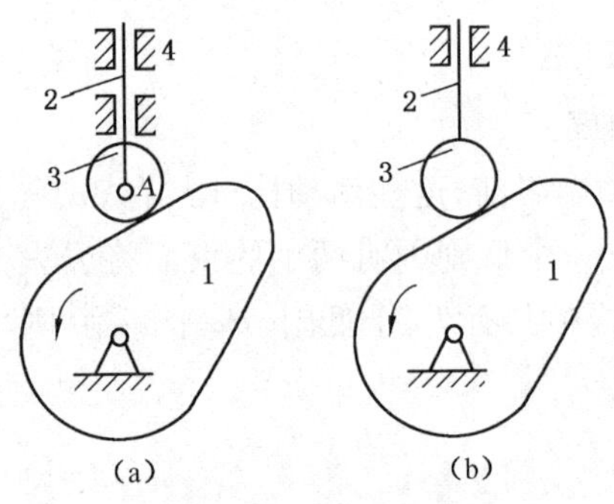

**图 1-18　局部自由度**

如图 1-18(a)所示的凸轮机构中，其中 $n=3$，$P_L=3$，$P_H=1$，由公式得：$F=3\times3-2\times3-1=2$，显然与实际不符。

这是由于构件 3(小滚子)绕 $A$ 点的转动完全不影响从动件 2 的运动输出，因而滚子转动的自由度属局部自由度。在计算该机构的自由度时，应将滚子与从动件 2 看成一个构件，如图 1-18(b)所示，由此，该机构的自由度为

$$F=3n-2P_L-P_H=3\times2-2\times2-1=1$$

局部自由度虽不影响机构的运动关系，但可以变滑动摩擦为滚动摩擦，从而减轻了由于高副接触而引起的摩擦和磨损。因此，在机械中常见具有局部自由度的结构，如滚动轴承、滚轮等。

**【例 1-4】** 计算单缸四冲程内燃机的自由度。

如图 1-7 所示的内燃机，其活动构件数 $n=5$，机构中滚子自转为局部自由度，低副数 $P_L=6$，高副数 $P_H=2$，则该机构的自由度为

$$F=3n-2P_L-P_H=3\times5-2\times6-2=1$$

(3) 虚约束

机构中不产生独立限制作用的约束称为**虚约束**。

在计算自由度时，应先去除虚约束。虚约束常出现在下面几种情况中：

① 两构件在联接点上的运动轨迹重合，则该运动副引入的约束为虚约束。

如图 1-19(b)所示机构中，由于 $EF$ 平行并等于 $AB$ 及 $CD$，杆 5 上 $E$ 点的轨迹与杆 3 上 $E$ 点的轨迹完全重合，因此，由 $EF$ 杆与杆 3 联接点上产生的约束为虚约束，计算时，应将其去除，如图 1-19(a)所示。因此该机构的自由度为 $F=3n-2P_L-P_H=3\times3-2\times4-0=1$。

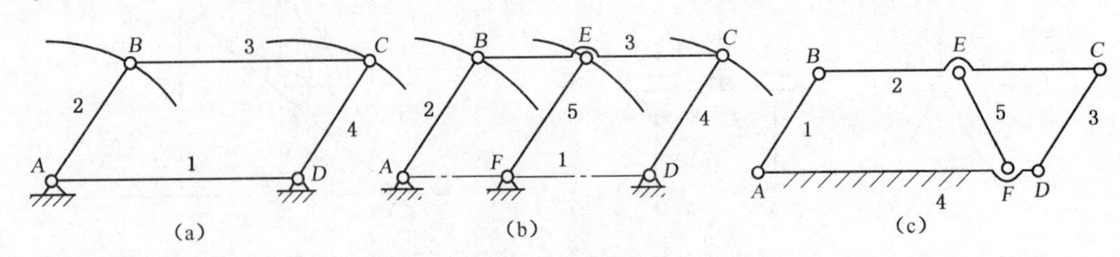

**图 1-19　运动轨迹重合引入虚约束**

但如果不满足上述几何条件，则 $EF$ 杆带入的约束则为有效约束，如图 1-19(c)所示。此时机构的自由度为

$$F = 3n - 2P_L - P_H = 3 \times 4 - 2 \times 6 - 0 = 0$$

② 两个构件组成多个轴线重合的转动副(如图 1-20(a)所示)，或如果两个构件组成多个方向一致的移动副(图 1-20(b)、(c))时，只需考虑其中一处的约束，其余的均为虚约束。

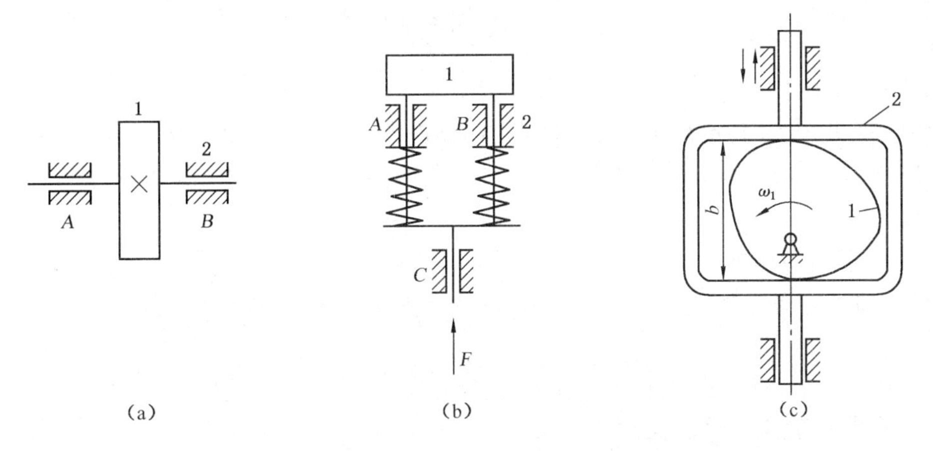


**图 1-20　轴线重合或移动方向一致引入的虚约束**

③ 机构中对运动不起作用的对称部分引入的约束为虚约束。

图 1-21 所示的行星轮系，从传递运动而言，只需要一个齿轮 2 即可满足传动要求，装上三个相同的行星轮的目的在于使机构的受力均匀，因此，其余两个行星轮引入的高副均为虚约束，应除去不计，该机构的自由度

$$F = 3n - 2P_L - P_H = 3 \times 3 - 2 \times 3 - 2 = 1$$

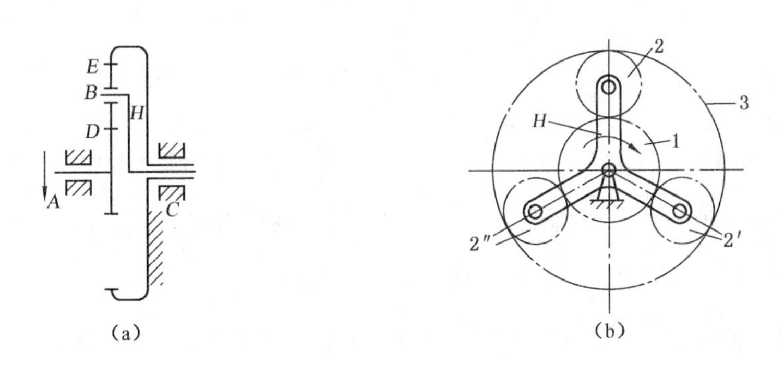


**图 1-21　行星轮系**

虚约束虽对机构运动不起约束作用，但能改善机构的受力情况，提高机构的刚性，因而在结构设计中被广泛采用。应注意的是，虚约束对机构的几何条件要求较高，故对制造、安装精度要求较高，当不能满足几何条件时，如图 1-19(c)所示，虚约束就会变成实约束而使机构不能运动。

**【例 2-5】**　计算图 1-22(a)所示的筛料机构的自由度。

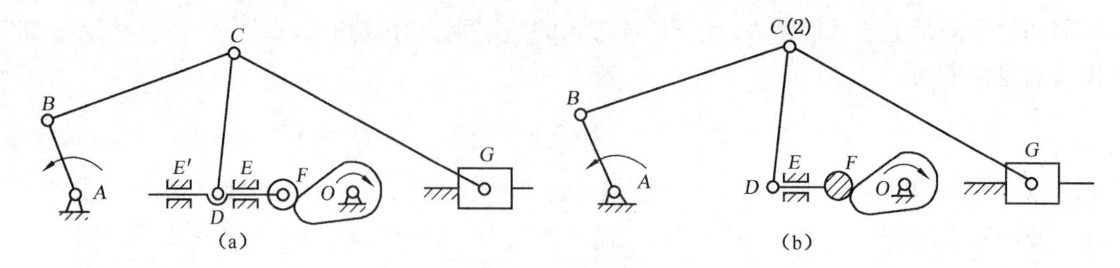


图 1-22　筛料机构

**解**:(1) 检查机构中有无三种特殊情况

由图中可知,机构中滚子自转为局部自由度;顶杆 $DF$ 与机架组成两导路重合的移动副 $E'$、$E$,故其中之一为虚约束;$C$ 处为复合铰链。去除局部自由度和虚约束以后,应按图 1-22(b)计算自由度。

(2) 计算机构自由度

机构中的可动构件数为 $n=7$, $P_L=9$, $P_H=1$,故该机构的自由度为

$$F=3n-2P_L-P_H=3\times7-2\times9-1\times1=2$$

**5) 机构具有确定运动的条件**

机构能否实现预期的运动输出,取决于其运动是否具有可能性和确定性。

如图 1-23 所示,由三个构件通过三个转动副联接而成的系统就没有运动的可能性,因其自由度为 $F=3n-2P_L-P_H=3\times2-2\times3-0=0$。

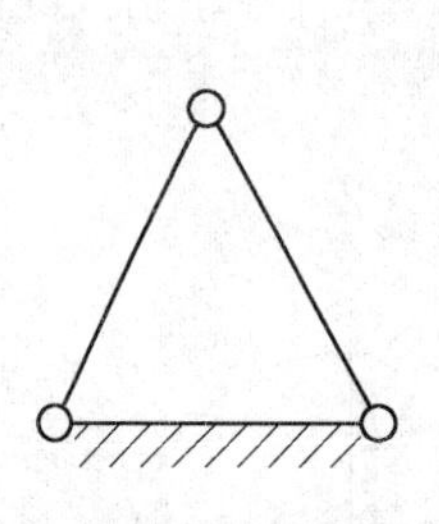

图 1-23　桁架

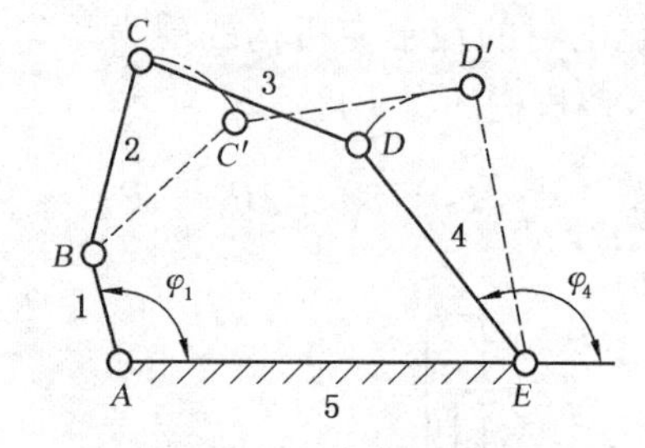


图 1-24　五杆铰链机构

图 1-24 所示的五杆系统,若取构件 1 作为主动件,其自由度为

$$F=3n-2P_L-P_H=3\times4-2\times5-0=2$$

当构件 1 处于图示位置时,构件 2、3、4 则可能处于实线位置,也可能处于虚线位置。显然,从动件的运动是不确定的。如果给出两个主动件,即同时给定构件 1、4 的位置,则其余从动件的位置就唯一确定了(图 1-24 中实线)。

当主动件的位置确定以后,其余从动件的位置也随之确定,则称机构具有确定的相对运动。那么究竟取一个还是几个构件作主动件,这取决于机构的自由度。

**机构具有确定运动的条件是:机构的自由度数大于零,且等于机构的原动件数**。即机构有多少个自由度,就应该给机构多少个原动件。

在分析机构或设计新机构时,一般可以用自由度计算来检验所作的运动简图是否满足具

有确定运动的条件，以避免机构组成原理错误。

## 任务实施

判定图 1-1 所示牛头刨床机构能否实现所需要的确定运动。

(1) 计算机构自由度

由图 1-12 所示牛头刨床机构运动简图知可动构件数为 $n=6$，$P_L=8$，$P_H=1$，故该机构的自由度为

$$F=3n-2P_L-P_H=3\times6-2\times8-1\times1=1$$

(2) 判断机构是否具有确定运动

该机构有 1 个原动件，且机构自由度数为 1，机构的自由度数大于零，且等于机构的原动件数，故该机构能实现确定运动。

## 技能训练——机构运动简图绘制

**1）目的要求**

(1) 掌握根据实际机构或模型的结构测绘平面机构运动简图的基本方法。

(2) 掌握平面机构自由度的计算及验证机构具有确定运动的条件。

**2）设备和工具**

(1) 各种机器实物或机构模型。

(2) 钢板尺、钢卷尺、内卡钳、量角器等。

(3) 自备绘图工具。

**3）训练内容**

(1) 以指定 2～3 种机构模型或机器为研究对象，进行机构运动简图的绘制。

(2) 分析所画各机构的构件数、运动副类型和数目，计算机构的自由度，并验证它们是否具有确定运动。

**4）训练步骤**

(1) 仔细观察被测机构或机构模型，了解其名称、用途和结构。找出原动件并记录其编号。

(2) 确定构件数目。使被测的机构或模型缓慢运动，从原动件开始，循着运动传递的路线仔细观察机构运动。分清机构中哪些构件是活动构件、哪些是固定构件，从而确定机构中的原动件、从动件、机架及其数目。

(3) 判定各运动副的类型及数目。仔细观察各构件间的接触情况及相对运动的特点，判定各运动副是低副还是高副，并准确计算其数目。

(4) 绘制机构示意图。选定最能清楚地表达各构件相互运动关系面为视图平面，选定原动件的位置，按构件连接的顺序，用简单的线条和规定的符号在草稿纸上徒手绘出机构示意图，然后在各构件旁标注 1、2、3、…，在各运动副旁标注字母 A、B、C、…，并确定机构类型。

(5) 绘制机构运动简图。仔细测量与机构运动有关的尺寸(如转动副间的中心距、移动副

导路的位置或角度等)，按选定的比例尺 $\mu_l$ 在表 1-1 中绘出机构运动简图。

(6) 分析机构运动的确定性。计算机构的自由度数，并将结果与实际机构的原动件数相对照，若与实际情况不符，要找出原因并及时改正。

**表 1-1　测绘结果及分析**

<table>
<tr><td rowspan="2">机构运动简图</td><td>机构名称</td><td></td><td rowspan="2">机构运动确定性</td><td>比例尺(mm/mm)</td><td></td></tr>
<tr><td></td><td></td><td colspan="2">$F=3n-2P_L-P_H$<br>$=3\times(\quad)-2\times(\quad)-(\quad)$<br>$=(\quad)$<br>原动件数：<br>运动是否确定：<br>理由：</td></tr>
</table>

## 思考与练习

1-1　平面机构具有确定运动的条件是什么？

1-2　机构运动简图的作用是什么？如何绘制平面机构运动简图？

1-3　计算平面机构自由度要注意哪些事项？

1-4　绘制图示各机构的运动简图。

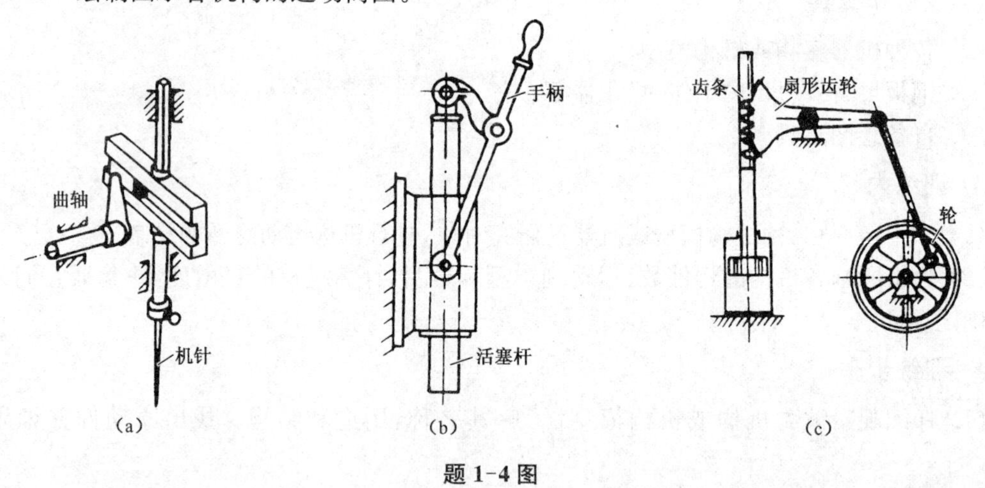


**题 1-4 图**

1-5　指出题 1-5 图所示各机构中的复合铰链、局部自由度和虚约束，计算机构的自由度，并判定它们是否有确定的运动(标有箭头的构件或油缸为原动件)。

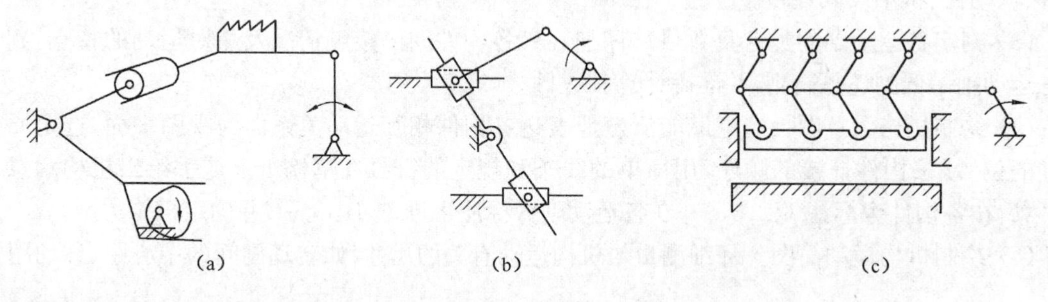

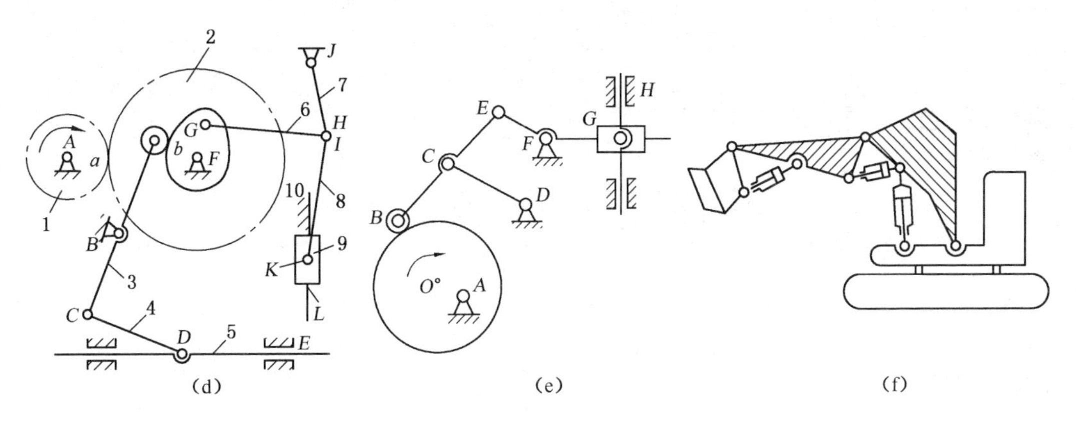


题 1-5 图

1-6　题 1-6 图所示为简易冲床机构，动力由齿轮 1 输入，带动同轴上的凸轮 2，推动杆 3，从而使推杆 4(冲头)上下移动以达到冲压的目的。试判断该机构设计方案简图是否合理？为什么？如不合理，请绘出正确的机构简图。

1-7　题 1-7 图所示为牛头刨床的设计方案简图，试审核设计方案是否合理？为什么？如不合理，试绘出合理的设计方案图。

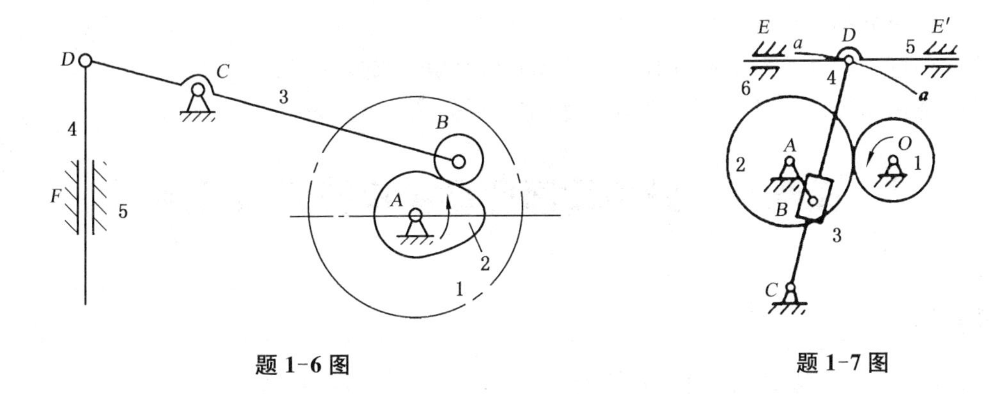


题 1-6 图　　题 1-7 图

# 项目二

# 平面连杆机构

## 学习目标

**1）知识目标**

(1) 了解平面连杆机构、四杆机构的概念及特点，掌握铰链四杆机构的基本形式、应用及判断方法，了解铰链四杆机构的演化形式；

(2) 掌握平面四杆机构基本特性；

(3) 掌握图解法设计四杆机构。

**2）能力目标**

(1) 能够判别四杆机构的不同类型及运动形态；

(2) 能够分析并应用平面四杆机构的工作特性解决实际问题；

(3) 能够用图解法设计简单平面四杆机构，以满足工程需要。

## 任务一　分析平面四杆机构的运动特性

### 任务导入

如图 2-1 所示缝纫机踏板机构，已知 $AB = 4$ cm，$AD = 11$ cm，$BC = 16$ cm，若 $BC$ 为机构的最长构件，问：(1)缝纫机踏板机构中构件 $CD$ 应满足什么条件，缝纫机踏板机构才能为曲柄摇杆机构？(2)该机构在工作时，出现卡死现象如何处理？

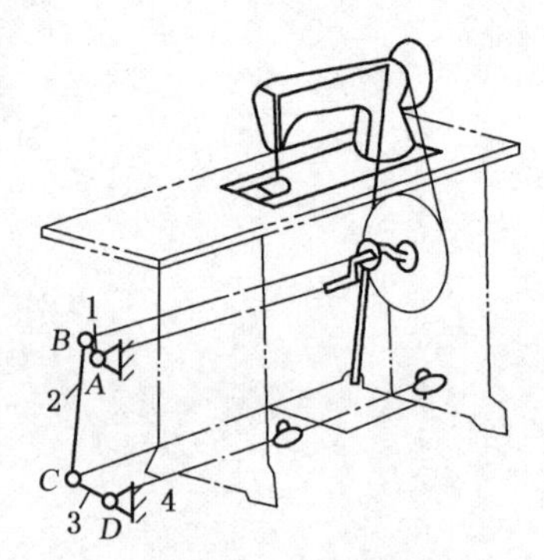


图 2-1　缝纫机

### 任务分析

缝纫机是人们生活生产中经常使用的工具，操作者踩踏踏板使摇杆 3(原动件)往复摆动，引导连杆 2 驱动固结在带轮上的曲柄 1(从动件)做整周回转，带动带轮使机头主轴连续转动，最终实现动力与运动自下而上的传递。本任务要求掌握各构件的长度与实现相关四杆机构运动的关系，以及该机构在工作时出现踏不动现象的原因及处理办法。

## 力学知识

### 2.1.1 力的基本概念

**1）力的定义**

力是物体之间相互的机械作用。这种作用使物体的机械运动状态发生变化或使物体发生变形。前者称为力的运动效应或外效应；后者称为力的变形效应或内效应。静力学中主要讨论力的外效应。

**2）力的三要素**

实践证明，力对物体的作用效应，决定于力的大小、方向（包括方位和指向）和作用点的位置，这三个因素称为力的三要素。在这三个要素中，如果改变其中任何一个，也就改变了力对物体的作用效应。例如：用扳手拧螺母时，作用在扳手上的力，因大小不同，或方向不同，或作用点不同，它们产生的效果就不同。

力的三要素表明力是一矢量。它可用一有向线段来表示，如图 2-2 所示。线段的长度按一定比例尺表示力的大小；线段的方位角和箭头的指向表示力的方向；线段的起点或终点表示力的作用点。通过力的作用点，沿力的方向画出的直线，称为力的作用线。本书中用黑斜体字母表示矢量，如力 $\boldsymbol{F}$ 表示力矢量；而用普通字母 $F$ 表示这个矢量的大小。

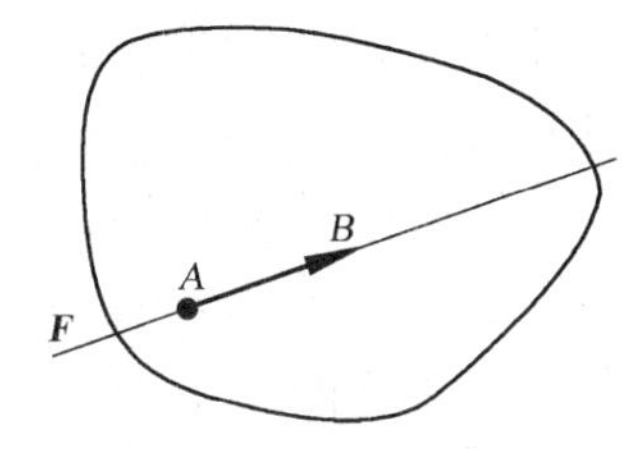


图 2-2 力的三要素

**3）力的单位**

力的国际制单位是牛顿或千牛顿，其符号为 N 或kN。

**4）平衡**

平衡是指物体相对于惯性参考系保持静止或做匀速直线平动。一般工程问题中，平衡通常是指相对于地球保持静止或做匀速直线平动。

物体处于平衡状态时，作用于该物体上的力系称为**平衡力系**。力系平衡所满足的条件称为**平衡条件**。

**5）刚体**

所谓刚体是指在受力状态下保持其几何形状和尺寸不变的物体。显然，这是一个理想化的模型，实际上并不存在这样的物体。但是，工程实际中的机械零件和结构构件，在正常工作情况下所产生的变形，一般都是非常微小的，可以忽略不计，静力学中研究的物体均视为刚体。

### 2.1.2 静力学基本公理

人们在长期的生活和生产实践中，发现和总结出一些最基本的力学规律，又经过实践的反复检验，证明是符合客观实际的普遍规律，于是就把这些规律作为力学研究的基本出发点。这些规律称为静力学公理。

**公理一　二力平衡公理**

当一个刚体受两个力作用而处于平衡状态时，其充分与必要的条件是：**这两个力大小相等，作用于同一直线上，且方向相反**。（图 2-3）

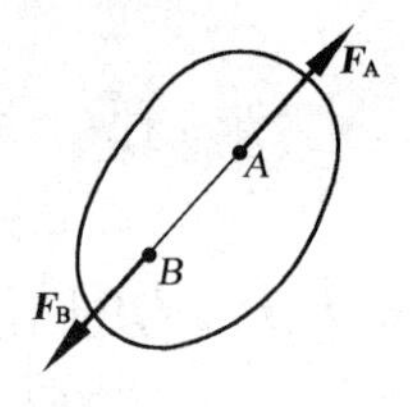

图 2-3　二力平衡

只在两个力作用下处于平衡的构件，称为二力构件（简称二力杆）。因此二力构件所受的两个力必然沿两个作用点的连线，并且等值、反向。

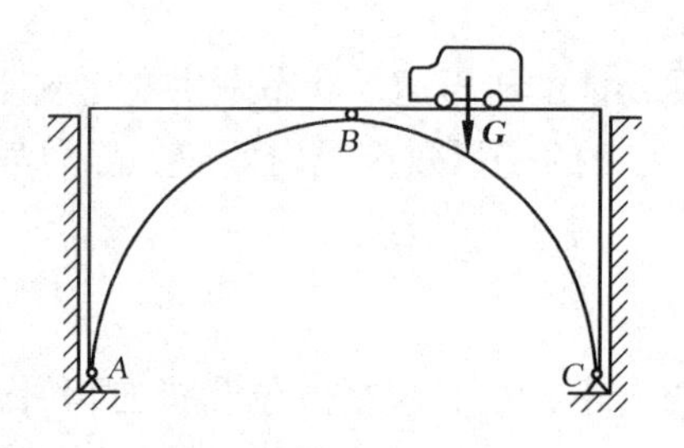

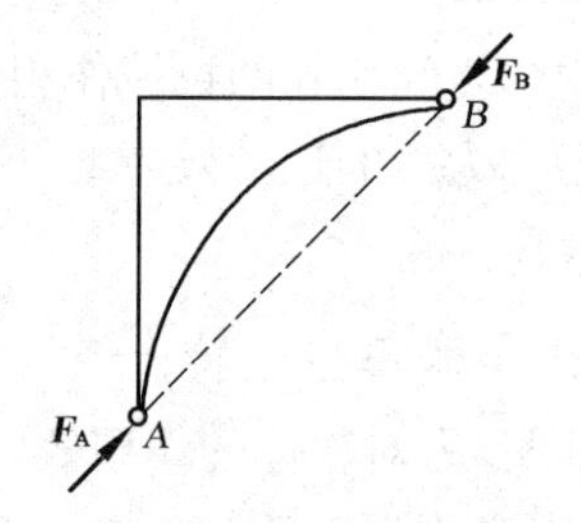

图 2-4　二力杆

应用二力杆的概念，可以很方便地判定结构中某些构件的受力方向。如图 2-4 所示三铰拱中 $AB$ 部分，当车辆不在该部分上且不计自重时，它只可能通过 $A$、$B$ 两点受力，是一个二力构件，故 $A$、$B$ 两点的作用力必沿 $AB$ 连线的方向。

**公理二　加减平衡力系公理**

在刚体的原有力系中，加上或减去任一平衡力系，不会改变原力系对刚体的作用效应。

这个公理常被用来简化某一已知力系。依据这一公理，可以得出一个重要推论：

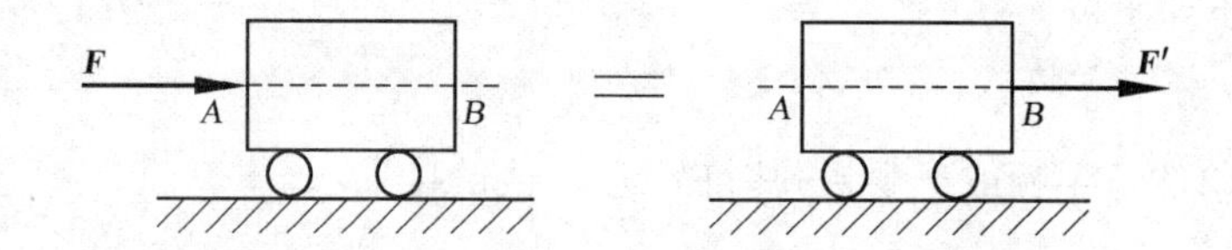

图 2-5　力的可传性

力的可传性原理　**作用于刚体上的力可以沿其作用线移至刚体内任一点，而不改变原力对刚体的作用效应**。例如，图 2-5 中在车后 $A$ 点加一水平力推车，与在车前 $B$ 点加一水平力拉车，其效果是一样的。

**公理三　力的平行四边形法则**

**作用于物体同一点的两个力可以合成为一个合力，合力也作用于该点，其大小和方向由以这两个力为邻边所构成的平行四边形的对角线所确定，即合力矢等于这两个分力矢的矢量和。**如图 2-6 所示。其矢量表达式为

$$\boldsymbol{F}_{R}=\boldsymbol{F}_{1}+\boldsymbol{F}_{2} \tag{2-1}$$

从图 2-6 可以看出，在求合力时，实际上只需作出力的平行四边形的一半，这种作图方法称为力的三角形法则。在作力三角形时，必须遵循这样一个原则，即分力力矢首尾相接，但次序可变，合力力矢与最后分力箭头相接。

力的平行四边形法则总结了最简单的力系简化规律，它是较复杂力系合成的主要依据。

运用公理二、公理三可以得到下面的推论：

**物体受三个力作用而平衡时，此三个力的作用线必汇交于一点。**此推论称为三力平衡汇交定理。

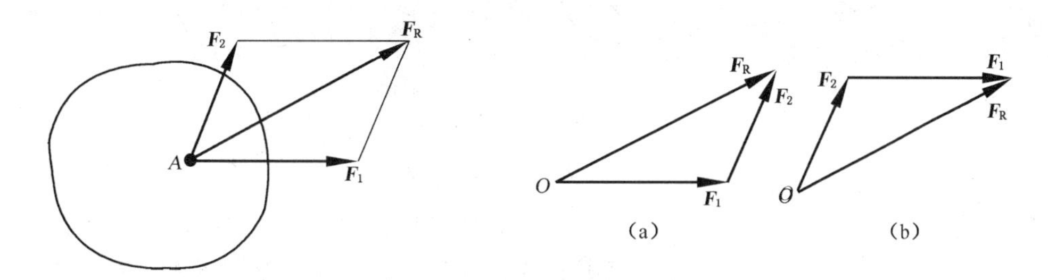


图 2-6　力的平行四边形法则、三角形法则

**公理四　作用与反作用定律**

**两个物体间的作用力与反作用力，总是大小相等，方向相反，作用线相同，并分别作用于这两个物体。**

该公理揭示了物体之间相互作用的定量关系，它是分析物体间作用力关系时必须遵循的原则。必须强调指出，力总是成对出现的，有作用力必有反作用力。但它们分别作用在两个物体上，因此不能把它们看成是一对平衡力。

## 2.1.3　工程中常见的约束

对非自由体的某些方向的位移起到限制作用的周围物体称为约束。例如在轨道上行驶的火车，钢轨是火车的约束；电机转子受轴承的限制，只能绕轴线转动，轴承是电机转子的约束。

由于约束阻碍限制了物体的自由运动，所以约束对物体的作用实际上就是力。这种力称为约束反力或简称反力。约束反力的方向总是和约束所能阻碍的运动方向相反，作用在约束与被约束物体相互接触之处。

除约束反力以外，作用在物体上的力一般还有重力、风力、气体压力、电磁力等。因为这些力能主动地使物体运动或使物体有运动趋势，故称其为主动力。主动力一般都是已知的，而约束反力一般是未知的，需要通过静力学的力系平衡条件求得。所以，确定未知的约束反力是静力分析的重要任务之一。

从工程实际出发，可将常见的约束归纳为以下几种基本类型。

(1) 柔索约束

由绳索、胶带、链条等形成的约束称为柔索约束。这类约束只能限制物体沿柔索伸长方向的运动，因此它对物体只有沿柔索方向的拉力，如图 2-7、图 2-8 所示，常用符号为 $\boldsymbol{F}_T$。当柔索绕过轮子时，常假想在柔索的直线部分处截开柔索，将与轮接触的柔索和轮子一起作为考察对象。这样处理，就可不考虑柔索与轮子间的内力，这时作用于轮子的柔索拉力即沿轮缘的切线方向，如图 2-8(b)所示。

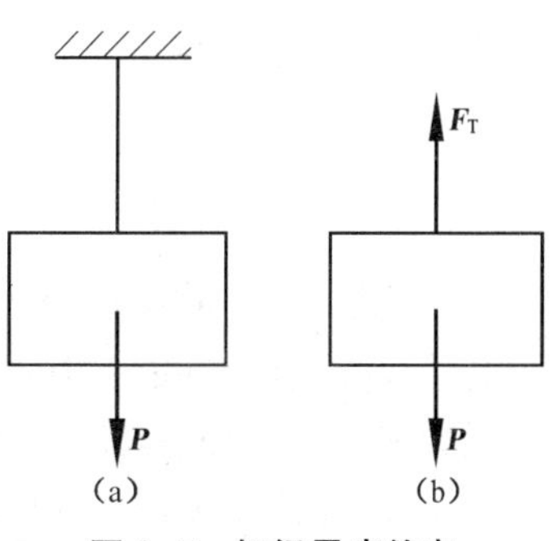


图 2-7　钢绳柔索约束

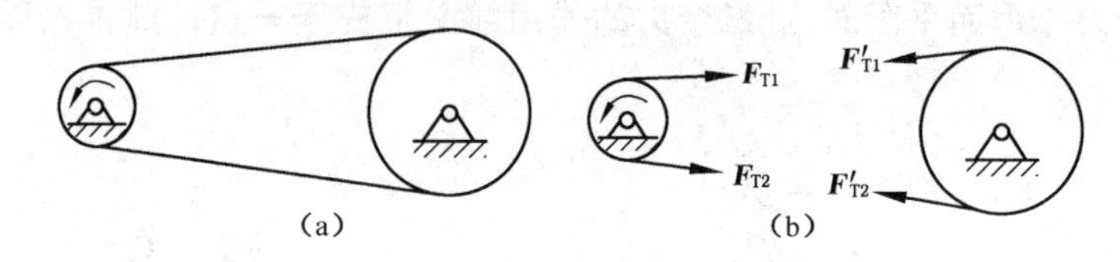


图 2-8 带传动

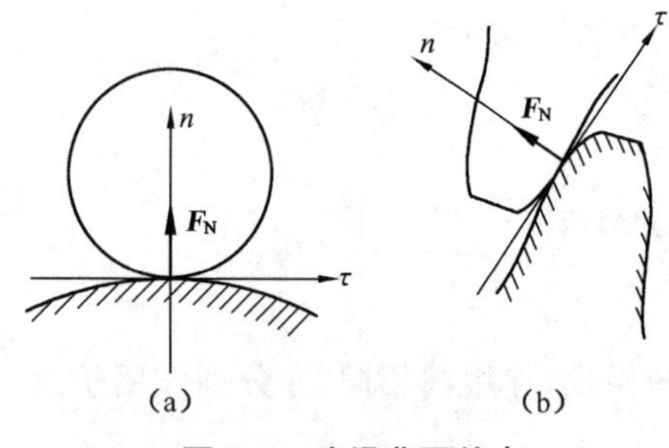


图 2-9 光滑曲面约束

(2) 光滑面约束

当两物体直接接触,并可忽略接触处的摩擦时,约束只能限制物体在接触点沿接触面的公法线方向的运动,不能限制物体沿接触面切线方向的运动,故约束反力必过接触点沿接触面公法线并指向被约束体,简称法向压力,通常用 $\boldsymbol{F}_{\mathrm{N}}$表示。图 2-9(a)、(b)所示分别为光滑曲面对刚体球的约束和齿轮传动机构中齿轮轮齿的约束。

图 2-10 光滑曲面为直杆与方槽在 $A$、$B$、$C$ 三点接触,三处的约束反力沿二者接触点的公法线方向作用。

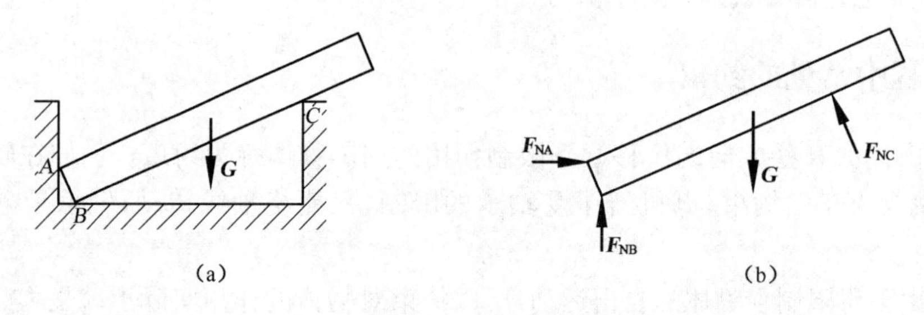


图 2-10 直杆与方槽

(3) 光滑铰链约束

铰链是工程上常见的一种约束。它是在两个钻有圆孔的构件之间采用圆柱定位销所形成的连接,如图 2-11 所示。门所用的活页、铡刀与刀架、起重机的动臂与机座的连接等,都是常见的铰链连接。

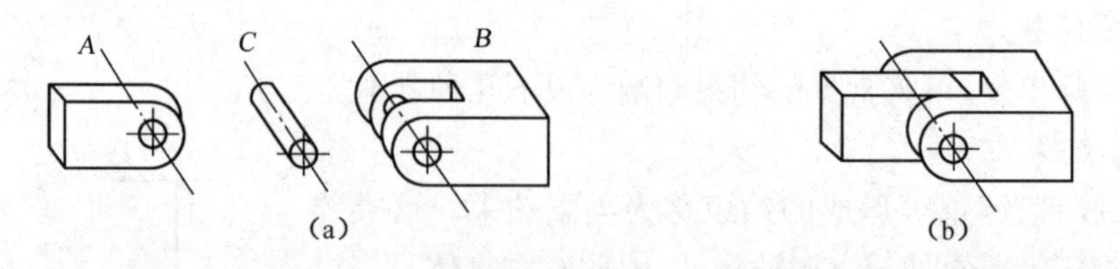


图 2-11 铰链结构

一般认为销钉与构件光滑接触,所以这也是一种光滑表面约束,约束反力应通过接触点 $K$ 沿公法线方向(通过销钉中心)指向构件,如图 2-12(a)所示。但实际上很难确定 $K$ 的位置,因此反力 $\boldsymbol{F}_{\mathrm{N}}$的方向无法确定。所以,这种约束反力通常是用两个通过铰链中心的大小和方向未知的正交分力 $\boldsymbol{F}_x$、$\boldsymbol{F}_y$来表示,两分力的指向可以任意设定,如图 2-12(b)。

这种约束在工程上应用广泛,可分为三种类型:

① 固定铰支座　用以将构件和基础连接，如桥梁的一端与桥墩连接时，常用这种约束，如图 2-13(a)所示，图 2-13(b)是这种约束的简图。

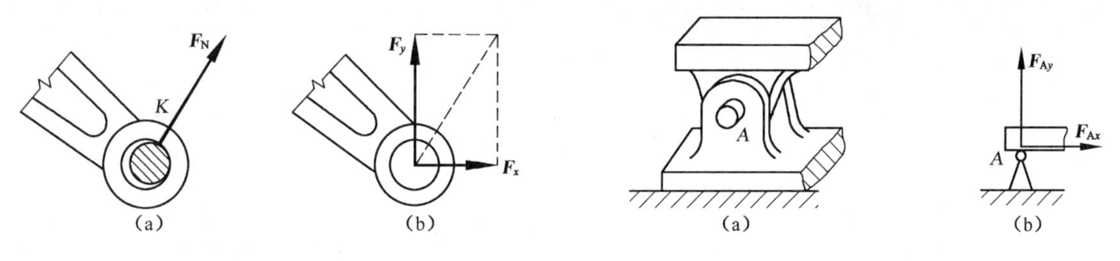


图 2-12　约束力表示　　　　图 2-13　固定铰链

② 中间铰链　用来连接两个可以相对转动但不能移动的构件，如曲柄连杆机构中曲柄与连杆、连杆与滑块的连接，如图 2-14(a)所示，其约束反力的表示如图 2-14(b)所示。通常在两个构件连接处用一个小圆圈表示铰链，如图 2-14(c)所示。

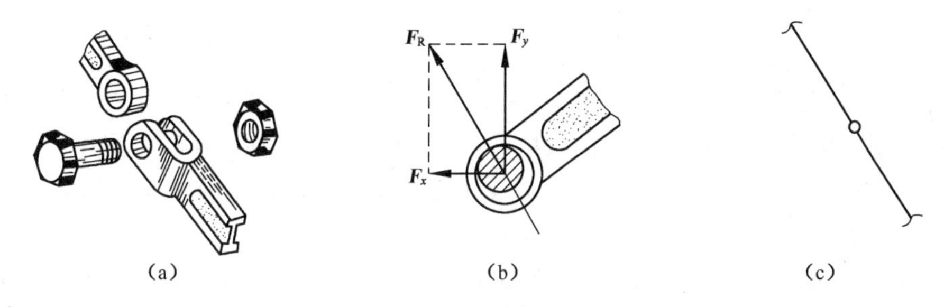


图 2-14　中间铰链

③ 活动铰支座　在桥梁、屋架等结构中，除了使用固定铰支座外，还常使用一种放在几个圆柱形滚子上的铰链支座，这种支座称为活动铰支座，也称为辊轴支座，它的构造如图 2-15(a)所示。由于辊轴的作用，被支承构件可沿支承面的切线方向移动，故其约束反力的方向只能沿滚子与地面接触面的公法线方向，如图 2-15(b)所示。

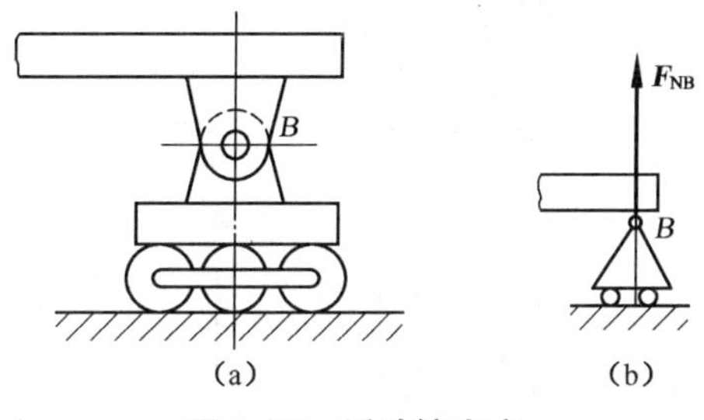


图 2-15　活动铰支座

### 2.1.4　物体的受力分析和受力图

力学计算中，首先要分析物体受到哪些力的作用，每个力的作用位置如何，力的方向如何，这个过程称为对物体进行受力分析，将所分析的全部力用图形表示出来称画受力图。

正确地对物体进行受力分析和画受力图是力学计算的前提和关键，其步骤如下：

(1) 确定研究对象，将其从周围物体中分离出来。

(2) 画出全部的主动力。

(3) 画出全部的约束反力。

下面举例说明受力图的作法及注意事项。

**【例 2-1】**　重力为 $\boldsymbol{P}$ 的圆球放在板 $AC$ 与墙壁 $AB$ 之间，如图 2-16(a)所示。设板 $AC$ 重

力不计,试作出板与球的受力图。

**解**:先取球为研究对象,作出简图。球上主动力 $\boldsymbol{P}$,约束反力有 $\boldsymbol{F}_{ND}$ 和 $\boldsymbol{F}_{NE}$,均属光滑面约束的法向反力。受力图如图 2-16(b)所示。

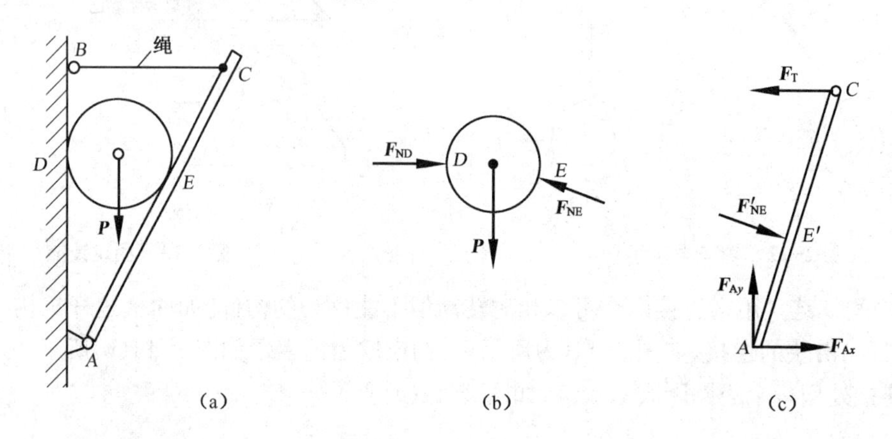


图 2-16　例 2-1 图

再取板为研究对象。由于板的自重不计,故只有 A、C、E 处的约束反力。其中 A 处为固定铰支座,其反力可用一对正交分力 $\boldsymbol{F}_{Ax}$、$\boldsymbol{F}_{By}$ 表示;C 处为柔索约束,其反力为拉力 $\boldsymbol{F}_{T}$;E 处的反力为法向反力 $\boldsymbol{F}'_{NE}$,要注意该反力与球在该处所受反力 $\boldsymbol{F}_{NE}$ 为作用与反作用的关系。受力图如图 2-16(c)所示。

**【例 2-2】**　如图 2-17(a)所示三铰拱桥,由左、右两拱铰接而成。设各拱自重不计,在 AC 拱上作用有竖直载荷 $\boldsymbol{P}$。试分别画出 AC 拱和 CB 拱的受力图。

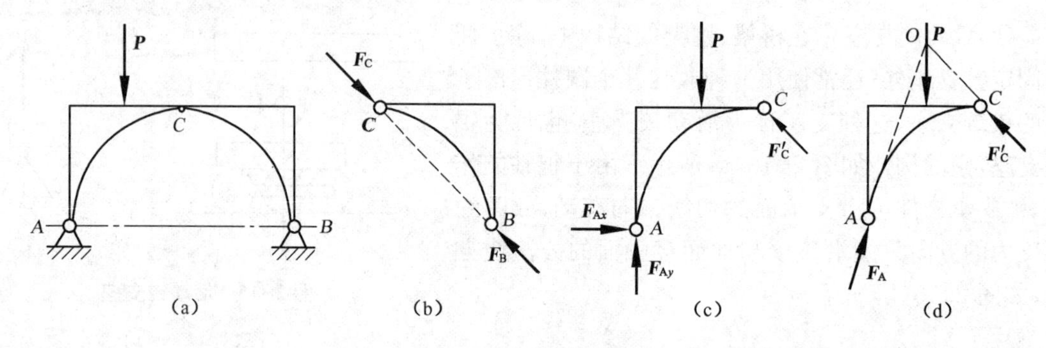


图 2-17　例 2-2 图

**解**:对于 CB 拱,因为它只在 B、C 两处受铰链约束,因此 CB 拱是一个二力构件。而 AC 拱三点受力,并且三个力彼此不平行,在同一平面内,可以应用三力汇交确定。

(1) 研究 CB 拱,CB 拱是一个二力杆。受力图如图 2-17(b),在铰 B、C 处所受到的约束反力分别为 $\boldsymbol{F}_B$、$\boldsymbol{F}_C$,并且 $\boldsymbol{F}_B$、$\boldsymbol{F}_C$ 等值、反向、共线。因此 $\boldsymbol{F}_B$、$\boldsymbol{F}_C$ 的作用线在 CB 的连线上,指向先假设,以后再根据主动力方向,以及平衡条件来确定。

(2) 研究 AC 拱,受到主动力 $\boldsymbol{P}$,由于 AC 拱在 C 处受到 CB 拱给它的约束反力与 $\boldsymbol{F}_C$ 是作用力和反作用力的关系,所以用 $\boldsymbol{F}'_C$ 表示,A 处是固定铰支座,约束反力为 $\boldsymbol{F}_{Ax}$、$\boldsymbol{F}_{Ay}$,如图 2-17(c)所示。

还可以根据三力平衡汇交，确定 $\boldsymbol{F}_{Ax}$、$\boldsymbol{F}_{Ay}$ 的合力 $\boldsymbol{F}_A$ 通过 $P$ 和 $\boldsymbol{F}_C'$ 作用线汇交于点 $O$，沿 $OA$ 的连线，如图 2-17(d)所示。

### 2.1.5　平面汇交力系

力系中各力的作用线都在同一平面内且汇交于一点，这样的力系称为平面汇交力系。

**1）平面汇交力系的合成**

(1) 力在坐标轴上的投影

设在刚体上 $A$ 点作用一力 $\boldsymbol{F}$，通过力 $\boldsymbol{F}$ 的两端 $A$ 和 $B$ 分别向 $x$ 轴作垂线，垂足为 $a$ 和 $b$，如图 2-18(a)所示。线段 $ab$ 的长度冠以适当的正负号就表示这个力在 $x$ 轴上的投影，记为 $F_x$。如果从 $a$ 到 $b$ 的指向与投影轴 $x$ 轴的正向一致，则力 $\boldsymbol{F}$ 在 $x$ 轴的投影定为正值，反之为负值。

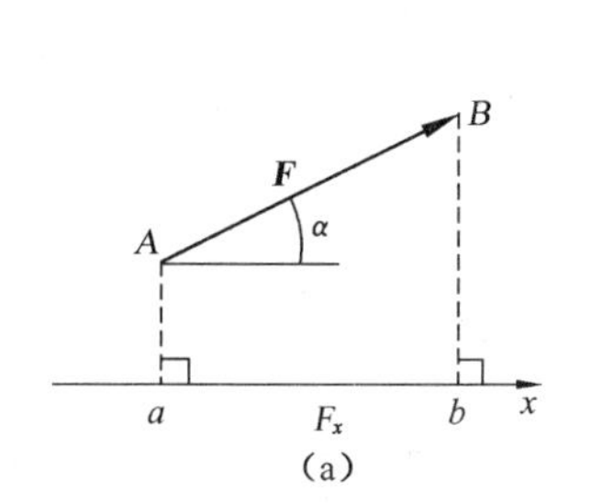

(a)

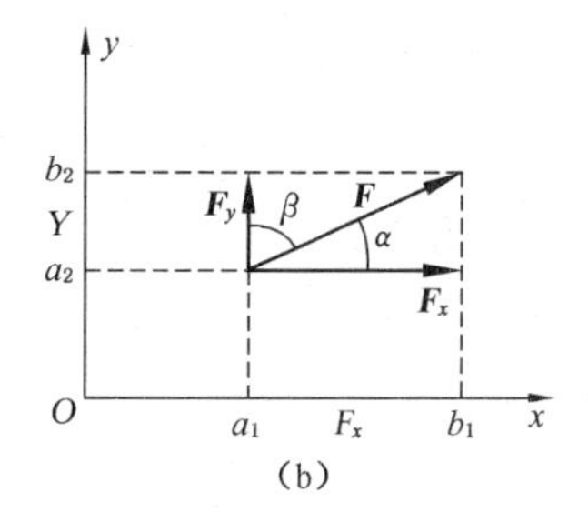

(b)

**图 2-18　力在坐标轴上的投影**

若力 $\boldsymbol{F}$ 与 $x$ 轴之间的夹角为 $a$，则有

$$F_x = F\cos a \tag{2-2}$$

即力在某轴上的投影，等于力的大小乘以力与该轴的正向间夹角的余弦。当 $\alpha$ 为锐角时，$F_x$ 为正值；当 $a$ 为钝角时，$F_x$ 为负值。可见，力在轴上的投影是个代数量。

为了计算方便，经常需要求力在直角坐标轴上的投影。如图 2-18(b)所示，将力 $\boldsymbol{F}$ 分别在正交的 $Ox$、$Oy$ 上投影，则有

$$F_x = F\cos\alpha, F_y = F\sin\alpha \tag{2-3}$$

(2) 合力投影定理

设由 $\boldsymbol{F}_1$、$\boldsymbol{F}_2$、$\boldsymbol{F}_3$ 组成的平面汇交力系，如图 2-19 所示。根据力多边形法则，可以将 $\boldsymbol{F}_1$、$\boldsymbol{F}_2$ 和 $\boldsymbol{F}_3$ 合成力的多边形 $ABCD$，$AD$ 为封闭边，即合力 $\boldsymbol{F}_R$。任选坐标系 $Oxy$，将合力 $\boldsymbol{F}_R$ 和各分力 $\boldsymbol{F}_1$、$\boldsymbol{F}_2$、$\boldsymbol{F}_3$ 分别向 $x$ 轴投影，依次得到

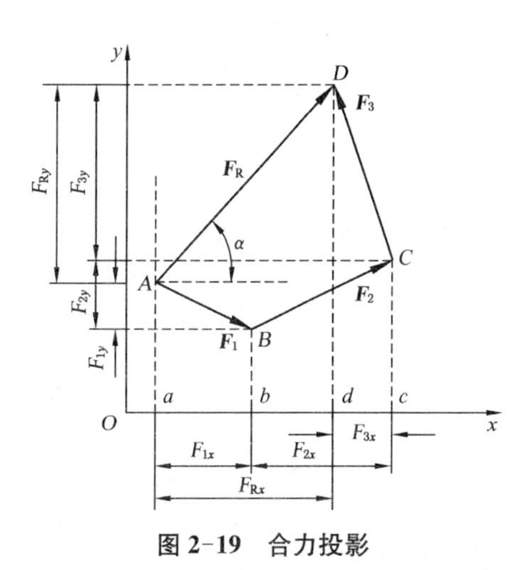

**图 2-19　合力投影**

$$F_{Rx} = ad, F_{1x} = ab, F_{2x} = bc,\ F_{3x} = -cd$$

由图可见 $ad = ab + bc - cd$，即

$$F_{Rx} = F_{1x} + F_{2x} + F_{3x}$$

同理,可以得到合力 $\boldsymbol{F}_{\mathrm{R}}$在 $y$ 轴上的投影

$$F_{\mathrm{R}y} = F_{1y} + F_{2y} + F_{3y}$$

若将上述合力投影与分力投影推广到一般平面汇交力系中,得到

$$\left.\begin{aligned} F_{\mathrm{R}x} &= F_{1x} + F_{2x} + \cdots + F_{nx} = \sum_{i=1}^{n} F_x \\ F_{\mathrm{R}y} &= F_{1y} + F_{2y} + \cdots + F_{ny} = \sum_{i=1}^{n} F_y \end{aligned}\right\} \tag{2-4}$$

合力投影定理:合力在任一轴上的投影等于各分力在同一轴上的投影的代数和。

(3) 平面汇交力系合成的解析法

设刚体上作用有一个平面汇交力系 $\boldsymbol{F}_1$、$\boldsymbol{F}_2$、…、$\boldsymbol{F}_n$,求出各力在 $x$ 轴和 $y$ 轴投影,则

$$\left.\begin{aligned} F_{\mathrm{R}x} &= F_{1x} + F_{2x} + \cdots + F_{nx} = \sum F_x \\ F_{\mathrm{R}y} &= F_{1y} + F_{2y} + \cdots + F_{ny} = \sum F_y \end{aligned}\right\} \tag{2-5}$$

合力的大小及方向为

$$\left.\begin{aligned} F_{\mathrm{R}} &= \sqrt{\left(\sum F_x\right)^2 + \left(\sum F_y\right)^2} \\ \tan\alpha &= \left|\frac{\sum F_y}{\sum F_x}\right| \end{aligned}\right\} \tag{2-6}$$

式中,$\alpha$ 表示 $\boldsymbol{F}_{\mathrm{R}}$与 $x$ 轴所夹的锐角。

**【例 2-3】** 一固定于房顶的吊钩上有三个力 $\boldsymbol{F}_1$、$\boldsymbol{F}_2$、$\boldsymbol{F}_3$,其数值与方向如图 2-20 所示。用解析法求此三力的合力。

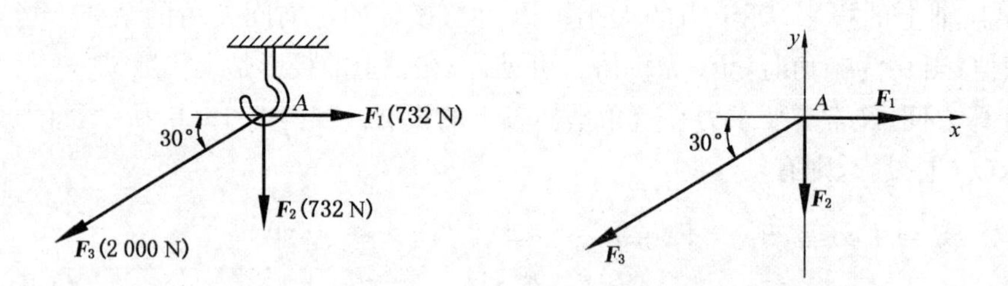


**图 2-20 例 2-3 图**

**解:**建立直角坐标系 $xAy$,并应用式(2-5),求出

$$\begin{aligned} F_{\mathrm{R}x} &= F_{1x} + F_{2x} + F_{3x} \\ &= 732 + 0 - 2\,000 \times \cos 30^\circ \\ &= -1\,000\ \mathrm{N} \\ F_{\mathrm{R}y} &= F_{1y} + F_{2y} + F_{3y} \\ &= 0 - 732\ \mathrm{N} - 2\,000\ \mathrm{N} \times \sin 30^\circ \\ &= -1\,732\ \mathrm{N} \end{aligned}$$

再按式(2-6)得

$$F_R=\sqrt{\left(\sum F_x\right)^2+\left(\sum F_y\right)^2}=2\,000\ \text{N}$$

$$\tan\alpha=\left|\frac{\sum F_y}{\sum F_X}\right|=1.732$$

$$\alpha=60^\circ$$

**2）平面汇交力系的平衡方程及其应用**

平衡条件的解析表达式称为平衡方程。由式(2-5)可知平面汇交力系的平衡条件是

$$\left.\begin{aligned}\sum F_x=0\\ \sum F_y=0\end{aligned}\right\}\tag{2-7}$$

即力系中各力在两个坐标轴上投影的代数和分别等于零，上式称为平面汇交力系的平衡方程。这是两个独立的方程，可求解两个未知量。

**【例 2-4】** 图 2-21 所示一圆柱体放置于夹角为 $\alpha$ 的 V 形槽内，并用压板 $D$ 夹紧。已知压板作用于圆柱体上的压力为 $\boldsymbol{F}$。试求槽面对圆柱体的约束反力。

**解：**(1)取圆柱体为研究对象，画出其受力图如图 2-21(b)所示。

(2) 选取坐标系 $xOy$。

(3) 列平衡方程式求解未知力，由公式(2-7)得

$$\sum F_x=0,\qquad F_{NB}\cos\frac{\alpha}{2}-F_{NC}\cos\frac{\alpha}{2}=0\tag{a}$$

$$\sum F_y=0,\qquad F_{NB}\sin\frac{\alpha}{2}+F_{NC}\sin\frac{\alpha}{2}-F=0\tag{b}$$

由式(a)得 $$F_{NB}=F_{NC}$$

由式(b)得 $$F_{NB}=F_{NC}=\frac{F}{2\sin\frac{\alpha}{2}}$$

(4) 讨论：由结果可知 $\boldsymbol{F}_{NB}$ 与 $\boldsymbol{F}_{NC}$ 均随几何角度 $\alpha$ 而变化，角度 $\alpha$ 愈小，则压力 $\boldsymbol{F}_{NB}$ 或 $\boldsymbol{F}_{NC}$ 就愈大，因此，$\alpha$ 角不宜过小。

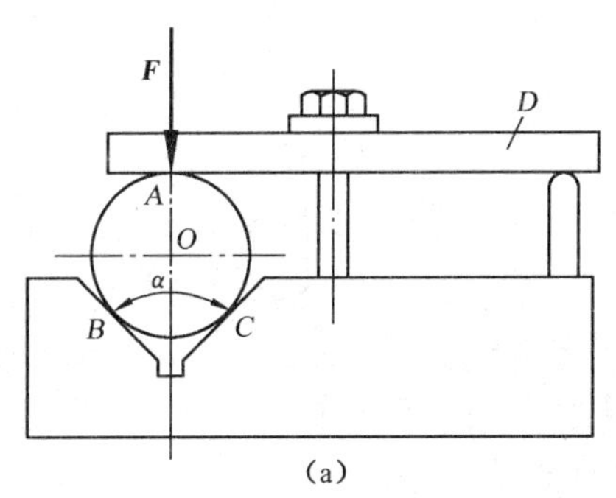

(a)

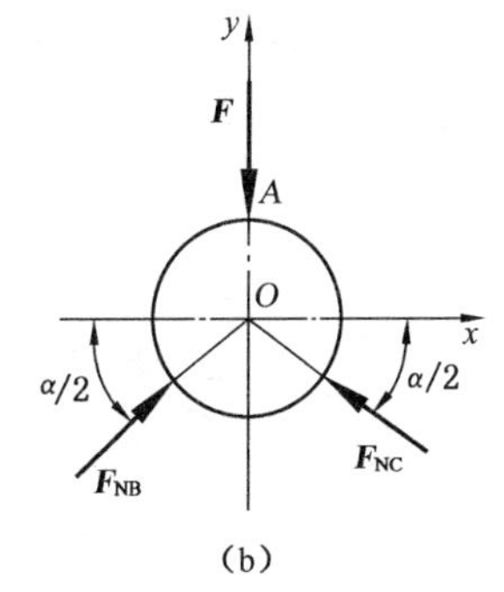

(b)

图 2-21 例 2-4 图

**【例 2-5】** 图 2-22 所示为一简易起重机。利用绞车和绕过滑轮的绳索吊起重物，其重力 $G=20$ kN，各杆件与滑轮的重力不计。滑轮 $B$ 的大小可忽略不计，试求杆 $AB$ 与 $BC$ 所受的力。

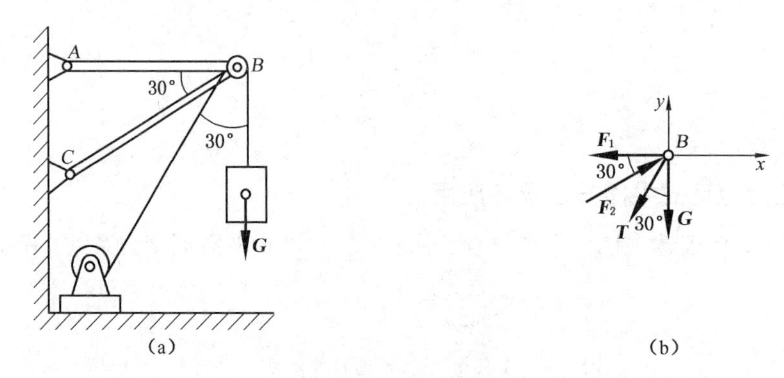


图 2-22 例 2-5 图

**解**：(1) 取节点 $B$ 为研究对象，画其受力图，如图 2-22(b) 所示。由于杆 $AB$ 与 $BC$ 均为两力构件，对 $B$ 的约束反力分别为 $\boldsymbol{F}_1$ 与 $\boldsymbol{F}_2$，滑轮两边绳索的约束反力相等，即 $\boldsymbol{T}=\boldsymbol{G}$。

(2) 选取坐标系 $xBy$。

(3) 列平衡方程式求解未知力。

$$\sum \boldsymbol{F}_x = 0, \quad \boldsymbol{F}_2\cos 30^\circ - \boldsymbol{F}_1 - \boldsymbol{T}\sin 30^\circ = 0 \qquad \text{(a)}$$

$$\sum \boldsymbol{F}_y = 0, \quad \boldsymbol{F}_2\sin 30^\circ - \boldsymbol{T}\cos 30^\circ - \boldsymbol{G} = 0 \qquad \text{(b)}$$

由式(b)得 $\boldsymbol{F}_2 = 74.6$ kN

代入式(a)得 $\boldsymbol{F}_1 = 54.6$ kN

由于此两力均为正值，说明 $\boldsymbol{F}_1$ 与 $\boldsymbol{F}_2$ 的方向与图示一致，即 $AB$ 杆受拉力，$BC$ 杆受压力。

## 2.1.6 力矩和力偶

力对物体除了移动效应外，还有一种作用，即力对物体的转动效应。本节将讨论描述这种作用的两个概念：力矩和力偶，以及它们的性质和计算方法。

**1）力矩**

(1) 力对点之矩

人们从实践中知道，力使物体转动的效果不仅与力的大小和方向有关，还与力的作用点(或作用线)的位置有关。例如，用扳手拧螺母时(图 2-23)，螺母的转动效应除与力 $\boldsymbol{F}$ 的大小和方向有关外，还与点 $O$ 到力作用线的距离 $h$ 有关。距离 $h$ 越大，转动的效果就越好，且越省力，反之则越差。

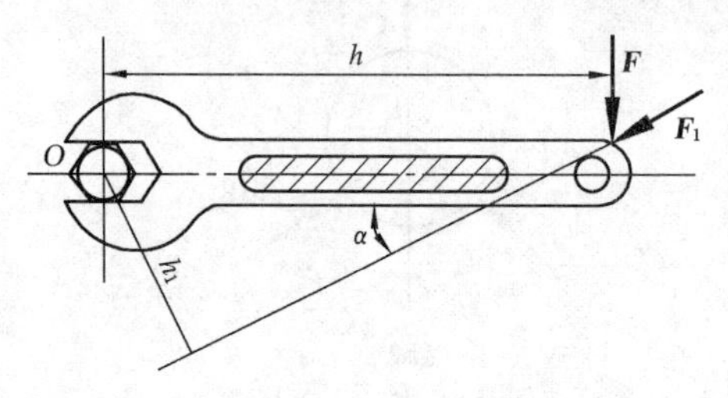


图 2-23 力对点之矩

可以用力对点的矩这样一个物理量来描述力使物体转动的效果。其定义为：力 $\boldsymbol{F}$ 对某点 $O$ 的矩等于力的大小与点 $O$ 到力的作用线距离 $h$ 的乘积。记作

$$M_O(\boldsymbol{F}) = \pm Fh \tag{2-8}$$

式中，点 $O$ 称为矩心，$h$ 称为力臂，$Fh$ 表示力使物体绕点 $O$ 转动效果的大小，而正负号则表明：$M_O(\boldsymbol{F})$ 是一个代数量，可以用它来描述物体的转动方向。通常规定：使物体逆时针方向转动的力矩为正，反之为负。力矩的单位为牛顿・米（N・m）。

（2）合力矩定理

在计算力系的合力对某点的矩时，除根据力矩的定义计算外，还常用到**合力矩定理**，即：**平面汇交力系的合力对平面上任一点之矩，等于所有各分力对同一点力矩的代数和。**

若刚体受一平面汇交力系 $\boldsymbol{F}_1$、$\boldsymbol{F}_2$、…、$\boldsymbol{F}_n$ 作用，则合力矩 $M_O(\boldsymbol{F}_R)$ 为

$$M_O(\boldsymbol{F}_R) = M_O(\boldsymbol{F}_1) + M_O(\boldsymbol{F}_2) + \cdots\cdots + M_O(\boldsymbol{F}_n) = \sum M_O(\boldsymbol{F}) \tag{2-9}$$

上述合力矩定理不仅适用于平面汇交力系，对于其他力系，如平面任意力系、空间力系等，也都同样成立。

**【例 2-6】** 图 2-24 所示圆柱直齿轮的齿面受一啮合角 $\alpha = 20°$ 的法向压力 $F_n = 1\,\text{kN}$ 的作用，齿轮分度圆直径 $d = 60\,\text{mm}$。试计算力对轴心 $O$ 的力矩。

**解 1：** 按力对点之矩的定义，有

$$M_O(F_n) = F_n h = F_n \frac{d}{2}\cos\alpha = 28.2\,\text{N}\cdot\text{m}$$

**解 2：** 按合力矩定理，将 $\boldsymbol{F}_n$ 沿半径的方向分解成一组正交的圆周力 $\boldsymbol{F}_t = \boldsymbol{F}_n\cos\alpha$ 与径向力 $\boldsymbol{F}_r = \boldsymbol{F}_n\sin\alpha$，有

$$\begin{aligned} M_O(\boldsymbol{F}_R) &= M_O(\boldsymbol{F}_1) + M_O(\boldsymbol{F}_2) \\ &= \boldsymbol{F}_t r + \boldsymbol{F}_r \times 0 = F_n\cos\alpha \times r \\ &= 28.2\,\text{N}\cdot\text{m} \end{aligned}$$

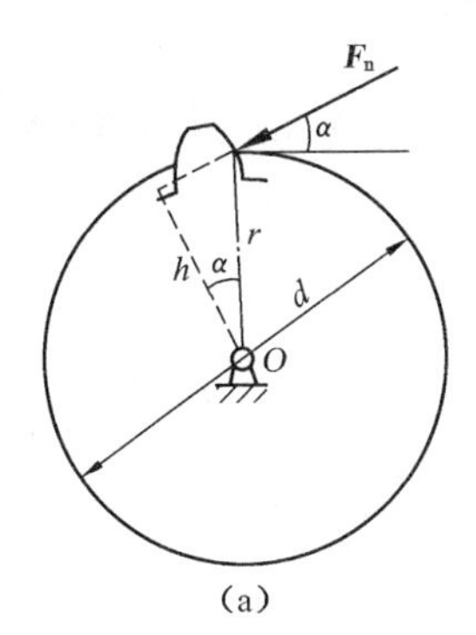

(a)

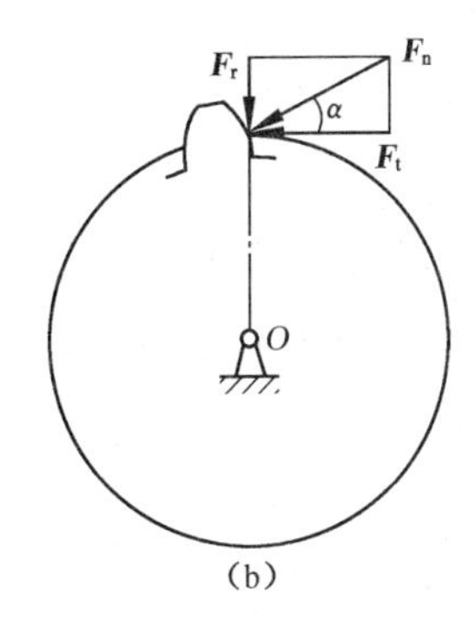

(b)

图 2-24　例 2-6 图

**2）力偶**

（1）力偶的概念

在日常生活及生产实践中，常见到物体受一对大小相等、方向相反但不在同一作用线上的平行力作用。例如图 2-25 所示的司机转动方向盘及钳工对丝锥的操作等。

一对等值、反向、不共线的平行力组成的力系称为力偶，此二力之间的距离称为力偶臂。由以上实例可知，力偶对物体作用的外效应是使物体单纯地产生转动运动的变化。

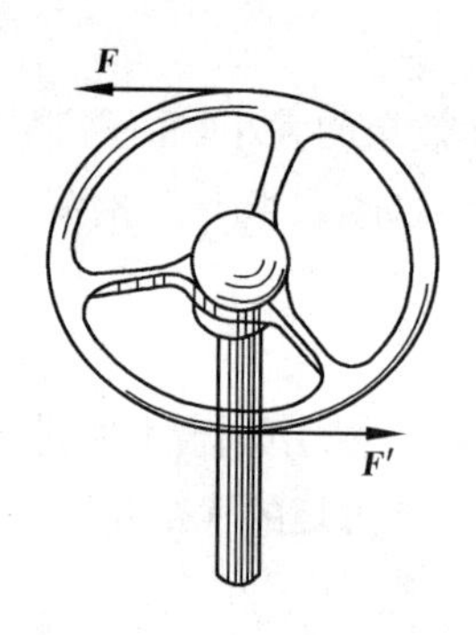


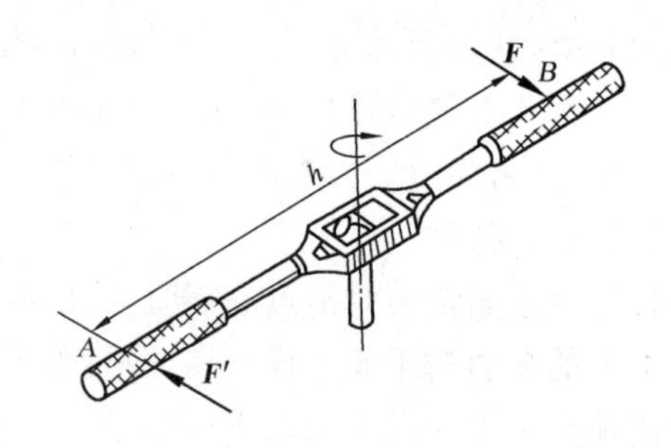


图 2-25　力偶

(2) 力偶的三要素

在力学上,以 $\boldsymbol{F}$ 与力偶臂 $d$ 的乘积作为度量力偶在其作用面内对物体转动效应的物理量,称为力偶矩,并记作 $M(\boldsymbol{F},\boldsymbol{F}')$ 或 $M$ 。即

$$M(\boldsymbol{F},\boldsymbol{F}')=M=\pm Fd \tag{2-10}$$

一般规定,逆时针转动的力偶取正值,顺时针取负值。力偶矩的单位为 N·m 或 N·mm。

力偶对物体的转动效应取决于下列三要素:

① 力偶矩的大小。

② 力偶的转向。

③ 力偶作用面的方位。

(3) 力偶的性质

① 力偶对其作用面内任意点的力矩恒等于此力偶的力偶矩,而与矩心的位置无关。

② 力偶在任意坐标轴上的投影之和为零,故力偶无合力,力偶不能与一个力等效,也不能用一个力来平衡。

③ 在同一平面内的两个力偶,如果它们的力偶矩大小相等,转向相同,则两力偶等效,且可以相互代换。

因此,力与力偶是力系的两个基本元素。

**3) 平面力偶系的合成与平衡**

作用在物体上同一平面内的若干力偶,总称为平面力偶系。

(1) 平面力偶系的合成

若在刚体上有若干个力偶作用,其力偶矩分别为 $M_1$、$M_2$、…、$M_n$,现求其合成结果。根据力偶性质,力偶对刚体只产生转动效应,其力偶系对刚体的转动效应的大小等于各力偶转动效应的总和,即**平面力偶系合成的结果为一合力偶,合力偶矩为各分力偶矩的代数和**。

$$M_R=M_1+M_2+\cdots+M_n=\sum M \tag{2-11}$$

(2) 平面力偶系的平衡条件

要使力偶系平衡,则合力偶的矩必须等于零,因此平面力偶系平衡的必要和充分条件是:力偶系中各力偶矩的代数和等于零,即

$$\sum \boldsymbol{M}=\mathbf{0} \tag{2-12}$$

平面力偶系的独立平衡方程只有一个，故只能求解一个未知数。

**【例 2-7】** 四连杆机构在图 2-26 所示位置平衡，已知 $OA=60\ \mathrm{cm}$，$O_1B=40\ \mathrm{cm}$，作用在摇杆 $OA$ 上的力偶矩 $M_1=1\ \mathrm{N\cdot m}$，不计杆自重，求力偶矩 $M_2$ 的大小。

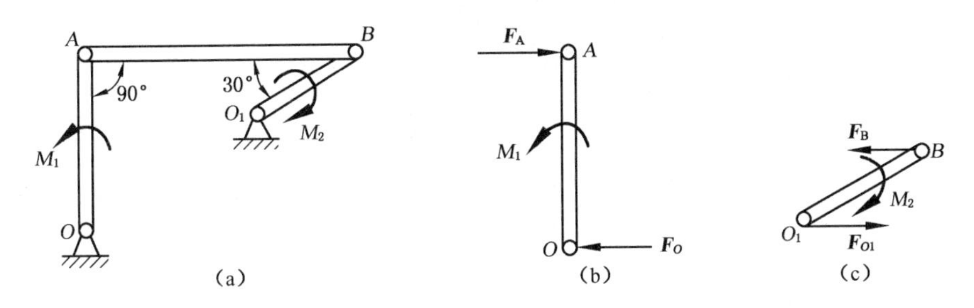


**图 2-26　例 2-7 图**

**解**：(1)受力分析

先取 $OA$ 杆分析，如图 2-26(b)所示，在杆上作用有主动力偶矩 $M_1$，根据力偶的性质，力偶只与力偶平衡，所以在杆的两端点 $O$、$A$ 上必作用有大小相等、方向相反的一对力 $\boldsymbol{F}_O$ 及 $\boldsymbol{F}_A$，而连杆 $AB$ 为二力杆，所以 $\boldsymbol{F}_A$ 的作用方向被确定。再取 $O_1B$ 杆分析，如图 2-26(c)所示，此时杆上作用一个待求力偶 $M_2$，此力偶与作用在 $O_1$、$B$ 两端点上的约束反力构成的力偶平衡。

(2) 对 $OA$ 杆列平衡方程

$$\sum M=0,\qquad M_1-F_A\times OA=0 \tag{a}$$

$$F_A=\frac{M_1}{OA}=1.67\ \mathrm{N}$$

(3) 对受力图 2-26(c)列平衡方程

$$\sum M=0,\qquad F_B\times O_1B\sin 30-M_2=0 \tag{b}$$

因

$$F_B=F_A=1.67\ \mathrm{N}$$

故由式(b)得

$$M_2=F_B\times O_1B\times\sin 30^\circ=1.67\ \mathrm{N}\times 0.4\ \mathrm{m}\times 0.5=0.33\ \mathrm{N\cdot m}$$

**4）力的平移定理**

**作用在刚体上 $A$ 点处的力 $\boldsymbol{F}$，可以平移到刚体内任意点 $O$，但必须同时附加一个力偶，其力偶矩等于原来的力 $\boldsymbol{F}$ 对新作用点 $O$ 的矩。这就是力的平移定理。**

如图 2-27 所示，根据加减平衡力系公理，在任意点 $O$ 加上一对与 $\boldsymbol{F}$ 等值的平衡力 $\boldsymbol{F}'$、$\boldsymbol{F}''$(图 2-27(b))，则 $\boldsymbol{F}$ 与 $\boldsymbol{F}''$ 为一对等值反向不共线的平行力，组成了一个力偶，其力偶矩等于原力 $\boldsymbol{F}$ 对 $O$ 点的矩，即

$$M=M_O(\boldsymbol{F})=Fd$$

于是作用在 $A$ 点的力 $\boldsymbol{F}$ 就与作用于 $O$ 点的平移力 $\boldsymbol{F}'$ 和附加力偶 $M$ 的联合作用等效，如

图 2-27(c)所示。

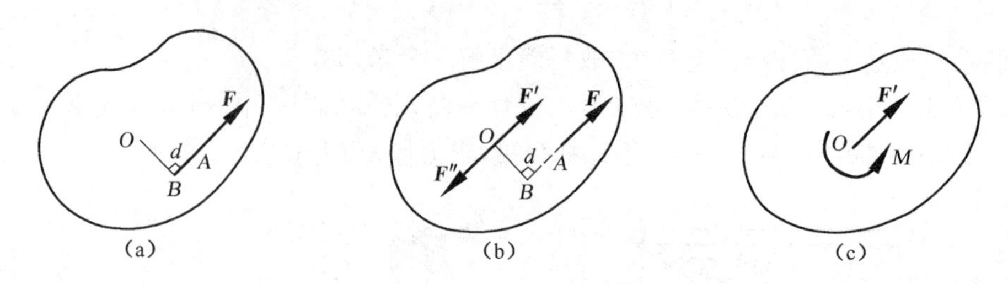


图 2-27　力的平移

力的平移定理表明了力对绕力作用线外的中心转动的物体有两种作用:一是平移力的作用;二是附加力偶对物体产生的旋转作用。

## 2.1.7　平面一般力系

各力的作用线处于同一平面内,既不平行又不汇交于一点的力系,称为平面一般力系。本节主要研究平面一般力系的简化与平衡方程问题。

**1) 平面一般力系的简化**

设刚体上作用有一平面一般力系 $\boldsymbol{F}_1$、$\boldsymbol{F}_2$、…、$\boldsymbol{F}_n$,如图 2-28(a)所示,在平面内任意取一点 $O$,称为简化中心。根据力的平移定理,将各力都向 $O$ 点平移,得到一个汇交于 $O$ 点的平面汇交力系 $\boldsymbol{F}_1$、$\boldsymbol{F}'_2$、…、$\boldsymbol{F}'_n$,以及平面力偶系 $M_1$、$M_2$、…、$M_n$,如图 2-28(b)所示。

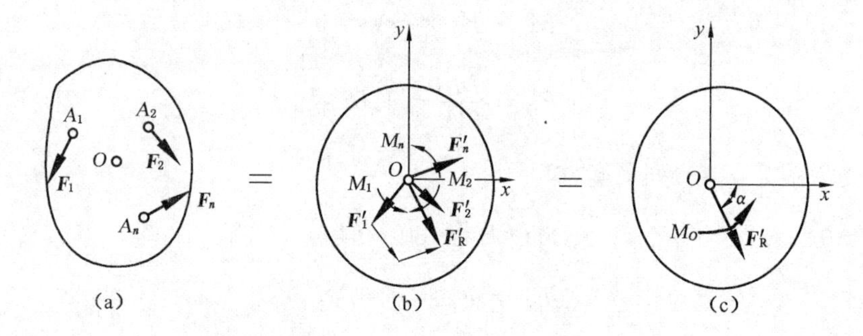


图 2-28　平面一般力系的简化

(1) 平面汇交力系

平面汇交力系 $\boldsymbol{F}'_1$、$\boldsymbol{F}'_2$、…、$\boldsymbol{F}'_n$,可以合成为一个作用于 $O$ 点的合矢量 $\boldsymbol{F}'_{\mathrm{R}}$,称为平面一般力系的主矢,如图 2-28(c)所示。

主矢 $\boldsymbol{F}'_{\mathrm{R}}$的大小及其与 $x$ 轴正向的夹角分别为

$$F'_{\mathrm{R}} = \sqrt{F^2_{\mathrm{R}x} + F^2_{\mathrm{R}y}} = \sqrt{(\sum F_x)^2 + (\sum F_y)^2}$$

$$\alpha = \arctan\left|\frac{F_{\mathrm{R}y}}{F_{\mathrm{R}x}}\right| = \arctan\left|\frac{\sum F_y}{\sum F_x}\right| \tag{2-13}$$

(2) 附加平面力偶系

附加平面力偶系 $M_1$、$M_2$、…、$M_n$可以合成为一个合力偶矩 $M_O$,称为平面一般力系的合力

矩，即

$$M_O = M_1 + M_2 + \cdots + M_n = \sum M_O(\boldsymbol{F}) \tag{2-14}$$

显然，单独的 $M_O$ 也不能与原力系等效，因此它被称为原力系对简化中心 $O$ 的主矩。

综上所述，得到如下**结论：平面一般力系向平面内任一点简化可以得到一个力和一个力偶，原力系与主矢 $\boldsymbol{F}'_R$ 和主矩 $M_O$ 的联合作用等效**。主矢 $\boldsymbol{F}'_R$ 的大小和方向与简化中心的选择无关。主矩 $M_O$ 的大小和转向与简化中心的选择有关。

平面一般力系的简化方法，在工程实际中可用来解决许多力学问题，如固定端约束问题。

固定端约束的约束反力是由约束与被约束体紧密接触而产生的一个分布力系，当外力为平面力系时，约束反力所构成的这个分布力系也是平面力系。由于其中各个力的大小与方向均难以确定，因而可将该力系向 $A$ 点简化，得到的主矢用一对正交分力表示，而将主矩用一个反力偶矩来表示，这就是固定端约束的约束反力，如图 2-29 所示。

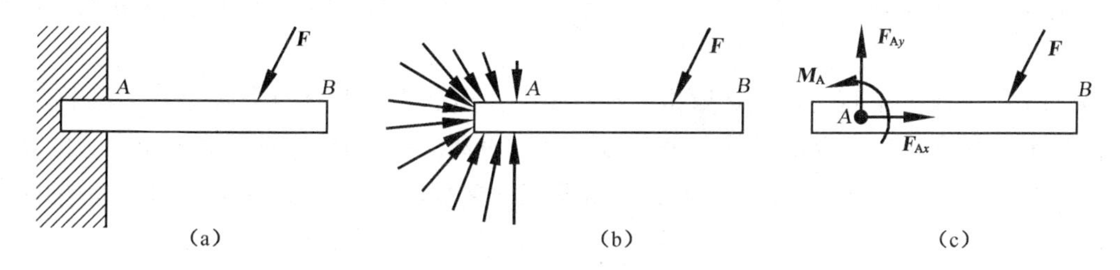


图 2-29 固定端约束

**2）平面一般力系的平衡方程及其应用**

（1）平面一般力系的平衡方程

由上述讨论可知，若平面一般力系的主矢和对任一点的主矩都为零，则物体处于平衡；反之，若力系是平衡力系，则其主矢、主矩必同时为零。因此，平面一般力系平衡的充要条件是

$$\left.\begin{aligned} F'_R &= \sqrt{\left(\sum F_x\right)^2 + \left(\sum F_y\right)^2} = 0 \\ M_O &= \sum M_O(F) = 0 \end{aligned}\right\} \tag{2-15}$$

故得平面一般力系的平衡方程为

$$\left.\begin{aligned} \sum F_x &= 0 \\ \sum F_y &= 0 \\ \sum M_O(F) &= 0 \end{aligned}\right\} \tag{2-16}$$

式(2-15)是满足平面一般力系平衡的充分和必要条件，所以平面一般力系有三个独立的平衡方程，可求解最多三个未知量。

用解析表达式表示平衡条件的方式不是唯一的。平衡方程式的形式还有二矩式和三矩式两种形式。

二矩式
$$\left.\begin{aligned}\sum F_x = 0\\ \sum M_A(F) = 0\\ \sum M_B(F) = 0\end{aligned}\right\} \quad (2\text{-}17)$$

附加条件:$AB$ 连线不得与 $x$ 轴相垂直。

三矩式
$$\left.\begin{aligned}\sum M_A(F) = 0\\ \sum M_B(F) = 0\\ \sum M_C(F) = 0\end{aligned}\right\} \quad (2\text{-}18)$$

附加条件:$A$、$B$、$C$ 三点不在同一直线上。

(2) 平面一般力系平衡方程的解题步骤

① 确定研究对象,画出受力图。应取有已知力和未知力作用的物体,画出其分离体的受力图。

② 列平衡方程并求解。适当选取坐标轴和矩心。若受力图上有两个未知力互相平行,可选垂直于此二力的坐标轴,列出投影方程。如不存在两未知力平行,则选任意两未知力的交点为矩心列出力矩方程,先行求解。一般水平和垂直的坐标轴可画可不画,但倾斜的坐标轴必须画。

**【例 2-8】** 悬臂吊车如图 2-30(a)所示。横梁 $AB$ 长 $l = 2.5\,\mathrm{m}$,重量 $\boldsymbol{P} = 1.2\,\mathrm{kN}$,拉杆 $CB$ 的倾角 $\alpha = 30°$,质量不计,载荷 $\boldsymbol{Q} = 7.5\,\mathrm{kN}$。求图示位置 $a = 2\,\mathrm{m}$ 时拉杆的拉力和铰链 $A$ 的约束反力。

**解**:(1) 确定研究对象,画出受力图。

选横梁 $AB$ 为研究对象,横梁 $AB$ 受已知力 $\boldsymbol{P}$、$\boldsymbol{Q}$ 的作用,$A$ 端受固定铰支座的约束反力 $\boldsymbol{F}_{Ax}$、$\boldsymbol{F}_{Ay}$ 和二力杆 $BC$ 对 $B$ 端的拉力 $\boldsymbol{F}_B$ 作用,画受力图,如图 2-30(b)所示。

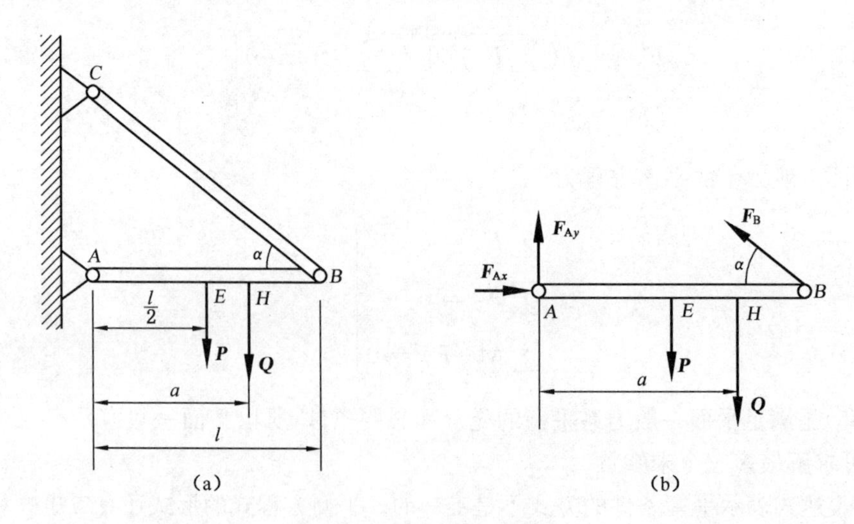


图 2-30 例 2-8 图

(2) 列平衡方程。由式(2-16)得

$$\sum M_A(F)=0 \quad F_B\sin\alpha\cdot l-P\cdot\frac{l}{2}-Qa=0 \quad F_B=\frac{1}{\sin\alpha\cdot l}\left(P\cdot\frac{l}{2}+Qa\right)=13.2\ \text{kN}$$

$$\sum F_x=0 \quad F_{Ax}-F_B\cos\alpha=0 \quad F_{Ax}=F_B\cos\alpha=11.43\ \text{kN}$$

$$\sum F_y=0 \quad F_{Ay}+F_B\sin\alpha-P-Q=0 \quad F_{Ay}=Q+P-F_B\sin\alpha=2.1\ \text{kN}$$

**【例 2-9】** 绞车通过钢丝牵引小车沿斜面轨道匀速上升,如图 2-31(a)所示。已知小车重 $P=10$ kN,绳与斜面平行,$\alpha=30°$,$a=0.75$ m,$b=0.3$ m,不计摩擦。求钢丝绳的拉力及轨道对车轮的约束反力。

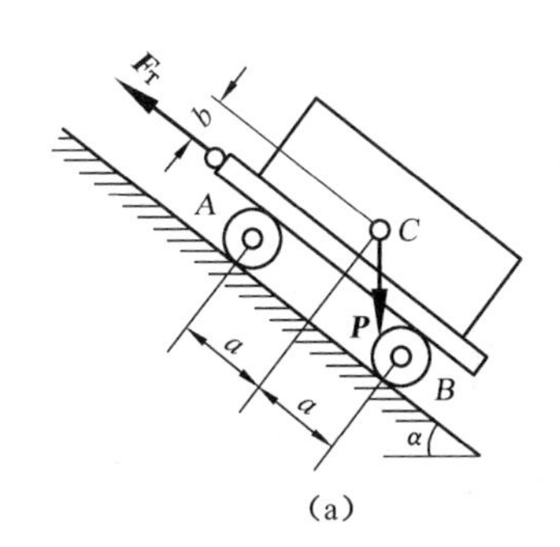

(a)

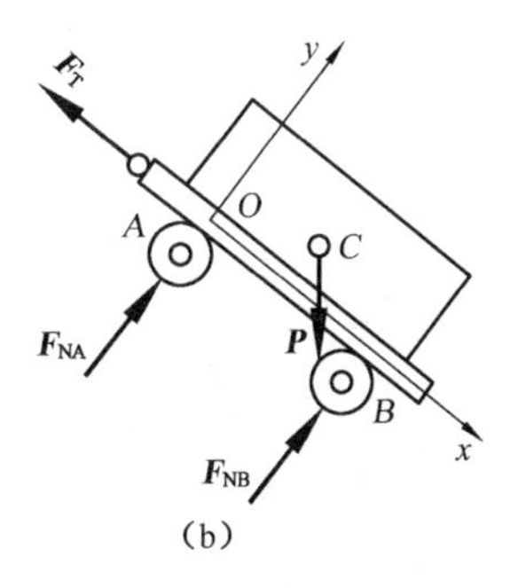

(b)

**图 2-31　例 2-9 图**

**解:**(1)取小车为研究对象,画受力图,如图 2-31(b)所示。小车上作用有重力 $\boldsymbol{P}$,钢丝绳的拉力 $\boldsymbol{F}_T$,轨道在 $A$、$B$ 处的约束反力 $\boldsymbol{F}_{NA}$ 和 $\boldsymbol{F}_{NB}$。

(2) 取图示坐标系,列平衡方程

$$\sum F_x=0, \qquad -F_T+P\sin\alpha=0$$

$$\sum F_y=0, \qquad F_{NA}+F_{NB}-P\cos\alpha=0$$

$$\sum M_O(\boldsymbol{F})=0, \qquad F_{NB}(2a)-Pb\sin\alpha-Pa\cos\alpha=0$$

解得　　$F_T=5$ kN, $F_{NB}=5.33$ kN, $F_{NA}=3.33$ kN

## 2.1.8　空间力系

空间力系是力的作用线不位于同一平面的力系,是物体受力最普遍和最一般的情形。本节研究空间力系的平衡。工程中常见物体所受各力的作用线并不都在同一平面内,而是空间分布的,例如车床主轴、起重设备、高压输电线塔和飞机的起落架等结构。设计这些结构时,需用空间力系的平衡条件进行计算。

**1) 力在空间直角坐标轴上的投影**

(1) 一次(直接)投影法

如已知力 $\boldsymbol{F}$ 与正交坐标系各轴的夹角分别为 $\alpha$、$\beta$、$\gamma$,如图 2-32(a)所示,则力在三个轴上的投影等于力 $\boldsymbol{F}$ 的大小乘以与各轴夹角的余弦,即

$$\left.\begin{aligned}F_x &= F\cos\alpha\\F_y &= F\cos\beta\\F_z &= F\cos\gamma\end{aligned}\right\} \tag{2-19}$$

(2) 二次(间接)投影法

当力 $\boldsymbol{F}$ 与坐标轴 $Ox$、$Oy$ 间的夹角不易确定时,可将力 $\boldsymbol{F}$ 先投影到某一坐标平面,例如 $xOy$ 平面,得到力 $\boldsymbol{F}_{xy}$,再将此力投影到 $x$、$y$ 轴上。如图 2-32(b)所示,已知角 $\gamma$ 和 $\varphi$,则力 $\boldsymbol{F}$ 在三个坐标轴上的投影分别为

$$\left.\begin{aligned}F_x &= F\sin\gamma\cos\varphi\\F_y &= F\sin\gamma\sin\varphi\\F_z &= F\cos\gamma\end{aligned}\right\} \tag{2-20}$$

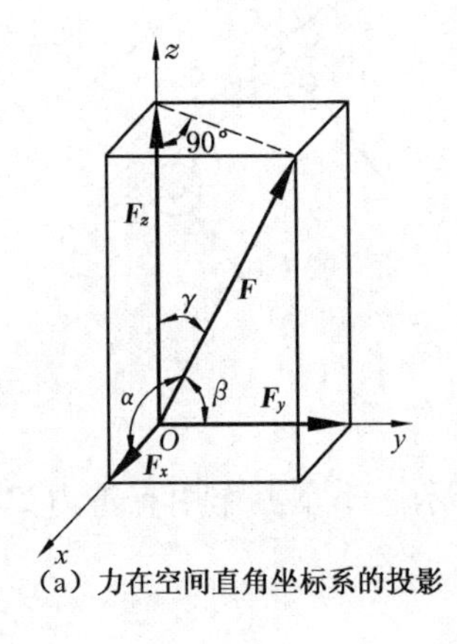

(a) 力在空间直角坐标系的投影

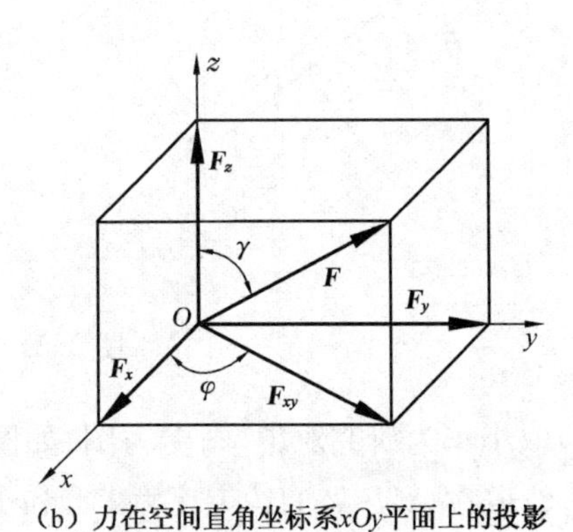

(b) 力在空间直角坐标系xOy平面上的投影

图 2-32

必须指出,力在轴上的投影有正有负,是代数量;而力在平面上的投影,仍具有方向性,故为矢量。

由于空间汇交力系的力多边形是空间的力多边形,用几何法求合力很不方便。用解析法合成空间汇交力系,需应用合力投影定理求合力在坐标轴上的投影,有

$$\left.\begin{aligned}F_{Rx} &= \sum F_{ix}\\F_{Ry} &= \sum F_{iy}\\F_{Rz} &= \sum F_{iz}\end{aligned}\right\} \tag{2-21}$$

合力的大小则为

$$F_R = \sqrt{F_{Rx}^2 + F_{Ry}^2 + F_{Rz}^2} = \sqrt{\left(\sum F_{ix}\right)^2 + \left(\sum F_{iy}\right)^2 + \left(\sum F_{iz}\right)^2} \tag{2-22}$$

合力的方向按下式确定

$$\cos\alpha = \frac{F_{Rx}}{F_R} = \frac{\sum F_{ix}}{F_R},\ \cos\beta = \frac{F_{Ry}}{F_R} = \frac{\sum F_{iy}}{F_R},\ \cos\gamma = \frac{F_{Rz}}{F_R} = \frac{\sum F_{iz}}{F_R} \tag{2-23}$$

式中,$\alpha$、$\beta$、$\gamma$ 分别是合力 $\boldsymbol{F}_R$ 与 $x$、$y$、$z$ 轴的正向夹角。

**2）力对轴之矩的定义**

在工程中,常遇到刚体绕定轴转动的情形,为了度量力对转动刚体的作用效应,必须引入力对轴之矩的概念。

现以关门动作为例,图 2-33(a)中门的一边有固定轴 $z$,在 $A$ 点作用一力 $\boldsymbol{F}$,为度量此力对刚体的转动效应,可将该力 $\boldsymbol{F}$ 分解为两个互相垂直的分力:一个是与转轴平行的分力 $\boldsymbol{F}_z = \boldsymbol{F}\sin\beta$;另一个是在与转轴垂直平面上的分力 $\boldsymbol{F}_{xy} = \cos\beta$。

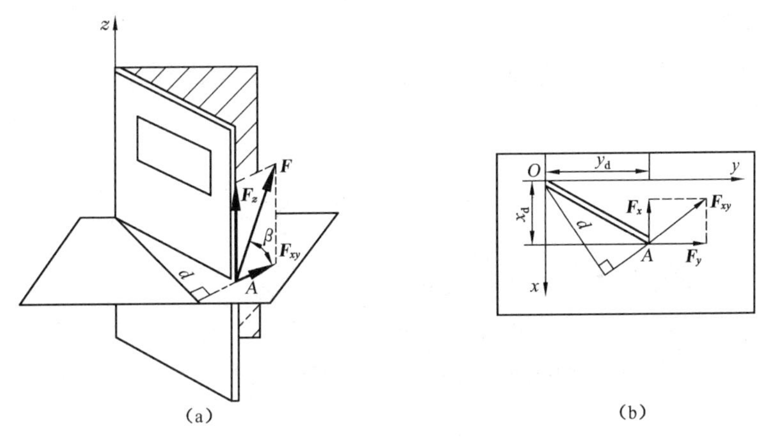


**图 2-33　力对轴之矩**

由经验可知,$\boldsymbol{F}_z$ 不能使门绕 $z$ 轴转动,只有分力 $\boldsymbol{F}_{xy}$ 才能产生使门绕 $z$ 轴转动的效应。

如以 $d$ 表示 $\boldsymbol{F}_{xy}$ 作用线到 $z$ 轴与平面的交点 $O$ 的距离,则 $\boldsymbol{F}_{xy}$ 对 $O$ 点之矩,就可以用来度量力 $\boldsymbol{F}$ 使门绕 $z$ 轴转动的效应,记作

$$M_z(\boldsymbol{F}) = M_O(\boldsymbol{F}_{xy}) = \pm \boldsymbol{F}_{xy}d \tag{2-24}$$

力对轴之矩在轴上的投影是代数量,其值等于此力在垂直该轴平面上的投影对该轴与此平面的交点之矩。力矩的正负代表其转动作用的方向。当从 $z$ 轴正向看,逆时针方向转动为正,顺时针方向转动为负。

由式(2-24)可知,当力的作用线与转轴平行($F_{xy} = 0$),或者与转轴相交时($d = 0$),即当力与转轴共面时,力对该轴之矩等于零。力对轴之矩的单位是N·m。

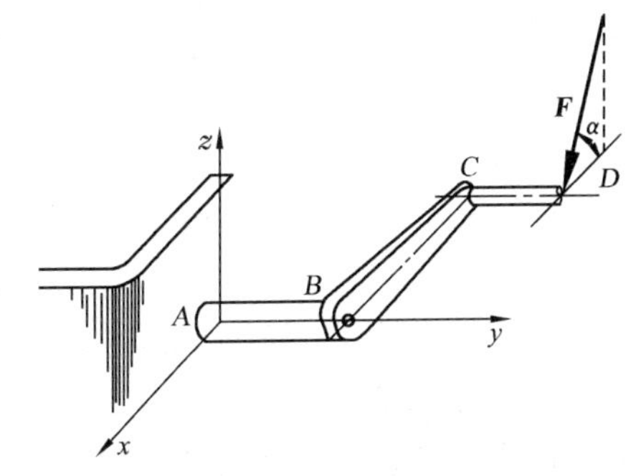


**图 2-34　例 2-10 图**

**3）合力矩定理**

设有一空间力系 $\boldsymbol{F}_1$、$\boldsymbol{F}_2$、…、$\boldsymbol{F}_n$,其合力为 $\boldsymbol{F}_R$,则可证合力 $\boldsymbol{F}_R$ 对某轴之矩等于各分力对同轴力矩的代数和。可写成

$$M_z(\boldsymbol{F}_R) = \sum M_z(\boldsymbol{F}) \tag{2-25}$$

式(2-25)常被用来计算空间力对轴求矩。

**【例 2-10】**　计算图 2-34 所示手摇曲柄上 $\boldsymbol{F}$ 对 $x$、$y$、$z$ 轴之矩。已知 $\boldsymbol{F}$ 为平行于 $xAz$ 平面的力,$F=100$ N,$\alpha=60°$,$AB=20$ cm,$BC=40$ cm,$CD=15$ cm,$A$、$B$、$C$、$D$ 处于同一水平面上。

**解**：力 $\boldsymbol{F}$ 在 $x$ 和 $z$ 轴上有投影

$$F_x = F\cos\alpha,\ F_z = F\sin\alpha$$

计算 $\boldsymbol{F}$ 对 $x$、$y$、$z$ 各轴的力矩

$$M_x(\boldsymbol{F}) = -F_z(AB+CD) = -100\times\sin 60^\circ(20+15) = -3\ 031\ \text{N}\cdot\text{cm} = -30.31\ \text{N}\cdot\text{m}$$
$$M_y(\boldsymbol{F}) = -F_zBC = -100\times\sin 60^\circ\times 40 = -3\ 464\ \text{N}\cdot\text{cm} = -34.64\ \text{N}\cdot\text{m}$$
$$M_z(\boldsymbol{F}) = -F_x(AB+CD) = -100\times\cos 60^\circ(20+15) = -1\ 750\ \text{N}\cdot\text{cm} = -17.5\ \text{N}\cdot\text{m}$$

**4）空间力系的平衡方程**

空间任意力系平衡的必要和充分条件是力系中的各力在空间直角坐标系的三个坐标轴上的投影代数和等于零，同时各力对各轴的矩的代数和也分别等于零。由此可得空间任意力系的平衡方程为

$$\left.\begin{aligned}&\sum F_x = 0,\quad \sum F_y = 0,\quad \sum F_z = 0\\&\sum M_x(\boldsymbol{F}) = 0,\ \sum M_y(\boldsymbol{F}) = 0,\ \sum M_z(\boldsymbol{F}) = 0\end{aligned}\right\}\tag{2-26}$$

由此可见，空间任意力系有六个独立的平衡方程，可用于求解六个未知量。空间汇交力系和空间平行力系是空间任意力系的两种特殊情况，对于这两种特殊力系的平衡方程可以从空间任意力系导出。

(1) 空间汇交力系平衡条件式为

$$\left.\begin{aligned}\sum F_x = 0\\\sum F_y = 0\\\sum F_z = 0\end{aligned}\right\}\tag{2-27}$$

(2) 空间平行力系平衡方程为

$$\left.\begin{aligned}\sum F_z = 0\\\sum M_x(\boldsymbol{F}) = 0\\\sum M_y(\boldsymbol{F}) = 0\end{aligned}\right\}\tag{2-28}$$

以上两种力系有三个独立的平衡方程，可用于求解三个未知量。

【例 2-11】 三轮小车自重 $W=8$ kN，作用于点 $C$，载荷 $F=10$ kN，作用于点 $E$，如图 2-35 所示。求小车静止时地面对车轮的反力。

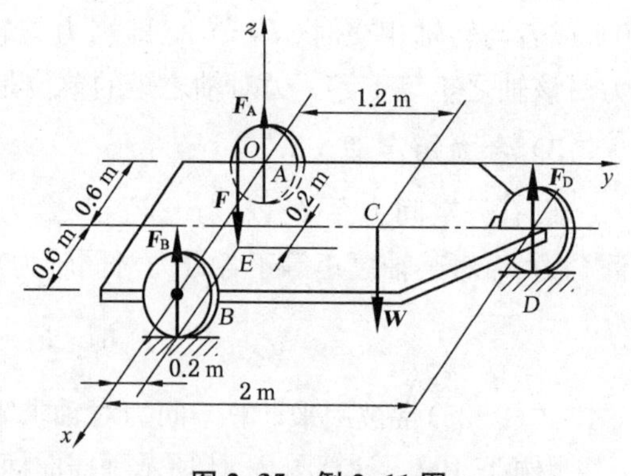


图 2-35 例 2-11 图

**解**：(1) 选小车为研究对象，画受力图如图 2-35 所示。其中 $\boldsymbol{W}$ 和 $\boldsymbol{F}$ 为主动力，$\boldsymbol{F}_A$、$\boldsymbol{F}_B$、$\boldsymbol{F}_D$ 为地面的约束反力，此五个力相互平行，组成空间平行力系。

(2) 取坐标轴如图所示，列出平衡方程求解

$\sum F_z = 0$，　　$-F - W + F_A + F_B + F_D = 0$

$\sum M_x(\boldsymbol{F}) = 0$，$-0.2 \times F - 1.2 \times W + 2 \times F_D = 0$

$\sum M_y(\boldsymbol{F}) = 0$，$0.8 \times F + 0.6 \times W - 0.6 \times F_D - 1.2 \times F_B = 0$

得　　　　$F_D = 5.8\ \text{kN}$，$F_B = 7.77\ \text{kN}$，$F_A = 4.43\ \text{kN}$

**【例 2-12】** 传动轴如图 2-36 所示，以 $A$、$B$ 两轴承支承。圆柱直齿轮的节圆直径 $d = 173\ \text{mm}$，压力角 $\alpha = 20°$，在齿轮上作用一力偶，其力偶矩 $M = 1\,030\ \text{N} \cdot \text{m}$。如轮轴自重和摩擦不计，求传动轴匀速转动时 $A$、$B$ 两轴承的反力及齿轮所受的啮合力 $\boldsymbol{F}$。

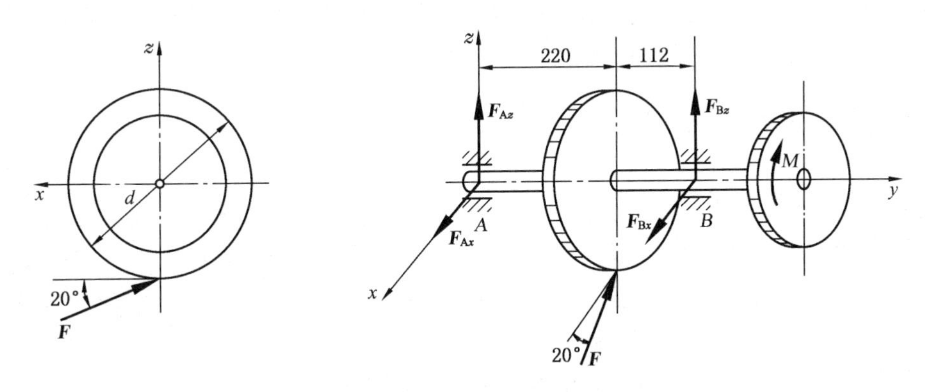


图 2-36　例 2-12 图

**解**：(1)取整个轴为研究对象。设 $A$、$B$ 两轴承的反力分别为 $\boldsymbol{F}_{Ax}$、$\boldsymbol{F}_{Az}$、$\boldsymbol{F}_{Bx}$、$\boldsymbol{F}_{Bz}$，并沿 $x$、$z$ 轴的正向，此外还有力偶 $M$ 和齿轮所受的啮合力 $\boldsymbol{F}$，这些力构成空间一般力系。

(2) 取坐标轴如图所示，列平衡方程

$$\sum M_y(\boldsymbol{F}) = 0, \qquad -M + F\cos 20° \times d/2 = 0$$

$$\sum M_x(\boldsymbol{F}) = 0, \qquad F\sin 20° \times 220 + F_{Bz} \times 332 = 0$$

$$\sum M_z(\boldsymbol{F}) = 0, \qquad -F_{Bx} \times 332 + F\cos 20° \times 220 = 0$$

$$\sum F_x = 0, \qquad F_{Ax} + F_{Bx} - F\cos 20° = 0$$

$$\sum F_z = 0, \qquad F_{Az} + F_{Bz} + F\sin 20° = 0$$

联立求解以上各式，得

$F = 12.67\ \text{kN}$，　$F_{Bz} = -2.87\ \text{kN}$，　$F_{Bx} = 7.89\ \text{kN}$，

$F_{Ax} = 4.02\ \text{kN}$，　$F_{Az} = -1.46\ \text{kN}$

**相关知识**

## 2.2.1　平面连杆机构类型特点

平面连杆机构是由若干构件通过低副联接而成的平面机构，也称平面低副机构。

平面连杆机构广泛应用于各种机械和仪表中，其主要特点是：

(1) 由于运动副都是低副，构件间为面接触，因此压强小、磨损较轻、承载能力较强。

(2) 构件的形状简单，易于加工，构件之间的接触由构件本身的几何约束来保持，故工作可靠。

(3) 可实现多种运动形式及其转换，满足多种运动规律的要求。

(4) 由于低副中存在间隙，机构不可避免地存在着运动误差，精度不高。

(5) 惯性力难以平衡，不适用于高速场合。

平面机构常以其组成的构件(杆)数来命名，如由四个构件通过低副联接而成的机构称为四杆机构，而五杆或五杆以上的平面连杆机构称为多杆机构。四杆机构是平面连杆机构中最常见的形式，因此本章着重讨论四杆机构的基本类型、性质及常用设计方法。

## 2.2.2 铰链四杆机构的基本类型及其演化

### 1）四杆机构的基本类型

由转动副联接四个构件而形成的机构，称为铰链四杆机构，是四杆机构的基本形式。如图 2-37 所示。固定不动的构件 $AD$ 是机架；与机架相连的构件 $AB$、$CD$ 称为连架杆；不与机架直接相连的构件 $BC$ 称为连杆。能绕机架做 360°回转的连架杆称为曲柄，只能在小于 360°范围内摆动的连架杆称为摇杆。

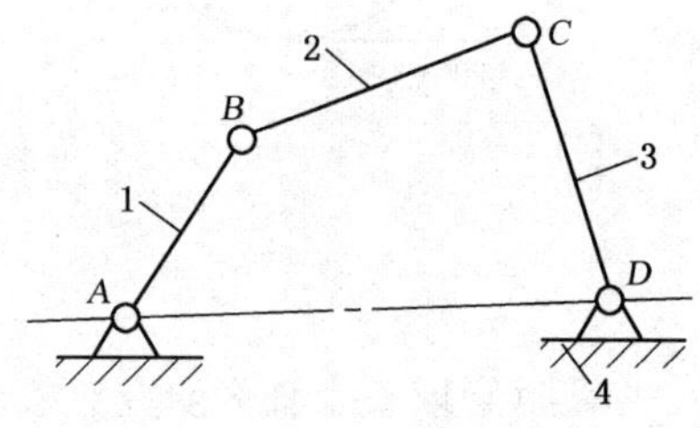


图 2-37　铰链四杆机构

根据两连架杆中曲柄或摇杆的数目，铰链四杆机构可分为三种基本形式。

(1) 曲柄摇杆机构

两连架杆中一个为曲柄，另一个为摇杆的四杆机构，称为曲柄摇杆机构。曲柄摇杆机构中，当以曲柄为原动件时，可将曲柄的匀速转动变为从动件的摆动。

应用案例：如图 2-1、图 2-38、图 2-39、图 2-40 所示的缝纫机、雷达天线机构、汽车前窗的刮雨器、水稻插秧机的秧爪运动机构均为曲柄摇杆机构的应用。

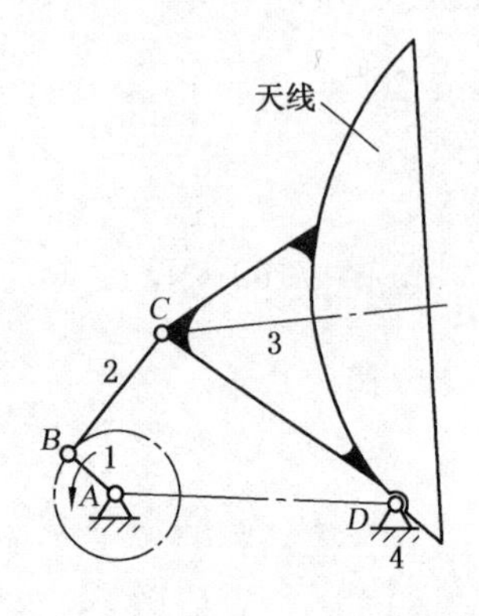


图 2-38　雷达天线俯仰角调整机构

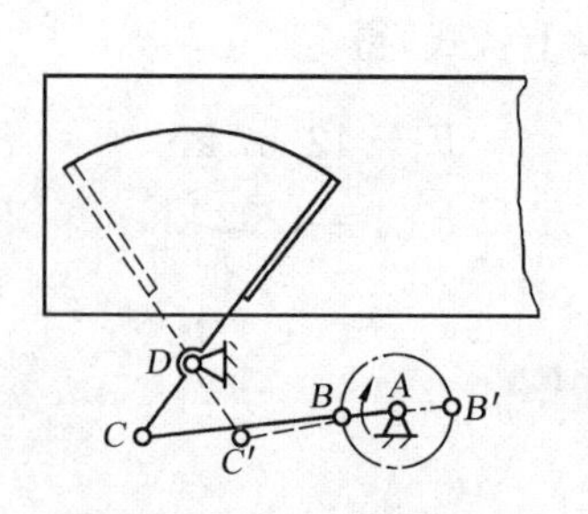


图 2-39　汽车前窗的刮雨器

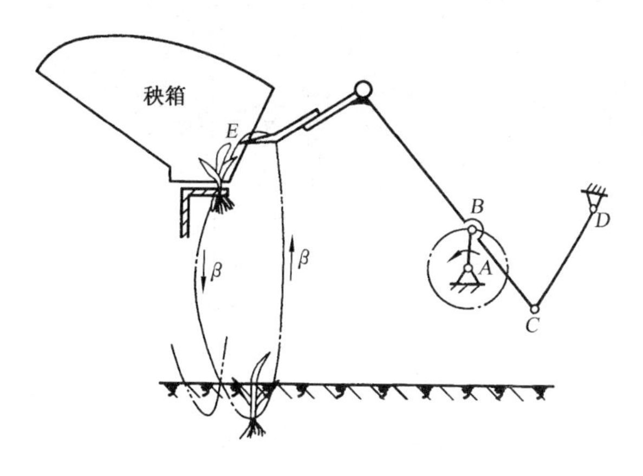


图 2-40　水稻插秧机的秧爪运动机构

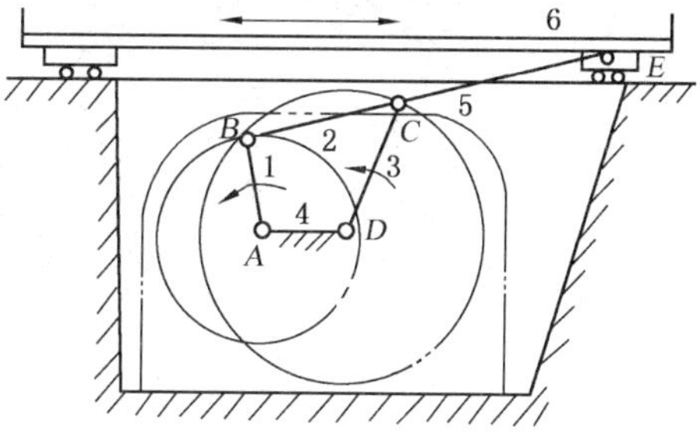

图 2-41　惯性筛机构

(2) 双曲柄机构

两连架杆均为曲柄的四杆机构称为**双曲柄机构**。

应用案例:如图 2-41 所示的惯性筛机构,主动曲柄做 $AB$ 匀速转动时,从动曲柄 $CD$ 做同向变速转动。在双曲柄机构中,当两曲柄长度相等,连杆与机架的长度也相等时,称为平行双曲柄机构(平行四边形机构)。如图 2-42 所示的机车车轮联动机构,就是平行双曲柄机构的具体应用。它能保证被联动的各轮与主动轮做相同的运动。为了防止在曲柄与机架共线时运动不确定,其内含一个虚约束。

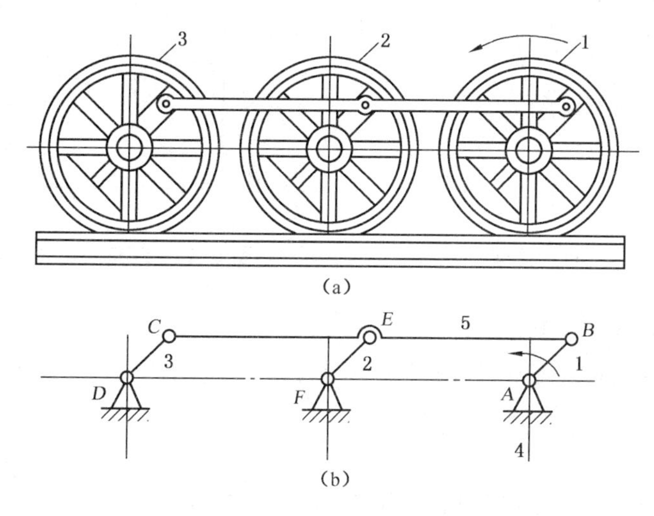


图 2-42　机车车轮联动机构

(3) 双摇杆机构

两连架杆均为摇杆的铰链四杆机构称为**双摇杆机构**。

应用案例:图 2-43 所示为港口起重机,当 $CD$ 杆摆动时,连杆 $CB$ 上悬挂重物的点 $E$ 在近似水平直线上移动。图 2-44 所示的电风扇的摇头机构中,电机装在摇杆 $AB$ 上,铰链 $B$ 处装有一个与连杆 $BC$ 固结在一起的蜗轮。电机转动时,电机轴上的蜗杆带动蜗轮迫使连杆 $BC$ 绕 $B$ 点做整周转动,从而使连架杆 $AB$ 和 $CD$ 做往复摆动,达到使风扇摇头的目的。

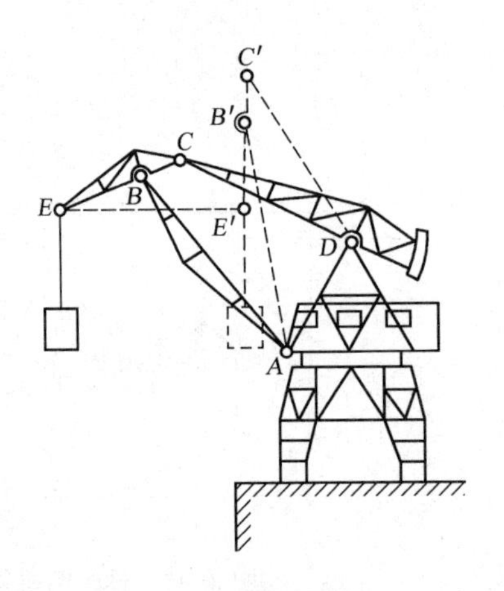


图 2-43　港口起重机

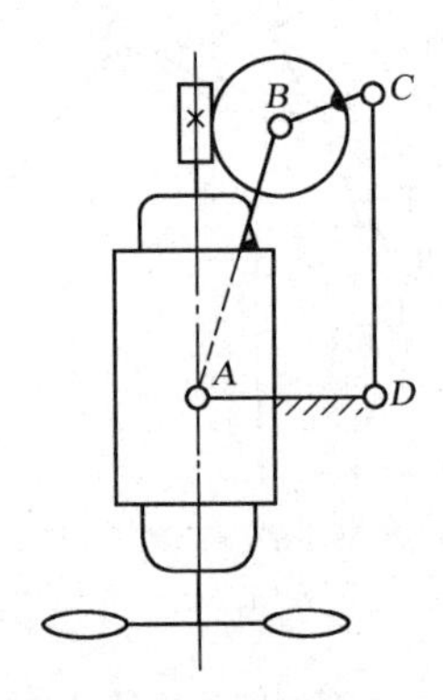


图 2-44　电风扇的摇头机构

图 2-45 所示的飞机起落架及图 2-46 所示的汽车前轮的转向机构等也均为双摇杆机构的实际应用。

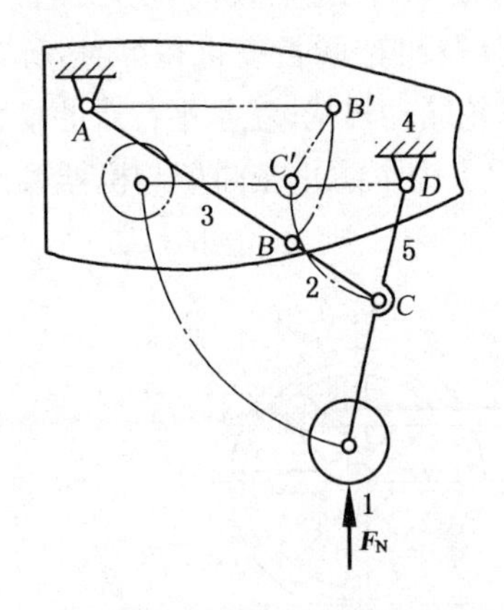


图 2-45　飞机起落架

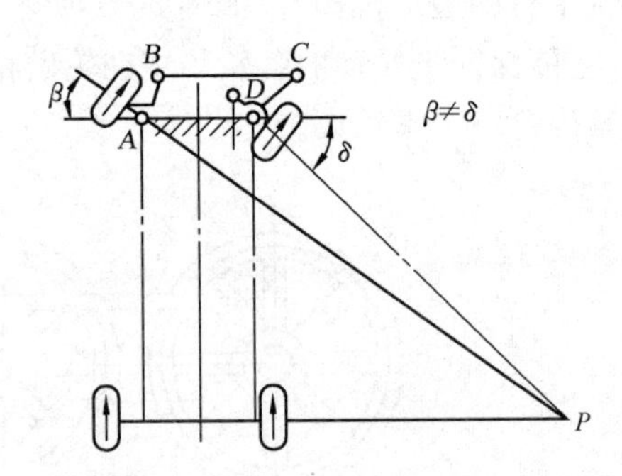


图 2-46　汽车前轮的转向机构

**2）平面四杆机构的演化**

生产中广泛应用的各种四杆机构，都可认为是从铰链四杆机构演化而来的。下面分析几种常用的演化机构。

(1) 曲柄滑块机构

如图 2-47(a)所示曲柄摇杆机构，1 为曲柄，3 为摇杆，$C$ 点的轨迹为以 $D$ 为圆心、杆长 $CD$ 为半径的圆弧 $k_C$。现将运动副 $D$ 尺寸扩大至其半径等于摇杆 3 的长度 $CD$，机架 4 演化成一圆弧槽 $k_C$，将摇杆 3 做成弧形滑块置于槽中滑动，如图 2-47(b)所示。尽管转动副 $D$ 的尺寸发生了改变，但其相对运动性质却完全相同。又若再将圆弧槽 $k_C$ 的半径增加至无穷大，其圆心 $D$ 移至无穷远处，则圆弧槽变成了直槽，置于其中的滑块 3 做往复直线运动，从而转动副 $D$ 演化为移动副，曲柄摇杆机构演化为含一个移动副的四杆机构，称为曲柄滑块机构，如图 2-47(c)所示。图中 $e$ 为曲柄回转中心 $A$ 至经过 $C$ 点直槽中心线的距离，称为偏距。当 $e \neq 0$ 时称为偏置曲柄滑块机构，当 $e = 0$ 时称为对心曲柄滑块机构，如图 2-47(d)所示。

应用案例：内燃机、空气压缩机、冲床和送料机构等的主机构都是曲柄滑块机构。

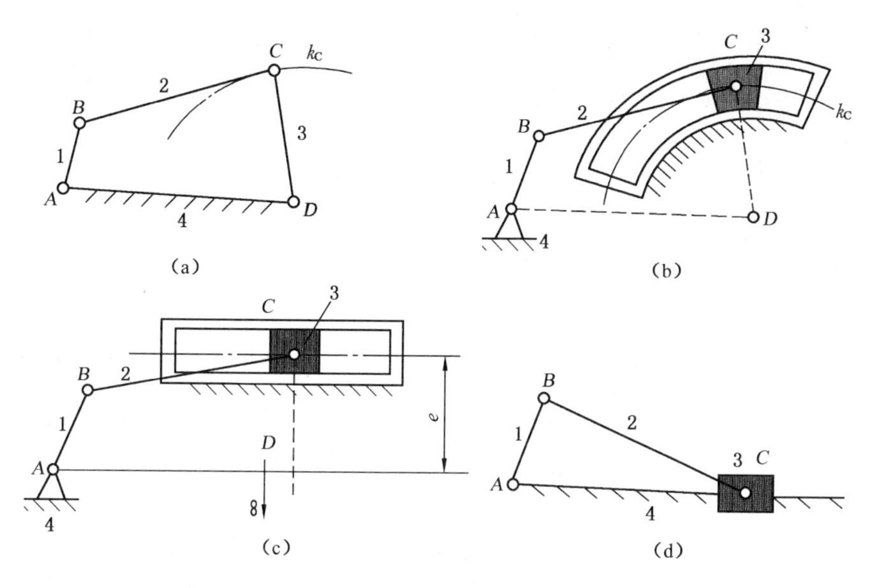


图 2-47　曲柄摇杆机构演化

(2) 偏心轮机构

在图 2-48 所示的曲柄滑块机构中，若曲柄很短，可将转动副 $B$ 的尺寸扩大到超过曲柄长度，则曲柄 $AB$ 就演化成几何中心 $B$ 不与转动中心 $A$ 重合的圆盘，该圆盘称为偏心轮，含有偏心轮的机构称为偏心轮机构。

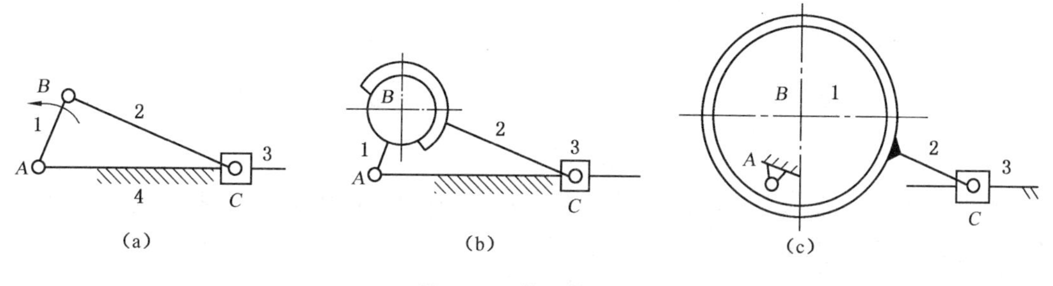


图 2-48　偏心轮机构

应用案例：破碎机、剪床及冲床等。偏心轮机构结构简单，偏心轮轴颈的强度和刚度大，广泛用于曲柄长度要求较短、冲击载荷较大的机械中。

(3) 导杆机构

导杆机构可以看成是改变曲柄滑块机构中的固定件演化而来的。图 2-49 所示的曲柄滑块机构中，若以杆 1 作机架，则当杆 $l_1 < l_2$ 时可得转动导杆机构，见图 2-50；当杆 $l_1 > l_2$ 时可得摆动导杆机构，见图 2-51。

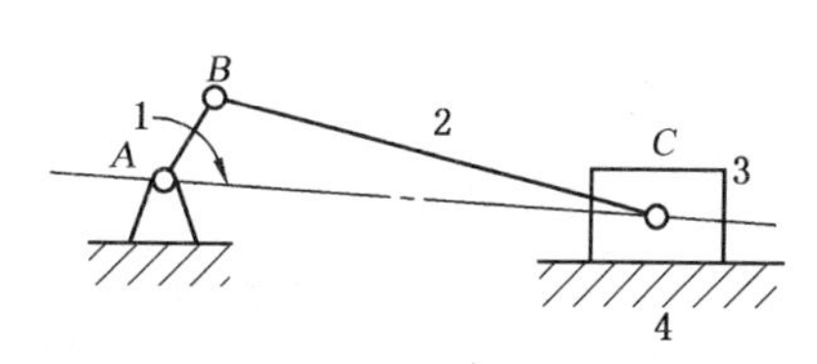


图 2-49　曲柄滑块机构

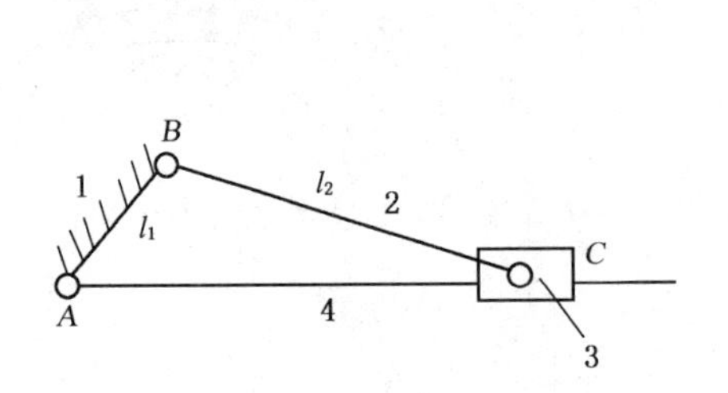

图 2-50 转动导杆机构

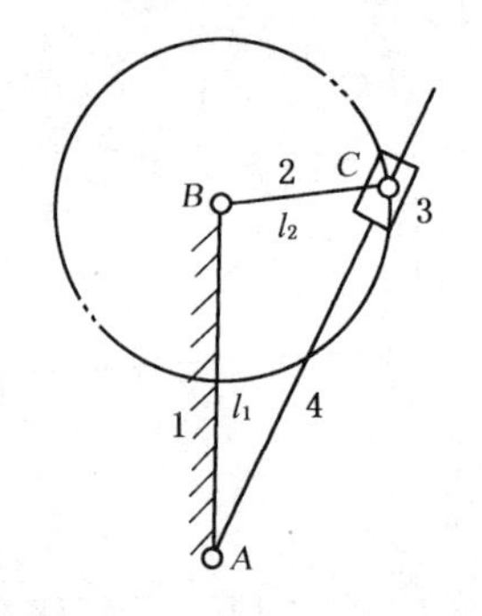

图 2-51 摆动导杆机构

应用案例:导杆机构具有很好的传力性能,常用于插床、牛头刨床和送料装置等机械设备中。图 2-52、图 2-53 所示分别为插床主体机构和牛头刨床主体机构。

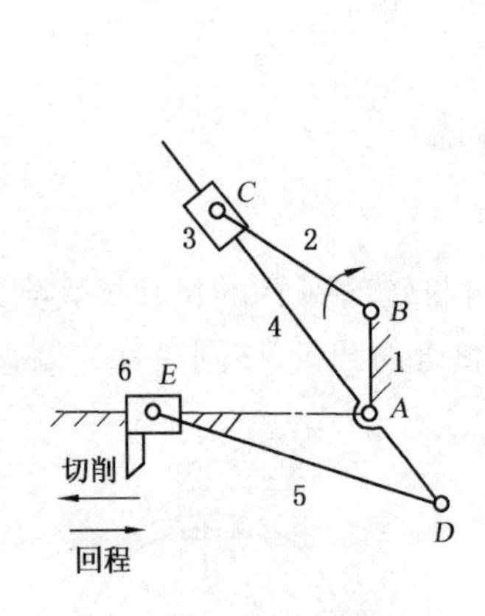

图 2-52 插床主体机构

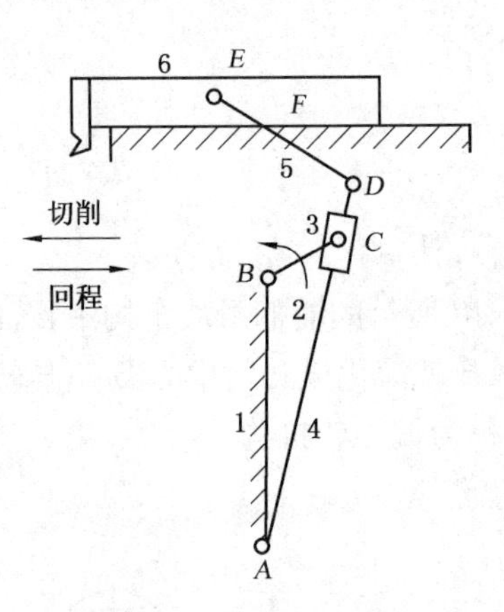

图 2-53 牛头刨床主体机构

(4) 摇块机构

图 2-49 所示的曲柄滑块机构中,若以杆 2 作机架,得到摇块机构见图 2-54,此时滑块只能绕 $C$ 点摆动,称为摇块。

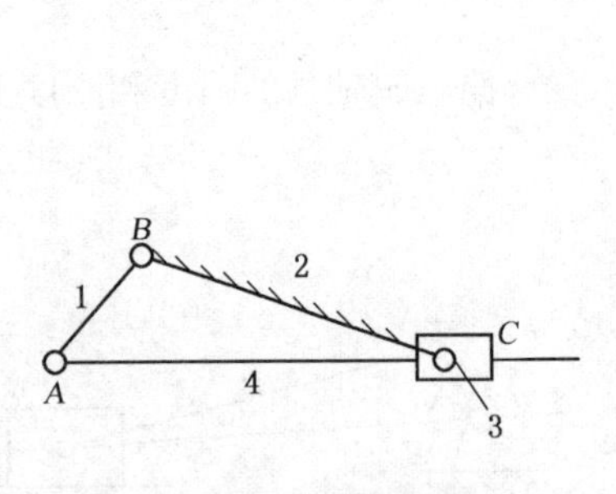

图 2-54 摇块机构

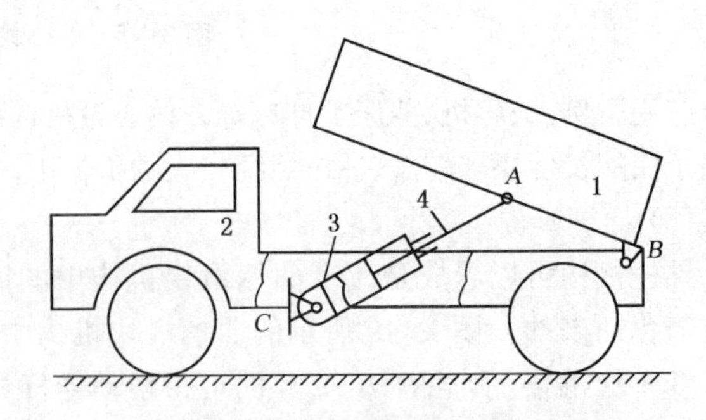

图 2-55 货车翻斗机构

应用案例:常用于摆缸式原动机和气、液压驱动装置中,如图 2-55 所示的货车自动卸料机构,当油缸 3 中的压力油推动活塞杆 4 运动时,车厢 1 便绕回转副中心 $B$ 倾转,当达到一定角度时,物料自动卸下。

(5) 定块机构

图 2-49 所示的曲柄滑块机构中，若以滑块作机架，得到定块机构见图 2-56，其运动特点是当主动件 1 回转时，杆 2 绕 $C$ 点摆动，杆 4 仅相对固定滑块做往复移动。

应用案例：常用于抽水唧筒(如图 2-57)和抽油泵中。

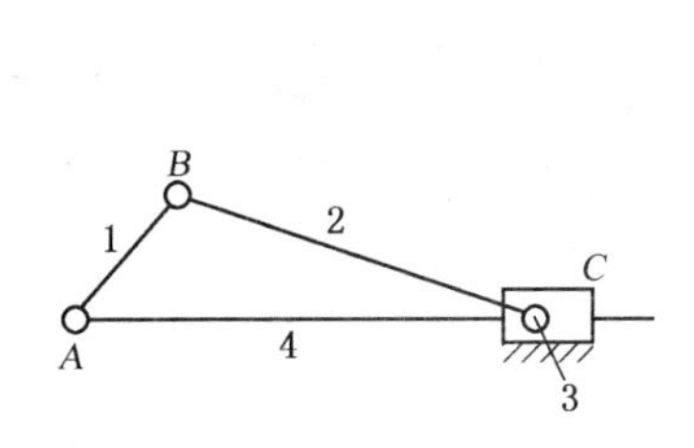


图 2-56　定块机构

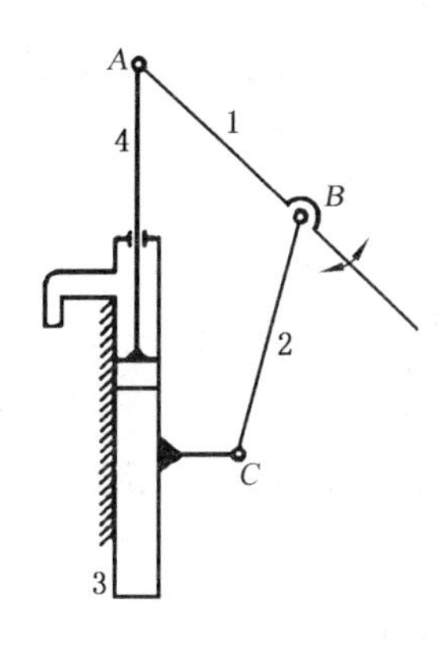


图 2-57　抽水唧筒机构

## 2.2.3　平面四杆机构的基本特性

### 1) 铰链四杆机构有曲柄的条件

铰链四杆机构三种基本类型是按机构中是否有曲柄来区分的。下面就以铰链四杆机构来分析曲柄存在的条件。

在图 2-58 所示的铰链四杆机构中，各杆的长度分别为 $a$、$b$、$c$、$d$。

设 $a<d$，若 $AB$ 杆能绕 $A$ 整周回转，则 $AB$ 杆应能够占据与 $AD$ 共线的两个位置 $AB'$ 和 $AB''$。由图可见，为使 $AB$ 杆能转至位置 $AB'$，构成三角形 $B'C'D$，即各杆长度应满足 $a+d\leqslant b+c$。

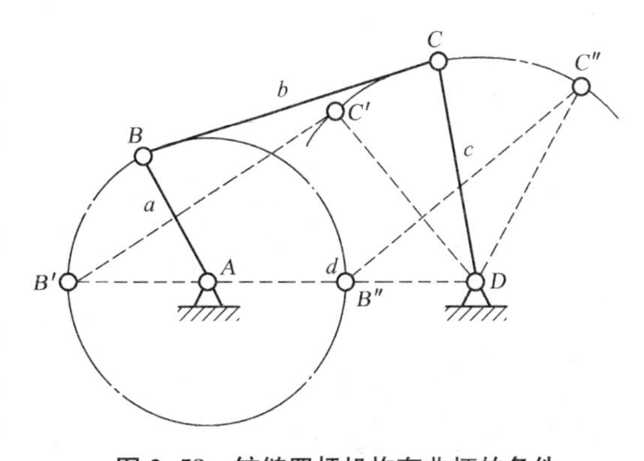


图 2-58　铰链四杆机构有曲柄的条件

而为使 $AB$ 杆能转至 $AB''$，构成三角形 $B''C''D$，各杆长度关系应满足：$b\leqslant(d-a)+c$ 或 $c\leqslant(d-a)+b$，即

$$a+d\leqslant b+c \tag{2-29}$$

$$a+b\leqslant c+d \tag{2-30}$$

$$a+c\leqslant d+b \tag{2-31}$$

将式(2-29)、式(2-30)和式(2-31)两两相加化简可以得到

$$a\leqslant b,\ a\leqslant c,\ a\leqslant d \tag{2-32}$$

若 $d<a$，同样可得到

$$\begin{cases} d+a \leqslant b+c \\ d+b \leqslant c+a \\ d+c \leqslant a+b \\ d \leqslant a, d \leqslant b, d \leqslant c \end{cases} \tag{2-33}$$

由此,可以得出铰链四杆机构曲柄存在的条件是:

(1) 连架杆和机架中必有一杆是最短杆。

(2) 最短杆与最长杆长度之和小于或等于其他两杆长度之和(简称为杆长条件)。

根据有曲柄的条件可得推论:

(1) 当最长杆与最短杆长度之和大于其余两杆长度之和时,只能得到双摇杆机构。

(2) 当最长杆与最短杆长度之和小于或等于其余两杆长度之和时:①最短杆为机架时,得到双曲柄机构;②最短杆为连架杆时,得到曲柄摇杆机构;③最短杆为连杆时,得到双摇杆机构。

**2)急回特性**

(1) 平面四杆机构的极位、极位夹角、最大摆角

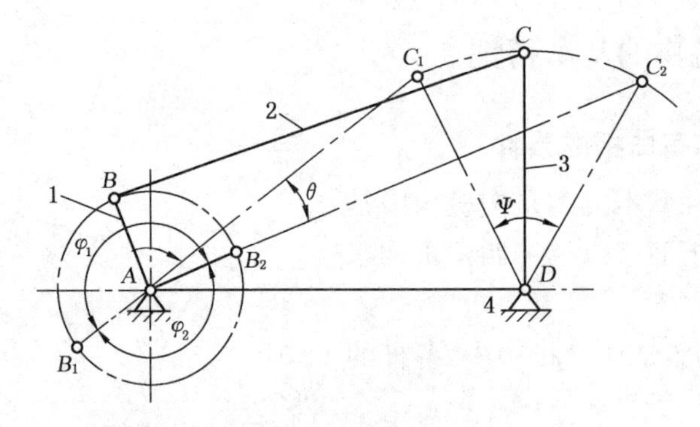


**图 2-59　曲柄摇杆机构**

以图 2-59 所示的曲柄摇杆机构为例,当曲柄为原动件时,摇杆做往复摆动的左、右两个极限位置,称为**极位**;曲柄在摇杆处于两极位时的对应位置所夹的锐角称为**极位夹角**,用 $\theta$ 表示;摇杆的两个极位所夹的角度称为**最大摆角**,用 $\Psi$ 表示。

(2) 急回特性

图 2-59 中,当主动曲柄顺时针从 $AB_1$ 转到 $AB_2$,转过角度 $\varphi_1 = 180^\circ + \theta$,摇杆从 $C_1D$ 转到 $C_2D$,时间为 $t_1$,$C$ 点的平均速度为 $v_1$。曲柄继续顺时针从 $AB_2$ 转到 $AB_1$,转过角度 $\varphi_2 = 180 - \theta$,摇杆从 $C_2D$ 摆回到 $C_1D$,时间为 $t_2$,$C$ 点的平均速度为 $v_2$。曲柄是等速转动,其转过的角度与时间成正比。因 $\varphi_1 > \varphi_2$,故 $t_1 > t_2$。由于摇杆往返的弧长相同,而时间不同,$t_1 > t_2$,所以 $v_2 > v_1$。说明当曲柄等速转动时,摇杆来回摆动的速度不同,返回速度较大。机构的这种性质,称为机构的急回特性,通常用行程速度变化系数 $K$ 来表示急回特性的程度,即

$$K = \frac{\text{从动件回程平均速度}}{\text{从动件工作平均速度}} = \frac{\widehat{C_2C_1}/t_2}{\widehat{C_1C_2}/t_1} = \frac{t_1}{t_2} = \frac{180+\theta}{180-\theta} \tag{2-34}$$

$$\theta = 180^\circ \frac{K-1}{K+1} \tag{2-35}$$

式(2-34)表明,机构的急回程度取决于极位夹角的大小,只要$\theta$不等于零,即$K>1$,则机构具有急回特性;$\theta$越大,$K$值越大,机构的急回作用就越显著。

对于图2-60(a)所示的对心曲柄滑块机构,因$\theta=0°$,则$K=1$,机构无急回特性;而对图2-60(b)所示的偏置式曲柄滑块机构和图2-61所示的摆动导杆机构,因$\theta\neq0°$,则$K>1$,机构有急回特性。

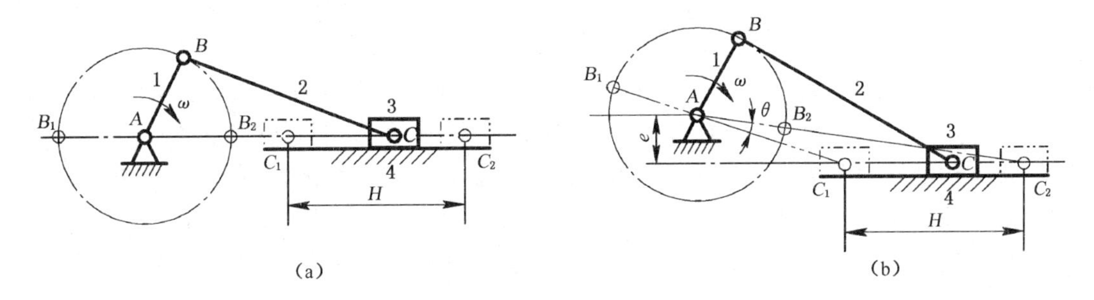


图2-60　曲柄滑块机构

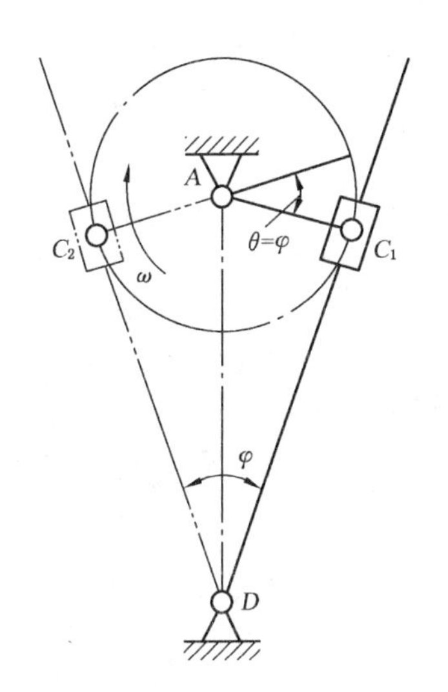


图2-61　摆动导杆机构

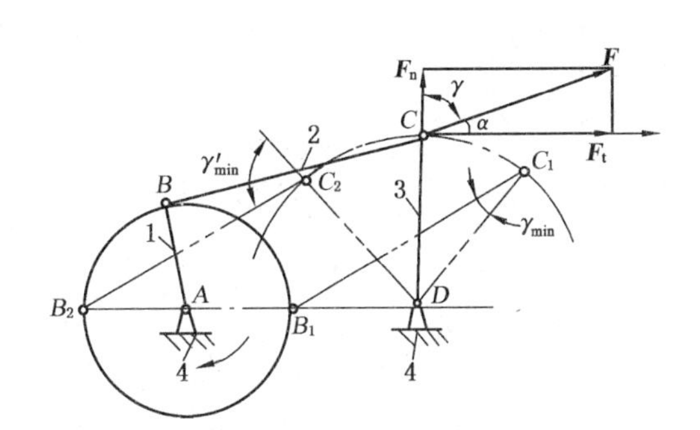


图2-62　曲柄摇杆机构的压力角和传动角

四杆机构的急回特性可以节省非工作循环时间,提高生产效率,如牛头刨床中退刀速度明显高于工作速度,就是利用了摆动导杆机构的急回特性。

### 3）传力特性

平面四杆机构在生产中需要同时满足机器传递运动和动力的要求,具有良好的传力性能,可以使机构运转轻快,提高生产效率。要保证所设计的机构具有良好的传力性能,应从以下几个方面加以注意:

(1) 压力角和传动角

衡量机构传力性能的特性参数是压力角。在不计摩擦力、惯性力和杆件的重力时,从动件上受力点的速度方向与所受作用力方向之间所夹的锐角,称为机构的**压力角**,用$\alpha$表示。它的余角$\gamma$称为**传动角**。

图2-62所示曲柄摇杆机构中,如不考虑构件的重量和摩擦力,则连杆是二力杆,主动曲柄

通过连杆传给从动杆的力 $F$ 沿 $BC$ 方向。

力 $F$ 可分解为两个相互垂直的分力，即沿 $C$ 点速度 $v_C$ 方向的分力 $F_t$ 和沿摇杆 $CD$ 方向的分力 $F_n$，其中 $F_n$ 只能使铰链 $C$、$D$ 产生径向压力，而 $F_t$ 才是推动从动件 $CD$ 运动的有效分力。计算公式如下：

$$F_t = F\cos\alpha = F\sin\gamma \tag{2-36}$$

$$F_n = F\sin\alpha = F\cos\gamma \tag{2-37}$$

显然，$\alpha$ 越小或者 $\gamma$ 越大，有效分力越大，对机构传动越有利。$\alpha$ 和 $\gamma$ 是反映机构传动性能的重要指标。由于 $\gamma$ 角更便于观察和测量，工程上常以传动角来衡量连杆机构的传力性能。

在机构运动过程中，压力角和传动角的大小是随机构位置而变化的，为保证机构的传力性能良好，设计时须限定最小传动角或最大压力角 $\alpha_{max}$。设计时一般应使 $\gamma_{min} \geqslant 40°$，对于高速大功率机械应使 $\gamma_{min} \geqslant 50°$。为此，必须确定 $\gamma = \gamma_{min}$ 时机构的位置，并检验 $\gamma_{min}$ 的值是否小于上述的最小允许值。

铰链四杆机构最小传动角出现在曲柄与机架共线的两位置之一处，如图 2-62 所示 $\gamma_{min}$ 和 $\gamma'_{min}$ 中较小者为最小传动角。

对于曲柄滑块机构，当主动件为曲柄时，最小传动角出现在曲柄与机架垂直的位置，如图 2-63 所示。

图 2-64 所示的导杆机构，由于在任何位置时主动曲柄通过滑块传给从动杆的力的方向，与从动杆受力的速度方向始终一致，所以传动角始终等于 90°。

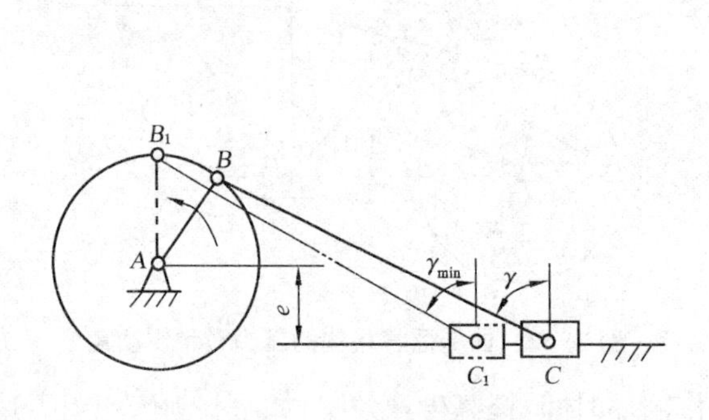

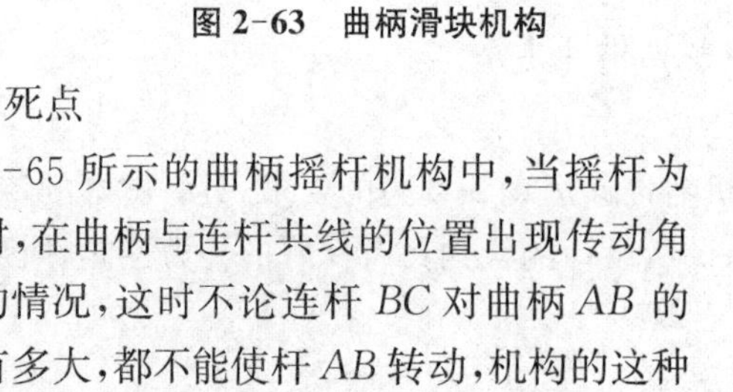

图 2-63　曲柄滑块机构

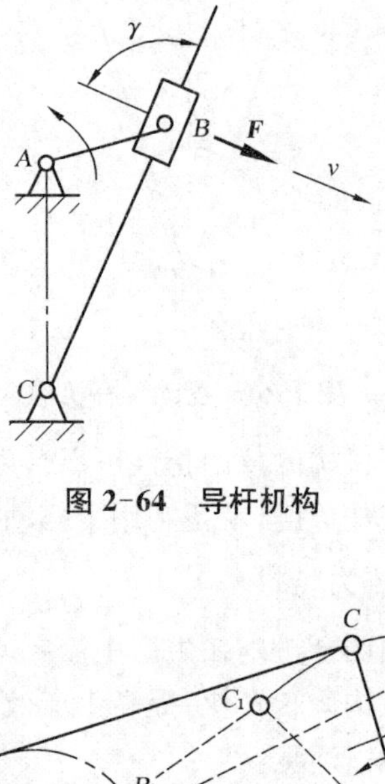

图 2-64　导杆机构

(2) 死点

图 2-65 所示的曲柄摇杆机构中，当摇杆为主动件时，在曲柄与连杆共线的位置出现传动角等于零的情况，这时不论连杆 $BC$ 对曲柄 $AB$ 的作用力有多大，都不能使杆 $AB$ 转动，机构的这种位置(图中虚线所示位置)称为**死点**。

当机构处于死点位置时，从动件将出现卡死或者运动不确定的现象。设计时必须采取措施确保机构能顺利通过死点，通常采用在从动件上

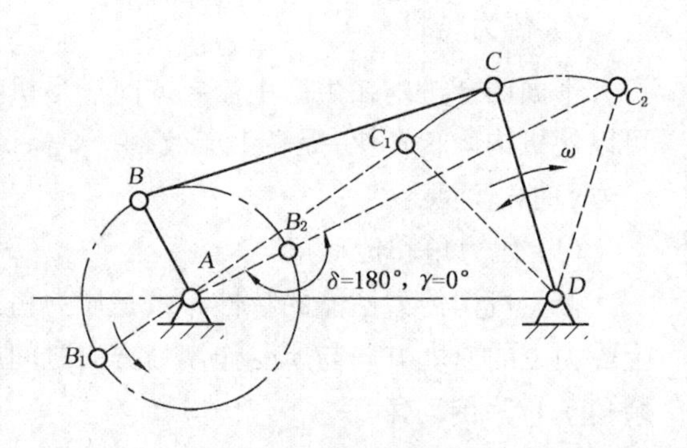

图 2-65　曲柄摇杆机构

安装飞轮，利用飞轮的惯性，或错位排列使机构通过死点位置。图 2-66 所示的机车车轮联动机构，当一个机构处于死点位置时，可借助另一个机构来越过死点。对有夹紧或固定要求的机构，则可在设计中利用死点的特点来达到目的。如图 2-67 所示的飞机起落架，当机轮放下时，*BC* 杆与 *CD* 杆共线，机构处在死点位置，地面对机轮的力不会使 *CD* 杆转动，使飞机降落可靠。图 2-68 所示的夹具，工件夹紧后 *BCD* 成一条线，工作时工件的反力再大也不能使机构反转，使夹紧牢固可靠。

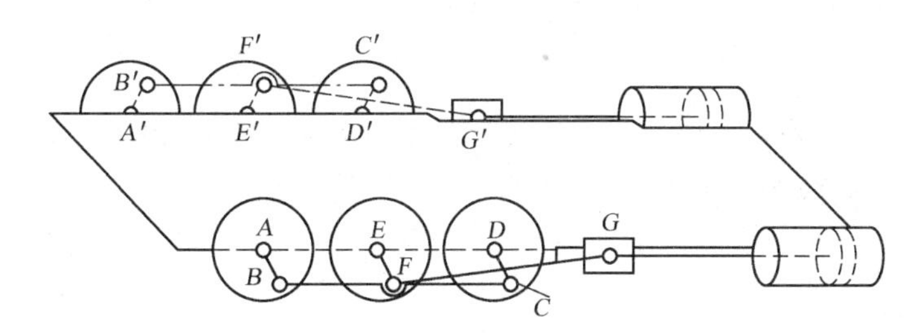


**图 2-66　机车车轮联动机构**

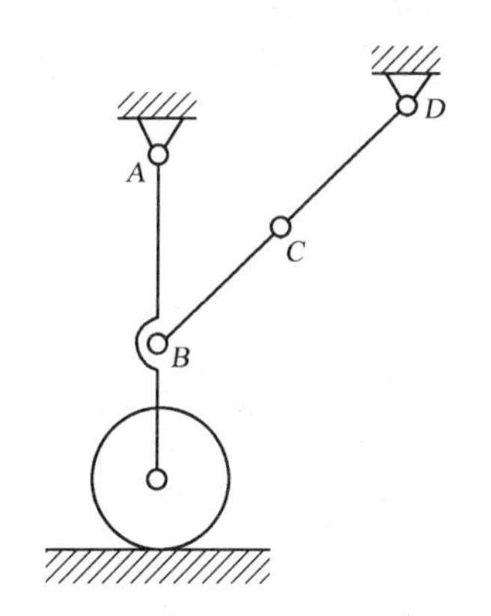


**图 2-67　飞机起落架**

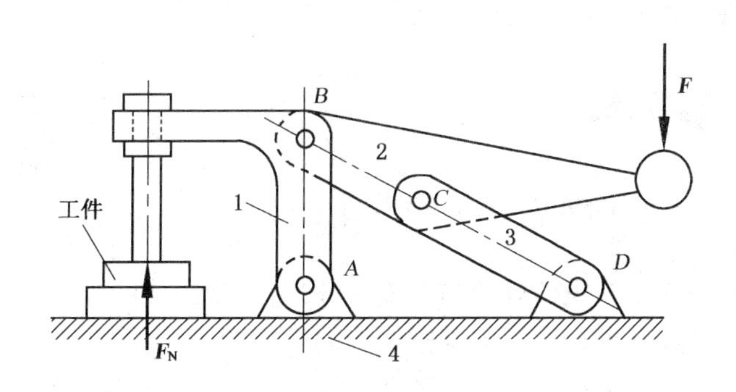


**图 2-68　夹具**

## 任务实施

如图 2-1 所示，分析缝纫机踏板机构任务实施步骤如下：

(1) 缝纫机踏板 *CD* 做往复摆动，带轮上的曲轴 *AB* 做整周回转，所以 *CD* 为摇杆，*AB* 为曲柄，*BC* 为连杆，*AD* 为机架。

根据铰链四杆机构有曲柄条件推论：当最长杆与最短杆长度之和小于或等于其余两杆长度之和，且最短杆为连架杆时，得到曲柄摇杆机构，此机构 *AB* 为最短。

因 *BC* 为机构的最长构件，得

$$AB + BC \leqslant AD + CD$$
$$CD \geqslant AB + BC - AD$$
$$CD \geqslant 4 + 16 - 11 = 9$$

故 $16 > CD \geqslant 9$，缝纫机踏板机构才能为曲柄摇杆机构。

(2) 缝纫机踏板出现踏不动(卡死)现象，原因是曲柄摇杆机构当摇杆为主动件时，在曲柄与连杆共线的位置出现传动角等于零的情况，机构处于死点位置。因为曲柄与大皮带轮为同一构件，一般情况下利用皮带轮的惯性可使机构渡过死点，在速度较低情况下出现卡死可用手旋转安装在机头主轴上的飞轮(即上带轮)解决。

# 任务二　设计汽车内燃机中的曲柄滑块机构

## 任务导入

已知图 1-7 内燃机曲柄滑块机构的行程速比系数 $k=1.4$，行程 $H=200$ mm，偏距 $e=50$ mm，如何设计该曲柄滑块机构?

## 任务分析

内燃机是和我们的生产生活密切相关的机器，内燃机中的曲柄滑块机构是内燃机必不可少的专用机构。为了合理地设计出内燃机曲柄滑块机构的具体参数，我们必须了解内燃机的结构和工作原理，掌握平面机构四杆机构的工作特性，掌握四杆机构的设计计算方法，以设计出符合要求的内燃机曲柄滑块机构。

## 相关知识

### 2.3.1　平面四杆机构的设计

平面四杆机构设计的主要任务是：根据机构的工作要求和设计条件选定机构形式，确定各构件的尺寸参数。一般可归纳为两类问题：

(1) 实现给定的运动规律。如要求满足给定的行程速度变化系数以实现预期的急回特性或实现连杆的几个预期的位置要求。

(2) 实现给定的运动轨迹。如要求连杆上的某点具有特定的运动轨迹，如起重机中吊钩的轨迹为一水平直线、搅面机上 $E$ 点的曲线轨迹等。

为了使机构设计得合理、可靠，还应考虑几何条件和传力性能要求等。

设计方法有图解法、解析法和实验法。三种方法各有特点，图解法和实验法直观、简单，但精度较低，可满足一般设计要求；解析法精确度高，适于用计算机计算，随着计算机的普及，计算机辅助设计四杆机构已成必然趋势。本书主要介绍图解法。

**1) 按给定连杆位置设计四杆机构**

(1) 按连杆的三个预定位置设计四杆机构

如图 2-69 所示，已知连杆的长度 $BC$ 以及它运动中的三个必经位置 $B_1C_1$、$B_2C_2$、$B_3C_3$，要求设计该铰链四杆机构。

图形分析：

由于连杆上的 $B$ 点和 $C$ 点分别与曲柄和摇杆上的 $B$ 点和 $C$ 点重合，而 $B$ 点和 $C$ 点的运动轨迹则是以曲柄和摇杆的固定铰链中心为圆心的一段圆弧，所以只要找到这两段圆弧的圆心位置即可确定该机构。

设计步骤：

① 选取适当的比例尺 $\mu_l$；按照连杆长度 $l_{BC}$ 及 $BC$ 的三个已知位置画出 $B_1C_1$、$B_2C_2$、$B_3C_3$。

② 连接 $B_1B_2$、$B_2B_3$ 和 $C_1C_2$、$C_2C_3$，分别作它们的垂直平分线 $b_{12}$、$b_{23}$ 和 $c_{12}$ 和 $c_{23}$；$b_{12}$ 和 $b_{23}$ 的交点就是固定铰链的中心 $A$，$c_{12}$ 和 $c_{23}$ 的交点就是固定铰链的中心 $D$。

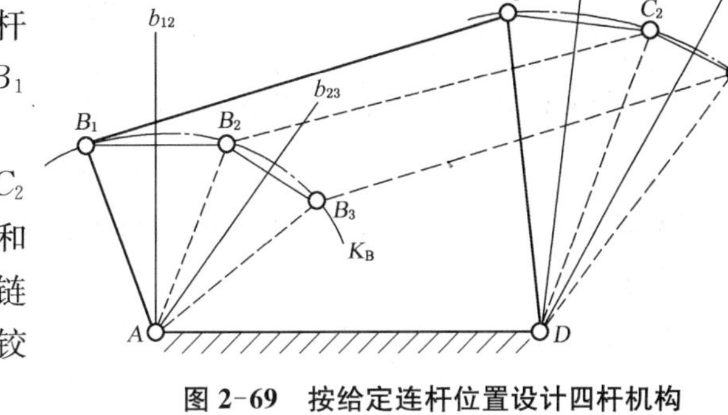


图 2-69　按给定连杆位置设计四杆机构

③ 连接 $AB_1C_1D$，则 $AB_1C_1D$ 即为所要设计的四杆机构。

④ 量出 $AB_1$ 和 $C_1D$ 长度，由比例尺求得曲柄和摇杆的实际长度。

$$l_{AB}=\mu_l\times AB_1 \qquad l_{CD}=\mu_l\times C_1D$$

(2)按连杆的两个预定位置设计四杆机构

由以上分析可知，若已知连杆的两个预定位置，同样可转化为已知圆弧上两点求圆心的问题，而此时的圆心可以为两点中垂线上的任意一点，故有无穷多解。这一问题，在实际设计中，是通过给出辅助条件来加以解决的。

**应用案例**：设计一砂箱翻转机构。

案例分析：翻台在位置Ⅰ处造型，在位置Ⅱ处起模，翻台与连杆 $BC$ 固联成一体，由题意可知此机构的两连杆位置，如图 2-70 所示。设 $l_{BC}=0.5$ m，机架 $AD$ 为水平位置。

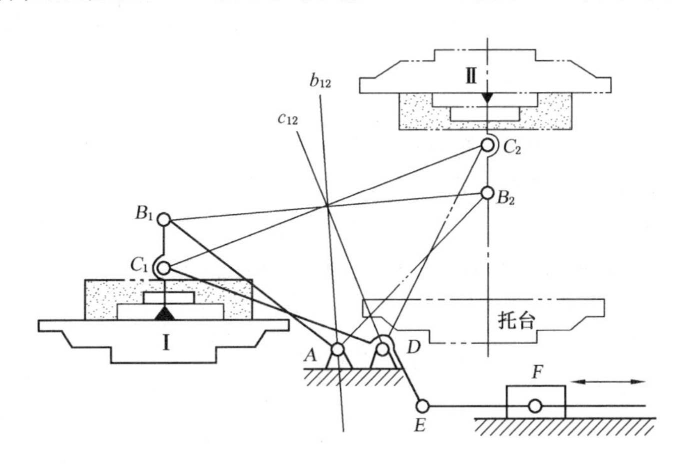


图 2-70　砂箱翻转机构

作图步骤如下：

(1) 取 $\mu_l=0.1$ m/mm，则 $BC=l_{BC}/\mu_l=0.5/0.1=5$ mm，在给定位置作 $B_1C_1$、$B_2C_2$。

(2) 作 $B_1B_2$ 的中垂线 $b_{12}$、$C_1C_2$ 的中垂线 $c_{12}$。

(3) 按给定机架位置作水平线，与 $b_{12}$、$c_{12}$ 分别交得点 $A$、$D$。

(4) 连接 $AB_1$ 和 $C_1D$，即得到各构件的长度为

$$l_{AB}=\mu_l\times AB_1=0.1\times 25=2.5\ \mathrm{m}$$
$$l_{CD}=\mu_l\times C_1D=0.1\times 27=2.7\ \mathrm{m}$$
$$l_{AD}=\mu_l\times AD=0.1\times 8=0.8\ \mathrm{m}$$

**2）按给定的行程速度变化系数设计四杆机构**

（1）曲柄摇杆机构

设已知摇杆 $CD$ 的长度 $l_{CD}$ 和最大摆角 $\psi$，行程速度变化系数 $K$，试设计该曲柄摇杆机构。

设计步骤：

① 由给定的行程速度变化系数 $K$，计算出极位夹角 $\theta$：

$$\theta=180^\circ\frac{K-1}{K+1}$$

② 取适当的长度比例尺 $\mu_l$，按摇杆的尺寸 $l_{CD}$ 和最大摆角 $\psi$ 作出摇杆的两个极限位置 $C_1D$ 和 $C_2D$，如图 2-71 所示。

③ 连接 $C_1C_2$ 为底边，作 $\angle C_1C_2O=\angle C_2C_1O=90^\circ-\theta$ 的等腰三角形，以顶点 $O$ 为圆心、$C_1O$ 为半径作辅助圆，此辅助圆上 $C_1C_2$ 弧所对的圆心角等于 $2\theta$，故其圆周角为 $\theta$。

④ 在辅助圆上任取一点 $A$，连接 $AC_1$、$AC_2$，即能求得满足 $K$ 要求的四杆机构。

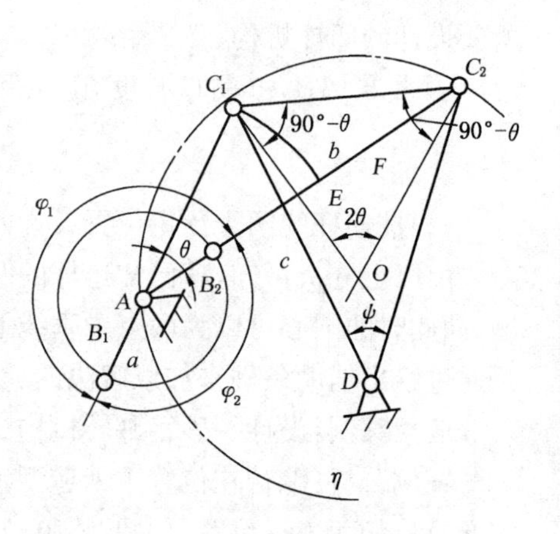

图 2-71　按 $K$ 值设计曲柄摇杆机构

$$l_{AB}=\mu_l\frac{AC_2-AC_1}{2}$$
$$l_{BC}=\mu_l\frac{AC_2+AC_1}{2}$$

应注意：由于 $A$ 点是任意取的，所以有无穷解，只有加上辅助条件，如机架 $AD$ 长度或位置或最小传动角等，才能得到唯一确定解。

（2）曲柄滑块机构

已知行程速度变化系数 $K$，滑块行程 $H$，偏距 $e$，设计此曲柄滑块机构。

设计步骤：

① 由给定的行程速度变化系数 $K$，计算出极位夹角 $\theta$：

$$\theta=180^\circ\frac{K-1}{K+1}$$

② 取适当的长度比例尺 $\mu_l$ 作 $C_1C_2=H$，作出滑块的两个极限位置 $C_1$ 和 $C_2$，如图 2-72 所示。

③ 以 $C_1C_2$ 为底作等腰三角形 $\triangle C_1OC_2$，使 $\angle C_1C_2O=\angle C_2C_1O=90^\circ-\theta$，$\angle C_1OC_2=2\theta$，以 $O$ 为圆心、$C_1O$ 为半径作圆。

④ 作偏距线 $e$，交圆弧于 $A$，即为所求曲柄与机架的固定

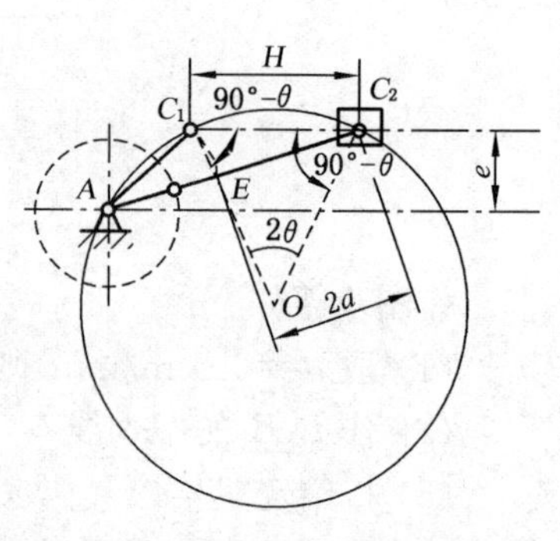

图 2-72　按 $K$ 值设计曲柄滑块

铰链中心。

⑤ 连接 $AC_1$、$AC_2$，即可得到曲柄与连杆两共线位置，求出曲柄的长度 $l_{AB}$ 和连杆的长度 $l_{BC}$。

$$l_{AB} = \mu_l \frac{AC_2 - AC_1}{2}$$

$$l_{BC} = \mu_l \frac{AC_2 + AC_1}{2}$$

或以 $A$ 为圆心、$AC_1$ 为半径作弧交于 $E$，得

$$l_{AB} = \mu_l \frac{EC_2}{2} \qquad l_{BC} = \mu_l \left(AC_2 - \frac{EC_2}{2}\right)$$

(3) 导杆机构

已知曲柄摆动导杆机构的机架长度 $l_{AD}$ 和行程速度变化系数 $K$，试设计该机构。

设计步骤：

① 由给定的行程速度变化系数 $K$，计算出极位夹角 $\theta$（也即摆角 $\varphi$）。

② 任取一点 $D$，作 $\angle mDn = \theta$，如图 2-73 所示。

③ 任取适当的长度比例尺 $\mu_l$，作角平分线，在平分线上取 $DA = l_{AD}$，可以求得曲柄回转中心 $A$。

④ 过 $A$ 点作导杆任一极限位置垂线 $AC_1$（或 $AC_2$），则 $AC_1$ 即为曲柄长度。$L_{AC} = \mu_l \times AC_1$。

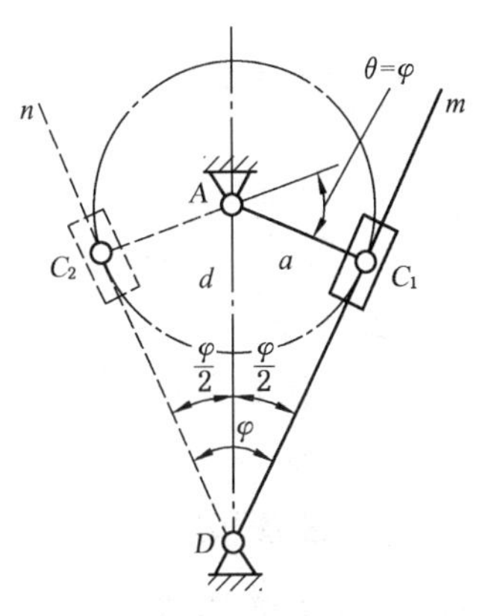


图 2-73　按 K 值设计导杆机构

## 任务实施

内燃机曲柄滑块机构的设计过程和结果如下：

(1) 由给定的行程速度变化系数 $K$，按式(2-35)计算出极位夹角 $\theta$：

$$\theta = 180^\circ \frac{K-1}{K+1} = \frac{180^\circ(1.4-1)}{1.4+1} = 30^\circ$$

(2)取长度比例尺 $\mu_l = 1$ mm/mm 作 $C_1C_2 = H = 200$ mm，作出滑块的两个极限位置 $C_1$ 和 $C_2$，如图 2-74 所示。

(3) 以 $C_1C_2$ 为底作等腰三角形 $\triangle C_1OC_2$，使 $\angle C_1C_2O = \angle C_2C_1O = 90 - \theta = 60^\circ$，$\angle C_1OC_2 = 2\theta = 60^\circ$，以 $O$ 为圆心、$C_1O$ 为半径作圆。

(4) 作偏距线 $e=50$，交圆弧于 $A$，即为所求曲柄与机架的固定铰链中心。

(5) 连接 $AC_1$、$AC_2$，即可得到曲柄与连杆两共线位置，求出曲柄的长度 $l_{AB}$ 和连杆的长度 $l_{BC}$。

$$l_{AB} = \mu_l \frac{AC_2 - AC_1}{2} = 93.1 \qquad l_{BC} = \mu_l \frac{AC_2 + AC_1}{2} = 169.3$$

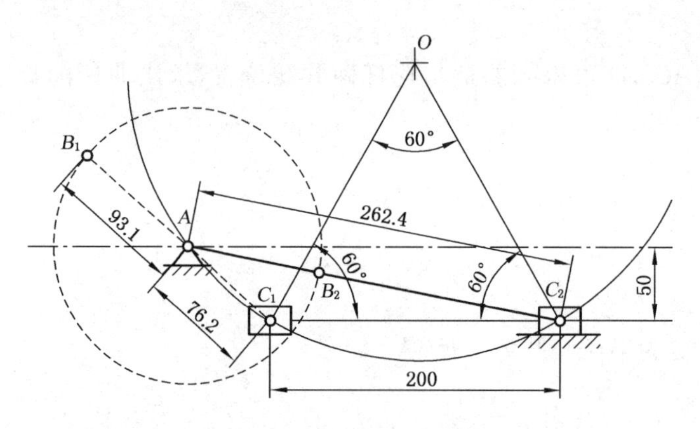


图 2-74 内燃机曲柄滑块机构

## 技能训练——平面四杆机构的组装与特性观察

**1）目的要求**

(1) 验证铰链四杆机构存在整转副和曲柄的条件、急回特性、压力角和传动角、死点位置等运动特性。

(2) 认识平面机构组装中构件间的运动干涉问题及解决办法，培养学生的空间想象力和动手能力。

**2）设备和工具**

(1) 机构运动实验台及零件柜。

(2) 一字螺丝刀、十字螺丝刀、呆板手、内六角扳手、钢板尺、卷尺。

(3) 自备铅笔、稿纸、三角板、圆规等文具。

**3）训练内容**

(1) 验证铰链四杆机构存在整转副的条件。

(2) 验证铰链四杆机构存在曲柄的条件。

(3) 验证曲柄摇杆机构的急回特性。

(4) 验证曲柄摇杆机构的传动角对传力性能的影响。

(5) 验证曲柄摇杆机构的死点位置。

**4）训练步骤**

(1) 从零件柜中任选四个杆，使最短杆和最长杆长度之和小于其余两杆长度之和，用销和螺钉将其连成封闭运动链。轮流选择四个构件为机架，观察其周转副及曲柄存在情况，并按实验报告要求填写结果。

(2) 更换或调整杆长，使最短杆和最长杆长度之和等于其余两杆长度之和，重复以上过程。

(3) 更换或调整杆长，使最短杆和最长杆长度之和大于其余两杆长度之和，重复以上过程。

(4) 选择四个杆，在实验台上组成一个曲柄摇杆机构。

① 在曲柄转轴上安装一皮带轮，用于连续转动曲柄，观察摇杆运动的极限位置、急回特性、最小传动角位置，感受用力大小及运动的灵活性。

② 在保持曲柄摇杆机构不变的前提下，调整机架或其他杆的长度，直至曲柄转动非常灵活为止，观察体会构件长度对摇杆摆角、急回程度、最小传动角及传力性能的影响，并按实验报告要求填写结果。

③ 当摇杆主动往复摆动时，在摇杆上装一手柄，用手连续摆动摇杆，观察曲柄运动的卡死和不确定(反转)现象。之后，在曲柄上安装一飞轮，重复以上操作，观察其能否克服死点和运动不确定现象，并按实验报告要求填写结果。

④ 通过皮带传动，用电动机驱动曲柄摇杆机构转动。

(5) 拆卸机构，用棉纱和润滑油擦拭实验台和构件，清点、整理构件及工具，将零件柜复原。

## 思考与练习

2-1　作出题 2-1 图示物体系中每个刚体的受力图。设接触面都是光滑的，没有画重力矢的物体都不计重力。

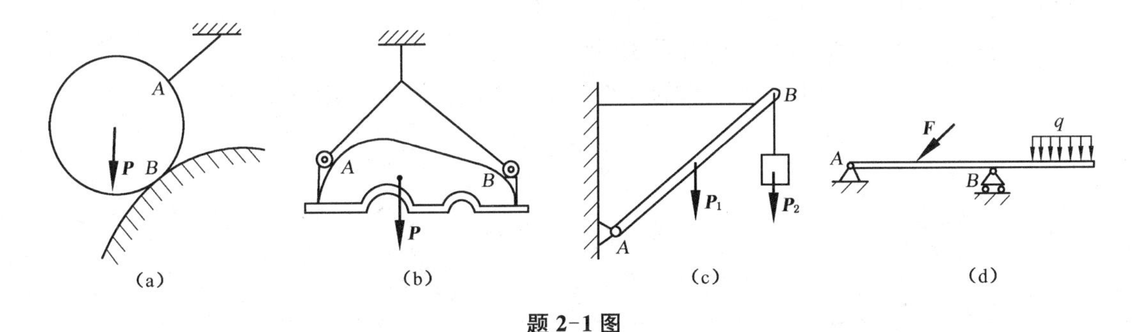


题 2-1 图

2-2　如题 2-2 图示，简易起重机用钢丝绳吊起重 $W=2000\,\text{N}$ 的重物，各杆自重不计，$A$、$B$、$C$ 三处简化为铰链连接，求杆 $AB$ 和 $AC$ 受到的力(滑轮尺寸和摩擦不计)。

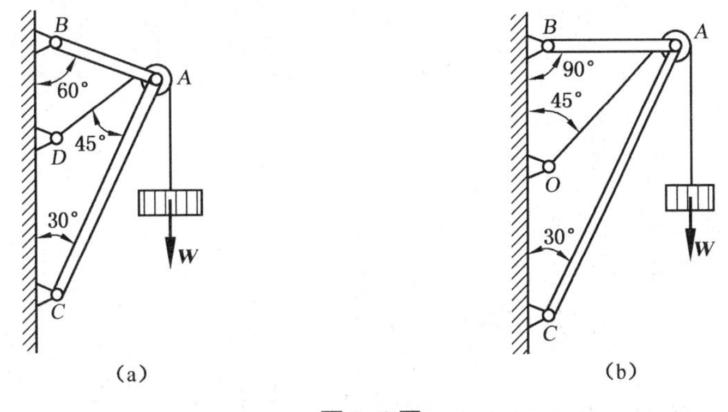


题 2-2 图

2-3　连杆机构有哪些特点？常应用于何种场合？

2-4　铰链四杆机构有哪几种形式？它们各有何区别？

2-5　连杆机构中急回特性的含义是什么？什么条件下连杆机构才具有急回特性？

2-6　何谓连杆机构的压力角和传动角？其大小对连杆机构的工作有何影响？

2-7　何谓连杆机构的死点？是否所有四杆机构都存在死点？什么情况下出现死点？请举出避免死点和利用死点的例子。

2-8　试根据图中注明的尺寸判断下列铰链四杆机构是曲柄摇杆机构、双曲柄机构还是双摇杆机构。

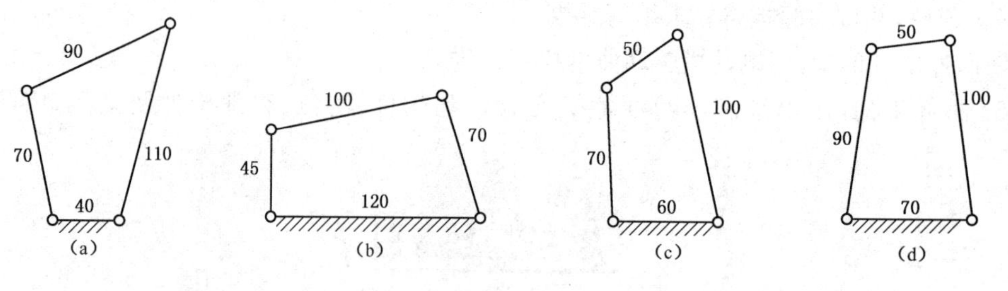


题 2-8 图

2-9　已知铰链四杆机构(如图所示)各构件的长度,试问:

(1) 这是铰链四杆机构基本型式中的何种机构?

(2) 若以 $AB$ 为主动件,此机构有无急回特性?为什么?

(3) 当以 $AB$ 为主动件时,此机构的最小传动角出现在机构什么位置(在图上标出)?

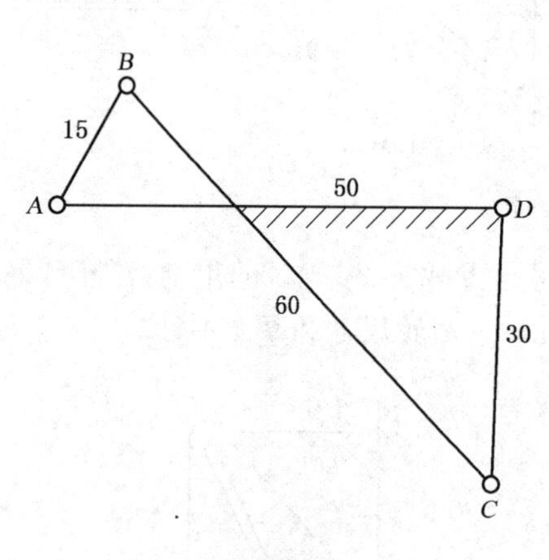


题 2-9 图

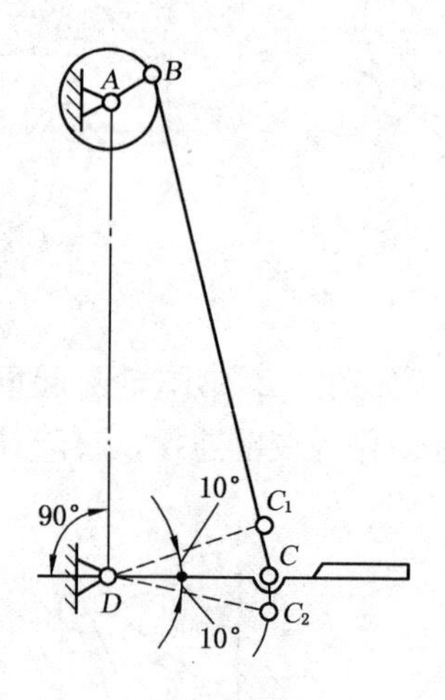


题 2-10 图

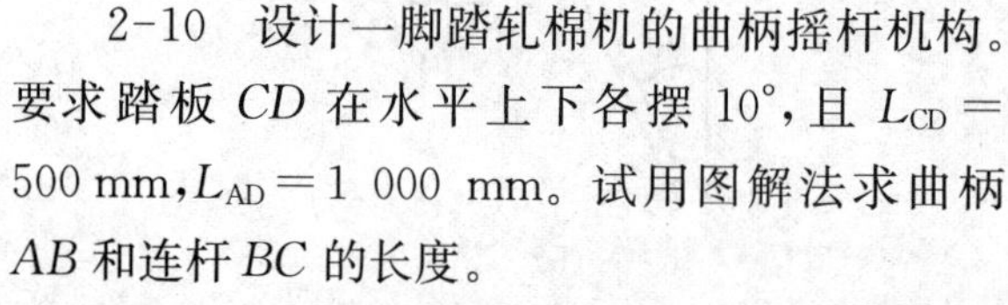

2-10　设计一脚踏轧棉机的曲柄摇杆机构。要求踏板 $CD$ 在水平上下各摆 10°,且 $L_{CD}=500$ mm,$L_{AD}=1\ 000$ mm。试用图解法求曲柄 $AB$ 和连杆 $BC$ 的长度。

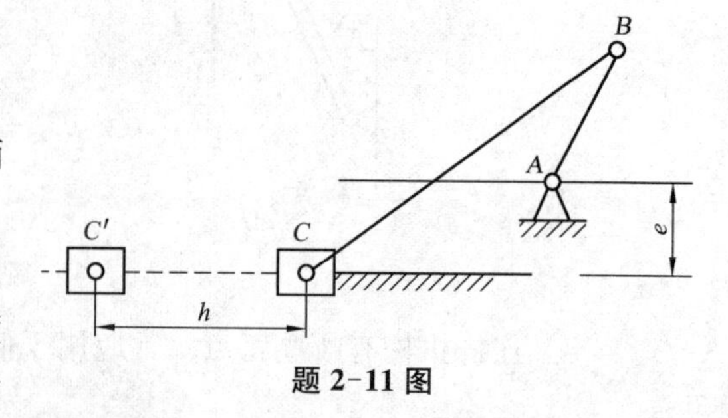


题 2-11 图

2-11　如图所示的偏置曲柄滑块机构,当曲柄 $AB$ 为原动件时,滑块 $C$ 工作行程的平均速度为 $V_{C1}=0.05$ m/s,空回行程的平均速度为

$V_{C2}=0.075$ m/s，滑块的行程 $h=50$ mm，偏距 $e=16$ mm，试用图解法求：

(1) 曲柄长度 $L_{AB}$ 和连杆长度 $L_{BC}$；

(2) 滑块为原动件时机构的死点位置。

2-12　试用图解法设计图示曲柄摇杆机构 $ABCD$。已知摇杆 $l_{DC}=40$ mm，摆角 $\varphi=45°$，行程速度变化系数 $K=1.4$，机架长度 $l_{AD}=b-a$（$a$ 为曲柄长，$b$ 为连杆长）。

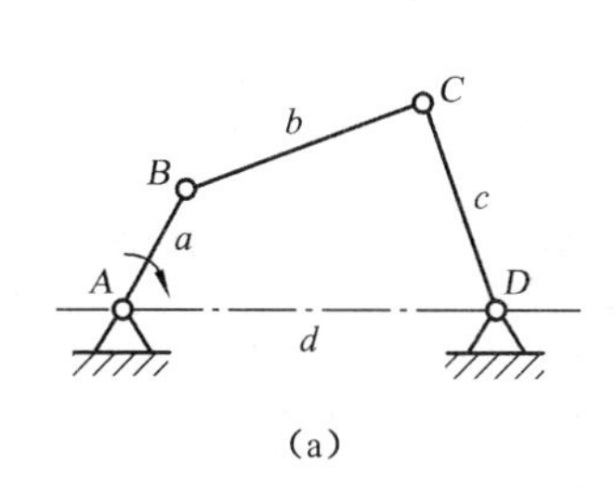

(a)

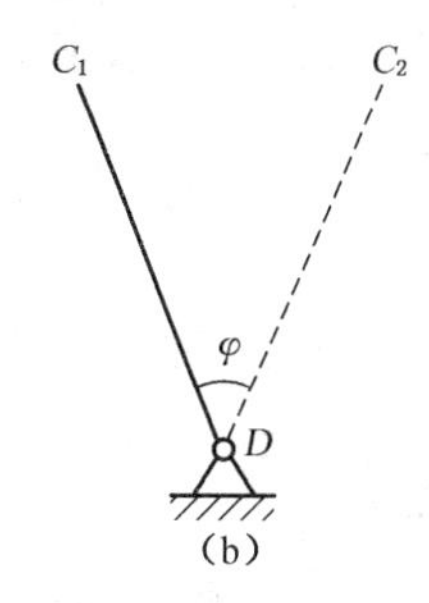

(b)

题 2-12 图

2-13　在飞机起落架所用的铰链四杆机构中，已知连杆的两位置如图所示，要求连架杆 $AB$ 的铰链 $A$ 位于 $B_1C_1$ 的连线上，连架杆 $CD$ 的铰链 $D$ 位于 $B_2C_2$ 的连线上。试设计此铰链四杆机构（作图在题图上进行）。

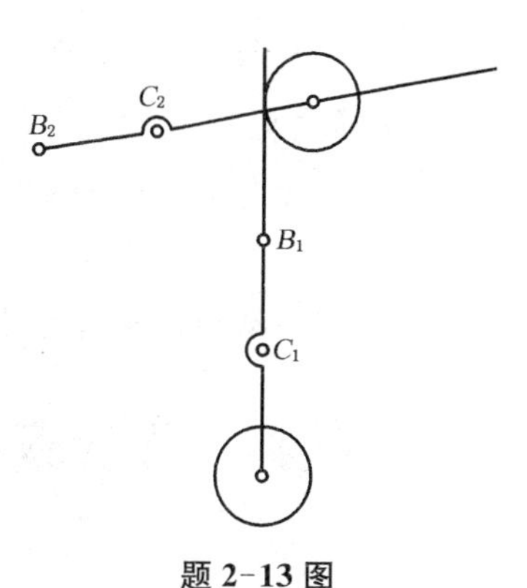

题 2-13 图

2-14　参照题 2-14 图设计一加热炉门启闭机构。已知炉门上两活动铰链中心距为500 mm，炉门打开时，门面朝上，固定铰链设在垂直线 $yy$ 上，其余尺寸如图示。

2-15　参照题 2-15 图设计一牛头刨床刨刀驱动机构。已知 $l_{AC}=300$ mm，行程 $H=450$ mm，行程速度变化系数 $K=2$。

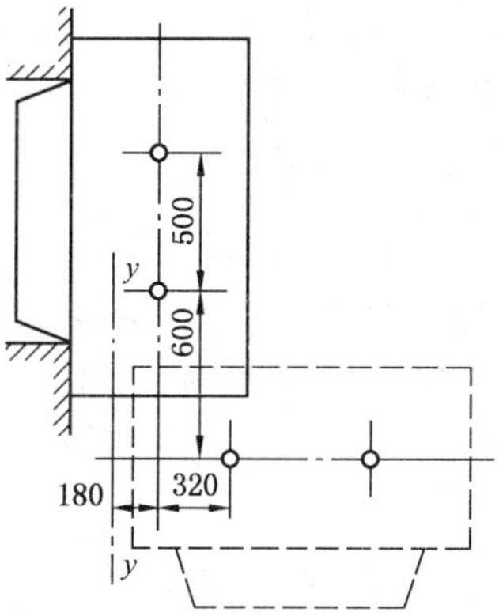

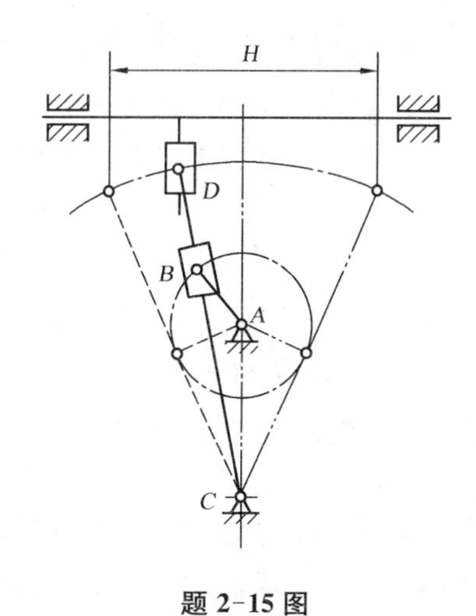


题 2-14 图　　题 2-15 图

# 项目三 凸轮机构

## 学习目标

**1）知识目标**

（1）了解凸轮机构的分类及应用；

（2）理解凸轮机构工作过程及基本术语；

（3）理解凸轮轮廓线设计中所应用的“反转法”原理和压力角的概念。

**2）能力目标**

（1）掌握确定凸轮机构基本尺寸的方法；

（2）掌握凸轮轮廓曲线的设计；

（3）掌握从动件常用运动规律的特点及其选择原则、凸轮的结构。

## 任务　设计汽车内燃机配气机构中的盘形凸轮机构

### 任务导入

用图解法设计汽车内燃机配气机构对心直动盘形凸轮轮廓曲线。已知凸轮的基圆半径 $r_b = 13$ mm，推程 $h = 8$ mm，推程角为 60°，近停程角为 220°，远停程角为 20°，回程角为 60°，凸轮顺时针匀速转动，从动件推程和回程中按等加速等减速运动规律运动。

### 任务分析

图 3-1 所示为内燃机的配气机构，配气机构是控制发动机进气和排气的装置。其作用是按照发动机的工作循环和发火次序的要求，定时开启和关闭各缸的进、排气门，以便在进气行程使尽可能多的可燃混合气（汽油机）或空气（柴油机）进入气缸，在排气行程将废气快速排出气缸，实现换气过程。

配气机构主要由气门传动组和气门组组成，如图 3-2 所示。气门依靠气门弹簧作用力落座，与气门座紧密座合，保证了气缸的密封性能；曲轴通过皮带、链条或齿轮驱动凸轮轴旋转，由凸轮轴凸起通过挺杆、摇臂等驱动气门打开（凸轮轴也可直接驱动气门打开），所以，气门的打开和关闭特性取决于凸轮轴的设计。

内燃机配气机构中运用到了凸轮机构，凸轮机构由哪些构件组成？其分类及应用如何？

用图解法设计该凸轮机构中的凸轮轮廓曲线，需要了解图解法的设计原理、凸轮机构的工作过程、从动件的运动规律及机构实现预期工作要求的参数。

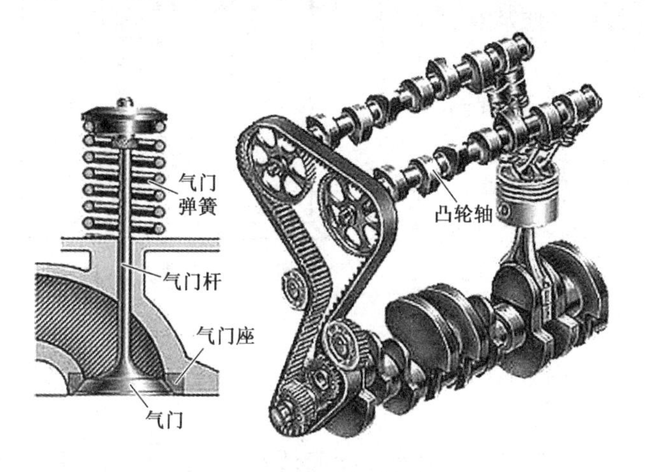


图 3-1　内燃机的配气机构

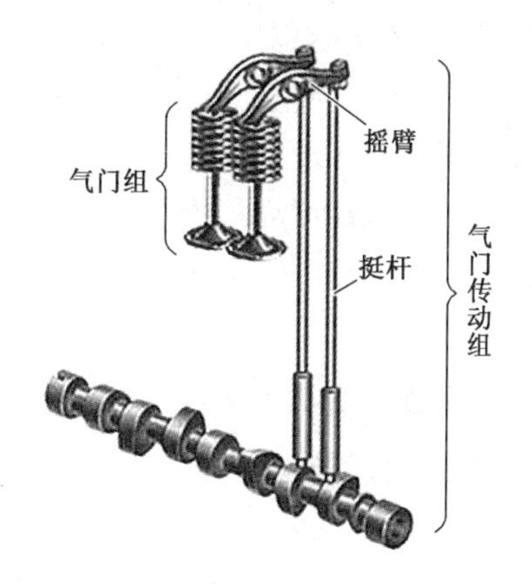


图 3-2　配气机构的组成

**相关知识**

## 3.1　凸轮机构的应用和分类

### 1）凸轮机构的应用和特点

凸轮机构是由凸轮、从动件、机架以及附属装置组成的一种高副机构。其中凸轮是一个具有曲线轮廓的构件，通常做连续的等速转动、摆动或移动。从动件在凸轮轮廓的控制下，按预定的运动规律做往复移动或摆动。

在各种机器中，为了实现各种复杂的运动要求，广泛地使用着凸轮机构。下面我们先看两个凸轮机构使用的实例。

图 3-1、图 3-2 所示内燃机的配气凸轮机构中，凸轮轴做等速回转，其轮廓将迫使气门杆做上下移动，从而使气门开启和关闭（关闭时借助于弹簧的作用来实现的），以控制可燃物质进入气缸或废气的排出。

如图 3-3 所示为自动机床中用来控制刀具进给运动的凸轮机构。当凸轮 1 做等速回转时，其上曲线的侧面推动从动件 2 绕 $O$ 点做往复摆动，从而通过扇形齿轮 2 和固定在刀架 3 上的齿条，控制刀架做进刀和退刀运动。刀架的运动规律完全取决于凸轮凹槽曲线形状。

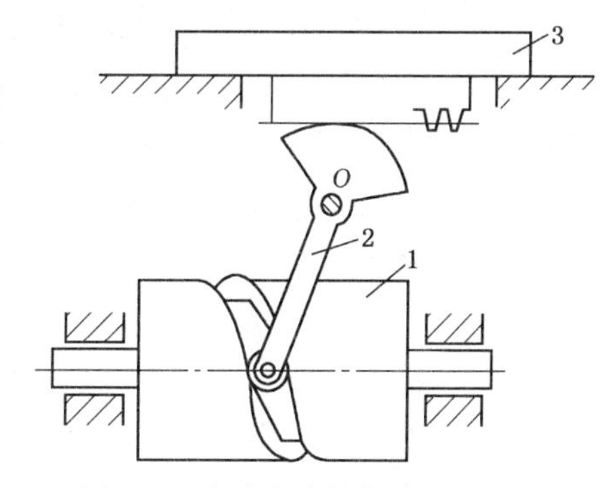


图 3-3　自动车床的自动进刀机构

如图 3-4 所示为绕线机引线机构，盘形凸轮 1 与蜗轮固结在一起，工作时由蜗杆带动着慢慢地转动，靠弹簧拉力使引线摆杆 2 的尖顶 $A$ 与凸轮轮廓保持接触，于是摆杆上端的叉口就卡着线（漆包线、电线等）缓慢地移动，使线均匀地绕到快速旋转的绕线轴 3 的外圈。

由上述例子可以看出，从动件的运动规律是由凸轮轮廓曲线决定的，只要凸轮轮廓设计得当，就可以使从动件实现任意给定的运动规律。

凸轮机构的主要特点：凸轮机构的从动件是在凸轮控制下，按预定的运动规律运动的，这种机构具有结构简单、适合高速运转、运动可靠等优点。但是，由于是高副机构，接触应力较大，易于磨损，因此，多用于小载荷的控制或调节机构中。

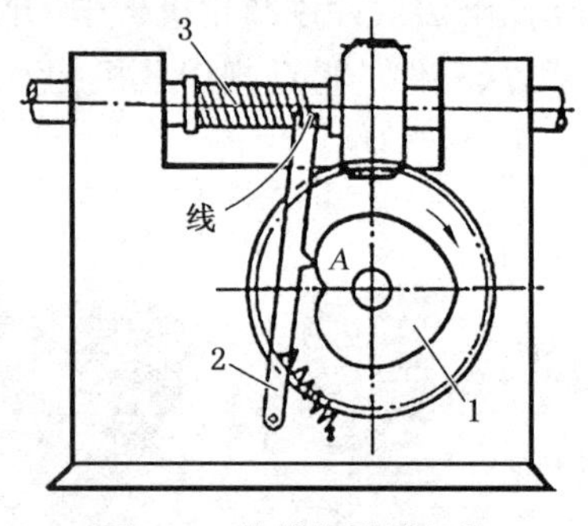


图 3-4　绕线机引线机构

**2）凸轮机构的分类**

根据凸轮及从动件的形状和运动形式的不同，凸轮机构的分类方法有以下三种：

(1) 按凸轮的形状分类

① 盘形凸轮　如图 3-1 所示凸轮轴上凸轮是一个具有变化向径的盘形构件，当凸轮绕固定轴转动时，可推动从动件在垂直于凸轮轴的平面内运动。它是凸轮的最基本形式，结构简单，应用广泛。

② 移动凸轮　如图 3-5 所示，当盘状凸轮的径向尺寸为无穷大时，则凸轮相当于做直线移动，称为移动凸轮。当移动凸轮做直线往复运动时，将推动从动件在同一平面内做上下的往复运动。有时，也可以将凸轮固定，而使从动件相对于凸轮移动(如仿型车削)。

③ 圆柱凸轮　如图 3-3 所示，这种凸轮是在圆柱端面上做出曲线轮廓或在圆柱面上开出曲线凹槽。当其转动时，可使从动件在与圆柱凸轮轴线平行的平面内运动。这种凸轮可以看成是将移动凸轮卷绕在圆柱上形成的。

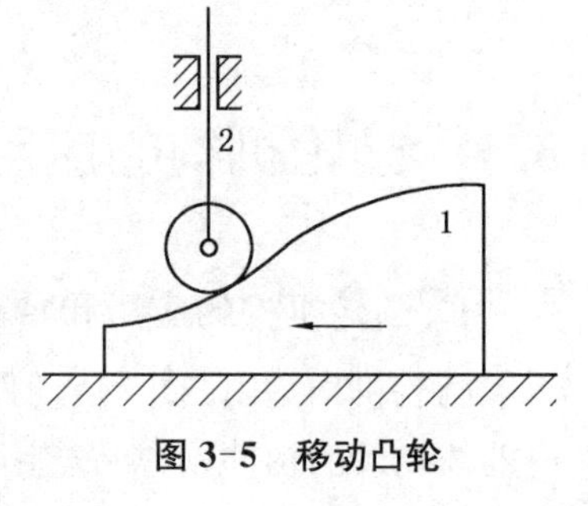


图 3-5　移动凸轮

由于前两类凸轮运动平面与从动件运动平面平行，故称平面凸轮，后一种就称为空间凸轮。

(2) 按从动件的形状分类

根据从动件与凸轮接触处结构形式的不同，从动件可分为三类：

① 尖顶从动件　如图 3-6(a)所示，这种从动件结构简单，但尖顶易于磨损(接触应力很高)，故只适用于传力不大的低速凸轮机构中。

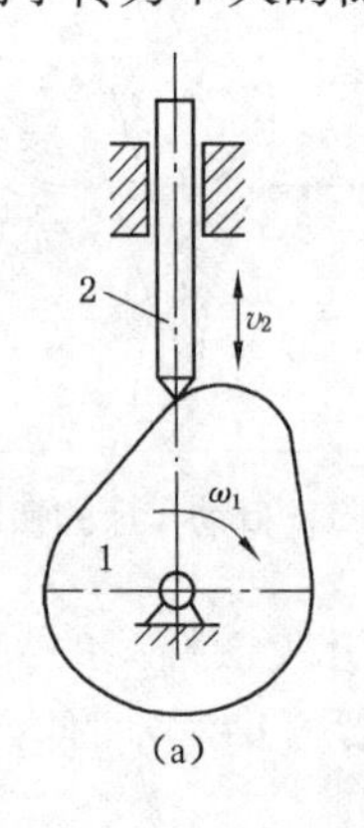


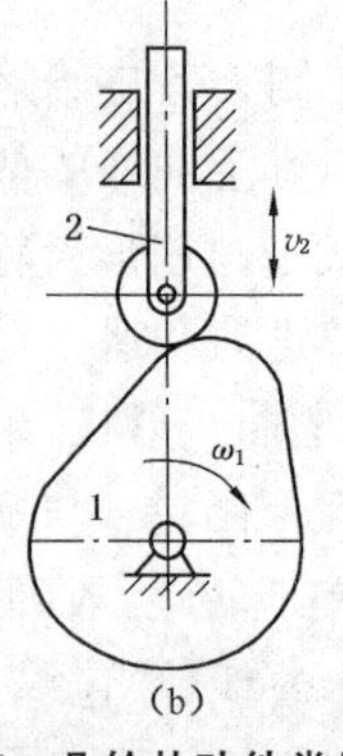


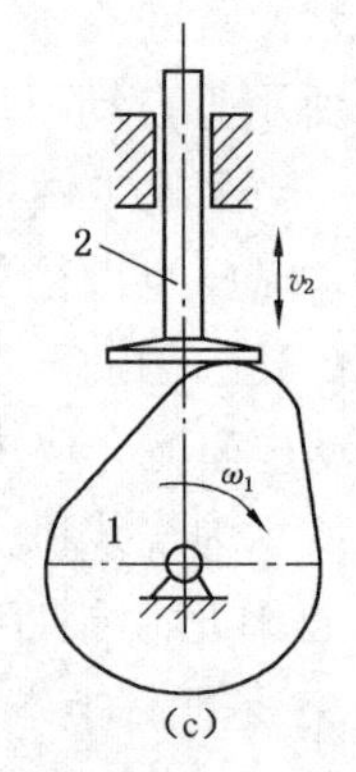


图 3-6　凸轮从动件常用形式

② 滚子从动件　如图 3-6(b)所示，由于滚子与凸轮间为滚动摩擦，所以不易磨损，可以实现较大动力的传递，应用最为广泛。

③ 平底从动件　如图 3-6(c)所示，这种从动件与凸轮间的作用力方向不变，受力平稳。而且在高速情况下，凸轮与平底间易形成油膜而减小摩擦与磨损。其缺点是：不能与具有内凹轮廓的凸轮配对使用；而且，也不能与移动凸轮和圆柱凸轮配对使用。

(3) 按从动件的运动形式分类

① 直动从动件：做往复直线移动的从动件称为直动从动件。如图 3-6 所示。

② 摆动从动件：做往复摆动的从动件称为摆动从动件。如图 3-7 所示。

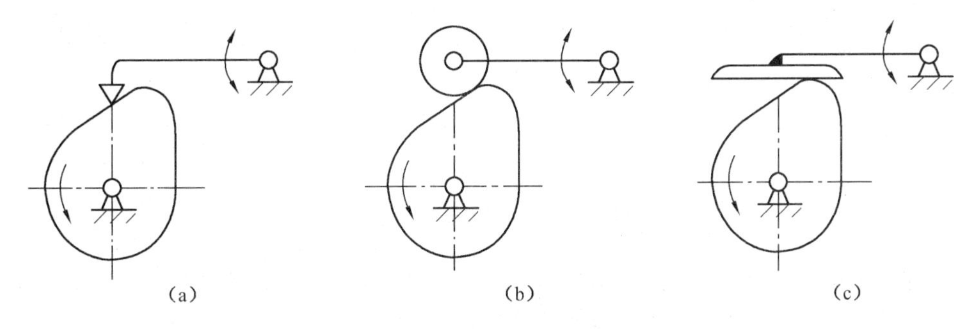


**图 3-7　摆动从动件**

## 3.2　常用从动件运动规律

凸轮机构设计的主要任务是保证从动件按照设计要求实现预期的运动规律，因此确定从动件的运动规律是凸轮设计的前提。

### 1) 凸轮机构的工作原理及有关名词术语

图 3-8(a)所示为一对心直动尖顶从动件盘形凸轮机构。以凸轮轮廓的最小向径 $r_b$ 为半径所作的圆称为**基圆**，$r_b$ 为**基圆半径**，凸轮以等角速度 $\omega$ 逆时针转动。在图示位置，尖顶与 $A$ 点接触，$A$ 点是基圆与开始上升的轮廓曲线的交点，此时从动件的尖顶离凸轮轴最近。凸轮转动时，向径增大，从动件被凸轮轮廓推向上，到达向径最大的 $B$ 点时，从动件距凸轮轴心最远，这一过程称为**推程**。与之对应的凸轮转角 $\delta_0$ 称为**推程运动角**，从动件上升的最大位移 $h$ 称为**行程**。当凸轮继续转过 $\delta_s$ 时，由于轮廓 $BC$ 段为一向径不变的圆弧，从动件停留在最远处不动，此过程称为**远停程**，对应的凸轮转角 $\delta_s$ 称为**远停程角**。当凸轮又继续转过 $\delta'_0$ 角时，凸轮向径由最大减至 $r_b$，从动件从最远处回到基圆上的 $D$ 点，此过程称为**回程**，对应的凸轮转角 $\delta'_0$ 称为**回程运动角**。当凸轮继续转过 $\delta'_s$ 角时，由于轮廓 $DA$ 段为向径不变的基圆圆弧，从动件继续停在距轴心最近处不动，此过程称为**近停程**，对应的凸轮转角 $\delta'_s$ 称为**近停程角**。此时凸轮刚好转过一圈，机构完成一个工作循环，从动件则完成一个“升—停—降—停”的运动循环。

上述过程可以用从动件的位移曲线来描述。以从动件的位移 $s$ 为纵坐标，对应的凸轮转角为横坐标，将凸轮转角或时间与对应的从动件位移之间的函数关系用曲线表达出来，该曲线称为从动件的**位移线图**，如图 3-8(b)所示。

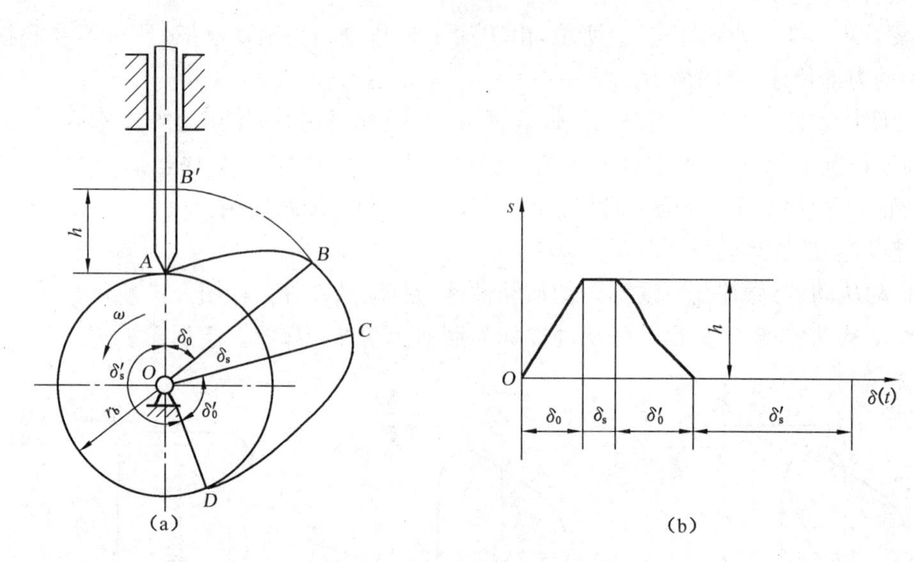


图 3-8　凸轮机构运动过程

从动件在运动过程中，其位移 $s$、速度 $v$、加速度 $a$ 随时间 $t$（或凸轮转角）的变化规律，称为从动件的运动规律。由此可见，从动件的运动规律完全取决于凸轮的轮廓形状。工程中，从动件的运动规律通常是由凸轮的使用要求确定的。因此，根据实际要求的从动件运动规律所设计凸轮的轮廓曲线，完全能实现预期的生产要求。

**2）从动件常用的运动规律**

工程中对从动件的运动规律要求是多种多样的，经过长期的理论研究和生产实践人们已经发现了多种具有不同特性的从动件运动规律，其中在工程实际中经常用到的运动规律称为常用运动规律。

（1）等速运动规律

从动件推程或回程的运动速度为常数的运动规律，称为**等速运动规律**。其运动线图如图 3-9 所示。

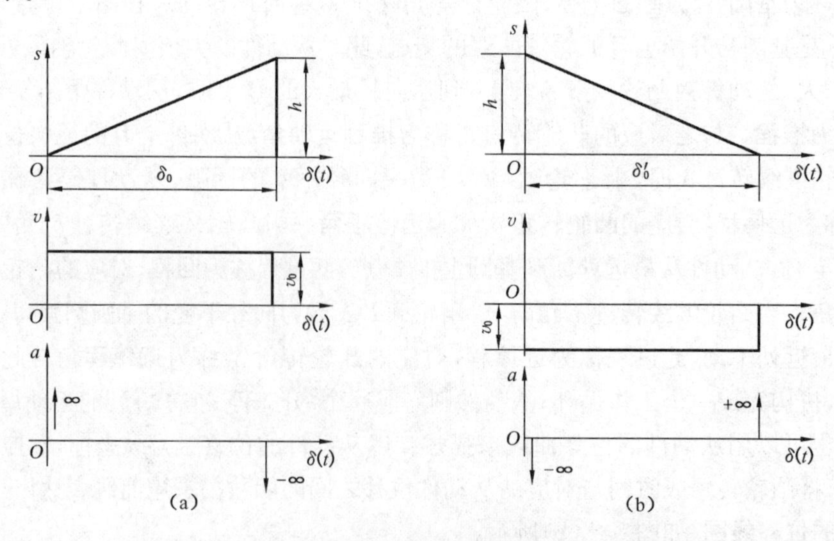


图 3-9　等速运动规律

由图可知，从动件在推程（或回程）开始和终止的瞬间，速度有突变，其加速度和惯性力在理论上为无穷大，致使凸轮机构产生强烈的冲击、噪声和磨损，这种冲击为刚性冲击。因此，等速运动规律只适用于低速、轻载的场合。

(2) 等加速等减速运动规律

从动件在一个行程 $h$ 中，前半行程做等加速运动，后半行程做等减速运动，这种运动规律称为**等加速等减速运动规律**。通常加速度和减速度的绝对值相等，其运动线图如图 3-10 所示。

由运动线图可知，这种运动规律的加速度在 $A$、$B$、$C$ 三处存在有限的突变，因而会在机构中产生有限的冲击，这种冲击称为柔性冲击。与等速运动规律相比，其冲击程度大为减小。因此，等加速等减速运动规律适用于中速、中载的场合。

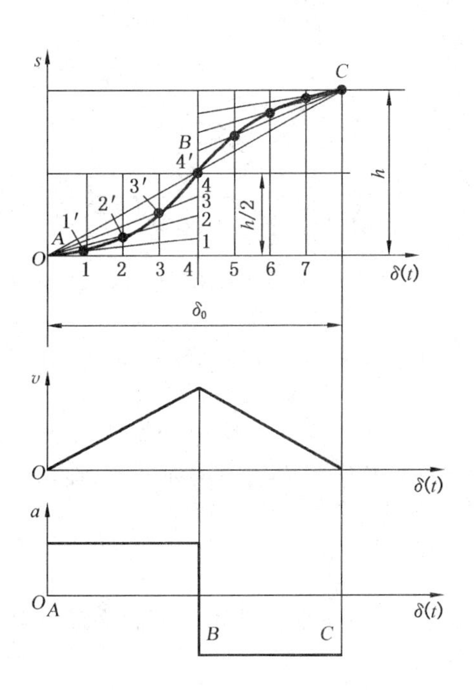


图 3-10　等加速等减速运动规律

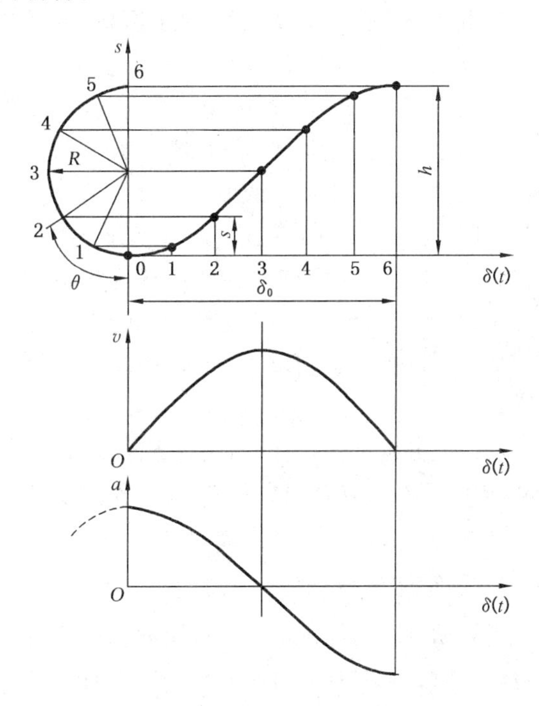


图 3-11　简谐运动规律

(3) 简谐运动规律（余弦加速度运动规律）

简谐运动规律的加速度运动曲线为余弦曲线，故也称**余弦运动规律**，其运动规律运动线图如图 3-11 所示。

由加速度线图可知，此运动规律在行程的始末两点加速度存在有限突变，故也存在柔性冲击，只适用于中速场合。但当从动件做无停歇的升—降—升连续往复运动时，则得到连续的余弦曲线，柔性冲击被消除，这种情况下可用于高速场合。

以上介绍了从动件常用的运动规律，实际生产中还有更多的运动规律，如正弦加速度运动规律、复杂多项式运动规律、改进型运动规律等。了解从动件的运动规律，便于我们在凸轮机构设计时，根据机器的工作要求进行合理选择。

## 3.3 图解法设计凸轮轮廓

根据机器的工作要求，在确定了凸轮机构的类型及从动件的运动规律、凸轮的基圆半径和凸轮的转动方向后，便可开始凸轮轮廓曲线的设计了。凸轮轮廓曲线的设计方法有图解法和解析法。图解法简单直观，但不够精确，只适用于一般场合；解析法精确但计算量大，随着计算机辅助设计的迅速推广应用，解析法设计将成为设计凸轮机构的主要方法。本章主要介绍图解法。

**1）反转法原理**

图解法绘制凸轮轮廓曲线的原理是“反转法”，即在整个凸轮机构（凸轮、从动件、机架）上加一个与凸轮角速度大小相等、方向相反的角速度（$-\omega$），如图 3-12 所示。根据相对运动原理可知，这时凸轮与从动件间的相对运动关系并不发生改变，但此时凸轮静止不动，而从动件则一方面以角速度（$-\omega$）绕凸轮轴心 $O$ 转动，同时又在其导路内按预期的运动规律运动。因从动件尖顶始终与凸轮轮廓保持接触，所以从动件在反转的复合运动中，其尖顶的运动轨迹就是凸轮的轮廓曲线。

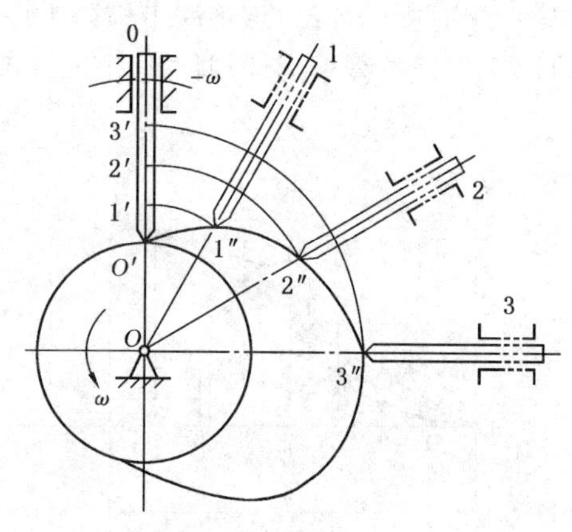

图 3-12　反转法原理

由以上分析可知，设计凸轮轮廓曲线时，可假设凸轮静止不动，使从动件相对凸轮做反转运动，同时又在其导路内做预期运动，作出从动件在这种复合运动中的一系列位置，则其尖底的轨迹就是所要求的凸轮轮廓曲线。

**2）图解法设计凸轮轮廓曲线**

当从动件的运动规律已经选定并作出位移曲线之后，各种平面的凸轮轮廓曲线都可以用图解法求出，图解法的依据为“反转法”原理。

（1）尖顶对心直动从动件盘形凸轮轮廓的设计

具体设计步骤见后面的“任务实施”。

（2）尖顶对心直动从动件盘形凸轮轮廓的设计

可把滚子中心看作是尖顶从动件的尖顶，先作出尖顶从动件的凸轮轮廓曲线（也是滚子中心轨迹），如图 3-13 中的细实线，该曲线称为凸轮的理论廓线。再以理论廓线上各点为圆心，以滚子半径 $r_T$ 为半径作一系列圆。然后作这些圆的包络线，如图 3-13 中的实线，它便是使用滚子从动件时凸轮的实际廓线。由作图过程可知，滚子从动件凸轮的基圆半径 $r_b$ 应在理论廓线上度量。

对于其他从动件凸轮曲线的设计，可参照上述方法。

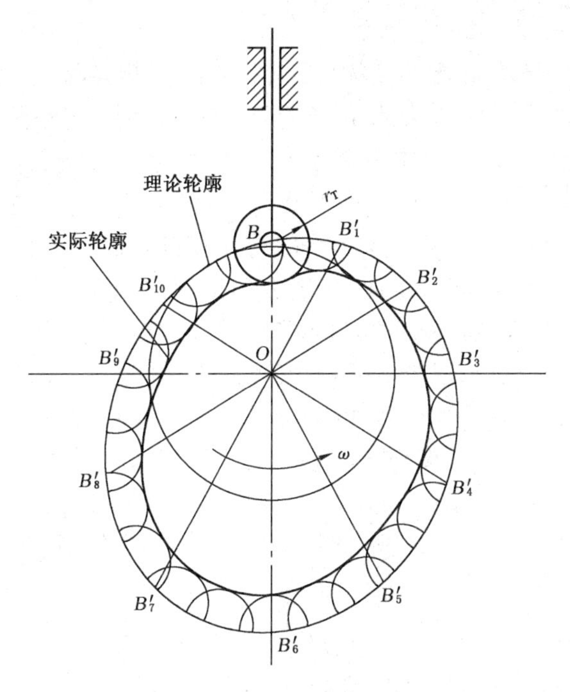

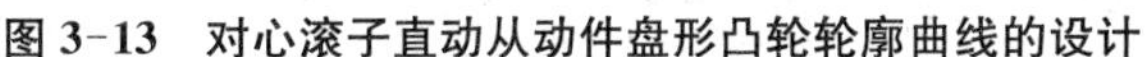

图 3-13　对心滚子直动从动件盘形凸轮轮廓曲线的设计

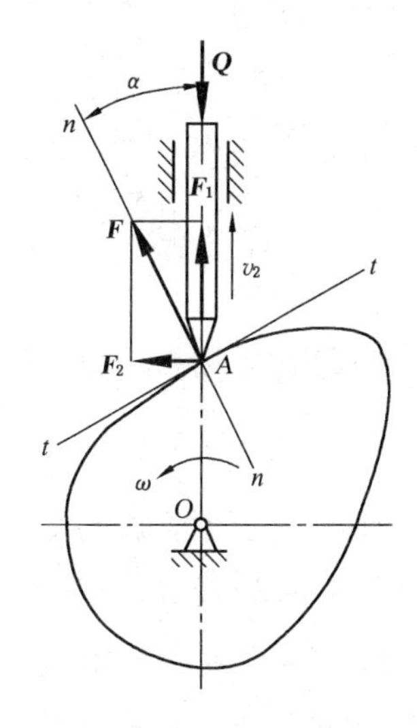


图 3-14　凸轮机构的压力角

# 3.4　凸轮机构基本尺寸的确定

### 1）凸轮机构的压力角及许用值

在图 3-14 所示的对心尖顶直动从动件盘形凸轮机构中，从动件受力点的速度方向与凸轮作用于该点的法向力 $F$ 方向之间所夹的角 $\alpha$ 称为压力角。凸轮机构工作时，其压力角 $\alpha$ 的大小是变化的。

凸轮对从动件的作用力 $F$ 可以分解成两个分力，即沿着从动件运动方向的分力 $F_1$ 和垂直于运动方向的分力 $F_2$。前者是推动从动件克服载荷的有效分力，而后者将增大从动件与导路间的侧向压力，它是一种有害分力。压力角 $\alpha$ 越大，有害分力越大，由此而引起的摩擦阻力也越大；当压力角 $\alpha$ 增加到某一数值时，有害分力所引起的摩擦阻力将大于有效分力 $F_1$，这时无论凸轮给从动件的作用力有多大，都不能推动从动件运动，即机构将发生自锁。因此为了减小阻力、避免自锁，使机构具有良好的受力状况，压力角 $\alpha$ 应越小越好。

因为压力角的大小反映了凸轮机构传力性能的好坏，所以它是凸轮机构设计的重要参数。为使凸轮机构工作可靠，受力情况良好，必须对压力角加以限制。在设计凸轮机构时，应使最大压力角 $\alpha_{max}$ 不超过许用值$[\alpha]$，即 $\alpha_{max} \leqslant [\alpha]$。

根据工程实践的经验，许用压力角$[\alpha]$的数值推荐如下：推程时，对移动从动件，$[\alpha] = 30^\circ \sim 40^\circ$；对摆动从动件，$[\alpha] = 40^\circ \sim 50^\circ$。回程时，由于通常受力较小且一般无自锁问题，故许用压力角可取得大一些，通常取$[\alpha] = 70^\circ \sim 80^\circ$。当采用滚子从动件、润滑良好及支撑刚度较大或受力不大而要求结构紧凑时，可取上述数据较大值，否则取较小值。

**2）凸轮基圆半径的确定**

由于凸轮机构在工作过程中，从动件与凸轮轮廓的接触点是变化的，各接触点处的公法线方向不同，使得凸轮对从动件作用力的方向也不同。因此，凸轮轮廓上各点处的压力角是不同的。设计凸轮机构时，基圆半径 $r_b$ 选得越小，所设计的机构越紧凑。但基圆半径的减小会使压力角增大，对机构运动不利。设计时，应在最大压力角 $\alpha_{max} \leqslant [\alpha]$ 的原则下，尽量取较小的基圆半径。

图 3-15　加工后的盘形凸轮

在实际设计工作中，凸轮基圆半径的最后确定，还必须考虑到机构的具体结构条件。例如，当凸轮与凸轮轴作成一体时（如图 3-1 所示凸轮轴），凸轮的基圆半径应略大于轴的半径；当凸轮是单独加工（如图 3-15 所示），然后装在轴上时，凸轮上要作出轴毂，凸轮的基圆直径应大于轴毂的外径。通常可取凸轮的基圆直径等于或大于轴径的 1.6～2 倍。若上述根据许用压力角所确定的基圆半径不满足该条件，则应加大凸轮基圆半径。

**3）滚子半径的确定**

图 3-16(a)所示为内凹的凸轮轮廓线，$\rho_{min}$ 为理论廓线上最小曲率半径，$\rho_a$ 为对应的实际廓线曲率半径，且有 $\rho_a = \rho_{min} + r_T$，则实际廓线始终为平滑曲线。

对于外凸的凸轮廓线，当 $\rho_{min} > r_T$ 时，$\rho_a = \rho_{min} - r_T > 0$，则实际廓线为一条平滑曲线，如图 3-16(b)所示。

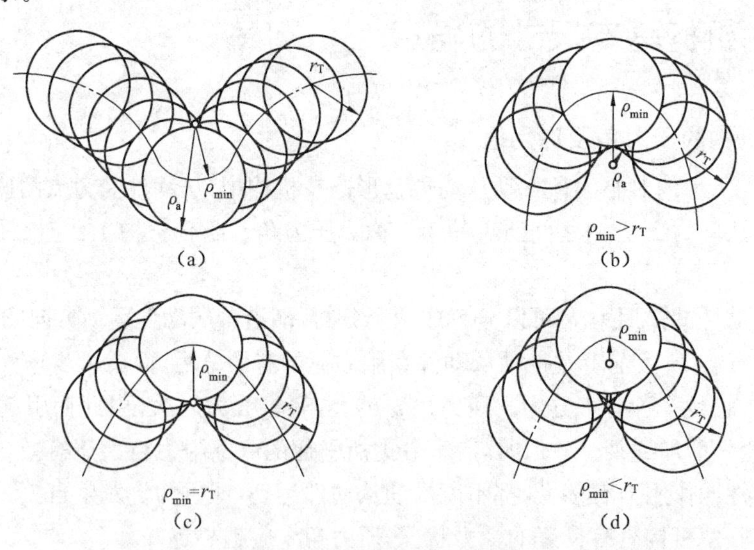


图 3-16　滚子半径与凸轮廓线的关系

当 $\rho_{min} = r_T$ 时，实际廓线上的曲率半径为 $\rho_a = \rho_{min} - r_T = 0$，如图 3-16(c)所示，此时，实际廓线上产生尖点，尖点极易磨损，磨损后会破坏原有的运动规律，这是工程设计中所不允许的。

当 $\rho_{min} < r_T$ 时，则 $\rho_a < 0$，此时凸轮实际廓线已相交，如图 3-16(d) 所示，交点以外的廓线在凸轮加工过程中被刀具切除，导致实际廓线变形，从动件不能实现预期的运动规律。这种从动件失掉真实运动规律的现象称为“运动失真”。

滚子半径过大会导致凸轮实际廓线变形，产生“运动失真”现象。设计时，对于外凸的凸轮廓线，应使滚子半径 $r_T$ 小于理论廓线上的最小曲率半径 $\rho_{min}$，通常可取滚子半径为 $r_T \leqslant 0.8\rho_{min}$。

凸轮实际廓线的最小曲率半径 $\rho_{min} \geqslant 3 \sim 5$ mm。过小会给滚子结构设计带来困难。如果不能满足此要求，可适当放大凸轮的基圆半径。必要时，还需对从动件的运动规律进行修改。凸轮廓线上的最小曲率半径可用作图法近似估算。如图 3-17 所示，在凸轮廓线上选择曲率最大的点 $E$，以 $E$ 为圆心作任意半径的小圆，交凸轮廓线于点 $F$ 和 $G$，再以此两交点为圆心，以相同的半径作两个小圆，三个小圆相交于 $H$、$I$、$J$、$K$ 四点，连接 $HI$、$JK$，并延长得交点 $C$。点 $C$ 和 $CE$ 可分别近似地作为凸轮廓线在点 $E$ 处的曲率中心和曲率半径。

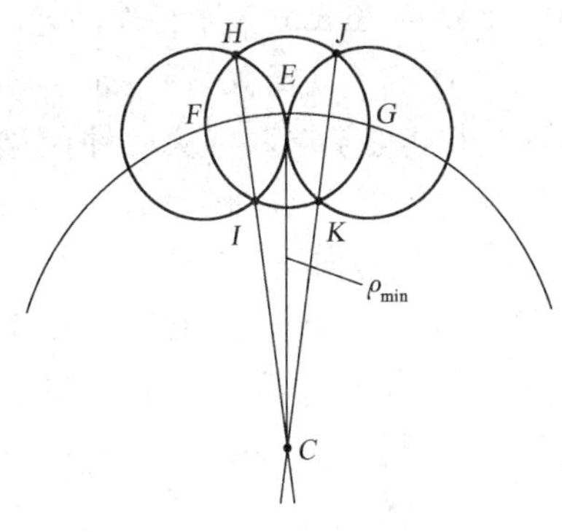


图 3-17　曲率半径的近似估算

## 任务实施

汽车内燃机配气机构对心直动盘形凸轮轮廓曲线的设计步骤如下：

(1) 选定长度比例尺 $\mu_l = 0.5$ mm/mm，角度比例尺 $\mu_\delta = 2°$/mm，画出从动件位移线图。按角度比例尺在横轴上由原点向右量取 30 mm、10 mm、30 mm、110 mm，分别代表推程角 60°、远停程角 20°、回程角 60°、近停程角 220°。并将位移线图横坐标上代表推程运动角 $\delta_0 = 60°$ 和回程运动角 $\delta'_0 = 60°$ 的线段各分为 6 等份，停程不必取分点，在纵轴上按长度比例尺向上截取 16 mm代表推程位移 8 mm，按已知运动规律作位移线图，如图 3-18(a) 所示。过等分点分别作垂线，这些垂线与位移曲线相交所得的线段 11′、22′、33′、…、1212′，即代表相应位置从动件位移量。

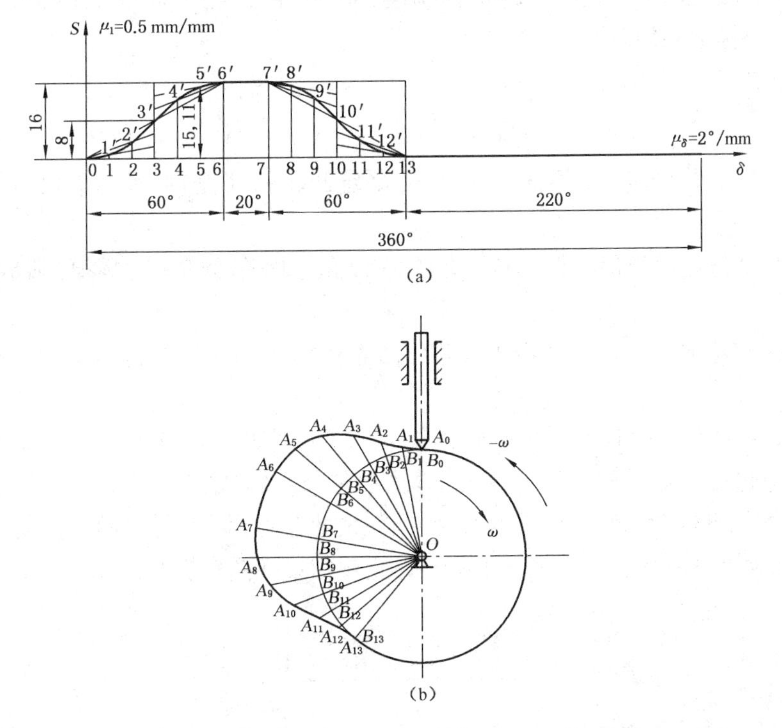


图 3-18　内燃机配气机构对心尖顶直动盘形凸轮轮廓曲线的设计

(2) 选取与位移线图相同的比例尺。任取一点 $O$ 为圆心，以已知基圆 $r_b/\mu_1 = 13\ mm/0.5\ mm = 26\ mm$ 为半径作凸轮的基圆。过 $O$ 点画从动件导路与基圆交于 $B_0$ 点。

(3) 自 $OB_0$ 开始，沿 $-\omega$ 方向在基圆上量取各运动阶段的凸轮转角 60°、20°、60°、220°。再将这些角度各分为与从动件位移线图同样的等份，从而在基圆上得相应的等分点 $B_1$、$B_2$、$B_3$、…，连接 $OB_1$、$OB_2$、$OB_3$、…，即代表机构在反转后各瞬时位置从动件尖顶相对导路（即移动方向）的方向线。

(4) 在 $OB_1$、$OB_2$、$OB_3$、…的延长线上分别截取 $A_1B_1 = 11'$、$A_2B_2 = 22'$、$A_3B_3 = 33'$、…，就得到机构反转后从动件尖顶的一系列位置点 $A_1$、$A_2$、$A_3$、…

(5) 将 $A_1$、$A_2$、$A_3$、…连成一条光滑的封闭曲线，即为凸轮轮廓曲线，如图 3-18(b)所示。

## 技能训练——分析内燃机配气机构的运动及设计凸轮轮廓

**1）目的要求**

(1) 掌握盘状凸轮设计方法。

(2) 通过内燃机配气机构的运动分析，掌握凸轮设计图解法——反转法。

**2）实验设备**

汽车发动机（模型）若干。

**3）原理与要求**

根据工艺过程对执行构件的动作要求，分析工作过程循环，采用何种型式的凸轮，其中包括凸轮的型式、从动件的型式、从动件的运动确定方式、从动件与凸轮维持接触的方式等。在设计时，应当考虑凸轮机构在机器上的安装、调整、润滑、便于更换、便于加工和其他一些因素。设计时，运用有关标准和规范。

**4）具体步骤**

(1) 计算从动件的位移参数。由执行构件的运动要求计算从动件的升距。

(2) 确定凸轮的各个转角。根据工作循环，确定凸轮的推程角、回程角和远休止角、近休止角。

(3) 设计从动件运动规律。设计从动件在推程和回程阶段的运动规律，满足系统的工作要求。

(4) 凸轮机构基本尺寸设计。移动从动件凸轮机构的基本尺寸包括基圆半径 $r_b$ 及偏心角 $e$。

(5) 凸轮轮廓曲线的设计。根据凸轮机构的基本尺寸和从动件的运动规律，确定凸轮轮廓曲线的坐标。包括凸轮与轴的组合件结构，从动件与导轨或摆动支承的组合件结构设计。要求对内燃机配气机构（模型）从动件的升距、凸轮的推程角、回程角和远休止角、近休止角进行测量，按等加速上升一休止一等加速下降一休止规律设计凸轮机构。

## 思考与练习

3-1　在凸轮机构中，常见的凸轮形状和从动件的结构型式有哪几种？各有什么特点？

3-2　试比较尖顶、滚子、平底从动件的优缺点，并说明它们的适用场合。

3-3　在凸轮机构中，常用从动件的运动规律有哪几种？各有什么特点？

3-4　何谓凸轮机构的压力角？设计凸轮机构时，为什么要控制压力角的最大值 $\alpha_{max}$？

3-5　工程上设计凸轮机构时，其基圆半径一般如何选取？

3-6　在设计滚子从动件凸轮机构时，如何确定滚子半径？

3-7　用作图法求出下列各凸轮从图示位置转到 $B$ 点与从动件接触时凸轮的转角 $\delta$（在图上标出来）。

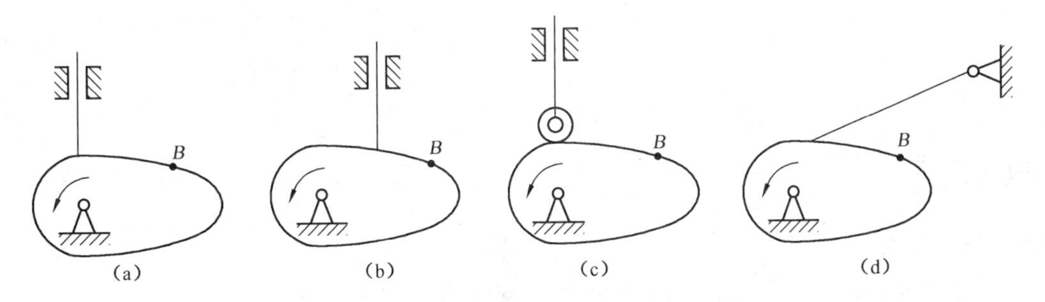


**题 3-7 图**

3-8　用作图法求出下列各凸轮从图示位置转过 45°后机构的压力角 $\alpha$（在图上标出来）。

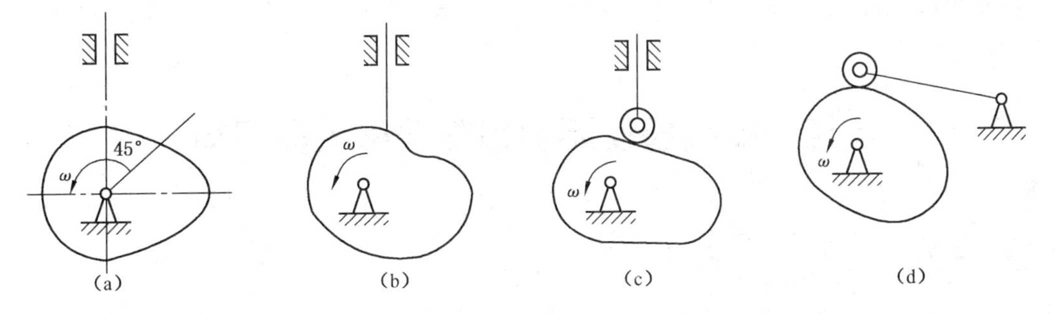


**题 3-8 图**

3-9　设计一尖顶对心直动从动件盘形凸轮机构，凸轮按逆时针方向转动，基圆半径 $r_b=40$ mm，从动件运动规律为：

| 凸轮转角 $\delta$ | 0°～90° | 90°～120° | 120°～300° | 300°～360° |
|---|---|---|---|---|
| 从动件位移 $S$ | 等速上升<br>40 mm | 静止不动 | 等加速等减速<br>下降至原位 | 静止不动 |

3-10　上题中如果改为滚子从动件，滚子半径 $r_T=12$ mm，其余条件不变，试设计其凸轮的实际轮廓曲线。

# 项目四 间歇运动机构

## 学习目标

**1）知识目标**

（1）掌握棘轮机构和槽轮机构的类型、工作原理、运动特点；

（2）了解棘轮机构和槽轮机构应用。

**2）能力目标**

在分析机械或进行机械系统方案设计时，能够根据工作要求，正确选择间歇运动机构的类型。

## 任务 蜂窝煤压制机中的间歇运动机构

### 任务导入

已知一冲压式蜂窝煤成型机的转盘采用槽轮间歇运动机构，槽轮机构槽数 $z$ 按工位要求选定为6，按结构情况确定中心距 $A = 300$ mm，试设计该槽轮间歇运动机构。

### 任务分析

冲压式蜂窝煤成型机是我国城镇蜂窝煤（通常又称煤饼）生产厂的主要生产设备，它将煤粉加入转盘上的模筒内，经冲头在柱饼状煤中冲出若干通孔压成蜂窝煤。

图 4-1(a)是冲压式蜂窝煤成型机的示意图，其中 1 为模筒转盘，2 为滑梁，3 为冲头，4 为扫屑刷，5 为脱模盘。冲压式蜂窝煤成型机通过加料、冲压成型、脱模、扫屑、模筒转模间歇运动及输送六个动作来完成整个工作过程。冲头与脱模盘都与上下移动的滑梁连成一体，当滑梁下冲时冲头将煤粉压成蜂窝煤，脱模盘将已压成的蜂窝煤脱模。在滑梁上升过程中，扫屑刷将刷除冲头和脱模盘上黏附的煤粉。模筒转盘上均布模筒，转盘的间歇运动使加料后的模筒进入加压位置，成型后的模筒进入脱模位置，空的模筒进入加料位置，如图 4-1(b)所示。

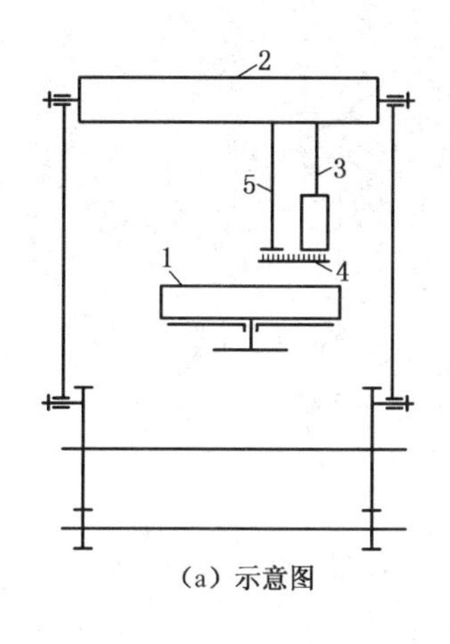


(a) 示意图

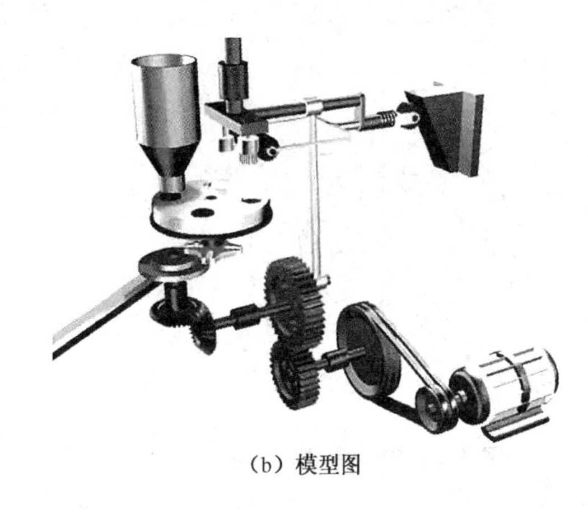

(b) 模型图

**图 4-1　冲压式蜂窝煤成型机**

为了合理地设计转盘的间歇运动机构，必须了解槽轮机构的组成、工作原理、运动特点、主要参数及几何尺寸如何确定和计算。

**相关知识**

在机器工作时，当主动件做连续运动时，常需要从动件产生周期性的运动和停歇，实现这种运动的机构，称为间歇运动机构。最常见的间歇运动机构有棘轮机构、槽轮机构、不完全齿轮机构和凸轮式间歇机构等，它们广泛应用于自动机床的进给机构、送料机构、刀架的转位机构、精纺机的成形机构等。

## 4.1　棘轮机构

### 1）棘轮机构的工作原理和类型

典型的棘轮机构如图 4-2 所示。该机构为轮齿式外啮合棘轮机构，由棘轮、棘爪、摇杆和止动爪、弹簧和机架所组成。棘轮固装在传动轴上，棘轮的齿可以制作在棘轮的外缘、内缘或端面上，而实际应用中以制作在外缘上居多。摇杆空套在传动轴上。

当摇杆沿逆时针方向摆动时，棘爪嵌入棘轮上的齿间，推动棘轮转动。当摇杆沿顺时针方向转动时，止动爪阻止棘轮顺时针转动，同时棘爪在棘轮齿背上滑过，此时棘轮静止。这样，当摇杆往复摆动时，棘轮便可以得到单向的间歇运动。

**图 4-2　外啮合棘轮机构**

图 4-3 所示为一内啮合棘轮机构。如果工作需要，要求棘轮能做不同转向的间歇运动，则可把棘轮的齿做成矩形，而将棘爪做成图 4-4 所示的矩形齿双向棘轮机构。当棘爪处在图示 $B$ 的位置时，棘轮可得到逆时针方向的单向间歇运动；而当棘爪绕其销轴 $A$ 翻转到虚线位置 $B'$ 时，棘轮可以得到顺时针方向的单向间歇运动。

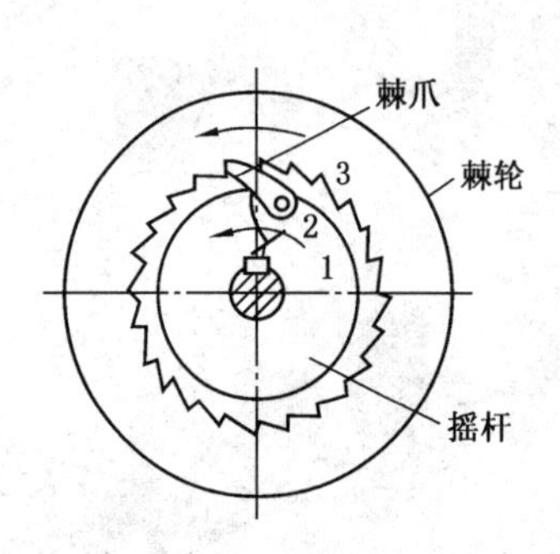


图 4-3 内啮合棘轮机构

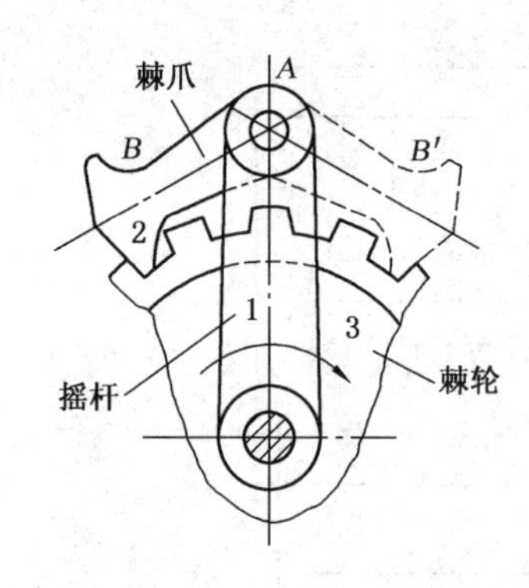


图 4-4 矩形齿双向棘轮机构

图 4-5 所示为回转棘爪双向棘轮机构。当棘爪按图示位置安放时，棘轮可以得到逆时针方向的单向间歇运动；而当棘爪提起，并绕本身轴线旋转180°后再放下时，就可以使棘轮获得顺时针方向的单向间隙运动。

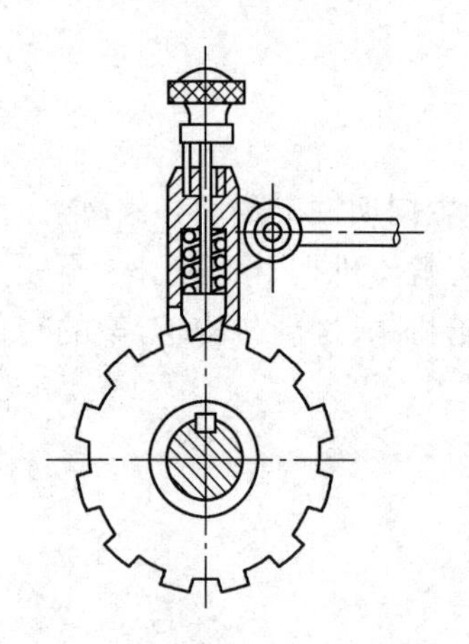

图 4-5 回转棘爪双向棘轮机构

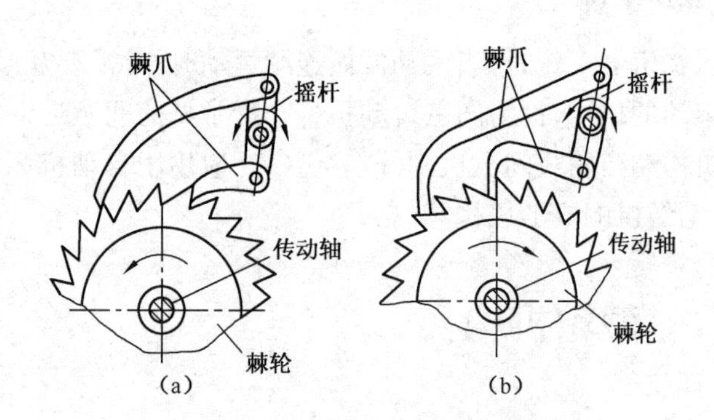


图 4-6 双动式棘轮机构

如果希望使摇杆来回摆动时，都能够使棘轮向同一方向转动，则可以采用所谓双动式棘轮机构，如图 4-6 所示。此种机构的棘爪可以制成直的或钩头的。

上述轮齿式棘轮机构，棘轮是靠摇杆上的棘爪推动其棘齿而运动的，所以棘轮每次转动角都是棘轮齿距角的倍数。在摇杆一定的情况下，棘轮每次的转动角是不能改变的。若工作时需要改变棘轮转动角，除采用改变摇杆的转动角外，还可以采用如图 4-7 所示的结构，在棘轮上加一个遮板，用以遮盖摇杆摆角范围内棘轮上的一部分齿。这样，当摇杆逆时针方向摆动时，棘爪先在遮板上滑动，然后才插入棘轮的齿槽推动棘轮转动。被遮住的齿越多，棘轮每次转动的角度就越小。

图 4-8 所示为摩擦式棘轮机构。这种棘轮机构是通过棘轮与棘爪之间的摩擦而使棘爪实现间歇传动的。摩擦式棘轮机构可无级变更棘轮转角，且噪声小，但与棘轮之间容易产生滑动。为增大摩擦力，可将棘轮做成槽轮形。

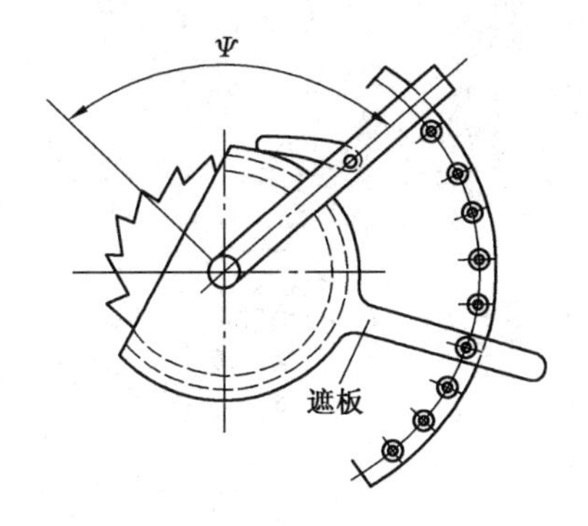

图 4-7 带遮板的棘轮机构

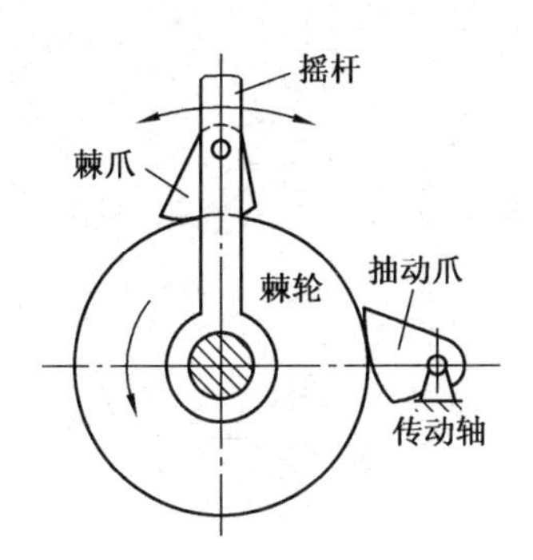

图 4-8 摩擦式棘轮机构

**2）棘轮机构的特点及应用**

轮齿式棘轮机构结构简单、运动可靠，棘轮的转角容易实现有级的调节。但是这种机构在回程时，棘爪在棘轮齿背上滑过产生噪声；在运动开始和终了时，由于速度突变而产生冲击，运动平稳性差，且棘轮轮齿容易磨损，故常用于低速轻载等场合。摩擦式棘轮传递运动较平稳、无噪声，棘轮角可以实现无级调节，但运动准确性差，不易用于运动精度高的场合。

棘轮机构常用在各种机床、自行车、制动器等各种机械中。

应用案例 1：例如在图 4-9 所示的牛头刨床工作台的横向进给机构中，运动由一对齿轮传到曲柄 1，经连杆 2 带动摇杆 4 做往复摆动；摇杆 4 上装有图 4-5 所示的双向棘轮机构的棘爪，棘轮 3 与丝杠 5 固连，棘爪带动棘轮做单方向间歇转动，从而使螺母 6（工作台）做间歇进给运动。若改变驱动棘爪摆角，可以调节进给量；改变驱动棘爪的位置（绕自身轴线转过 180°后固定），可改变进给运动的方向。

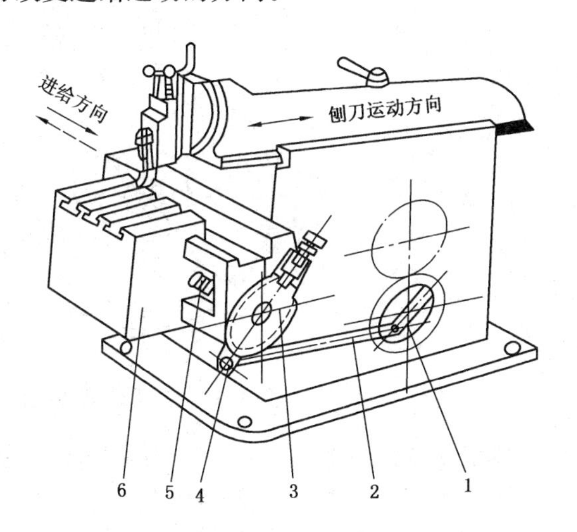

图 4-9 牛头刨床工作台横向进给机构

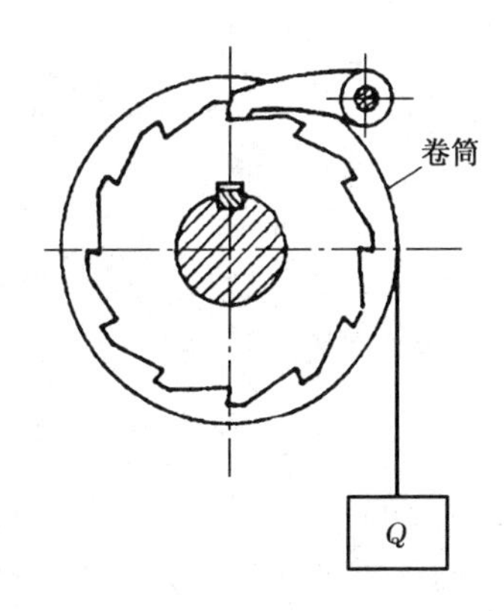

图 4-10 提升机棘轮止动器

应用案例 2：图 4-10 所示为防止机构逆转的止动器。这种棘轮停止器广泛应用于卷扬机、提升机以及运输机等设备中。

应用案例 3：图 4-11 所示为自行车后轮轴上的棘轮机构。当脚蹬踏板时，经链轮和链条带动内圈具有棘齿的小链轮顺时针转动，再经过棘爪推动后轮轴顺时针转动，从而驱使自行车前进。

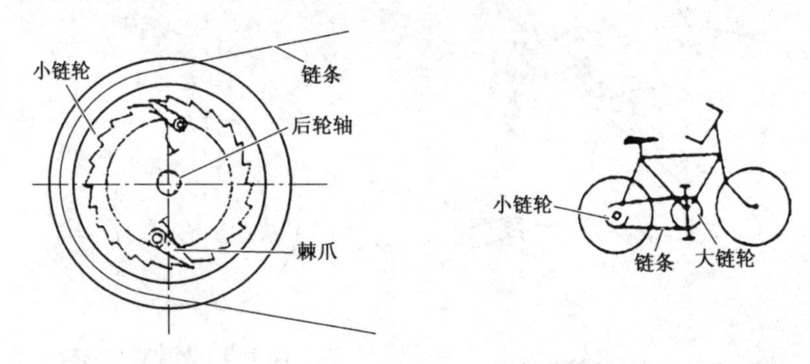


图 4-11　自行车后轴上的棘轮机构

## 4.2　槽轮机构

**1）槽轮机构的工作原理和类型**

图 4-12 所示为槽轮机构，它由主动拨盘、从动槽轮及机架等组成。拨盘以等角速度做连续回转，槽轮做间歇运动。当拨盘上的圆柱销没有进入槽轮的径向槽时，槽轮的内凹锁止弧面被拨盘上的外凸锁止弧面卡住，槽轮静止不动。当圆柱销进入槽轮的径向槽时，锁止弧面被松开，则圆柱销驱动槽轮转动。当拨盘上的圆柱销离开径向槽时，下一个锁止弧面又被卡住，槽轮又静止不动。由此将主动件的连续转动转换为从动槽轮的间歇转动。

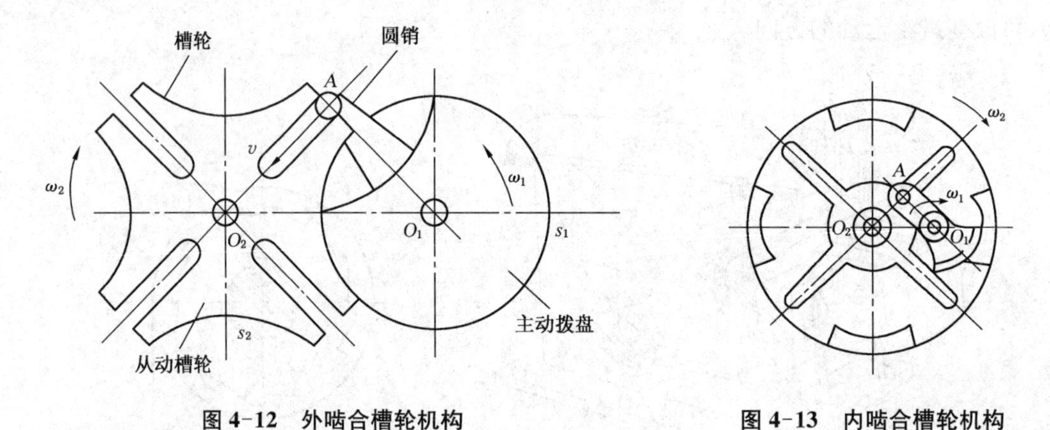


图 4-12　外啮合槽轮机构　　　　图 4-13　内啮合槽轮机构

根据啮合的情况，槽轮机构也可分为外啮合槽轮机构（图 4-12）和内啮合槽轮机构（图 4-13）两种类型。在外啮合槽轮机构中，主动件的转动方向与从动件的转动方向相反。在内啮合的槽轮机构中，两个构件的转动方向相同，而且内啮合槽轮机构的结构比较紧凑。

**2）槽轮机构的特点及应用**

槽轮机构结构简单，工作可靠，制造简单，传动效率高，在进入和脱离接触时运动比较平稳，能准确控制转动的角度，故在工程上得到了广泛应用。

应用案例 1：如图 4-14 所示的六角车床刀架的转位槽轮机构，刀架上可装六把刀具并与具有相应的径向槽的槽轮固连，拨盘上装有一个圆销 $A$。拨盘每转一周，圆销 $A$ 进入槽轮一次，驱使槽轮(即刀架)转 60°，从而将下一工序的刀具转换到工作位置。

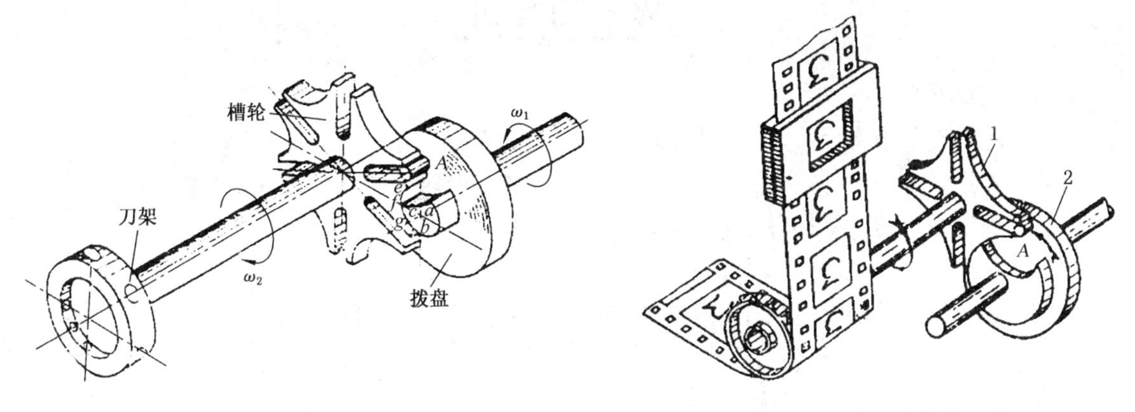


图 4-14　刀架转位槽轮机构

图 4-15　内啮合槽轮机构

应用案例 2：图 4-15 所示为电影放映机卷片机构，槽轮 1 具有四个径向槽，拨盘 2 上装一个圆销 $A$。拨盘转一周，圆销 $A$ 拨动槽轮转过 1/4 周，胶片移动一个画格，并停留一定时间(即放映一个画格)。拨盘继续转动，重复上述运动。利用人眼的视觉暂留特性，当每秒放映 24 幅画面时即可使人看到连续的画面。

## 任务实施

冲压式蜂窝煤成型机转盘采用的槽轮机构设计结构如图 4-16，槽轮各部分尺寸设计如下：

(1) 槽数 $z$：按工位要求选定为 6(已知)。

(2) 中心距 $A$：按结构情况确定 $A = 300$ mm(已知)。

(3) 圆柱销回转半径 $R_1$：$R_1 = A\sin(180°/z) = 300\sin(30°) = 150$ mm。

(4) 圆销直径 $D$：$D = R_1/3 = 150/3 = 50$ mm。

(5) 拨盘外形半径 $R_t$：$R_t = R_1 + 0.5D + 2 = 150 + 0.5 \times 50 + 2 = 177$ mm。

(6) 槽轮半径 $R_2$：$R_2 = A\cos(180°/z) = 300\cos 30° = 259.8$ mm。

(7) 槽深 $H$：$H = A - R_1 + 2 = 300 - 150 + 2 = 152$ mm。

(8) 槽顶一侧壁厚 $e$：$e = 0.3D = 0.3 \times 50 = 15$ mm。

(9) 锁止弧半径 $R_x$：$R_x = R_1 - 0.5D - e = 150 - 0.5 \times 50 - 15 = 110$ mm。

(10) 锁止弧张开角 $J$：$J = 180°(1-2/z) = 180° \times 2/3 = 120°$。

(11) 槽轮转动半角 $S$：$S = 180°/z = 30°$。

(12) 拨盘转动半角 $W$：$W = 90° - S = 60°$。

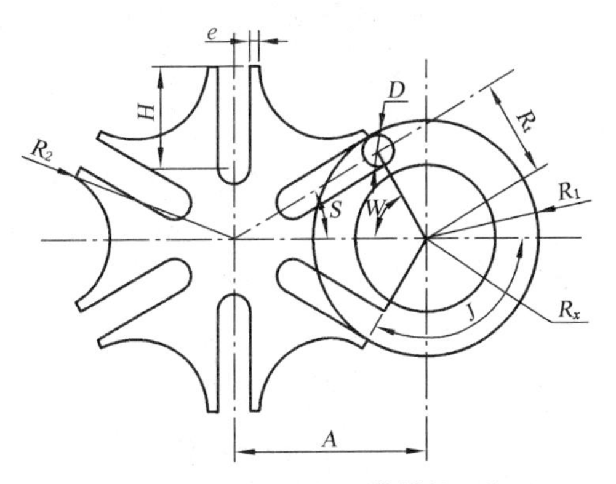


图 4-16　单圆柱销六槽槽轮机构

## 思考与练习

4-1　选择题

(1) 起重设备中常用________机构来阻止鼓轮反转。

A. 偏心轮　　B. 凸轮　　C. 棘轮　　D. 摩擦轮

(2) 棘轮机构的主要构件中,不包括________。

A. 曲柄　　B. 棘轮　　C. 棘爪　　D. 机架

(3) 棘轮机构和槽轮机构中,当主动件做连续运动时,从动件随着做周期性的________运动。

A. 连续　　B. 间歇

(4) 槽轮机构圆柱销数为2,径向槽数为4,拨盘转一圈槽轮转过的角度为________。

A. 90°　　B. 180°　　C. 270°　　D. 360°

(5) 轮齿式棘轮机构的转角可以________调整。

A. 有级　　B. 无级

4-2　简答题

(1) 棘轮机构是如何实现间歇运动的？棘轮机构有哪些类型？

(2) 棘轮为什么只适合低速传动？

(3) 槽轮机构如何实现间歇运动？

# 项目五 机件连接

## 学习目标

**1）知识目标**

（1）了解螺纹的形成；

（2）了解螺纹连接的类型、特点和参数；

（3）了解松螺栓和紧螺栓连接的区别及防松方法；

（4）了解螺栓组的结构设计；

（5）掌握螺栓连接强度计算方法；

（6）了解键连接的主要类型、应用特点；

（7）掌握键连接的强度计算。

**2）能力目标**

（1）掌握连接的种类和应用；

（2）能正确使用螺纹连接紧固件；

（3）键连接的选用及失效形式；

（4）螺纹连接和键连接的设计计算。

## 任务一　起重机吊钩螺纹连接的设计

### 任务提出

如图 5-1 所示，起重机吊钩采用的是螺纹连接，已知载荷 $F=30$ kN，试分析其受力情况并设计螺栓的直径尺寸。

图 5-1　起重机吊钩

### 任务分析

机器是由许许多多的零件组合而成的，而这些零件是通过各种不同的方式来实现连接的。连接种类很多，根据被连接件之间的相互关系可分为动连接和静连接两类。①动连接。被连接件的相互位置在工作时可以按需要变化的连接，如轴与滑动轴承等。②静连接。被连接件之间的相互位置在工作时不能也不允许变化的连接，如减速器中齿轮与轴的连接等。起重机上的吊钩用以悬挂物品，完成一定起重作业。吊钩尾部常制成圆柱状,圆柱状的尾部切有螺纹(如三角形、矩形、锯齿形)。三角形的螺纹只用于起重小的场合,当起重大的场合,通常采用梯形或锯齿形。起重机吊钩采用螺纹连接的方式,这种连接方法简单,具有拆装方便、工作可靠等特点,在各行业都得到广泛应用。通过本任务学习了相关知识后,能够设计出符合要求螺栓的直径尺寸。

## 力学知识

### 5.1.1 轴向拉伸与压缩

**1) 轴向拉伸和压缩的定义**

轴向拉伸或压缩变形是杆件的基本变形形式之一。当作用在杆件上的外力或外力的合力的作用线与杆件的轴线重合时,杆即发生轴向拉伸或压缩变形。外力为拉力时即为轴向拉伸,如图 5-2(a)所示。外力为压力时即为轴向压缩,如图 5-2(b)所示。轴向拉伸、压缩又简称为拉伸、压缩。这类杆件称为轴向拉、压杆或拉、压杆。

轴向拉伸、压缩的杆件在工程中是常见的。如起重设备中的吊钩,内燃机中的连杆、活塞(如图 5-3)以及螺栓连接(如图 5-4)等都是拉伸、压缩杆件。

图 5-2 轴向拉伸、压缩杆件

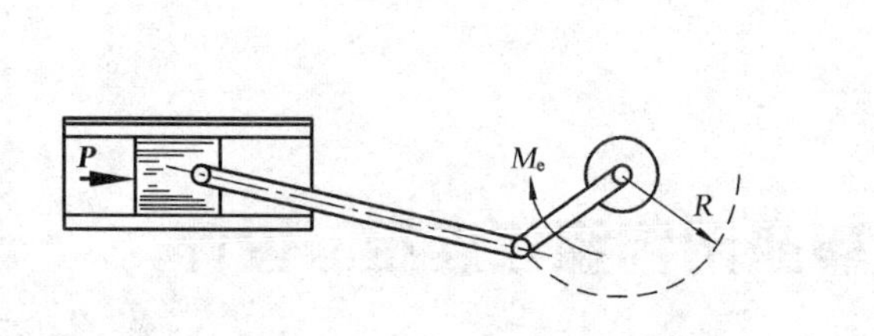


图 5-3 内燃机中的活塞、连杆构件

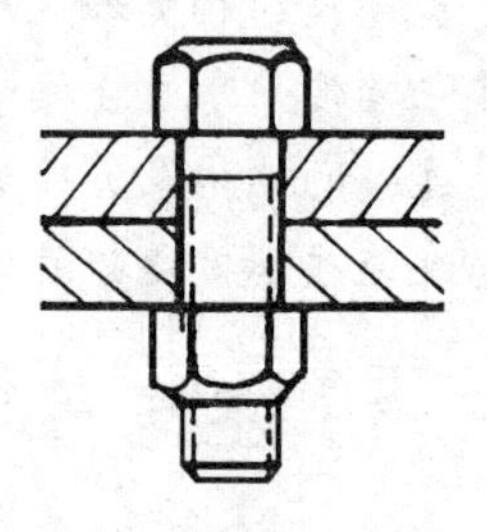

图 5-4 螺栓连接

**2) 内力、轴力及轴力图**

(1) 内力

杆件以外物体对杆件的作用力称为外力,杆件在外力作用下连接两部分之间的相互作用力称为内力。内力随着外力的增大而增大,达到一定限度,杆件就会发生破坏。

要确定杆件某一截面的内力,可以假想将杆件沿所求内力的截面截开,将杆件分为两部分,并取其中一部分作为研究对象,此时,截面上的内力被显示出来,并成为研究对象上的外力。再由静力平衡条件求出此内力,这种求内力的方法称为截面法。其步骤概括如下:

① 截:沿欲求内力的截面,假想用一个截面把杆件分为两段。

② 取:取出任一段(左段或右段)为研究对象。

③ 列:列平衡方程式,求解内力。

(2) 轴力及轴力图

现用截面法求如图 5-5(a)所示轴向受拉杆 $a-a$ 横截面上的内力。在 $a-a$ 处用一假想的平面将杆件截开,如图 5-5(b)所示。

取左段,由平衡方程

$$\sum X = 0 \quad F_N - P = 0$$

得
$$F_N = P$$

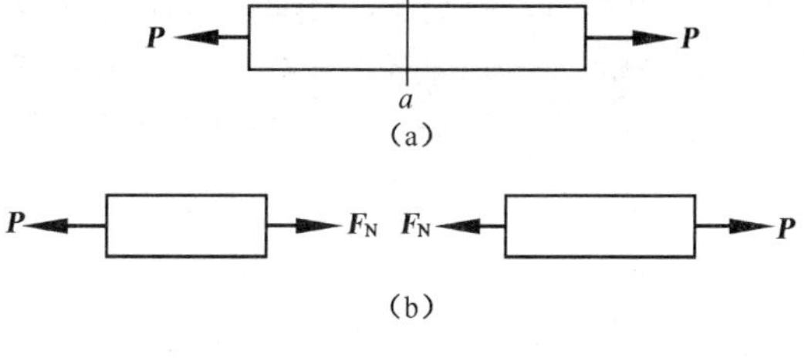


图 5-5　截面法

$F_N$作用线与杆件的轴线重合,此种内力称为轴力。为了区分拉伸与压缩,对轴力的正负号作如下规定:拉力($F_N$指向其所在截面的外法线方向)为正;压力($F_N$指向其所在截面)为负。

杆件截开后内力总是成对出现的,两分离体上的内力总是等值反向,二者为作用与反作用关系。

**【例 5-1】** 试求图 5-6(a)所示杆 1-1 截面上的轴力。

**解**:在 1-1 处截开,取左侧分离体并暴露出内力如图 5-6(b)所示,该分离体处于平衡状态,由平衡方程

$$\sum X = 0 \qquad F_N + 4P - 6P = 0$$

得
$$F_N = 2P$$

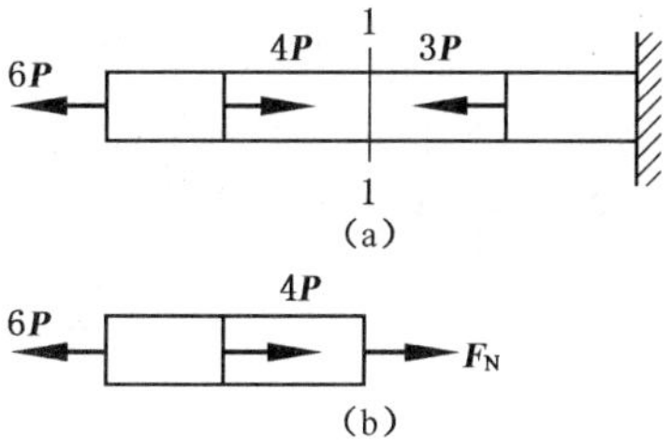

图 5-6　例 5-1 图

求得的 $F_N$为正值,表明图 5-6(b)中 $F_N$的方向与实际相一致,即为拉力(做题时,未知内力 $F_N$的方向均按拉力方向标出,求得 $F_N$为负值时,则表明其方向与实际相反,即为压力)。

为了更直观地表明轴力沿杆件轴线的变化情况,可以用横坐标表示横截面位置,纵坐标表示相应截面的轴力。这样作出的图线称为轴力图。图中“+”号表示轴力为拉力,压力则标以“—”号。

**【例 5-2】** 图 5-7(a)表示一等截面直杆,其受力情况如图所示。试作其轴力图。

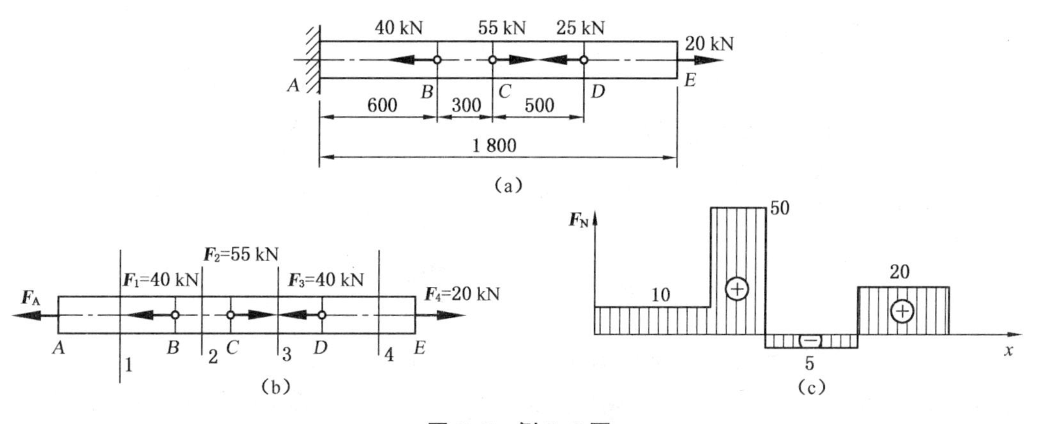


图 5-7　例 5-2 图

**解**:(1) 作杆的受力图,如图 5-7(b),求约束反力 $F_A$。

根据
$$\sum F_x = 0, -F_A - F_1 + F_2 - F_3 + F_4 = 0$$

得 $$F_A = -40\ \text{kN} + 55\ \text{kN} - 25\ \text{kN} + 20\ \text{kN} = 10\ \text{kN}$$

(2) 求各段横截面上的轴力并作轴力图

计算轴力可用截面法，在计算时，取截面左侧或右侧均可，一般取外力较少的轴段为好。

$AB$ 段：$F_{N1} = F_A = 10\ \text{kN}$（考虑左侧）

$BC$ 段：$F_{N2} = 10\ \text{kN} + 40\ \text{kN} = 50\ \text{kN}$（考虑左侧）

$CD$ 段：$F_{N3} = 20\ \text{kN} - 25\ \text{kN} = -5\ \text{kN}$（考虑右侧）

$DE$ 段：$F_{N4} = 20\ \text{kN}$（考虑右侧）

由以上计算结果可知，杆件在 $CD$ 段受压，其他各段均受拉。最大轴力 $F_{Nmax}$ 在 $BC$ 段，其轴力图如图 5-7(c)所示。

**3）拉（压）杆横截面上的应力**

(1) 应力的定义

同一种材料制成横截面积不同的两根直杆，在相同轴向拉力的作用下，其杆内的轴力相同。但随拉力的增大，横截面小的杆必定先被拉断。这说明单凭轴力 $F_N$ 并不能判断拉（压）杆的强度，杆件的强度不仅与内力的大小有关，而且还与截面面积有关，即与内力在横截面上分布的密集程度（简称集度）有关，为此引入应力的概念。

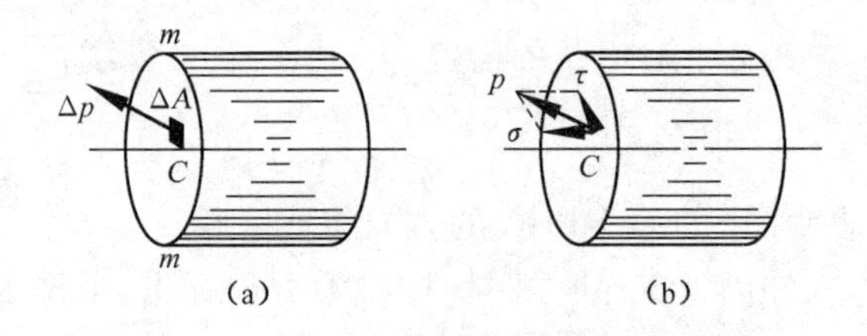


**图 5-8　应力的概念**

要了解受力杆件在截面 $m-m$ 上任意一点 $C$ 处的分布内力集度，可假想将杆件在 $m-m$ 处截开，在截面上围绕 $C$ 点取微小面积 $\Delta A$，$\Delta A$ 上分布内力的合力为 $\Delta p$（如图 5-8(a)），将 $\Delta p$ 除以面积 $\Delta A$，即

$$p_m = \frac{\Delta p}{\Delta A} \tag{5-1}$$

$p_m$ 称为在面积 $\Delta A$ 上的平均应力，它尚不能精确表示 $C$ 点处内力的分布状况。当面积无限趋近于零时，比值 $\frac{\Delta p}{\Delta A}$ 的极限，才真实地反映任意一点 $C$ 处内力的分布状况，即

$$p = \lim_{\Delta A \to 0} \frac{\Delta p}{\Delta A} = \frac{dp}{dA} \tag{5-2}$$

上式 $p$ 定义为 $C$ 点处**内力的分布集度**，称为该点处的**总应力**。其方向一般既不与截面垂直，也不与截面相切。通常，将它分解成与截面垂直的法向分量和与截面相切的切向分量，如图 5-8(b)。法向分量称为**正应力**，用 $\sigma$ 表示；切向分量称为**切应力**，用 $\tau$ 表示。

将总应力用正应力和切应力这两个分量来表达具有明确的物理意义，因为它们和材料的两类破坏现象——拉断和剪切错动——相对应。因此，今后在强度计算中一般只计算正应力和切应力，而不计算总应力。

应力的单位为“帕”，用 Pa 表示，$1\ \text{Pa}=1\ \text{N/m}^2$。常用单位为“兆帕”，用 MPa 表示。此外还有千帕(kPa)和吉帕(GPa)等。它们之间的关系为

$$1\ \text{GPa}=10^3\ \text{MPa}=10^6\ \text{kPa}=10^9\ \text{Pa}$$

(2) 轴向拉伸和压缩时横截面上的正应力

取一等截面直杆，在其侧面作两条垂直于杆轴的直线 $ab$ 和 $cd$，然后在杆两端施加一对轴向拉力 $\boldsymbol{F}$ 使杆发生变形，此时直线 $ab$、$cd$ 分别平移至 $a'b'$、$c'd'$ 且仍保持为直线，如图 5-9(a)所示。由此变形现象可以假设，变形前的横截面，变形后仍保持为平面，仅沿轴线产生了相对平移，并仍与杆的轴线垂直，这就是平面假设。根据平面假设，等直杆在轴向力作用下，其横截面间的所有纵向的变形伸长量是相等的。由均匀性假设，横截面上的内力应是均匀分布的，如图 5-9(b)所示。即横截面上各点处的应力大小相等，其方向与 $\boldsymbol{F}_N$ 一致，垂直于横截面，故横截面上的正应力 $\sigma$ 可以直接表示为

$$\sigma=\frac{\boldsymbol{F}_N}{A} \tag{5-3}$$

式中：$\sigma$——正应力(MPa)，符号由轴力决定，拉应力为正，压应力为负；

$\boldsymbol{F}_N$——横截面上的轴力(N)；

$A$——横截面的面积($\text{mm}^2$)。

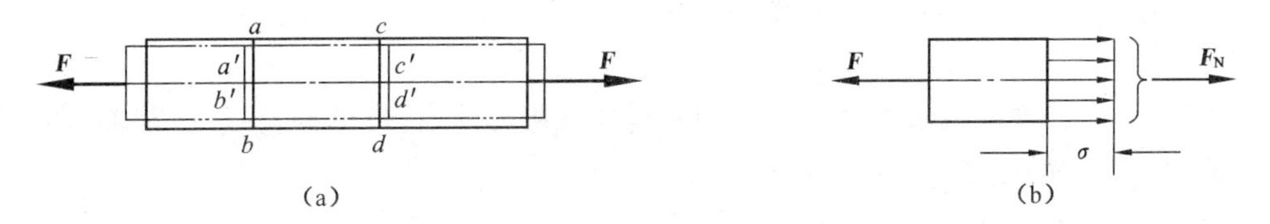


图 5-9　轴向拉伸和压缩时横截面上的正应力

**【例 5-3】** 在例 5-2 中，设等直杆的横截面面积 $A=500\ \text{mm}^2$，试求此杆各段截面上的应力，并指出此杆危险截面所在的位置。

**解**：根据前面已求得的各段轴力，各段截面上的应力为

$AB$ 段：$\sigma_{AB}=\dfrac{F_{N1}}{A}=\dfrac{10\times10^3\ \text{N}}{500\ \text{mm}^2}=20\ \text{MPa}$

$BC$ 段：$\sigma_{BC}=\dfrac{F_{N2}}{A}=\dfrac{50\times10^3\ \text{N}}{500\ \text{mm}^2}=100\ \text{MPa}$

$CD$ 段：$\sigma_{CD}=\dfrac{F_{N3}}{A}=-\dfrac{5\times10^3\ \text{N}}{500\ \text{mm}^2}=-10\ \text{MPa}$

$DE$ 段：$\sigma_{DE}=\dfrac{F_{N4}}{A}=\dfrac{20\times10^3\ \text{N}}{500\ \text{mm}^2}=40\ \text{MPa}$

由以上计算可知，在 $BC$ 段应力最大为 100 MPa，故 $BC$ 段各截面为危险截面。

**4) 轴向拉伸或压缩时的变形**

轴向拉伸(或压缩)时，杆件的变形主要表现为沿轴向的伸长(或缩短)，即纵向变形。由实验可知，当杆沿轴向伸长(或缩短)时，其横向尺寸也会相应缩小(或增大)，即产生垂直于轴线

方向的横向变形。

(1) 变形与线应变

设一等截面直杆原长为 $l$,横截面面积为 $A$。在轴向拉力 $F$ 的作用下,长度由 $l$ 变为 $l_1$,如图 5-10(a)所示。杆件沿轴线方向的伸长为

$$\Delta l = l_1 - l$$

拉伸时 $\Delta l$ 为正,压缩时 $\Delta l$ 为负。

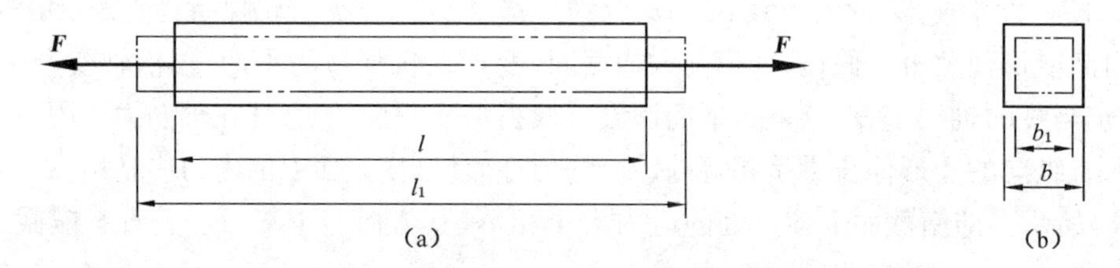


图 5-10　变形与线应变

杆件的伸长量与杆的原长有关,为了消除杆件长度的影响,将 $\Delta l$ 除以 $l$,即以单位长度的伸长量来表征杆件变形的程度,称为线应变或相对变形,用 $\varepsilon$ 表示

$$\varepsilon = \frac{\Delta l}{l} \tag{5-4}$$

$\varepsilon$ 是量纲为 1 的量,其符号与 $\Delta l$ 的符号一致。

(2) 胡克定律

实验证明:当杆件横截面上的正应力不超过比例极限时,杆件的伸长量 $\Delta l$ 与轴力 $F_N$ 及杆原长 $l$ 成正比,与横截面面积 $A$ 成反比。即

$$\Delta l \propto \frac{F_N l}{A}$$

引入比例常数 $E$,则上式可写为

$$\Delta l = \frac{F_N l}{EA} \tag{5-5}$$

上式称为胡克定律。

将式(5-3)和式(5-4)代入式(5-5),可得

$$\sigma = E\varepsilon \tag{5-6}$$

这是胡克定律的另一形式。可表述为:当应力不超过比例极限时,正应力与纵向线应变成正比。

式中,$\boldsymbol{E}$ 为材料的弹性模量,与材料的性质有关,其单位与应力相同,常用单位为 GPa。材料的弹性模量由实验测定。弹性模量表示在受拉(压)时,材料抵抗弹性变形的能力。由式(5-5)可看出,$EA$ 越大,杆件的变形 $\Delta l$ 就越小,故称 $EA$ 为杆件抗拉(压)刚度。工程上常用材料的弹性模量见表 5-1。

表 5-1　常用材料的 $E$ 和 $\nu$

| 材　　料 | $E$(GPa) | $\nu$ |
|---|---|---|
| 碳素钢 | 200～210 | 0.24～0.30 |
| 合金钢 | 185～205 | 0.25～0.30 |
| 灰口铸铁 | 80～150 | 0.23～0.27 |
| 铜及其合金 | 72.5～128 | 0.31～0.42 |
| 铝合金 | 70 | 0.25～0.33 |

### 5）材料在拉伸与压缩时的力学性能及强度计算

对拉压杆进行强度和变形计算时，除与杆件的几何尺寸和受力情况有关外，还与材料的力学性质有关，因而应对材料的力学性质有所了解。材料的力学性质是通过实验来测定的。

工程中材料的种类很多，通常根据其断裂时发生塑性变形的大小分为塑性材料和脆性材料两大类。塑性材料（如低碳钢、铝等）在拉断时产生较大的塑性变形，而脆性材料（如铸铁、砖、石等）拉断时的塑性变形则很小，这两类材料的力学性质存在明显的不同。下面以低碳钢和铸铁为代表分别介绍两类材料在拉伸和压缩时的力学性质。

（1）低碳钢拉伸时的力学性质

碳钢是典型的塑性材料。所谓低碳钢是指含碳量低于 0.3%的钢，钢中含碳量越低，钢质越软，故低碳钢又称软钢。低碳钢是建筑工程中常用的钢材。用低碳钢制成一定尺寸的标准试件，如图 5-11 所示，将试件放在试验机上加轴向拉力 $P$，$P$ 从零开始逐渐增大，直至试件被拉断。试件在 $P$ 作用下产生轴向变形 $\Delta l$，每一 $P$ 值均对应一定的 $\Delta l$ 值，$P$ 与 $\Delta l$ 间的关系曲线如图 5-12(a)所示，该曲线称为拉伸图。$P$ 与 $\Delta l$ 的对应关系还与试件的尺寸有关，在同一拉力 $P$ 作用下，试件尺寸$(l,A)$不同时，$\Delta l$ 也不同。为了消除试件尺寸的影响，可用应力 $\sigma$ 作为纵坐标，用应变 $\varepsilon$ 作为横坐标，这样，就将拉伸图改造成图 5-12(b)所示的 $\sigma-\varepsilon$ 曲线，该曲线称为应力-应变图。下面根据应力-应变图说明低碳钢拉伸时的一些力学性质。

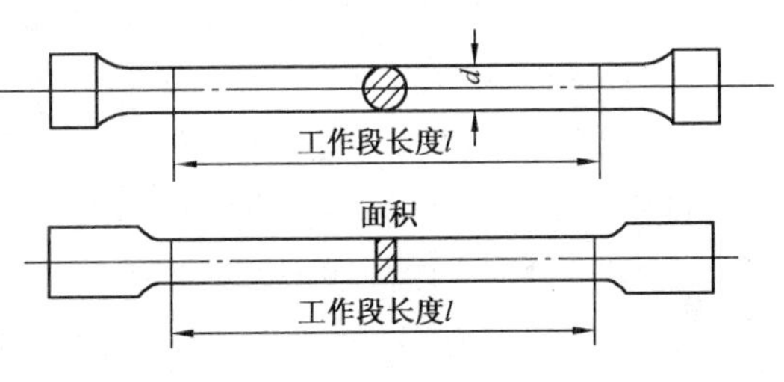


图 5-11　标准试件

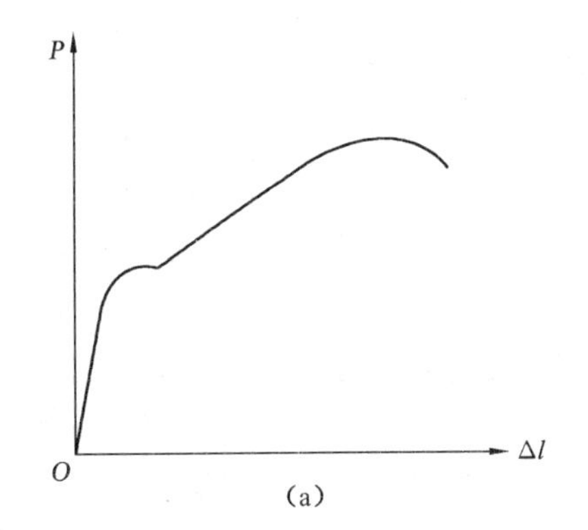


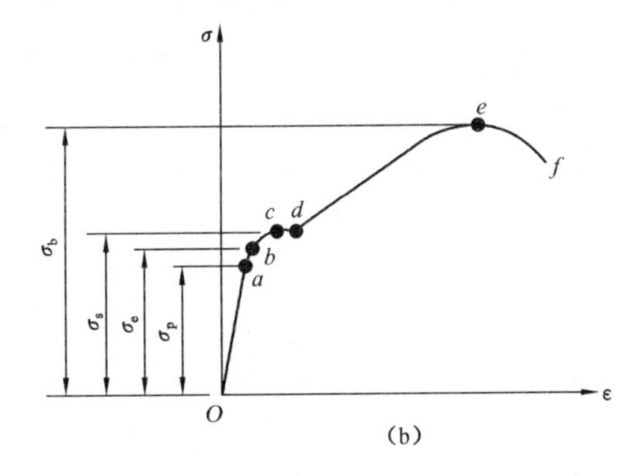


图 5-12　碳钢拉伸时的 $P-\Delta l$ 曲线和 $\sigma-\varepsilon$ 曲线

$\sigma-\varepsilon$ 线可分为下列四个特征阶段：

① 弹性阶段($Ob$ 段)　在此阶段内，材料的变形是弹性的，若卸去载荷 $P$，试件的变形将全部消失。$b$ 点对应的应力称为材料的弹性极限，并用 $\sigma_e$ 表示。

在弹性阶段内，$Oa$ 直线，$a$ 点对应的应力称为比例极限，并用 $\sigma_p$ 表示。比例极限是反映材料力学性质的一个重要指标，它符合胡克定律的适用范围。胡克定律 $\sigma=E\varepsilon$ 反映 $\sigma$ 与 $\varepsilon$ 成正比关系，在图上应该反映为直线。而在 $\sigma-\varepsilon$ 图线上只有在 $\sigma\leqslant\sigma_p$ 时为直线，因而胡克定律 $\sigma=E\varepsilon$ 只在 $\sigma\leqslant\sigma_p$ 时才成立。因为 $a$、$b$ 很接近，在应用中，对比例极限与弹性极限常不加严格区分。

② 屈服阶段($cd$ 段)　当应力超过弹性极限 $\sigma_e$ 点后，应变增加很快，而应力则在一较小范围内波动，在 $\sigma-\varepsilon$ 曲线上出现一段近于水平的线段($cd$ 段)。这种应力基本不增加而应变继续增大的现象称为屈服现象。$cd$ 段称为屈服阶段(或流动阶段)，$c$ 点对应的应力称为材料的屈服极限 $\sigma_s$。屈服极限是衡量材料强度的重要指标。

当应力超过弹性极限以后，材料的变形既有弹性变形，又有塑性变形。在屈服阶段，弹性变形基本不再增加，而塑性变形迅速增加，即屈服阶段出现了明显的塑性变形。

③ 强化阶段($de$ 段)　材料经过屈服阶段后，应力 $\sigma$ 与应变 $\varepsilon$ 又同时增加，$\sigma-\varepsilon$ 曲线继续上升直到 $e$ 点，$de$ 段称为强化阶段。此阶段增长的变形中，塑性变形占的比例较大。$\sigma-\varepsilon$ 曲线最高点 $e$ 对应的应力称为材料的强度极限，并用 $\sigma_b$ 表示。

④ 断裂与颈缩阶段($ef$ 段)　在应力达到 $e$ 点之前，试件的变形是均匀的，当应力达到 $e$ 点时，试件开始出现不均匀变形，试件的某部出现了明显的局部收缩，形成“颈缩”现象，至 $f$ 点时试件被拉断。此阶段称为颈缩阶段。

上述应力-应变图的四个阶段和相应的各应力特征点(比例极限、弹性极限、屈服极限、强度极限)反映出了典型塑性材料在拉伸时的力学性质。

材料的塑性性质通常以下列两个指标来衡量：

断后伸长率
$$\delta=\frac{l_1-l}{l}\times 100\% \tag{5-7}$$

截面收缩率
$$\psi=\frac{A-A_1}{A}\times 100\% \tag{5-8}$$

式中：$l$、$l_1$——分别是试件受力前和拉断后试件上标距间的长度；

$A$、$A_1$——分别是试件受力前后断口处的横截面面积。

$\delta$ 和 $\psi$ 值越大，表明材料的塑性越好。工程中，通常将 $\delta\geqslant5\%$ 的材料称为塑性材料。

若在曲线强化阶段内的某点 $K$ 时，将载荷慢慢卸掉，此时的 $\sigma-\varepsilon$ 曲线将沿着与 $Oa$ 近于平行的直线 $KA$ 回落到 $A$ 点(图 5-13)。这表明材料的变形已不能全部消失，存在着 $OA$ 表示的残余线应变，即存在着塑性变形(图中 $AB$ 为卸载后消失的线应变，此部分为弹性变形)。如果卸载后再重新加载，$\sigma-\varepsilon$ 曲线又沿直线 $AK$ 上升到 $K$ 点，以后仍按原来的 $\sigma-\varepsilon$ 曲线变化。将卸载后再重新加载的 $\sigma-\varepsilon$ 曲线与未经卸载的 $\sigma-\varepsilon$ 曲线相对比，可看到，材料的比例极限得到提高(直线部分扩大了)，而材料的塑性有所降低，此现象称为冷作硬化。工程中常利用冷作硬化来提高杆件在弹性范围内所能承受的最大载荷。

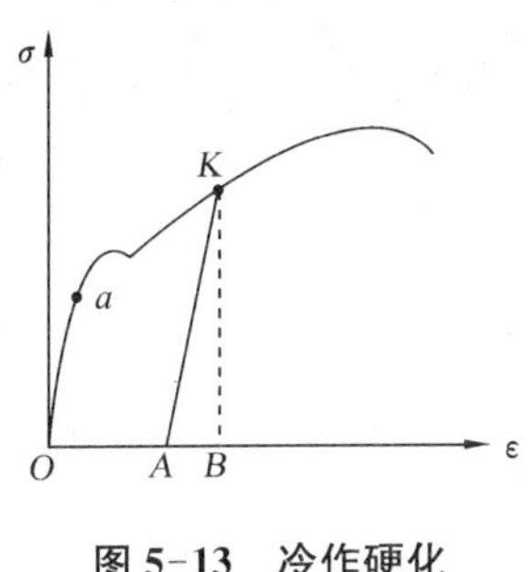


图 5-13　冷作硬化

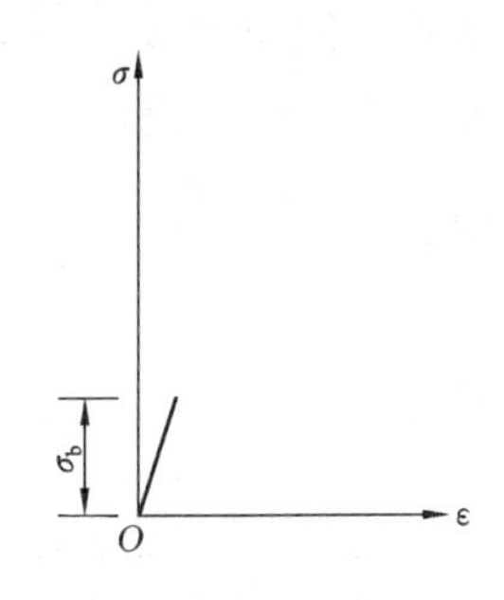


图 5-14　铸铁拉伸时的 $\boldsymbol{\sigma}-\boldsymbol{\varepsilon}$ 曲线

(2) 铸铁拉伸时的力学性质

铸铁是典型的脆性材料，其拉伸时的 $\sigma-\varepsilon$ 曲线如图 5-14 所示。与低碳钢相比，其特点为：

① $\sigma-\varepsilon$ 曲线为一微弯线段，且没有明显的阶段性。

② 拉断时的变形很小，没有明显的塑性变形。

③ 没有比例极限、弹性极限和屈服极限，只有强度极限且其值较低。

(3) 压缩时材料的力学性质

低碳钢压缩时的 $\sigma-\varepsilon$ 曲线如图 5-15 所示。将其与拉伸时的 $\sigma-\varepsilon$ 曲线相对比：弹性阶段和屈服阶段与拉伸时的曲线基本重合，比例极限、弹性极限、屈服极限均与拉伸时的数值相同；在进入强化阶段后，曲线一直向上延伸，测不出明显的强度极限。这是因为低碳钢的材质较软，随着压力的增大，试件越压越扁。工程中，取拉伸时的强度极限作为压缩时的强度极限，即认为拉、压的强度指标相同。

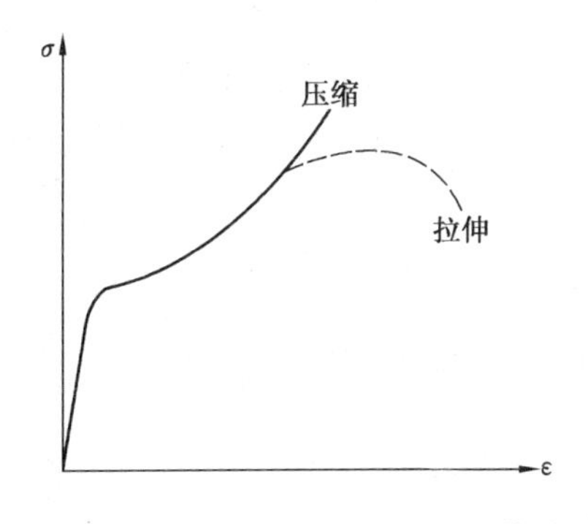


图 5-15　低碳钢压缩时的 $\boldsymbol{\sigma}-\boldsymbol{\varepsilon}$ 曲线

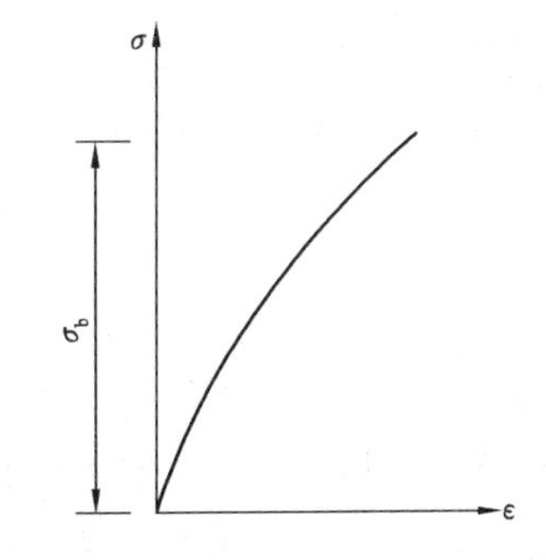


图 5-16　铸铁压缩时的 $\boldsymbol{\sigma}-\boldsymbol{\varepsilon}$ 曲线

铸铁压缩时的 $\sigma-\varepsilon$ 曲线如图 5-16 所示，仍是与拉伸时类似的一条微弯曲线，只是其强度极限值较大，远大于拉伸时的强度极限值。这表明铸铁这种材料是抗压而不抗拉的。

(4) 杆件拉伸或压缩时的强度计算

① 许用应力　工程上将使材料丧失正常工作能力的应力称为极限应力或危险应力，塑性材料的屈服极限 $\sigma_s$ 与脆性材料的强度极限 $\sigma_b$ 都是材料的极限应力。

构件在载荷作用下产生的应力称为工作应力。等直杆最大轴力处的横截面称为危险截面。危险截面上的应力称为最大工作应力。

为使构件正常工作，最大工作应力应小于材料的极限应力，并使构件留有必要的强度储备。因此，一般将极限应力除以一个大于1的系数，即安全系数 $n$，作为强度设计时的最大许可值，称为许用应力，用$[\sigma]$表示，即

对于塑性材料
$$[\sigma]=\frac{\sigma_s}{n_s} \tag{5-9}$$

对于脆性材料
$$[\sigma]=\frac{\sigma_b}{n_b} \tag{5-10}$$

式中：$n_s$、$n_b$——分别为对应屈服极限和强度极限的安全系数。

各种材料在不同工作条件下的安全系数和许用应力值，可从有关规定或设计手册中查到。在静载荷作用下，一般杆件的安全系数为：塑性材料 $n_s=1.5\sim2.5$，脆性材料 $n_b=2.0\sim3.5$。

② 拉压杆的强度计算　为保证轴向拉(压)杆件在外力作用下具有足够的强度，应使杆件的最大工作应力不超过材料的许用应力，由此，建立强度条件

$$\sigma_{max}=\frac{F_N}{A}\leqslant[\sigma] \tag{5-11}$$

上述强度条件，可以解决三种类型的强度计算问题：

a. 强度校核。若已知杆件截面尺寸 $A$、载荷 $F$ 和材料的许用应力$[\sigma]$，则可应用式(5-11)验算杆件是否满足强度要求，即

$$\sigma_{max}\leqslant[\sigma]$$

b. 设计截面尺寸 。若已知杆件的工作载荷 $F$ 及材料的许用应力$[\sigma]$，则由式(5-11)可得

$$A\geqslant\frac{F_N}{[\sigma]}$$

由此确定满足强度条件的杆件所需的横截面面积，从而得到相应的截面尺寸。

c. 确定许可载荷。若已知杆件截面尺寸 $A$ 和材料的许用应力$[\sigma]$，由式(5-11)可确定许可载荷，即

$$F_{Nmax}\leqslant[\sigma]A$$

由上式可计算出已知杆件所能承担的最大轴力，从而确定杆件的最大许可载荷。

**【例 5-4】** 图 5-17(a)所示的刚性梁 $ACB$ 由圆杆 $CD$ 在 $C$ 点悬挂连接，$B$ 端作用有集中载荷 $F=25\text{ kN}$，杆件自重不计。

已知：$CD$ 杆的直径 $d=20\text{ mm}$，许用应力 $[\sigma]=160\text{ MPa}$。

要求：(1) 校核 $CD$ 杆的强度；

(2) 试求结构的许可载荷$[F]$；

(3) 若 $F=50\text{ kN}$，试设计 $CD$ 杆的直径 $d$。

**解**：(1) 校核 $CD$ 杆强度先作 $AB$ 杆的受力图，如图 5-17(b)

由平衡条件 $\sum M_A=0$，得

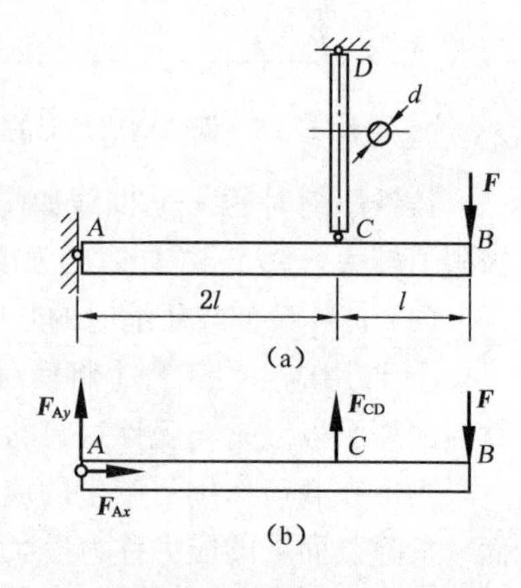

图 5-17　例 5-4 图

$$F_{CD} \times 2l - F \times 3l = 0$$

故
$$F_{CD} = \frac{3}{2}F$$

求 $CD$ 杆的应力，杆上的轴力 $F_N = F_{CD}$，故

$$\sigma_{CD} = \frac{F_{CD}}{A} = \frac{6F}{\pi d^2} = \frac{6 \times 25 \times 10^3}{\pi \times 20^2} = 119.4\ \text{MPa} < [\sigma]$$

所以 $CD$ 杆安全。

(2) 求结构的许可载荷[$F$]。

由
$$\sigma_{CD} = \frac{F_{CD}}{A} = \frac{6F}{\pi d^2} \leqslant [\sigma]$$

故
$$F \leqslant \frac{\pi d^2[\sigma]}{6} = \frac{\pi \times 20^2 \times 160}{6} = 33.5 \times 10^3\text{N} = 33.5\ \text{kN}$$

由此得结构的许可载荷 $[F] = 33.5\ \text{kN}$。

(3) 若 $F = 50\ \text{kN}$，设计圆柱直径 $d$

由
$$\sigma_{CD} = \frac{F_{CD}}{A} = \frac{6F}{\pi d^2} \leqslant [\sigma]$$

故
$$d \geqslant \sqrt{\frac{6F}{\pi[\sigma]}} = \sqrt{\frac{6 \times 50 \times 10^3}{\pi \times 160}} = 24.4\ \text{mm}$$

取 $d = 25\ \text{mm}$。

## 5.1.2　剪切和挤压

### 1) 剪切及剪切的实用计算

工程结构中的许多连接件，如螺栓、铆钉、键、销等，受力后产生的主要变形为剪切。剪切变形是杆件的基本变形形式之一。当杆件受一对大小相等、方向相反、作用线相距很近的横向力作用时，二力之间的截面将沿外力方向发生错动，此种变形称为剪切。发生错动的截面称为受剪面或剪切面。如铰制孔螺栓连接(图 5-18(a)、(b))。

为了对连接件进行强度计算，需求出剪切面上的内力。现以图 5-18 铰制孔螺栓连接为例，用截面法假想地将螺栓杆沿 $m - m$ 截开，取其中任一部分为研究对象，如图 5-18(c) 所示。

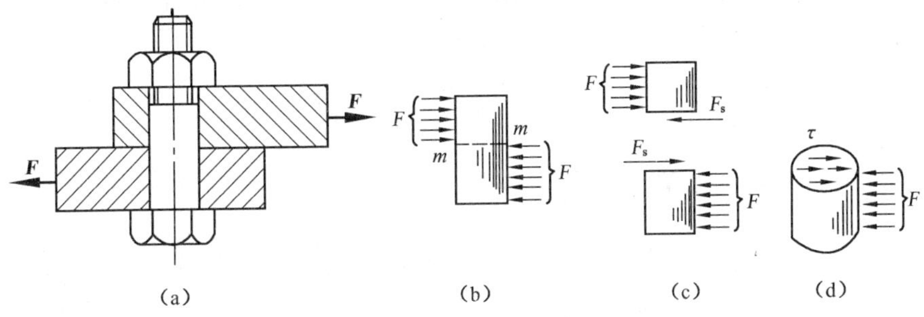


图 5-18　螺栓

由平衡方程求得

$$F_s = F$$

平行截面的内力称为剪力，用 $F_s$ 表示。其平行于截面的应力称为切应力，用符号 $\tau$ 表示。剪力在剪切面上的分布较复杂，工程中常采用实用计算方法，即假设剪切面上的剪力是均匀分布的，如图 5-18(d)，因此剪应力为

$$\tau = \frac{F_s}{A_s} \tag{5-12}$$

式中：$A$——剪切面面积。

由此，建立剪切强度条件

$$\tau = \frac{F_s}{A_s} \leqslant [\tau] \tag{5-13}$$

[τ]可在有关手册中查得。

剪切强度条件同样可解决三类问题：校核强度、设计截面尺寸和确定许可载荷。

**2）挤压及挤压的实用计算**

挤压是指在载荷 $F$ 作用下铆钉与板孔壁间相互压紧的现象，如图 5-19(a)所示。接触面（又称挤压面）上传递的压力称为挤压力，接触面上由挤压力产生的应力称为挤压应力 $\sigma_p$。当挤压应力达到一定限度时，铆钉将被挤压坏，因此，需对铆钉进行挤压强度计算。

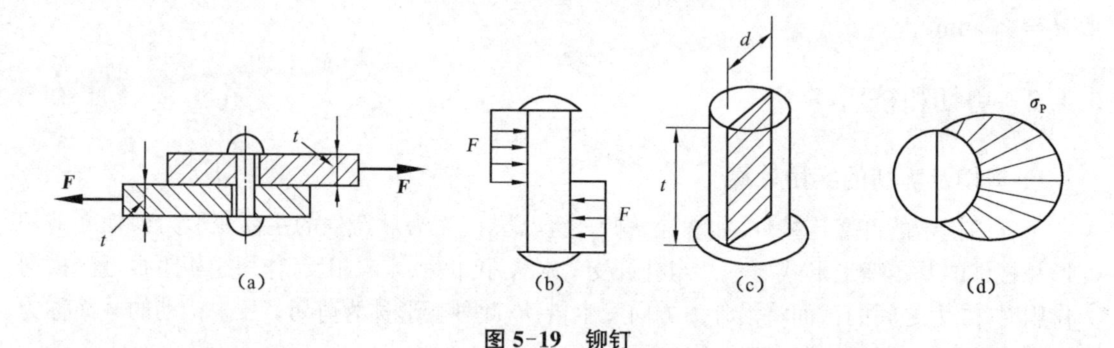


**图 5-19　铆钉**

由于铆钉受挤压时挤压面为半圆柱面，该面上挤压应力的分布比较复杂，如图 5-19(d)所示，对挤压强度的计算，工程中仍采用实用计算方法。实用计算是以实际挤面的正投影面积 $A_p$(图 5-19(c)中的阴影面积，即 $A_p = dt$）作为计算挤压面积，以挤压力 $F_p$(图 5-19(a)情况下 $F_p = F$)除以挤压面积 $A_p$，得

$$\sigma_p = \frac{F_p}{A_p} \tag{5-14}$$

作为计算挤压应力，挤压强度条件则为

$$\sigma_p = \frac{F_p}{A_p} \leqslant [\sigma_p] \tag{5-15}$$

式中，$[\sigma_p]$为材料的许用挤压应力，工程中常用材料的许用挤压应力可以从设计手册中查到。

一般情况下，也可以利用许用挤压应力与许用拉应力的近似关系求得。

对塑性材料：　$[\sigma_p]=(0.9\sim1.5)[\sigma]$

对脆性材料：　$[\sigma_p]=(1.5\sim2.5)[\sigma]$

应当注意，挤压应力是在连接件和被连接件之间的相互作用。当两者材料不同时，应对其中许用挤压应力较低的材料进行挤压强度校核。

**相关知识**

## 5.1.3　螺纹连接的基本知识

### 1）螺纹的形成及类型

（1）螺纹的形成

如图 5-20 所示，将一与水平面倾斜角为 $\lambda$ 的直线绕在圆柱体上，即可形成一条螺旋线。如果用一个平面图形（梯形、三角形或矩形）沿着螺旋线运动，并保持此平面图形始终通过圆柱轴线的平面内，则此平面图形的轮廓在空间的轨迹便形成螺纹。

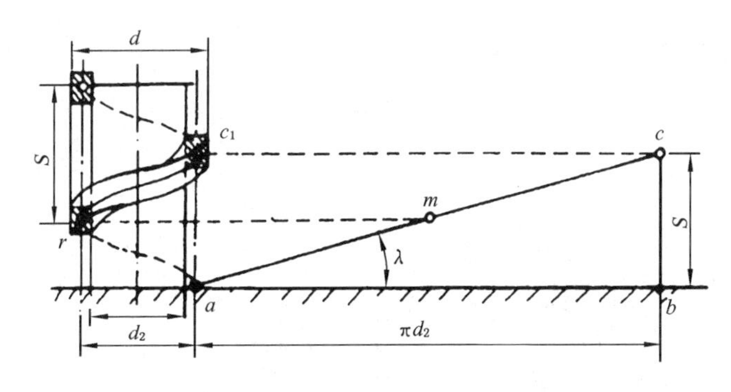


图 5-20　螺纹的形成

（2）螺纹的类型

① 根据母体形状，螺纹分为圆柱螺纹和圆锥螺纹，如图 5-21 所示。

② 根据螺纹所处的位置，可分为内螺纹和外螺纹。在圆柱或圆锥外表面形成的螺纹称为外螺纹，如图 5-22(a)所示；在其内表面形成的螺纹称为内螺纹，如图 5-22(b)所示。

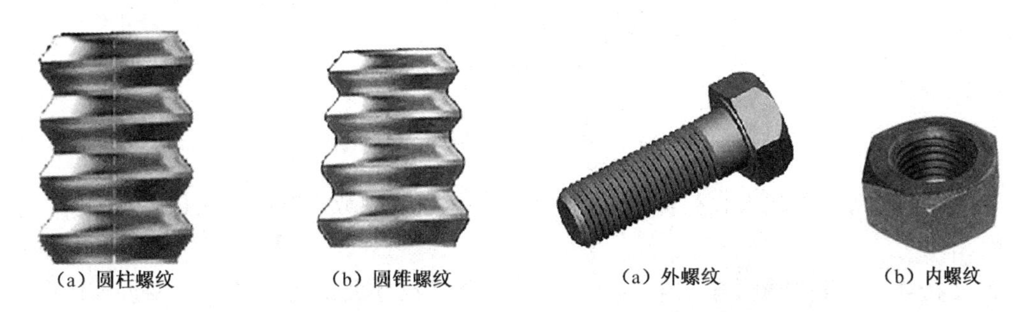

（a）圆柱螺纹　（b）圆锥螺纹

图 5-21　螺纹的母体形状

（a）外螺纹　（b）内螺纹

图 5-22　螺纹

③ 根据螺旋线的数目，可分为单线螺纹（$n=1$）和多线螺纹（$n\geqslant2$）（如图 5-23）。单线螺

纹的自锁性好，常用于连接，工程上常用的是单线螺纹。沿两条或两条以上，且在轴向等距离分布的螺旋线所形成的螺纹称为双线螺纹或多线螺纹。多线螺纹的传动效率高，常用于传动。为了制造方便，螺纹的线数一般不超过四条。

④ 按照螺旋线的旋向，螺纹有左旋和右旋之分（如图 5-24）。沿着螺纹的轴线方向观察，如果螺旋线以左上、右下的方向倾斜，则称为左旋螺纹，如图 5-24(a)所示；如果螺旋线以左下、右上的方向倾斜，则称为右旋螺纹，如图 5-24(b)所示。

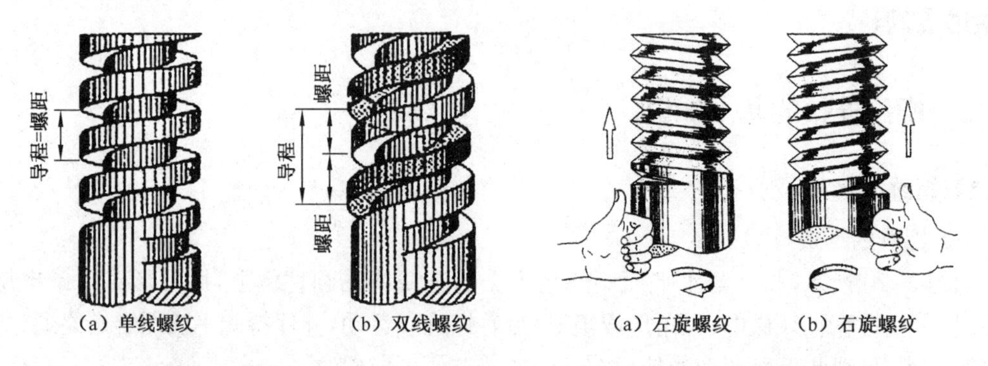

（a）单线螺纹　　（b）双线螺纹

**图 5-23　螺纹的线数**

（a）左旋螺纹　　（b）右旋螺纹

**图 5-24　螺纹的旋向**

**2）螺纹的几何参数**

如图 5-25 所示，以圆柱普通螺纹为例说明螺纹的主要几何参数。

(1) 螺纹的直径

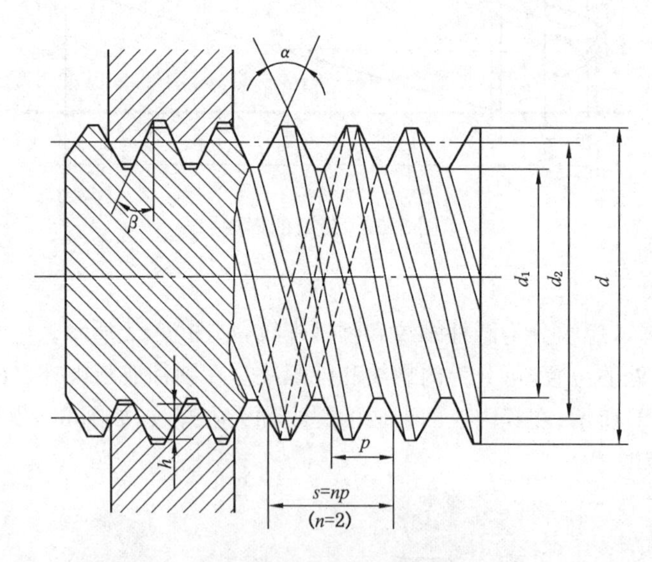

**图 5-25　螺纹的几何参数**

① 大径 $d$　螺纹的最大直径称为大径，即与外螺纹牙顶或内螺纹牙底相重合的假想圆柱的直径。

② 小径 $d_1$　螺纹的最小直径称为小径，即与外螺纹牙底或内螺纹牙顶相重合的假想圆柱的直径。内螺纹、外螺纹的小径分别用 $D_1$ 和 $d_1$ 表示。

③ 中径 $d_2$　中径位于螺纹的大径和小径之间。中径也是一个假想圆柱的直径，其母线称

为中径线，其轴线称为螺纹轴线。在中径线上，牙型上的凸起和沟槽宽度相等，则该圆柱称为螺纹的中径。内、外螺纹的中径分别用 $D_2$ 和 $d_2$ 表示。

（2）螺纹的螺距和导程

如图 5-25 所示，在中径线上，相邻两个螺纹牙对应两个点之间的轴向距离称为螺距，用 $p$ 表示。在同一条螺旋线上，相邻两个螺纹牙在中径线上对应两个点之间的轴向距离称为导程，用 $s$ 表示。显然，对于多线螺纹如图 5-23 所示，导程 $s$、螺距 $p$ 和螺纹线数 $n$ 之间的关系为

$$s = np \tag{5-16}$$

（3）升角 $\lambda$

将螺纹的中径圆柱展开，螺旋线与垂直于螺纹轴线的平面所夹的锐角称为螺纹升角，用 $\lambda$ 表示。如图 5-26 所示。

$$\tan\lambda = \frac{s}{\pi d_2} = \frac{np}{\pi d_2} \tag{5-17}$$

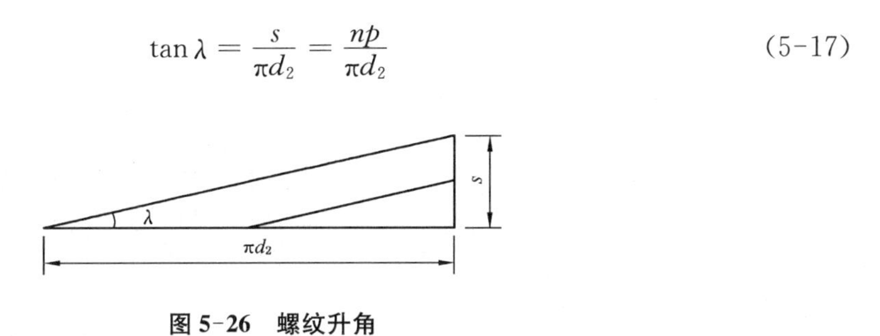


**图 5-26　螺纹升角**

（4）螺纹的牙型

① 螺纹牙　在加工过程中，由于刀具的切入形成了连续的凸起和沟槽两部分。

② 牙型　在通过螺纹轴线的剖面上，螺纹的轮廓形状称为牙型。由螺纹的形成原理可知，牙型即是沿螺旋线运动的平面图形。

③ 牙型角　在通过螺纹轴线的剖面上，螺纹牙型的两个侧边之间的夹角称为牙型角，用 $\alpha$ 表示。

④ 牙侧角　螺纹牙型的侧边与螺纹轴线的垂线之间的夹角称为牙侧角，用 $\beta$ 表示。

⑤ 牙型高度　牙顶到牙底的垂直距离称为牙型高度，用 $h$ 表示。

**3）常用螺纹的特点及应用**

常见的螺纹类型有三角形螺纹、矩形螺纹、梯形螺纹、锯齿形螺纹及管螺纹等，见表 5-2 所示。

**表 5-2　螺纹的类型、特点及应用**

| 螺纹类型 | 牙型图 | 特点及应用 |
| --- | --- | --- |
| 三角形螺纹 | 30° | 三角形螺纹的牙型角为 60°，其当量摩擦系数大，自锁性能好，螺纹牙根部的强度较高，广泛应用于零件连接。同一公称直径的三角形螺纹，按螺距大小分为粗牙和细牙两类，一般连接多用粗牙；细牙螺纹的螺距小，升角也小，小径较大，故自锁性能好，但不耐磨，易滑扣，适用于薄壁零件及微调装置 |

续表 5-2

| 螺纹类型 | 牙型图 | 特点及应用 |
| --- | --- | --- |
| 矩形螺纹 | 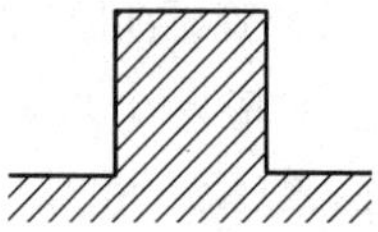 | 牙型为正方形，牙型角为 0°，牙厚为螺距的一半，尚未标准化。其传动效率较其他螺纹高，故多用于传动。其缺点是牙根强度较低，磨损后间隙难以补偿，传中精度较低，目前已逐渐被梯形螺纹所代替 |
| 梯形螺纹 | 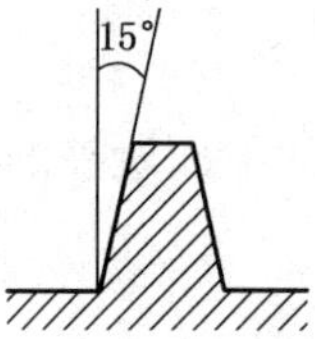 15° | 牙型为等腰梯形，牙型角为 30°，与其他螺纹相比，传动效率低，但工艺性好，牙根强度高，故广泛应用于传动 |
| 锯齿形螺纹 | 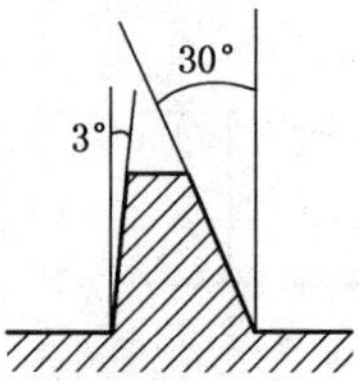 30°<br>3° | 牙型为不等腰梯形，工作面的牙侧角为 3 °，非工作面的牙侧角为 30 °。外螺纹牙有较大的圆角，以减小应力集中。内外螺纹旋合后，大径处无间隙，便于对中。这种螺纹兼有矩形螺纹传动效率高、梯形螺纹牙根强度高的特点，但只能用于单向力的螺纹传动 |
| 管螺纹 | 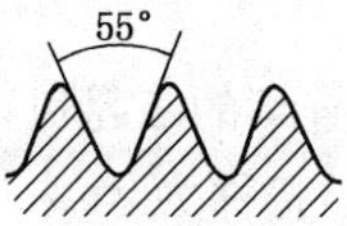 55° | 圆柱管螺纹上牙型角为 55°的英制细牙三角形螺纹，公称直径（以英寸为单位）以管子的孔径表示，螺距以每英寸的螺纹牙数表示，常用于低压条件下工作的管道连接。高压条件下工作的管道连接应采用圆锥管螺纹，它与圆柱管螺纹相似，但牙型角为 60°，螺纹分布在锥度为 1∶16 的圆锥管壁上 |

**4）螺纹连接的主要类型**

（1）螺栓连接

螺栓连接分为普通螺栓连接和铰制孔螺栓连接两种。

普通螺栓连接（图 5-27(a)）的结构特点是被连接件上的通孔和螺栓杆间留有间隙，故孔的加工精度要求低，结构简单，装拆方便，适用于被连接件不太厚和两边都有足够装配空间的场合。

铰制孔螺栓连接（图 5-27(b)）的结构特点是被连接件上的通孔和螺栓杆多采用基孔制过渡配合，故孔的加工精度要求高，适用于利用螺杆承受横向载荷或需精确固定被连接件相对位置的场合。

（2）双头螺柱连接

双头螺柱连接如图 5-28 所示，它是将双头螺柱的一端旋紧在一被连接件的螺纹孔中，另一端则穿过另一被连接件的孔，再放上垫圈，拧上螺母。双头螺柱连接适用于被连接零件之一太厚，不便制成通孔，或材料比较软且需经常拆装的场合。

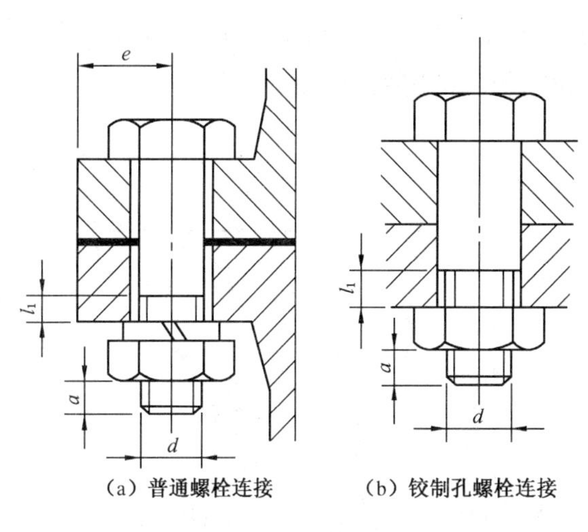


（a）普通螺栓连接　　（b）铰制孔螺栓连接

图 5-27　螺栓连接

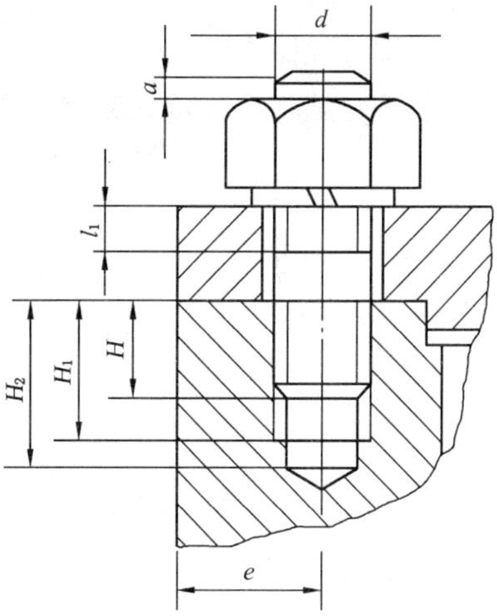

图 5-28　双头螺柱连接

（3）螺钉连接

螺钉连接如图 5-29 所示，它是将螺钉穿过一被连接件的孔，并旋入另一被连接件的螺纹孔中。螺钉连接适用于被连接零件之一太厚而又不需经常拆装的场合。

（4）紧定螺钉连接

紧定螺钉连接如图 5-30 所示，它利用拧入零件螺纹孔中的螺钉末端顶住另一零件的表面或顶入该零件的凹坑中，以固定两零件的相互位置，并可传递不大的载荷。

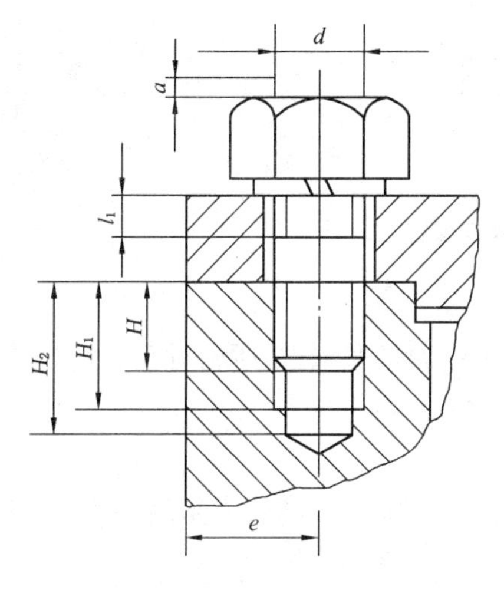


图 5-29　螺钉连接

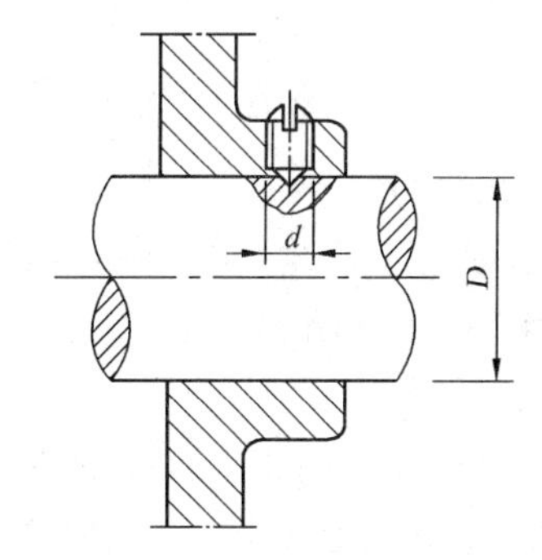


图 5-30　紧定螺钉连接

**5）标准螺纹连接件**

螺纹连接件品种很多，大都已经标准化，常用的标准螺纹连接件有螺栓、螺钉、双头螺栓、紧定螺钉、螺母和垫圈。

（1）螺栓

螺栓是工程上、日常生活中应用最为普遍、广泛的紧固件之一，其形状如图 5-31 所示。

(2) 双头螺栓

双头螺栓如图 5-32 所示。双头螺栓的两端都制有螺纹，两端的螺纹可以相同，也可以不同。其安装方式是一端旋入被连接件的螺纹孔中，另一端用来安装螺母。

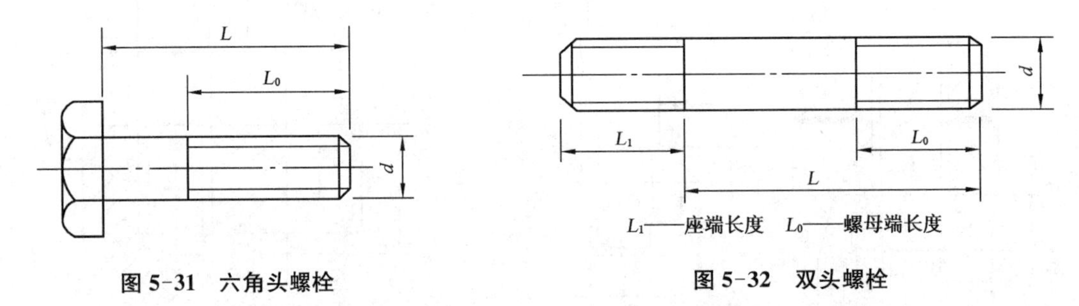


图 5-31　六角头螺栓

图 5-32　双头螺栓

(3) 螺钉

螺钉的头部有各种形状，如图 5-33 所示。为了明确表示螺钉的特点，通常以其头部的形状来命名，如半圆头螺钉、圆柱头螺钉、沉头螺钉和内六角圆柱头螺钉。螺钉的承载力一般较小。但是注意：在许多情况下，螺栓也可以用作螺钉。

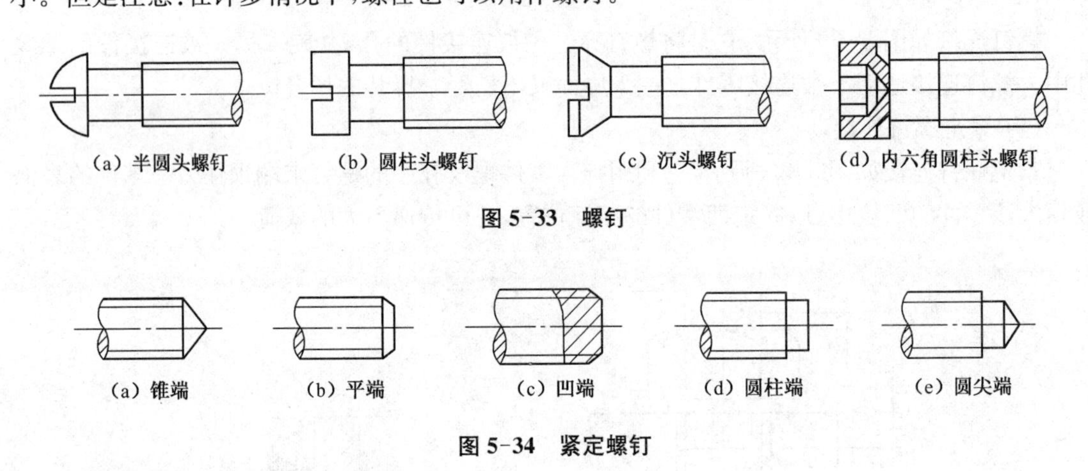


图 5-33　螺钉



图 5-34　紧定螺钉

(4) 紧定螺钉

常用紧定螺钉如图 5-34 所示。紧定螺钉的工作面是在末端，所以对于重要的紧定螺钉需要淬火硬化后才能满足要求。

(5) 螺母

螺母是和螺栓相配套的标准零件，其外形有六角形、圆形、方形及其他特殊形状，如图 5-35 所示。其厚度有厚的、标准的和扁的，其中以标准的应用最广。

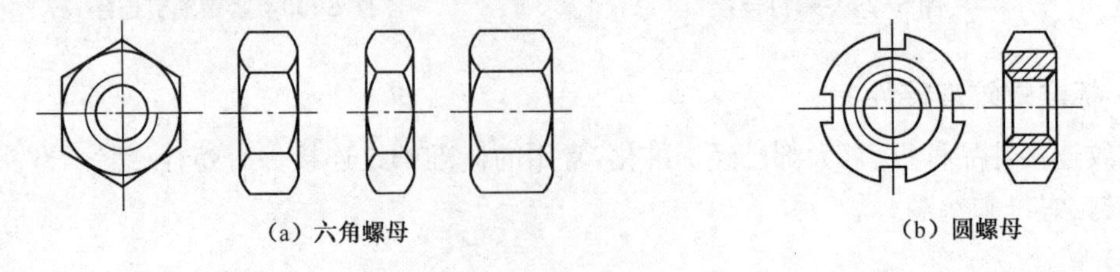


图 5-35　螺母

(6) 垫圈

垫圈也是标准件，品种也最多，如图 5-36 所示。

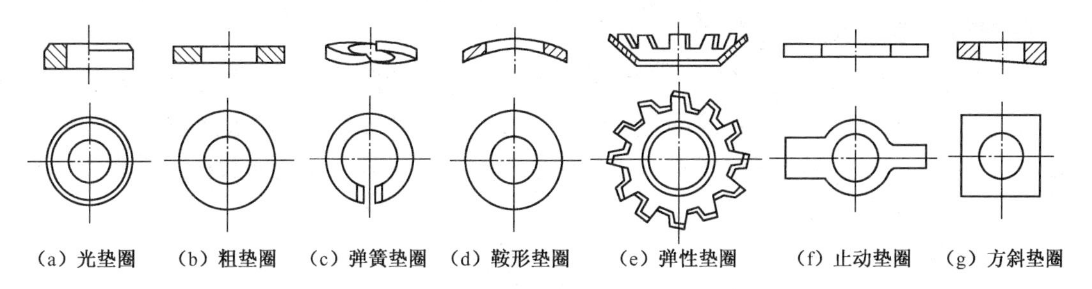


**图 5-36　垫圈**

### 6）螺纹连接件的材料和许用应力

(1) 螺纹连接件的材料

螺纹连接件有螺栓、螺母、螺钉、双头螺柱、垫片等，适合制造螺纹连接件的材料很多，常用的有 Q215、Q235、10、35、45 和 40Cr 等。国家标准规定螺纹连接件按其力学性能进行分级，同一材料通过工艺措施可制成不同等级的螺栓和螺母；规定性能等级的螺栓、螺母在图纸中只标出性能等级，不标出材料牌号。

(2) 螺纹连接件的许用应力

螺纹连接件的许用应力与载荷性质(静、变载荷)、连接是否拧紧、预紧力是否需要控制以及螺纹连接件的材料、结构尺寸等因素有关。精确选定许用应力必须考虑上述各因素，设计时可参照表 5-3 至表 5-5 选择。

**表 5-3　螺纹连接件常用材料的力学性能**　　单位：MPa

| 钢　号 | Q215(A2) | Q235(A3) | 35 | 45 | 40Cr |
|---|---|---|---|---|---|
| 强度极限 $\sigma_b$ | 335～410 | 375～460 | 530 | 600 | 980 |
| 屈服极限 $\sigma_s$ | 185～215 | 205～235 | 315 | 355 | 785 |

**表 5-4　紧螺栓连接的许用应力及安全系数**

| 许用应力 | 不控制预紧力时的安全系数 | | | | 控制预紧力时的安全系数 $S$ |
|---|---|---|---|---|---|
| $[\sigma]=\sigma_s/S$ | 直径材料 | M6～M16 | M16～M30 | M30～M60 | 不分直径 |
| | 碳钢合金钢 | 4～3<br>5～4 | 3～2<br>4～2.5 | 2～1.3<br>2.5 | 1.2～1.5 |

注：松螺栓连接时，取$[\sigma]=\sigma_s/S$，$S=1.2～1.7$。

**表 5-5　许用剪切和挤压应力及安全系数**

| 被连接件材料 | 剪　切 | | 挤　压 | |
|---|---|---|---|---|
| | 许用应力 | $S$ | 许用应力 | $S$ |
| 钢 | $[r]=\sigma_s/S$ | 2.5 | $[\sigma_p]=\sigma_s/S$ | 1.25 |
| 铸铁 | | | $[\sigma_p]=\sigma_b/S$ | 2～2.5 |

### 5.1.4 螺纹连接的预紧与防松

**1）螺纹连接的预紧**

大多数螺纹连接在装配时就已经拧紧，称为预紧。预紧的螺纹连接称为紧连接，不预紧的螺纹连接称为松连接。预紧的目的是增强螺纹连接的可靠性，提高紧密性和防止松脱。对于受拉力作用的螺纹连接，还可提高螺纹连接的疲劳强度；对于受横向载荷的紧螺纹连接，有利于增大连接中的摩擦力。

预紧使螺纹所受到的拉力称为预紧力。如果预紧力过小，则会使连接不可靠；若预紧力过大，则会导致连接件的损坏。对于一般的连接，可凭经验来控制预紧力的大小，但对重要的连接就要严格控制其预紧力，可通过控制拧紧力矩来实现。生产中常用测力矩扳手(图 5-37(a))和定力矩扳手(图 5-37(b))来控制拧紧力矩。

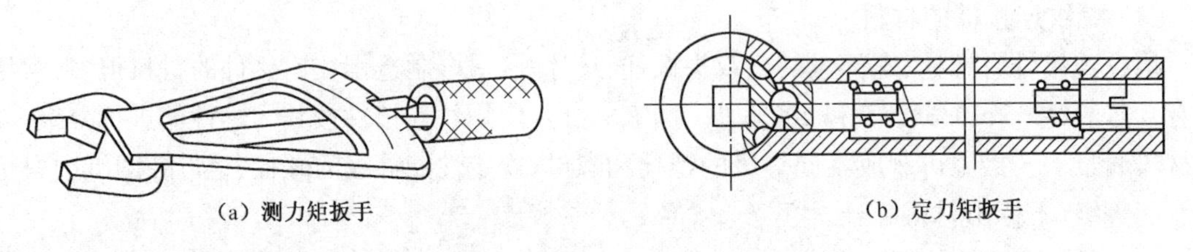

(a) 测力矩扳手　　(b) 定力矩扳手

图 5-37　测力矩扳手和定力矩扳手

**2）螺纹连接的防松**

连接螺纹都能满足自锁条件,且螺母和螺栓头部支承面处的摩擦也能起防松作用,故在静载荷下,螺纹连接不会自动松脱。但在冲击、振动或变载荷的作用下,或当温度变化很大时,螺纹副间的摩擦力可能减小或瞬间消失,影响连接的安全性,甚至会引起严重事故。所以在重要场合,必须采取有效的防松措施。

防松的目的是阻止螺母和螺栓的相对转动。防松的方法很多,按其工作原理,可分为摩擦防松、机械防松和破坏螺纹副三种。常用的防松方法见表 5-6。

表 5-6　常用的防松方法

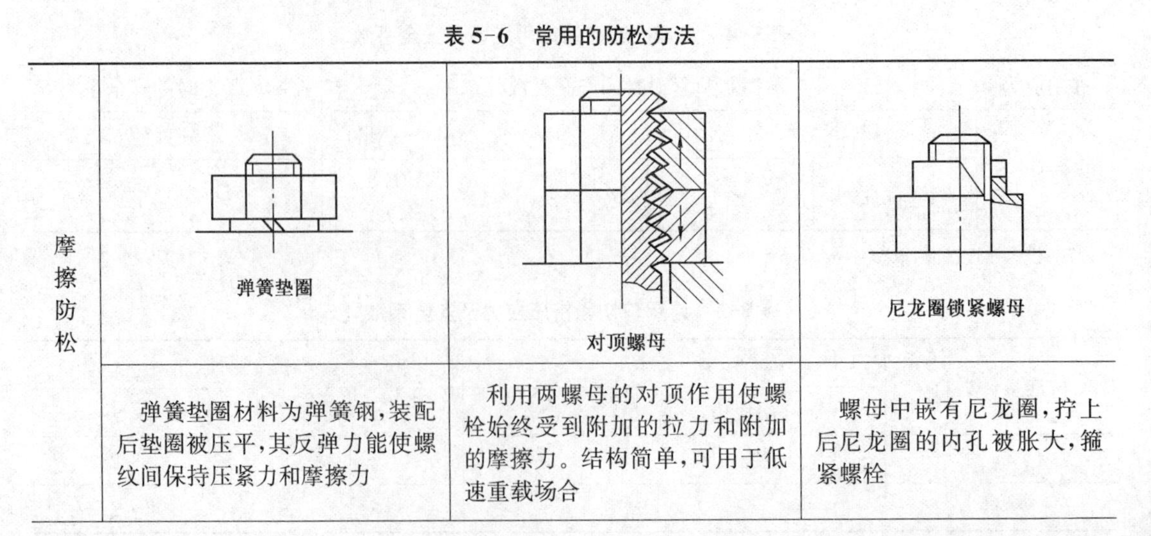

| | | | |
|---|---|---|---|
| 摩擦防松 | 弹簧垫圈 | 对顶螺母 | 尼龙圈锁紧螺母 |
| | 弹簧垫圈材料为弹簧钢,装配后垫圈被压平,其反弹力能使螺纹间保持压紧力和摩擦力 | 利用两螺母的对顶作用使螺栓始终受到附加的拉力和附加的摩擦力。结构简单,可用于低速重载场合 | 螺母中嵌有尼龙圈,拧上后尼龙圈的内孔被胀大,箍紧螺栓 |

续表 5-6

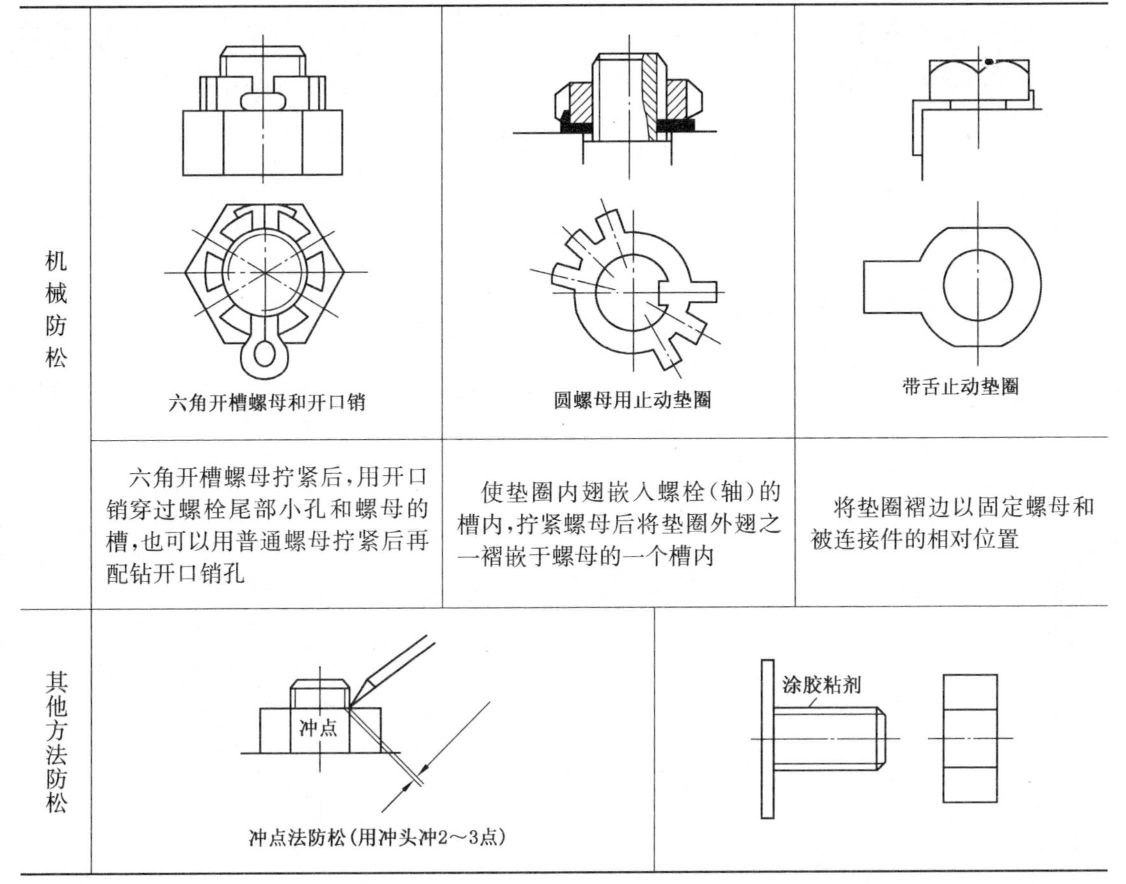


| | | | |
|---|---|---|---|
| 机械防松 | 六角开槽螺母和开口销 | 圆螺母用止动垫圈 | 带舌止动垫圈 |
| | 六角开槽螺母拧紧后，用开口销穿过螺栓尾部小孔和螺母的槽，也可以用普通螺母拧紧后再配钻开口销孔 | 使垫圈内翅嵌入螺栓（轴）的槽内，拧紧螺母后将垫圈外翅之一褶嵌于螺母的一个槽内 | 将垫圈褶边以固定螺母和被连接件的相对位置 |
| 其他方法防松 | 冲点法防松（用冲头冲2～3点） | | |

## 5.1.5 螺栓连接的强度计算

根据连接的工作情况，可将螺栓按受力形式分为受拉螺栓和受剪螺栓，受拉螺栓的主要失效形式为螺纹的塑性变形或断裂；受剪螺栓的主要失效形式为螺纹压溃和剪断。进行螺栓连接强度计算的第一步就是进行载荷分析，确定其中受载最大的螺栓及载荷大小，然后根据失效可能的发生形式选择不同的强度计算方法，由强度计算来确定螺栓直径，再按标准选用螺栓及其对应的螺母、垫圈等连接件。

**1）受拉螺栓连接**

（1）松螺栓连接

松螺栓连接在承受工作载荷前不需要拧紧螺母，在忽略有关零件自重的情况下，连接螺栓是不受力的，典型的结构如图 5-1 所示的起重机吊钩。

该螺栓连接在外载荷 $\boldsymbol{F}$ 作用下的强度条件式为

$$\sigma=\frac{F}{\frac{1}{4}\pi d_1^2}\leqslant[\sigma] \tag{5-18}$$

式中：$F$——工作载荷(N)；

$d_1$——螺纹的小径(mm)；

$[\sigma]$——许用拉应力(MPa)，见表 5-4。

由上式可得设计公式为

$$d_1 \geqslant \sqrt{\frac{4F}{\pi[\sigma]}} \tag{5-19}$$

(2) 紧螺栓连接

① 受横向外载荷的紧螺栓连接　如图 5-38 所示的螺栓连接中，螺栓杆与孔之间留有间隙。螺栓预紧后，被连接件之间相应的产生正压力，横向载荷由接触面之间的摩擦力来承受。显然，连接的正常工作条件是被连接件之间不发生相对滑移，即螺栓预紧后，接触面的最大静摩擦力不小于横向载荷。即

$$F_0 f \geqslant F_R$$

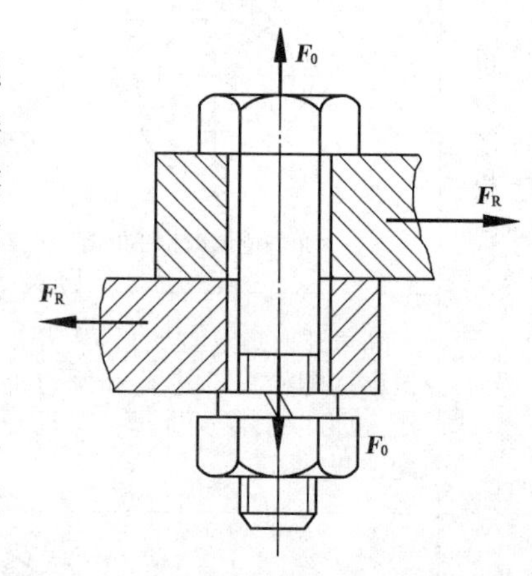

图 5-38　受横向外载荷的紧螺栓连接

若考虑连接的可靠性、螺栓个数及接合面数目，则上式可改为

$$F_0 zfm = K_f F_R$$

$$F_0 = \frac{K_f F_R}{fmz} \tag{5-20}$$

式中：$F_0$——螺栓预紧力(N)；

$F_R$——单个螺栓所承受的横向载荷(N)；

$K_f$——可靠性系数，通常取 $K_f = 1.1 \sim 1.3$；

$f$—— 接合面摩擦系数，对于铸铁与钢的接合面取 $f = 0.15 \sim 0.2$，对于钢与钢接合面 $f = 0.1 \sim 0.15$；

$z$——螺栓个数；

$m$——接合面数。

此种螺栓连接螺纹部分不仅受预紧力 $F_0$ 的作用产生拉应力 $\sigma$，还受由于螺纹摩擦力矩的作用而产生的扭转切应力，所以螺栓受复合应力作用，强度计算时应综合考虑。

螺栓危险截面上的拉应力为

$$\sigma = \frac{F_0}{\frac{\pi d_1^2}{4}}$$

螺栓危险截面上的切应力为

$$\tau = \frac{T_1}{W_T} = \frac{\frac{F_0 \tan(\lambda + \varphi_v) d_2}{2}}{\frac{\pi d_1^3}{16}}$$

对于常用的 M10～M68 普通螺纹的钢制螺栓，取 $f_v = \tan\varphi_v = 0.15$。经简化可得 $\tau \approx$

0.5$\sigma$，按第四强度理论求出危险截面的当量应力为

$$\sigma_e = \sqrt{\sigma^2 + 3\tau^2} = \sqrt{\sigma^2 + 3\,(0.5\sigma)^2} \approx 1.3\sigma$$

故螺栓螺纹部分的强度条件为

$$\sigma_e = 1.3\sigma = \frac{1.3F_0}{\frac{\pi d_1^2}{4}} \leqslant [\sigma] \tag{5-21}$$

式中：$[\sigma]$——螺栓的许用应力(MPa)，具体值见表5-4。

上式表明：紧螺栓连接时螺栓虽然受拉扭复合作用，但是它的强度仍可按纯拉伸计算，只需将拉力增大30%，以考虑扭转的影响。

故设计公式为

$$d_1 \geqslant \sqrt{\frac{4 \times 1.3F_0}{\pi[\sigma]}} \tag{5-22}$$

② 承受轴向载荷的紧螺栓连接　图5-39所示为气缸盖螺栓组连接，其中每个螺栓受的平均轴向工作载荷为

$$F = \frac{p\pi D^2}{4z} \tag{5-23}$$

式中：$P$——缸内压强(MPa)；

$D$——缸径(mm)；

$z$——螺栓个数。

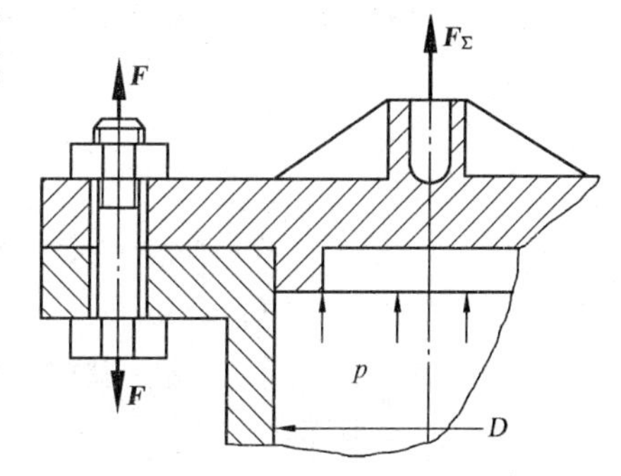

图5-39　气缸盖螺栓组连接

这种受力形式的紧连接应用最广，也是最重要的一种连接形式。

图5-39中当螺母拧紧后，螺栓受到预紧力$F$作用，被连接件接触面则受到与$F$大小相同的压力。工作时由于容器内压力$p$的作用，使螺栓受轴向工作拉力$F$的作用而进一步伸长，因此被连接件接触面之间随着这一变化而回松，其压缩力由初始的$F_0$减至$F_0'$。$F_0'$称为残余预紧力或剩余预紧力。显然，作用于螺栓上的总拉力为

$$F_\Sigma = F_0' + F \tag{5-24}$$

为了保证连接的紧密性，应使$F_0' > 0$，其大小由工作情况而定。对于有密封要求的连接取$F_0' = (1.5 \sim 1.8)F$；一般连接，工作载荷稳定时取$F_0' = (0.2 \sim 0.6)F$，工作载荷不稳定时取$F_0' = (0.6 \sim 1.0)F$。

当选定残余预紧力$F_0'$后，即可按式(5-24)求出螺栓受的总拉力$F_\Sigma$。

螺栓的强度条件可按式(5-21)进行计算，即

$$\sigma = \frac{1.3F_\Sigma}{\frac{\pi d_1^2}{4}} \leqslant [\sigma] \tag{5-25}$$

则设计公式为

$$d_1 \geqslant \sqrt{\frac{4 \times 1.3F_{\Sigma}}{\pi[\sigma]}} \tag{5-26}$$

**2）受剪切螺栓连接**

图 5-40 所示铰制孔螺栓连接是靠螺栓杆受剪切和挤压来承受横向载荷的。工作时，螺栓在被连接件之间的接合面处受剪切，螺栓杆与被连接件的孔壁相互挤压。因此应分别按剪切和挤压强度计算。这类连接的预紧力不大，计算时可忽略不计。

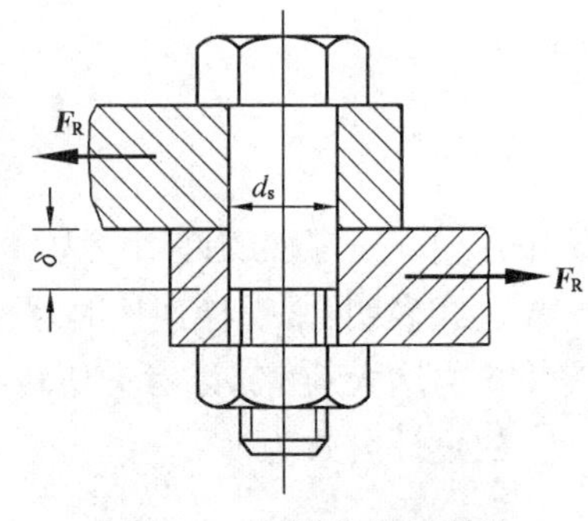


**图 5-40　受横向外载荷的铰制孔螺栓连接**

螺栓杆剪切强度条件为

$$\tau = \frac{F_R}{\frac{m\pi d_s^2}{4}} \leqslant [\tau] \tag{5-27}$$

螺栓杆与被连接件孔壁之间挤压强度条件为

$$\sigma_p = \frac{F_R}{d_s\delta} \leqslant [\sigma_p] \tag{5-28}$$

式中：$F_R$——单个螺栓所承受的横向载荷(N)；

$d_s$——螺栓杆直径(mm)；

$\delta$——螺栓杆与被连接件孔壁接触面的最小高度(mm)；

$m$——受剪面数；

$[\tau]$——螺栓的许用剪应力(MPa)；

$[\sigma_p]$——螺栓与被连接件中低强度材料的许用挤压应力(MPa)。

## 5.1.6　螺栓组连接的结构设计

大多数情况下的螺栓连接都是成组使用的。设计螺栓组连接时，通常先选定螺栓的数目及布置形式，然后再确定螺栓的直径。

螺栓组连接结构设计就是确定连接接合面的几何形状和螺栓的布置形式，使各螺栓和连接接合面的受力均匀，便于加工和装配。为了获得合理的螺栓组连接结构，应注意以下问题：

(1) 为了装拆的方便，应留有装拆紧固件的空间。如螺栓与箱体、螺栓与螺栓的扳手活动空间(图 5-41)，紧固件装拆时的活动空间等。

(2) 为了连接可靠，避免产生附加载荷，螺栓头、螺母与被连接件的接触表面均应平整，并保证螺栓轴线与接触面垂直。在铸件、锻件等粗糙表面上安装螺栓时，应制成凸台或沉头座，当支承面为倾斜表面时，应采用斜面垫圈等。

(3) 在连接的结合面上，合理地布置螺栓（如图 5-42 所示）。

① 螺栓在接合面上应对称布置，以使接合面受力均匀。

② 为便于画线钻孔，螺栓应布置在同一圆周上，并取易于等分圆周的螺栓数，如 3、4、6、8、

12 等。

③ 沿外力作用方向不宜成排地布置 8 个以上的螺栓，以防止螺栓受载严重不均。

④ 为了减少螺栓承受的载荷，对承受弯矩或转矩作用的螺栓组连接，应尽可能将螺栓布置在靠近接合面的边缘。

(4) 为了便于制造和装配，同一组螺栓不论其受力大小，一般应采用同样材料和尺寸。

(5) 根据连接的重要程度，对螺栓连接采用必要的防松装置。

(6) 对承受横向载荷较大的螺栓组，可采用减载装置承受部分横向载荷。

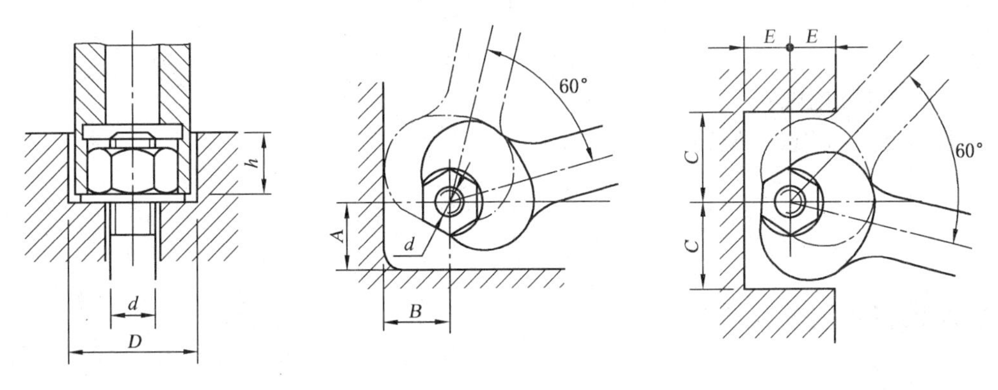


图 5-41　扳手活动空间尺寸

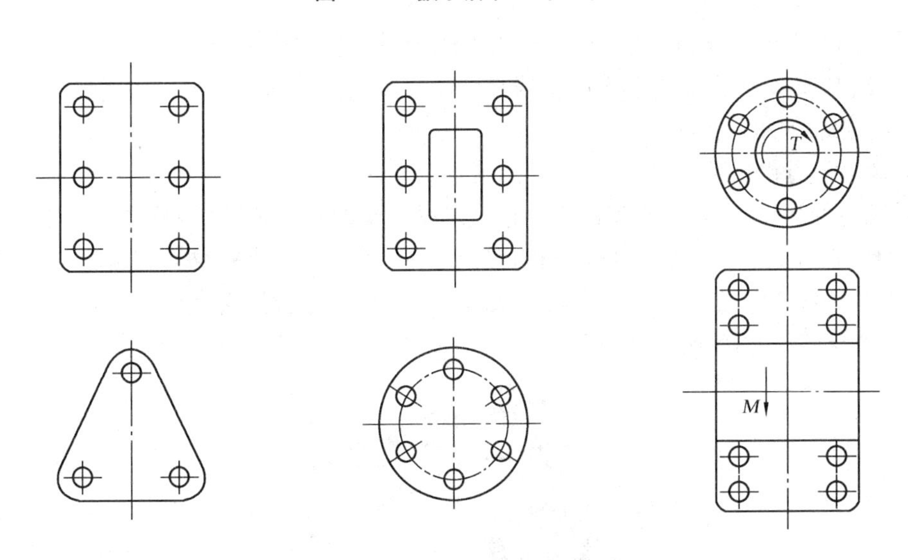


图 5-42　螺栓组连接接合面形状

## 任务实施

(1) 材料的选择

吊钩所选用的材料要求具有较高的强度、塑性和韧性，没有突然断裂的危险，故选用 35 钢。

(2) 许用应力[$\sigma$]的确定

由表 5-3 查得，材料的屈服极限 $\sigma_s = 315$ MPa，由表 5-4 查得松螺栓连接的安全系数 $n_s =$

1.2 ～ 1.7，取 $n_s = 1.7$。由式(5-9)得

$$[\sigma]=\frac{\sigma_s}{n_s}=\frac{315}{1.7}=185.29\ \text{MPa}$$

(3) 设计螺栓的直径

如图 5-1 所示，起重机吊钩的螺栓主要承受的是轴向力，由设计公式(5-19)得

$$d_1 \geqslant \sqrt{\frac{4F}{\pi[\sigma]}}=\sqrt{\frac{4\times 30\times 1\,000}{3.14\times 185.29}}=14.36\ \text{mm}$$

查 GB/T 196—2003，选 M17($d_1 = 15.376\ \text{mm} > 14.36\ \text{mm}$)。

(4) 校核螺栓的强度

由强度校核公式(5-18)得

$$\sigma=\frac{F}{\frac{1}{4}\pi d_1^2}=\frac{4\times 30\times 1\,000}{3.14\times 15.376^2}=161.65\ \text{MPa}\leqslant[\sigma]=185.29\ \text{MPa}$$

所以设计的螺栓直径是安全的。

## 技能训练——螺纹的测绘

根据不同的螺纹实物，要对其上的螺纹要素进行测量，以确定螺纹的牙型、规格、尺寸等基本要素，并绘制该部分图形的过程，称为螺纹测绘。螺纹测绘的一般步骤如下：

(1) 确定螺纹的线数和旋向。

(2) 确定牙型和螺距。

传动螺纹的牙型，一般可直观确定。连接螺纹的牙型和螺距，可用螺纹规按如图 5-43 所示方式测量：选择其中能与被测螺纹相吻合的一片，由此确定该螺纹具有与吻合片相同的牙型；该片上的数值，即为所测螺纹的螺距。螺距也可用直尺测得：用直尺量出几个螺距的长度 $L$，则螺距 $P = L/n$。图中所示的螺距 $P = L/n = 6/4 = 1.5$。

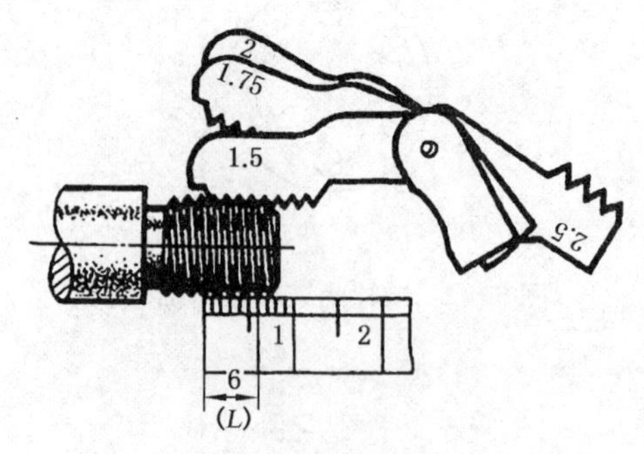


图 5-43 螺纹规

(3) 确定大径和螺纹长度(或深度)。

外螺纹的大径和螺纹长度可用游标卡尺直接测得。内螺纹的大径一般可通过与之相配的外螺纹测得，或测出内螺纹小径查表确定其大径尺寸。内螺纹深度可用游标卡尺测深杆或深度卡尺测量。

(4) 查对标准,确定螺纹标记,并作图。

根据测得的牙型、螺距和大径,查对相应的螺纹标准,确定螺纹标记,画出图形,并进行标注。

# 任务二　设计减速器输出轴与齿轮的键连接

## 任务导入

如图 5-44 所示减速器上的输出轴与齿轮配合轴段的直径 $d = 30$ mm,齿轮宽度 $B = 60$ mm,输出轴传递的扭矩 $T = 200$ N·m,试确定键连接的类型及尺寸,并对其进行强度校核。

图 5-44　单级减速器输出轴的拆装

## 任务分析

一般情况下,零件和零件之间的可拆连接大多数采用螺纹连接。但是在各种机器上有很多转动零件,如齿轮、飞轮、带轮、凸轮等零件与轴连接,常用轴毂连接方式。轴毂连接有键连接、花键连接、过盈配合连接、销连接等,其中键连接应用最广。

## 相关知识

### 5.2.1　键连接的类型、特点及应用

键连接具有结构简单、装拆方便、工作可靠等特点,其主要类型有平键连接、半圆键连接、楔键连接和切向键连接。

**1) 平键连接**

如图 5-45 所示,平键的两侧面是工作面,靠键与键槽的侧面挤压来传递扭矩;平键连接不能承受轴向力,因而对轴上的零件不能起到轴向固定作用。常用的平键有普通平键、导向平键和滑键。平键连接具有结构简单、装拆方便、对中良好等优点。

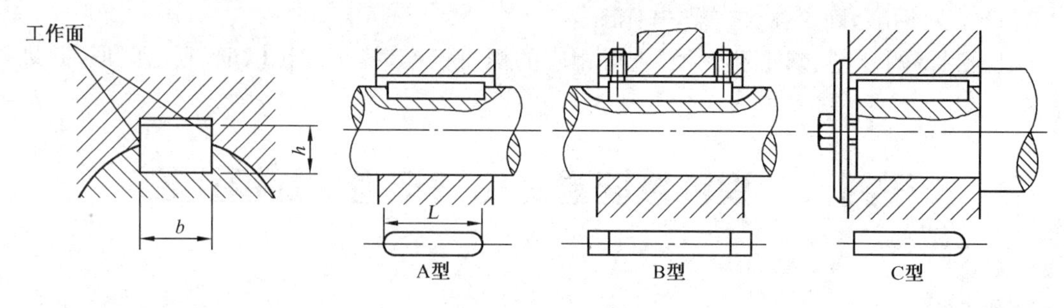


图 5-45　平键连接

(1) 普通平键　普通平键主要用于静连接。普通平键按端部形状不同分为 A 型(圆头)、B 型(平头)、C 型(半圆头)三种型式,如图 5-45 所示。采用 A、C 型平键时,轴上的键槽用键槽铣刀铣出,键在槽中固定良好,但当轴工作时,轴上键槽端部的应力集中较大。采用 B 型平键时,轴上的键槽用盘铣刀铣出,键槽两端的应力集中较小。C 型平键常用于轴端的连接。轮毂上的键槽一般用插刀或拉刀加工。

(2) 导向平键和滑键　导向平键和滑键用于动连接,如图 5-46 所示。按端部形状分为 A 型和 B 型两种型式,其特点是键较长,键与轮毂的键槽采用间隙配合,故轮毂可以沿键做轴向滑动,例如变速箱中滑移齿轮与轴的动连接。为了防止键松动,需要用螺钉将键固定在轴上的键槽中。为了便于拆卸,键上制有起键螺孔。

当零件需要滑移的距离较大时,因所需的导向平键长度过大,制造困难,一般都采用滑键,如图 5-47 所示。滑键固定在轮毂上,轮毂带动滑键在轴上的键槽中做轴向滑移。这样,只需要在轴上铣出较长的键槽,而键可以做得很短。

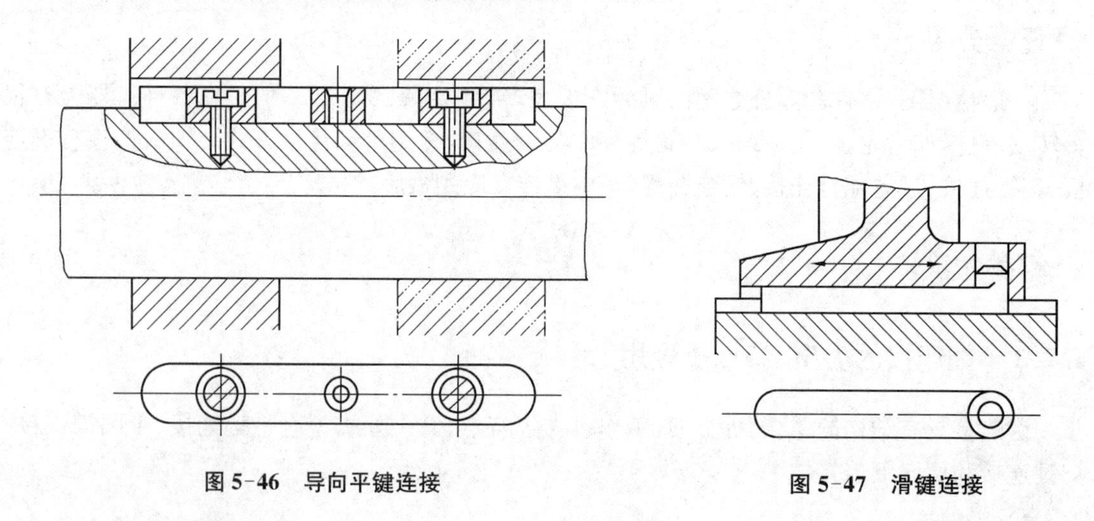

图 5-46　导向平键连接　　图 5-47　滑键连接

**2）半圆键连接**

半圆键连接如图 5-48 所示。轴上键槽用尺寸与半圆键相同的半圆键铣刀铣出,因而键在槽中能绕其几何中心摆动以适应毂上键槽的倾斜度。半圆键用于静连接,其两侧面是工作面。半圆键连接的优点是工艺性好,缺点是轴上的键槽较深,对轴的强度影响较大,所以一般多用于轻载情况的锥形轴端连接。

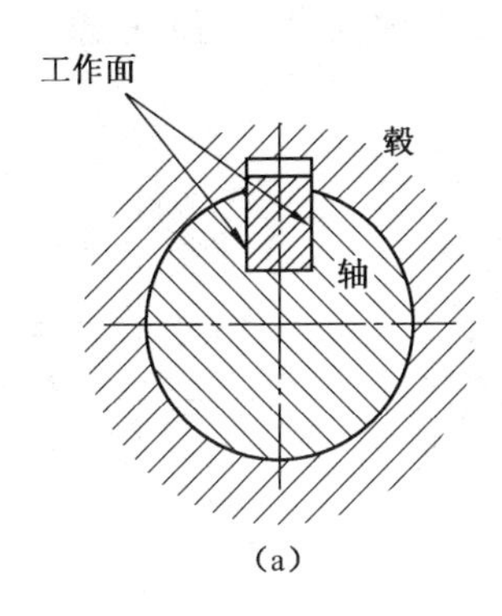

(a)

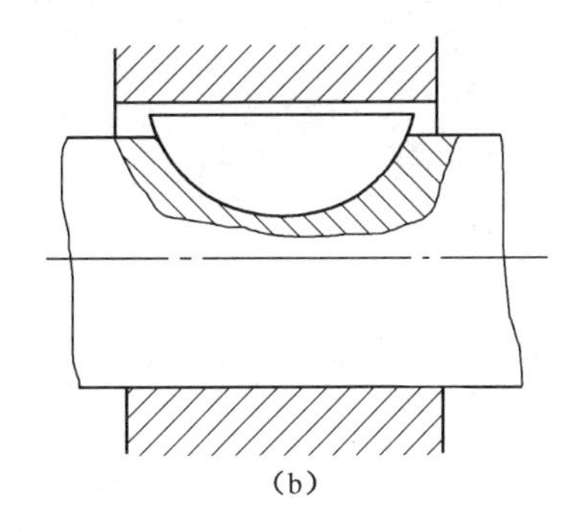
(b)

图 5-48　半圆键连接

3）楔键连接

楔键连接的特点是：键的上下两面是工作面，键的上表面和轮毂键槽底部各有 1∶100 的斜度。装配时，通常是先将轮毂装好后再把键放入并打紧，使键楔紧在轴与毂的键槽中。工作时，主要靠键、轴和毂之间的摩擦力传递转矩，同时还可以承受单向的轴向载荷，对轮毂起到单向轴向定位作用。其缺点：楔紧后，轴和轮毂的配合产生偏心和倾斜。因此主要用于定心精度要求不高和低速的场合。

楔键分为普通楔键和钩头楔键两种，如图 5-49 所示。普通楔键也有 A 型、B 型、C 型三种。钩头键的钩头供拆卸用，如果安装在外露的轴端时，应注意加装防护罩。

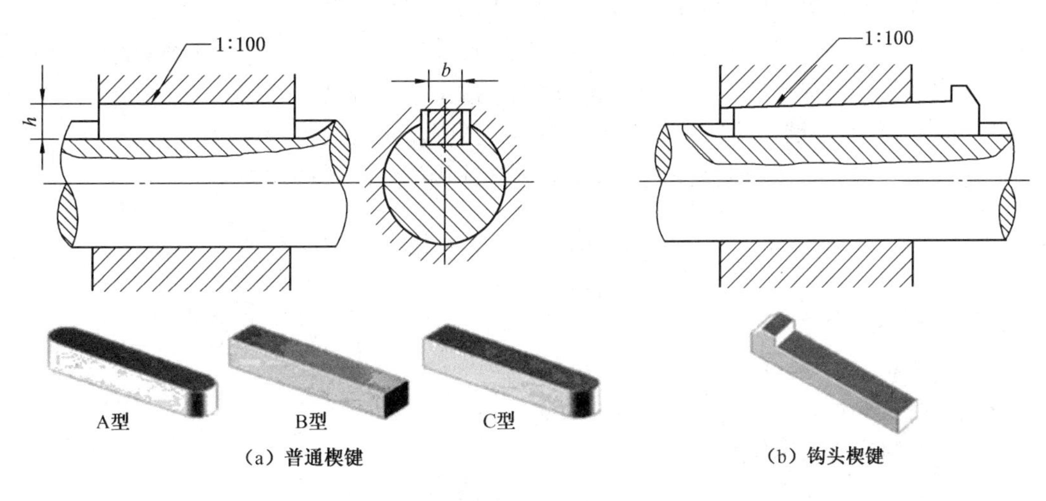

(a) 普通楔键　　(b) 钩头楔键

图 5-49　楔键连接

4）切向键连接

切向键连接如图 5-50 所示，是由一对斜度为 1∶100 的楔键组成。装配时，先将轮毂装好，然后将两楔键从轮毂两端装入键槽并打紧，使键楔紧在轴与毂的键槽中。切向键的上下两面为工作面，工作时，靠工作面上的挤压应力及轴与毂间的摩擦力来传递转矩。

用一个切向键时只能传递单向转矩，当要传递双向转矩时，必须使用两个切向键，两个切向键之间的夹角为 120°～135°。由于切向键的键槽对轴的削弱较大，因而只用于直径大于

100 mm 的轴上。切向键连接能传递很大的扭矩，主要用于对中要求不高的重型机械中。

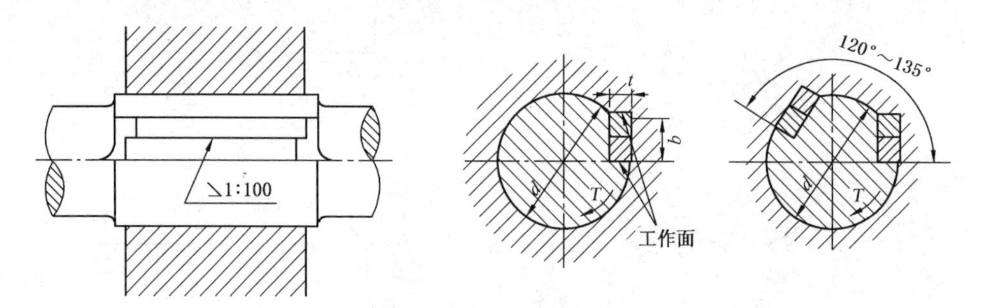


图 5-50　切向键连接

## 5.2.2　键连接的强度计算

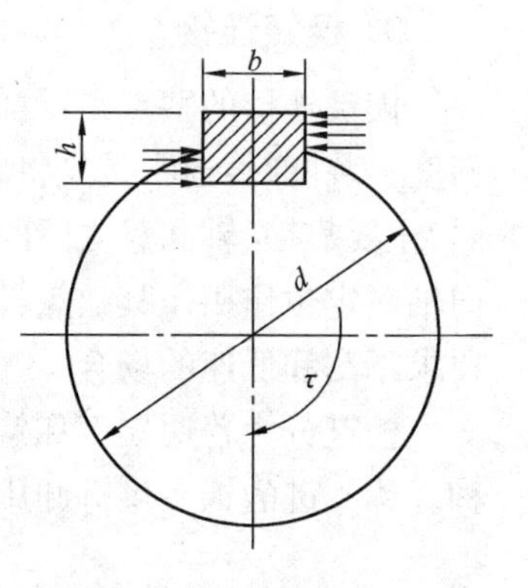


图 5-51　平键连接受力分析

在各种类型的键连接中，以平键连接应用最广，故我们只讨论平键连接的强度计算。

键连接的设计首先需要根据连接的结构特点、使用要求和工作条件来选择平键类型，再根据轴径大小从标准中选出键的剖面尺寸(键宽 $b\times$键高 $h$)，键长应略小于轮毂长度并符合标准系列，最后进行强度校核计算。键的主要尺寸列于表 5-7 中。

平键连接传递扭矩时的受力情况如图 5-51 所示，对于常见的材料组合和按标准选取尺寸的普通平键连接(静连接)，其主要的失效型式是工作面被压坏。除非有严重过载，一般不会出现键的剪断。因此，普通平键连接通常只按工作面的挤压强度进行校核计算。

假定载荷在键的工作面上均匀分布，普通平键连接的强度条件式为

$$\sigma_p = \frac{4T}{hld} \leqslant [\sigma_p](\mathrm{MPa}) \tag{5-29}$$

式中：$T$——传递的转矩(N·mm)；

$d$——轴的直径(mm)；

$h$——键的高度；

$l$——键的有效工作长度(mm)；

圆头平键 $l=L-b$，方头平键 $l=L$，半圆头平键 $l=L-\frac{b}{2}$；

$[\sigma_p]$——键连接中挤压强度最低的零件的许用挤压应力(MPa)。

键的材料没有统一的规定，但是一般都采用抗拉强度不小于 600 MPa 的钢，多为 45 钢。

在平键连接强度计算中，如强度不足时可采用双键，相隔180°布置。但在强度计算中，考虑到键连接载荷分配的不均匀性，在强度校核中只按 1.5 个键计算。

键的标记为：键 $b\times L$(GB/T 1096—2003 对于 A 型键可不标出，但对于 B、C 型，必须标注“键 B”或“键 C”)。

**表 5-7　普通平键和键槽尺寸**

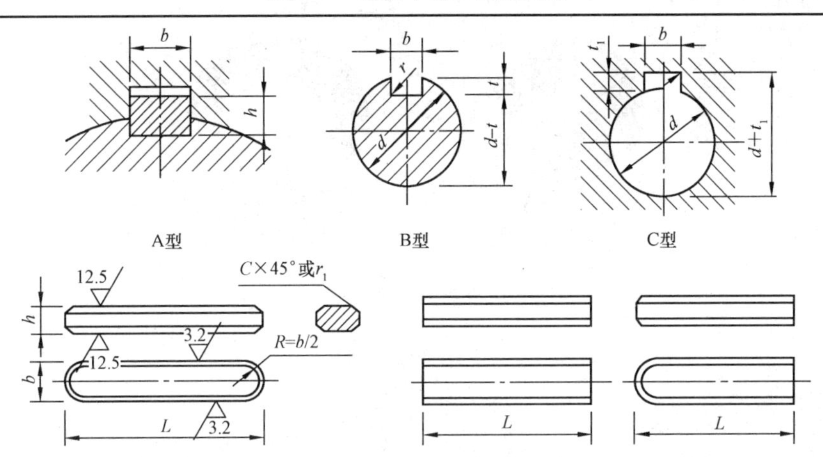


标记示例：圆头普通平键（A 型），$b=16$，$h=10$，$L=100$ 的标记为：键 16× 100 GB/T 1096—2003

平头普通平键（B 型），$b=16$，$h=10$，$L=100$ 的标记为：键 B16× 100 GB/T 1096—2003

单圆头普通平键（C 型），$b=16$，$h=10$，$L=100$ 的标记为：键 C16× 100 GB/T 1096—2003

| 轴 | 键 | 键槽 | | | | | | | | | | | |
|---|---|---|---|---|---|---|---|---|---|---|---|---|---|
| 公称直径 $d$ | 公称尺寸 $b\times h$ | 宽度 $b$ | | | | | | 深度 | | | | 半径 $r$ | |
| | | 公称尺寸 $b$ | 极限偏差 | | | | | 轴 $t$ | | 毂 $t_1$ | | | |
| | | | 较松键连接 | | 一般键连接 | | 较紧键连接 | | | | | | |
| | | | 轴 H9 | 毂 D10 | 轴 N9 | 毂 Js9 | 轴和毂 P9 | 公称尺寸 | 极限偏差 | 公称尺寸 | 极限偏差 | 最小 | 最大 |
| >10～12 | 4×4 | 4 | +0.300 | +0.078<br>0.030 | 0<br>−0.030 | ±0.015 | −0.012<br>−0.042 | 2.5 | +0.10 | 1.8 | +0.10 | 0.08 | 0.16 |
| >12～17 | 5×5 | 5 | | | | | | 3.0 | | 2.3 | | 0.16 | 0.25 |
| >17～22 | 6×6 | 6 | | | | | | 3.5 | | 2.8 | | | |
| >22～30 | 8×7 | 8 | +0.0360 | +0.098<br>+0.040 | 0<br>−0.036 | ±0.018 | −0.015<br>−0.051 | 4.0 | +0.20 | 3.3 | +0.20 | | |
| >30～38 | 10×8 | 10 | | | | | | 5.0 | | 3.3 | | 0.25 | 0.40 |
| >38～44 | 12×8 | 12 | +0.0430 | +0.120<br>+0.050 | 0<br>−0.043 | ±0.0215 | −0.018<br>−0.061 | 5.0 | | 3.3 | | | |
| >44～50 | 14×9 | 14 | | | | | | 5.5 | | 3.8 | | | |
| >50～58 | 16×10 | 16 | | | | | | 6.0 | | 4.3 | | | |
| >58～65 | 18×11 | 18 | | | | | | 7.0 | | 4.4 | | | |
| >65～75 | 20×12 | 20 | +0.05<br>2 | +0.149<br>+0.065 | 0<br>−0.052 | ±0.026 | −0.022<br>−0.074 | 7.5 | | 4.9 | | 0.40 | 0.60 |
| >75～85 | 22×14 | 22 | | | | | | 9.0 | | 5.4 | | | |
| 键的长度系列 | 6，8，10，12，14，16，18，20，22，25，28，32，36，40，45，50，56，63，70，80，90，100，110，125，140，160，180，200，220，250，280，320，360 | | | | | | | | | | | | |

## 5.2.3　花键连接

轴上周向均布的凸齿和轮毂孔中相应凹槽构成的连接称为花键连接(如图 5-52 所示)，可用于静连接或动连接。

根据齿形的不同，花键分为矩形花键(图 5-53(a))、渐开线花键(图 5-53(b))和三角形花键(图 5-53(c))三种。花键连接以齿的侧面作工作面。由于是多齿传递载荷，所以承载能力高，连接定心精度也高，导向性好，故应用较广。

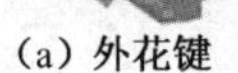
(a) 外花键　　(b) 内花键

图 5-52　花键

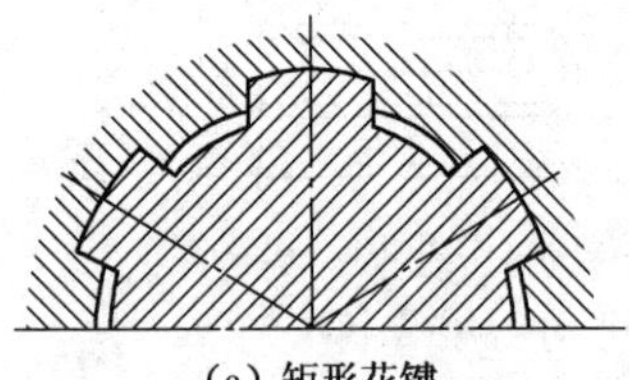
(a) 矩形花键

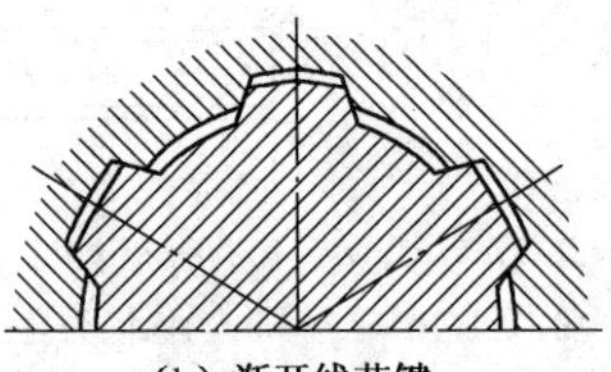
(b) 渐开线花键

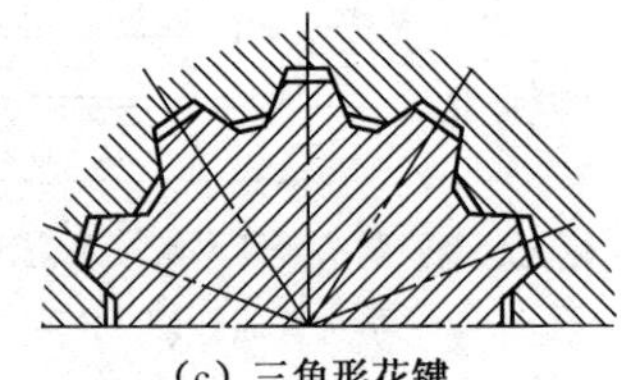
(c) 三角形花键

图 5-53　花键类型

## 任务实施

(1) 选择键连接的类型

齿轮和输出轴之间属于静连接。要保证齿轮传动啮合好，还要求对中性好，因此选用 A 型普通平键连接。

(2) 选择键的主要尺寸

根据轴的直径 $d = 30$ mm 及齿轮宽度 60 mm，按表 5-7 查得，键宽 $b = 8$ mm，键高 $h = 7$ mm，键的长度 $L = 56$ mm，标记为

$$\text{键 } 8 \times 56 \text{ GB/T 1096—2003}$$

(3) 键强度校核

由机械设计手册查得$[\sigma_p]=100$ MPa。键的工作长度为

$$l = L - b = 60 - 12 = 48 \text{ mm}$$

由公式(5-29)得

$$\sigma_p = \frac{4T}{hld} = \frac{4 \times 200 \times 1\,000}{7 \times 48 \times 30} = 79.4 \text{ MPa} \leqslant [\sigma_p] = 100 \text{ MPa}$$

故选择此键是安全的。

## 思考与练习

5-1　选择题

(1) 在常用的螺纹连接中，自锁性最好的螺纹是______。

A. 三角形螺纹　　B. 梯形螺纹　　C. 矩形螺纹　　D. 锯齿形螺纹

(2) 当两个被连接件之一太厚，不宜制成通孔且需要经常拆装时，往往采用______。

A. 螺栓连接　　B. 螺钉连接　　C. 双头螺柱连接　　D. 紧定螺钉连接

(3) 螺纹连接防松的根本问题在于________。

A. 增加螺纹连接的刚度　　B. 增加螺纹连接的轴向力

C. 增加螺纹连接的横向力　　D. 防止螺纹副的相对转动

(4) 螺纹的公称直径(管螺纹除外)是指它的________。

A. 大径　　B. 中径　　C. 小径

(5) 普通螺纹连接中的松连接和紧连接之间的主要区别是：松连接的螺纹部分不承受______。

A. 拉伸作用　　B. 扭转作用　　C. 弯曲作用

(6) 承受轴向拉伸工作载荷的紧螺栓连接，设预紧力为 $F_0$，工作载荷为 $F$，则螺栓承受的总拉力 $F_\Sigma$________。

A. 小于 $F_0+F$　　B. 等于 $F_0+F$　　C. 大于 $F_0+F$

(7) 在常用的螺纹传动中，传动效率最高的螺纹是________。

A. 三角形螺纹　　B. 梯形螺纹　　C. 矩形螺纹　　D. 锯齿形螺纹

(8) 在拧紧螺栓连接时，控制拧紧力矩有很多方法，例如________。

A. 增加拧紧力　　B. 增加扳手力臂　　C. 使用测力矩扳手或定力矩扳手

(9) 平键的工作面是________，楔键的工作面是________。

A. 上下两个面　　B. 两个侧面　　C. 两侧面和上下面

(10) 键的剖面尺寸通常是根据________ 按标准来选择的。

A. 传递扭矩的大小　　B. 传递功率的大小　C. 轮毂长度　　D. 轴的直径

5-2　螺纹的主要参数有哪些？螺距与导程有何不同？螺纹升角与哪些参数有关？

5-3　试说明螺纹连接的主要类型和特点。

5-4　螺纹连接为什么要防松？常见的防松方法有哪些？

5-5　在紧螺栓连接强度计算中，为何要把螺栓所受的载荷增加 30%？

5-6　试分析比较普通螺栓连接和铰制孔螺栓连接的特点、失效形式和设计准则。

5-7　如何选择平键的主要尺寸？

5-8　花键和平键相比有哪些特点？按其齿形分成哪几类？

5-9　图示一托架，$AC$ 是圆钢杆，其许用应力 $[\sigma]=160$ MPa；$BC$ 是方木杆，其许用应力 $[\sigma]=4$ MPa，$F=60$ kN。试选择钢杆圆截面的直径 $d$ 及木杆方截面的边长 $b$。

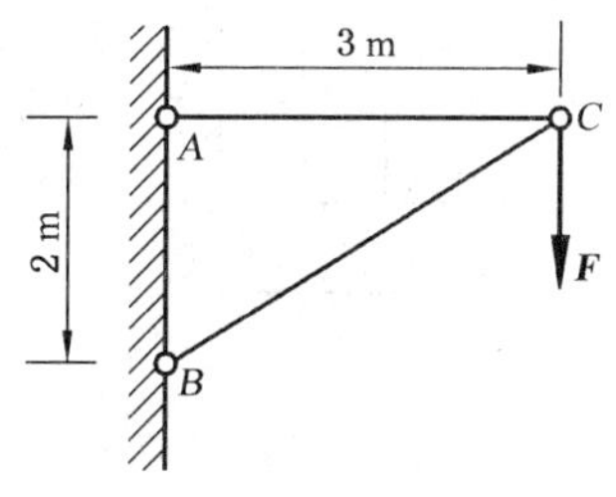


**题 5-9 图**

5-10 钢板厚 $t = 10\ \text{mm}$，铆钉直径 $d = 17\ \text{mm}$，铆钉的许用切应力$[\tau] = 140\ \text{MPa}$，许用压应力$[\sigma_p] = 320\ \text{MPa}$，载荷 $F = 24\ \text{kN}$，试对铆钉强度进行校核。

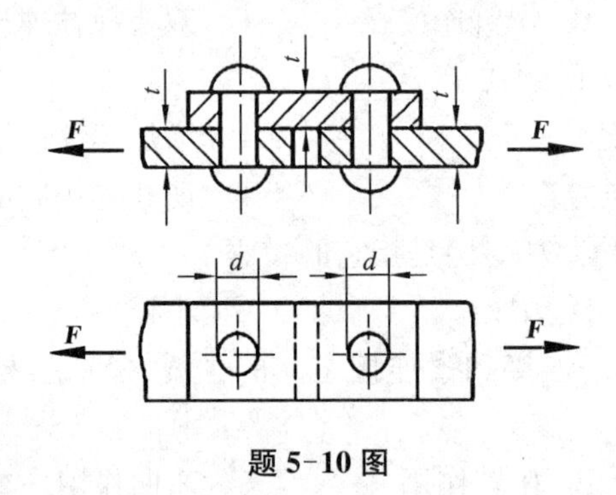


题 5-10 图

5-11 如图示单个普通螺栓连接，该连接承受横向载荷 $F_{\Sigma} = 5\,000\ \text{N}$，可靠性系数 $K_f = 1.2$，接合面间的摩擦系数 $f = 0.2$，试求螺栓所需的最小预紧力 $F_0$。

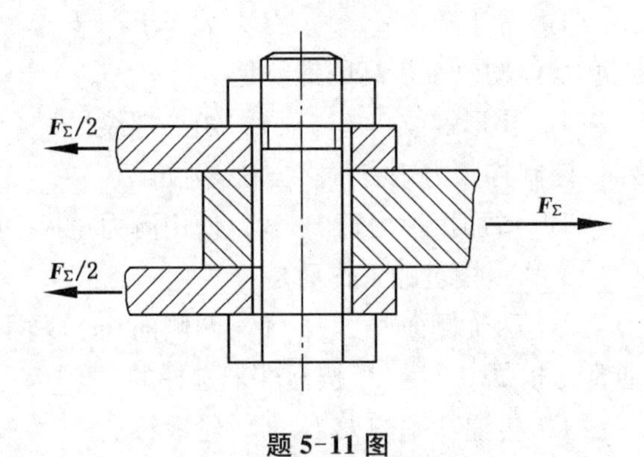


题 5-11 图

5-12 如图示单个铰制孔螺栓连接，两被连接件的材料及厚度相同，已知该连接承受横向载荷为 $F_t = 5\,000\ \text{N}$，光杆部分直径为 $d_0 = 9\ \text{mm}$，$h_1 = 8\ \text{mm} < h_2$，螺杆的许用切应力$[\tau] = 100\ \text{MPa}$，较弱受压面的许用挤压应力$[\sigma_p] = 150\ \text{MPa}$，试校核该螺栓连接的强度。

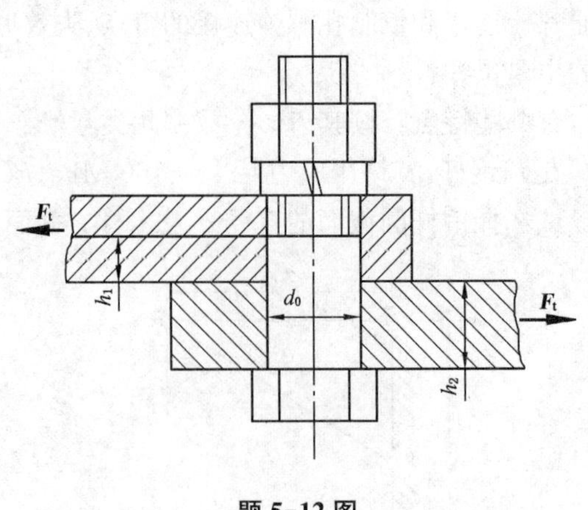


题 5-12 图

# 项目六

# 带传动设计

## 学习目标

**1）知识目标**

(1) 熟练掌握带传动的特点、类型和应用；
(2) 掌握带传动形式和传动比计算；
(3) 掌握V带型号、选用及带轮的结构；
(4) 掌握传动带的受力分析、应力分析、失效形式；
(5) 掌握传动带弹性滑动的性质。

**2）能力目标**

(1) 了解带传动中各参数对设计的影响及其选择方法；
(2) 能够熟练进行带传动设计计算。

## 任务　带式运输机传动装置中的V带设计

### 任务导入

如图6-1所示，设计一带式输送机的普通V带传动。已知电动机的额定功率 $P=7.5$ kW，转速 $n_1=1\,440$ r/min，从动轮转速 $n_2=565$ r/min，工人三班制工作，要求中心距 $a\leqslant 500$ mm，工作机有轻微冲击。

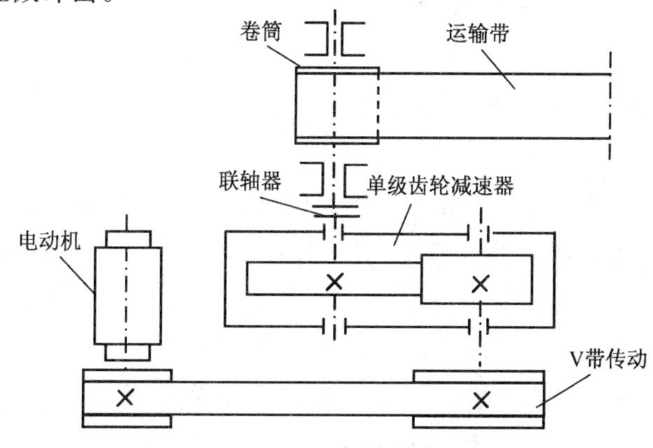


图6-1　带式运输机传动示意图

## 任务分析

带式运输机是通常用平胶带或 V 带来传递电动机的运动和动力的。一般情况下，把带传动布置在高速级。高速级用 V 带传动的原因是高速级冲击载荷比较大，抖动很大，噪声也很大，而 V 带传动有减震、吸收冲击性载荷的作用，同时还有过载保护。

## 相关知识

### 6.1.1 带传动概述

**1）带传动的组成与特点**

在实际生活中，利用带传动的例子有许多，如图 6-2 所示，带传动由主动轮、带、从动轮组成，其传动主要是依靠摩擦或啮合实现的。

与其他传动相比，这种传动具有以下优点：

(1) 中心距变化范围大，适宜远距离传动。

(2) 过载时将引起带在带轮上打滑，因而可以防止其他零件的损坏。

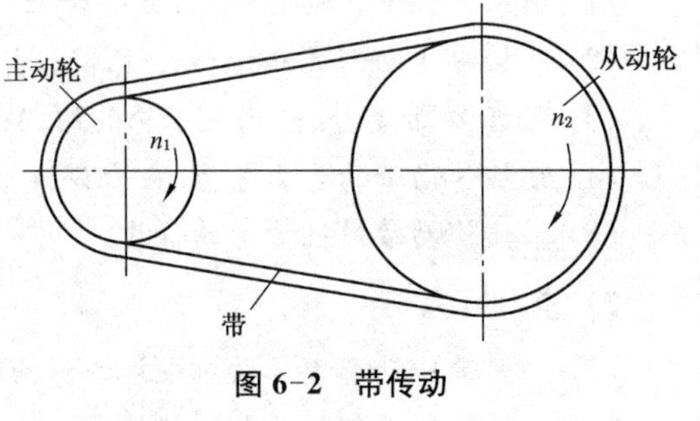

图 6-2　带传动

(3) 制造和安装精度不像啮合传动那样严格，结构简单，价格低廉。

(4) 能起到缓冲和吸收振动作用，传动平稳，噪音小。

(5) 维护方便，不需要润滑等。

但是，和齿轮传动相比，它也有一些缺点：

(1) 摩擦型带传动不能保持准确的传动比，传动效率较低。

(2) 传递同样大的圆周力时，轮廓尺寸和轴上的压力较大。

(3) 带的寿命较短。

这种传动在近代机械中应用十分广泛，常用于中小功率，带速在 5～25 m/s、传动比 $i \leqslant 7$、$\eta \approx 0.94 \sim 0.97$ 的情况下。

**2）带传动的类型**

按传动原理，带传动可分为摩擦带传动和啮合带传动。

(1) 摩擦带传动

摩擦带工作原理是依靠带与带轮间的摩擦力传递运动。常见的有以下几种：

① 平带传动　平带的横截面为扁平形，其工作面为内表面(图 6-3(a))，常用的平带为橡胶帆布带。

② V 带传动　V 带的横截面为梯形，其工作面为两侧面(图 6-3(b))。V 带与平带相比，由于正压力作用在楔形面上，当量摩擦系数大，能传递较大的功率，结构也紧凑，故应用最广，如双缸洗衣机等。本章主要介绍 V 带传动。

③ 多楔带传动　多楔带是若干根 V 带的组合(图 6-3(c)),可避免多根 V 带长度不等,传力不均的缺点。

④ 圆带传动　圆带横截面是圆形(图 6-3(d)),通常用皮革或棉绳制成。圆带适用于传递小功率,如仪表、缝纫机等。

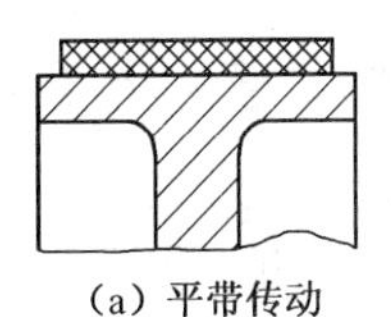

(a) 平带传动

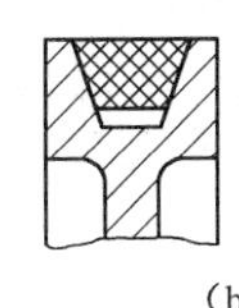

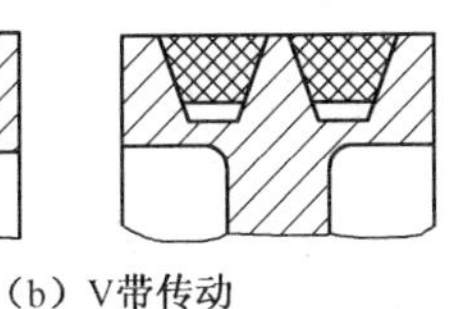

(b) V带传动

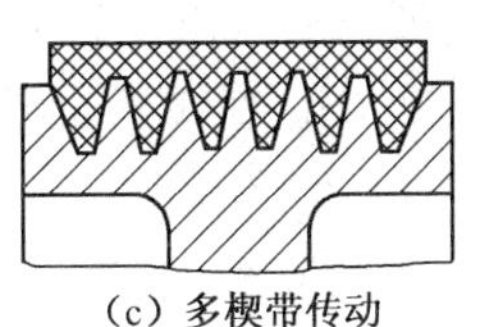

(c) 多楔带传动

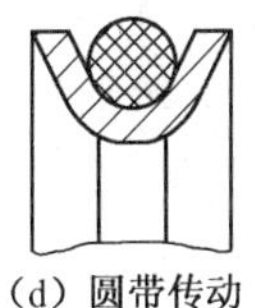

(d) 圆带传动

**图 6-3　摩擦带传动**

(2) 啮合带传动

其工作原理是依靠带上的齿或孔与带轮上的齿直接啮合传递运动,如图 6-4 所示。

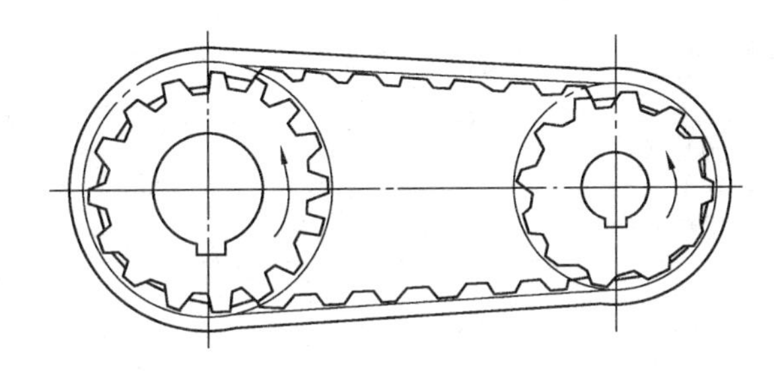

**图 6-4　啮合带传动**

**3) V 带和 V 带轮**

(1) V 带的结构和标准

V 带有许多种类型和型号,有普通 V 带、宽 V 带、窄 V 带、大楔角 V 带、汽车 V 带等,都是标准件,在手册中都可以查到。本节主要介绍标准普通 V 带。

V 带结构如图 6-5 所示,截面由强力层、填充物 1、填充物 2 和外包层组成,强力层由帘布或线绳两种化学纤维构造。普通 V 型带有 Y、Z、A、B、C、D、E 七种型号,按字母排序截面面积越来越大,承载能力也越来越大。

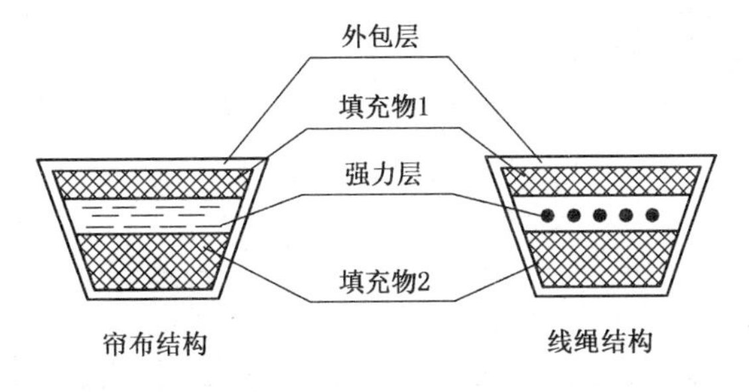


**图 6-5　V 带结构**

V 带传动有如下结构参数 :

① 带的节宽 $b_p$　V 带在工作时将发生弯曲变形,填充物 1 伸长,填充物 2 缩短,但两者之

间有一层长度不变，称为节面，其宽度称节宽，见表 6-1。

② 带槽的基准宽度 $b_d$　与带的节面宽度重合处的带槽宽度，称为带槽的基准宽度，$b_d = b_p$，见表 6-2。

③ 带轮的基准直径 $d_d$　带槽基准宽度所在的圆，称为基准圆。其直径 $d_d$ 称为带轮的基准直径，见表 6-2。带轮的基准直径系列值见表 6-3。

④ 带的基准长度 $L_d$。带的节面长度称为带的基准长度，也称带的公称长度，带的基准长度系列值见表 6-4。

普通 V 带的标记由带型、基准长度和标准号组成。例如，A 型普通 V 带，基准长度为 1 800 mm，其标记为

A—1800　GB/T11544—1997

带的标记通常压印在带的外表面上，以便选用识别。

**表 6-1　普通 V 带截面尺寸**

| 型　号 | Y | Z | A | B | C | D | E |
|---|---|---|---|---|---|---|---|
| 节宽 $b_p$(mm) | 5.3 | 8.5 | 11 | 14 | 19 | 27 | 32 |
| 顶宽 $b$(mm) | 6.0 | 10 | 13 | 17 | 22 | 32 | 38 |
| 高度 $h$(mm) | 4.0 | 6 | 8 | 11 | 14 | 19 | 25 |
| 单位长度质量 $q$(kg/m) | 0.02 | 0.06 | 0.10 | 0.17 | 0.30 | 0.62 | 0.90 |

**表 6-2　普通 V 带轮槽尺寸**

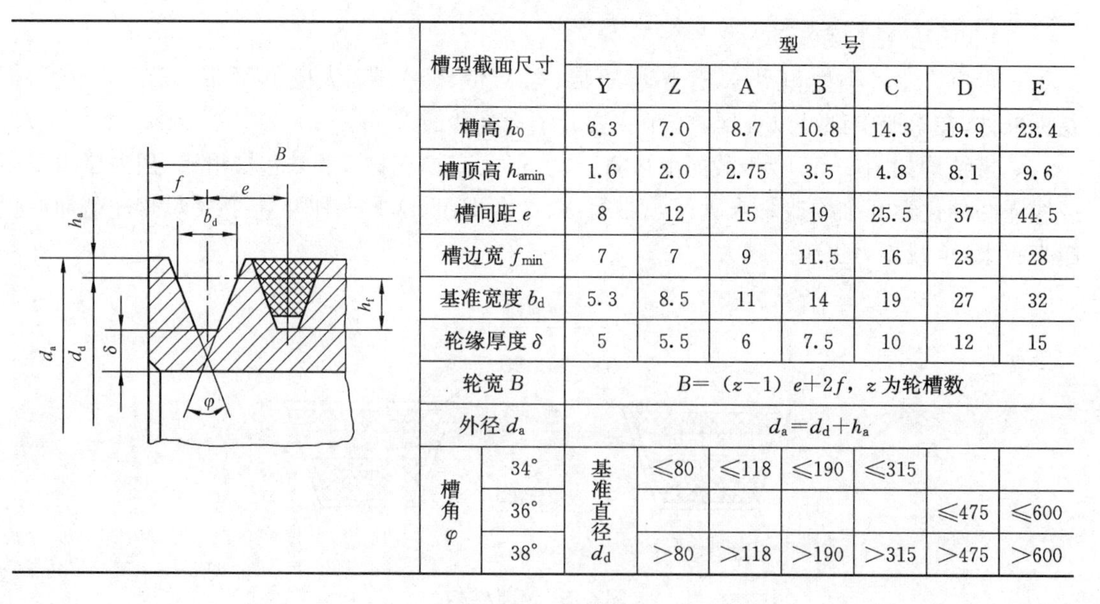

| 槽型截面尺寸 | | 型号 Y | Z | A | B | C | D | E |
|---|---|---|---|---|---|---|---|---|
| 槽高 $h_0$ | | 6.3 | 7.0 | 8.7 | 10.8 | 14.3 | 19.9 | 23.4 |
| 槽顶高 $h_{amin}$ | | 1.6 | 2.0 | 2.75 | 3.5 | 4.8 | 8.1 | 9.6 |
| 槽间距 $e$ | | 8 | 12 | 15 | 19 | 25.5 | 37 | 44.5 |
| 槽边宽 $f_{min}$ | | 7 | 7 | 9 | 11.5 | 16 | 23 | 28 |
| 基准宽度 $b_d$ | | 5.3 | 8.5 | 11 | 14 | 19 | 27 | 32 |
| 轮缘厚度 $\delta$ | | 5 | 5.5 | 6 | 7.5 | 10 | 12 | 15 |
| 轮宽 $B$ | | $B=(z-1)e+2f$，$z$ 为轮槽数 | | | | | | |
| 外径 $d_a$ | | $d_a=d_d+h_a$ | | | | | | |
| 槽角 $\varphi$ | 34° | 基准直径 $d_d$ | ≤80 | ≤118 | ≤190 | ≤315 | | |
| | 36° | | | | | | ≤475 | ≤600 |
| | 38° | | >80 | >118 | >190 | >315 | >475 | >600 |

**表 6-3　普通 V 带轮基准直径系列**　　单位：mm

| $d_d$(mm) | Z | A | B | $d_d$(mm) | Z | A | B | C | D | E |
|---|---|---|---|---|---|---|---|---|---|---|
| | | | | 200 | * | * | * | * * | | |
| | | | | 212 | | | | * | | |
| | | | | 224 | * | * | * | * | | |
| | | | | 236 | | | | * | | |
| | | | | 250 | * | * | * | * | | |
| 50 | * * | | | 265 | | | | * | | |
| 56 | * | | | 280 | * | * | * | * | | |
| 63 | * | | | 300 | | | | * | | |
| 71 | * | | | 315 | * | * | * | * | | |
| 75 | * | * * | | 335 | | | | * | | |
| 80 | * | * | | 355 | * | * | * | * | * * | |
| 85 | | * | | 375 | | | | | * | |
| 90 | * | * | | 400 | * | * | * | * | * | |
| 95 | | * | | 425 | | | | | * | |
| 100 | * | * | | 450 | | * | * | * | * | |
| 106 | | * | | 475 | | | | | | |
| 112 | * | * | | 500 | * | * | * | * | * | * * |
| 118 | | * | | 530 | | | | | * | * |
| 125 | * | * | * * | 560 | | * | * | * | * | * |
| 132 | * | * | * | 600 | | | * | * | * | * |
| 140 | * | * | * | 630 | * | * | * | * | * | * |
| 150 | * | * | * | 670 | | | | | | * |
| 160 | * | * | * | 710 | | * | * | * | * | * |
| 170 | | | * | 750 | | | * | * | * | |
| 180 | * | * | * | 800 | | | * | * | * | * |

注：* 为采用值；空格为不采用值；* * 为最小基准直径 $d_{dmin}$。

**表 6-4　普通 V 带轮基准长度 $L_d$ 及长度修正系数 $K_L$**　　单位：mm

| 基准长度 | $K_L$ | | | | 基准长度 | $K_L$ | | | | | |
|---|---|---|---|---|---|---|---|---|---|---|---|
| $L_d$(mm) | Z | A | B | C | $L_d$(mm) | Z | A | B | C | D | E |
| 400 | 0.87 | | | | 2 000 | | 1.03 | 0.98 | 0.88 | | |
| 450 | 0.89 | | | | 2 240 | | 1.06 | 1.00 | 0.91 | | |
| 500 | 0.91 | | | | 2 500 | | 1.09 | 1.03 | 0.93 | | |
| 560 | 0.94 | | | | 2 800 | | 1.11 | 1.05 | 0.95 | 0.83 | |
| 630 | 0.96 | 0.81 | | | 3 150 | | 1.13 | 1.07 | 0.97 | 0.86 | |
| 710 | 0.99 | 0.83 | | | 3 550 | | 1.17 | 1.09 | 0.99 | 0.89 | |
| 800 | 1.00 | 0.85 | | | 4 000 | | 1.19 | 1.13 | 1.02 | 0.91 | |
| 900 | 1.03 | 0.87 | 0.82 | | 4 500 | | | 1.15 | 1.04 | 0.93 | 0.90 |
| 1 000 | 1.06 | 0.89 | 0.84 | | 5 000 | | | 1.18 | 1.07 | 0.96 | 0.92 |
| 1 120 | 1.08 | 0.91 | 0.86 | | 5 600 | | | | 1.09 | 0.98 | 0.95 |
| 1 250 | 1.11 | 0.93 | 0.88 | | 6 300 | | | | 1.12 | 1.00 | 0.97 |
| 1 400 | 1.14 | 0.96 | 0.90 | | 7 100 | | | | 1.15 | 1.03 | 1.00 |
| 1 600 | 1.16 | 0.99 | 0.92 | 0.83 | 8 000 | | | | 1.18 | 1.06 | 1.02 |
| 1 800 | 1.18 | 1.01 | 0.95 | 0.86 | 9 000 | | | | 1.21 | 1.08 | 1.05 |

(2) V带轮的材料

当带轮的圆周速度为25 m/s以下时，带轮的材料一般采用铸铁HT150或HT200；速度较高时，应采用铸钢或钢板焊接。在小功率带传动中，也可采用铸铝或塑料。

(3) V带轮的结构和尺寸

V带轮由轮缘(用于安装V带的部分，带轮上制有相应的V形槽)、轮毂(带轮与轴相连接的部分)以及轮辐(轮缘与轮毂相连接的部分)三部分组成，轮槽尺寸见表6-2。根据带轮直径的大小，普通V带轮共有实心式(图6-6(a))、辐板式(图6-6(b))、孔板式(图6-6(c))以及椭圆辐轮式(图6-6(d))四种典型结构。一般带轮基准直径小于2～3倍的带轮轴的直径时，多采用实心式；当带轮基准直径小于300 mm时，可采用辐板式及孔板式；带轮基准直径再大，则可取椭圆辐轮式。

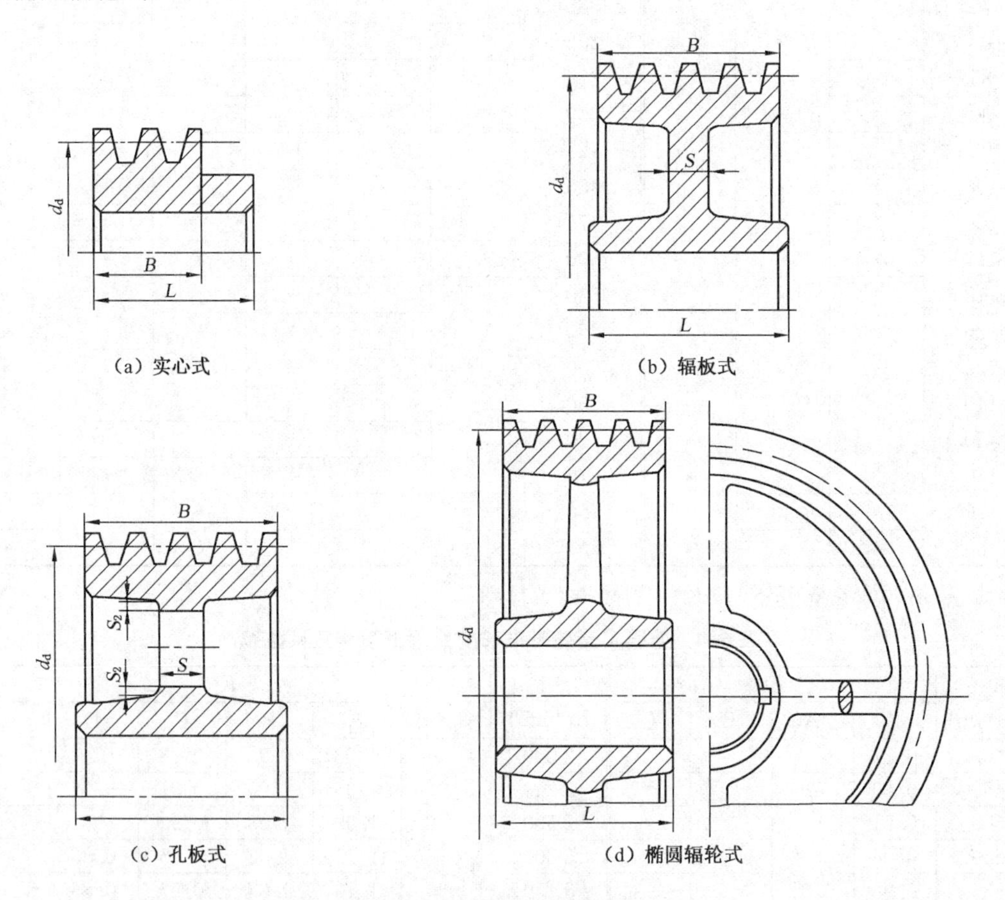


图6-6 V带轮的结构形式

**4) 带传动的张紧和维护**

(1) 带传动的张紧

V带工作一段时间后，就会由于塑性变形而松弛，有效拉力降低。为了保证带传动的正常工作，应定期张紧带。常见的张紧装置如图6-7所示。

图6-7(a)及图6-7(b)所示都属于定期张紧装置，通过调节螺钉或螺杆来调节带的张紧程度。

图 6-7(c)是利用本身自重,使带始终处于一定的张紧力下工作的自动张紧装置。图 6-7(d)、(e)所示利用张紧轮进行张紧的装置,常用于带传动中心距不可调的情况下。张紧轮一般应放在松边内侧,并尽量靠近大带轮,张紧轮的轮槽尺寸与带一致,且直径较小。

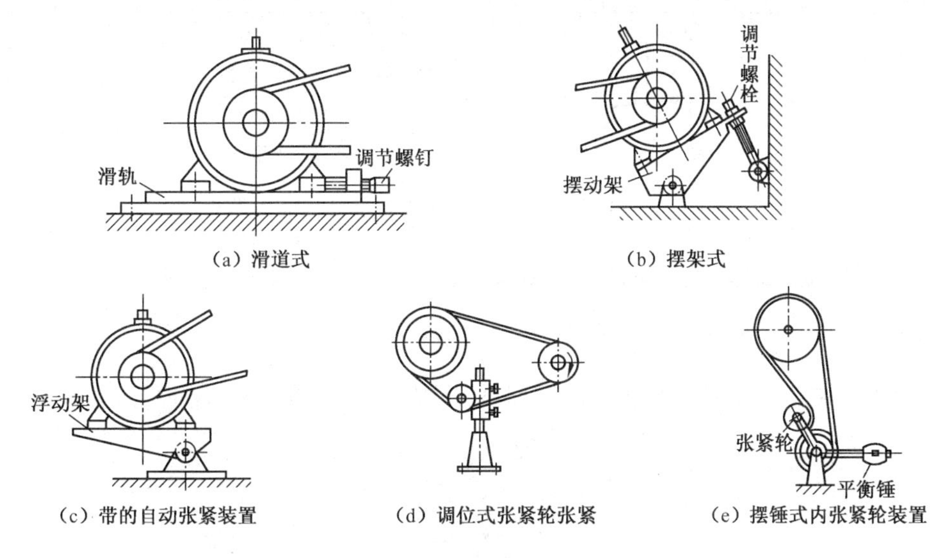


图 6-7　带传动的张紧

(2) 带传动的安装与维护

正确地安装与维护,可以延长带的使用寿命。V 带传动的安装和维护需注意以下几点:

① 安装时,为避免带的磨损,两带轮轴必须平行,两轮轮槽必须对齐,否则将降低带的使用寿命,甚至使带从带轮上脱落,如图 6-8 所示。

② 胶带不宜与酸、碱或油接触,工作温度一般不应超过 60℃。

③ 带传动装置应加防护罩。

④ 带传动中,如果有一根过度松弛或疲劳损坏时,应全部更换新带。

⑤ 同组使用的 V 带应型号相同,长度相等,不同厂家生产的 V 带、新旧 V 带不能同组使用。

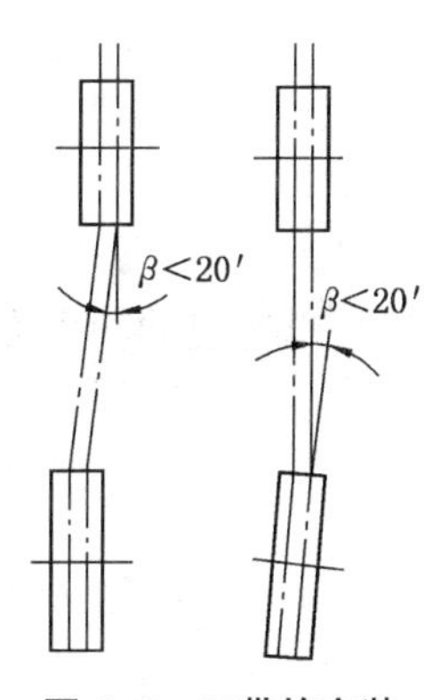


图 6-8　V 带的安装

## 6.1.2　带传动的设计计算

### 1) 带传动的工作情况分析

(1) 带传动的受力分析

V 带传动是利用摩擦力来传递运动和动力的,因此在安装时就要将带张紧,使带保持有初拉力 $F_0$,从而在带和带轮的接触面上产生必要的正压力。此时,当 V 带没有工作时,V 带两边的拉力相等,都等于初拉力 $F_0$,如图 6-9(a)所示。当主动轮以转速 $n_1$ 旋转时,由于 V 带和带轮的接触面上的摩擦力作用,使带两边的拉力不相等,带进入主动轮的一边(即“紧边”)被拉紧,其拉力由 $F_0$ 增加到 $F_1$;带进入从动轮的一边(即“松边”)被放松,其拉力由 $F_0$ 减小到 $F_2$,如图 6-9(b)所示。

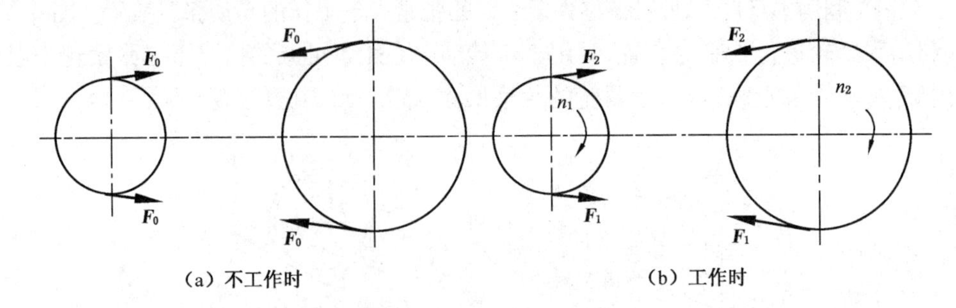


(a) 不工作时　　(b) 工作时

**图 6-9　带传动的受力分析**

定义传动带两边拉力之差为有效圆周力 $F_e$,即

$$F_e = F_f = F_1 - F_2 \tag{6-1}$$

设环形带的总长不变,则紧边拉力的增加量等于松边拉力的减少量,即

$$F_1 - F_0 = F_0 - F_2$$

$$F_0 = \frac{1}{2}(F_1 + F_2) \tag{6-2}$$

由式(6-1)和式(6-2)可以得到

$$\left.\begin{aligned} F_1 &= F_0 + \frac{1}{2}F_e \\ F_2 &= F_0 - \frac{1}{2}F_e \end{aligned}\right\} \tag{6-3}$$

而 $V$ 带传递的功率为

$$P = \frac{F_e v}{1\,000}(\text{kW}) \tag{6-4}$$

式中:$v$——带速(m/s)。

由式(6-3)可以看出:$F_1$和 $F_2$的大小,取决于初拉力 $F_0$及有效圆周力 $F_e$;而 $F_e$又取决于传递的功率 $P$ 及带速 $v$。

显然,当其他条件不变且 $F_0$一定时,摩擦力 $F_f$不会无限增大,而有一个最大的极限值 $F_{flim}$。如果所要传递的功率过大,使 $F_e > F_{flim}$,带就会沿轮面出现显著的滑动现象,这种现象称为“打滑”,从而导致带传动不能正常工作,也即传动失效。

由欧拉公式可推得

$$F_e = 2F_0 \frac{e^{f\alpha_1} - 1}{e^{f\alpha_1} + 1}(\text{N}) \tag{6-5}$$

影响有效圆周力 $F_e$的因素有:

① 初拉力 $F_0$　$F_0$越大,有效圆周力越大。所以在安装带时,要保证带具有一定的初拉力。但初拉力太大将增加磨损,降低带的使用寿命。

② 包角 $\alpha_1$　小带轮上的包角 $\alpha_1$,指的是带与小带轮接触弧所对应的中心角,如图 6-10 所

示。包角 $\alpha_1$ 越大，有效拉力越大，一般 V 型带的包角 $\alpha_1 \geqslant 120°$。

③ 摩擦系数 $f$ 摩擦系数越大，有效拉力越大。

(2) 带传动的应力分析

V 带传动在工作时，V 带中的应力由三部分组成：因传递载荷而产生的拉应力 $\sigma$；由离心力产生的离心应力 $\sigma_c$；V 带绕带轮弯曲产生的弯曲应力 $\sigma_b$。

① 拉应力

$$\begin{cases} \sigma_1 = \dfrac{F_1}{A} \\ \sigma_2 = \dfrac{F_2}{A} \end{cases}$$

式中：$A$——V 带横断面积($mm^2$)。

② 离心应力 $\sigma_c$ 当传动带以切线速度 $v$ 沿着带轮轮缘做圆周运动时，带本身的质量将引起离心力。由离心力引起的离心拉应力为

$$\sigma_c = \frac{qv^2}{A}(\text{MPa})$$

式中：$q$——单位长度质量(kg/m)，见表 6-1；

$v$——带速(m/s)。

③ 弯曲应力

$$\sigma_b \approx E\frac{h}{d_d}(\text{MPa})$$

式中：$E$——带的拉压弹性模量(MPa)；

$h$——带厚(mm)；

$d_d$——带轮基准直径(mm)，见表 6-3。

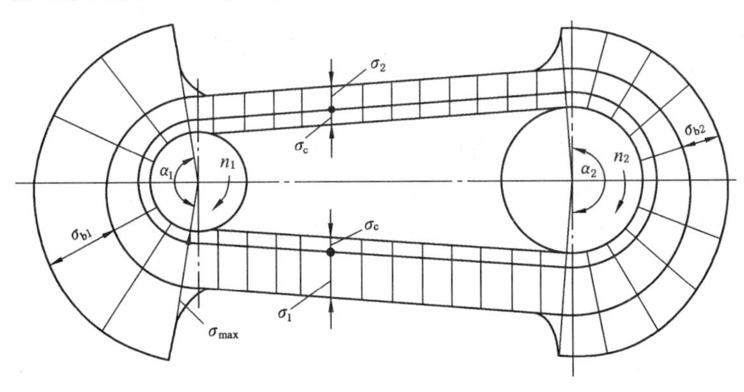


图 6-10 带的应力分布

传动带工作时的应力分布如图 6-10 所示。带上的最大应力产生在 V 带的紧边进入小轮处，其值为

$$\sigma_{max} = \sigma_1 + \sigma_{b1} + \sigma_c(\text{MPa})$$

带上的应力随带的运动不断地循环变化，在使用一段时间后，当应力循环次数超过一定数值后，将使 V 带产生疲劳破坏，使传动失效。

带的疲劳强度条件:带上的最大应力小于或等于带的许用应力,即

$$\sigma_{max} = \sigma_1 + \sigma_{b1} + \sigma_c \leqslant [\sigma] \tag{6-6}$$

式中:$[\sigma]$——带的许用应力。

(3) 带传动的弹性滑动和传动比

传动带在工作时,受到拉力的作用要产生弹性变形。由于紧边和松边所受到的拉力不同,其所产生的弹性变形也不同,当传动带绕过主动轮时,其所受的拉力由 $F_1$ 减小至 $F_2$,传动带的变形程度也会逐渐减小。由于此弹性变形量的变化,造成 V 带在传动中会沿轮面滑动,致使传动带的速度低于主动轮的速度(转速)。同样,当传动带绕过从动轮时,带上的拉力由 $F_2$ 增加到 $F_1$,弹性变形量逐渐增大,使传动带沿着轮面也产生滑动,此时带的速度高于从动轮的速度。这种由于传动带的弹性变形而造成的带与带轮间的微小滑动称为弹性滑动。

由于弹性滑动,造成从动轮的圆周速度 $v_2$ 要低于主动轮的圆周速度 $v_1$,由此我们定义弹性滑动率 $\varepsilon$ 为

$$\varepsilon = \frac{v_1 - v_2}{v_1} \times 100\%$$

或

$$v_2 = (1 - \varepsilon) v_1 (\text{m/s})$$

因

$$v_1 = \frac{\pi d_{d1} n_1}{60 \times 1\,000}, \quad v_2 = \frac{\pi d_{d2} n_2}{60 \times 1\,000}$$

故

$$d_{d2} n_2 = (1 - \varepsilon) d_{d1} n_1$$

从而带传动的实际传动比为

$$i = \frac{n_1}{n_2} = \frac{d_{d2}}{d_{d1}(1 - \varepsilon)} \tag{6-7}$$

一般 V 带传动 $\varepsilon = 1\% \sim 2\%$,故在一般计算中可不予考虑。

**2) 带的设计**

(1) 带传动的失效形式和设计准则

带传动的主要失效形式为打滑和带的疲劳破坏。因此,带传动的设计准则为:在传递规定功率不打滑的条件下,同时具有足够的疲劳强度和一定的使用寿命,即满足式(6-5)和式(6-6)的要求。

(2) 单根普通 V 带传递的功率

在载荷平稳、传动比 $i$=1、包角等于 180°、特定基准带长的情况下,根据带传动不打滑条件和带的疲劳强度条件,确定出单根普通 V 型带所能传递的额定功率 $P_1$,见表 6-6~表 6-11。

当实际工作条件与上述条件不同时,应该对 $P_1$ 进行修正。单根普通 V 型带所能传递的许可额定功率 $P_1'$ 是由基本额定功率 $P_1$ 加上额定功率增量 $\Delta P_1$,并乘以修正系数而确定:

$$P_1' = (P_1 + \Delta P_1) K_\alpha K_L \tag{6-8}$$

式中:$K_\alpha$——包角修正系数,考虑包角不等于 180°时传动能力有所下降,见表 6-5;

$K_L$——带长度修正系数,考虑带长不等于特定长度时对传动能力的影响,见表 6-4。

**表 6-5 包角系数 $K_\alpha$**

| 小轮包角 $\alpha$(°) | 180 | 175 | 170 | 165 | 160 | 155 | 150 | 145 | 140 | 135 | 130 | 125 | 120 |
|---|---|---|---|---|---|---|---|---|---|---|---|---|---|
| 包角修正系数 $K_\alpha$ | 1 | 0.99 | 0.98 | 0.96 | 0.95 | 0.93 | 0.92 | 0.91 | 0.89 | 0.88 | 0.86 | 0.84 | 0.82 |

**表 6-6 Z 型 V 带的额定功率 $P_1$ 和功率的增量 $\Delta P_1$** 单位:kW

| $n_1$ (r/min) | $d_{d1}$(mm) | | | | | | $i$ | | | | | | | | | | $v$ (m/s) ≈ |
|---|---|---|---|---|---|---|---|---|---|---|---|---|---|---|---|---|---|
| | 50 | 56 | 63 | 71 | 80 | 90 | 1.00~1.01 | 1.02~1.04 | 1.05~1.08 | 1.09~1.12 | 1.13~1.18 | 1.19~1.24 | 1.25~1.34 | 1.35~1.50 | 1.51~1.99 | ≥2.00 | |
| | $P_1$ | | | | | | $\Delta P_1$ | | | | | | | | | | |
| 800 | 0.10 | 0.12 | 0.15 | 0.20 | 0.22 | 0.24 | 0.00 | 0.00 | 0.00 | 0.00 | 0.01 | 0.01 | 0.01 | 0.01 | 0.02 | 0.02 | |
| 960 | 0.12 | 0.14 | 0.18 | 0.23 | 0.26 | 0.28 | 0.00 | 0.00 | 0.00 | 0.01 | 0.01 | 0.01 | 0.01 | 0.02 | 0.02 | 0.02 | 5 |
| 1 200 | 0.14 | 0.17 | 0.22 | 0.27 | 0.30 | 0.33 | 0.00 | 0.00 | 0.01 | 0.01 | 0.01 | 0.01 | 0.02 | 0.02 | 0.02 | 0.03 | |
| 1 450 | 0.16 | 0.19 | 0.25 | 0.30 | 0.35 | 0.36 | 0.00 | 0.00 | 0.01 | 0.01 | 0.01 | 0.02 | 0.02 | 0.02 | 0.02 | 0.03 | |
| 1 600 | 0.17 | 0.20 | 0.27 | 0.33 | 0.39 | 0.40 | 0.00 | 0.01 | 0.01 | 0.01 | 0.01 | 0.02 | 0.02 | 0.02 | 0.03 | 0.03 | 10 |
| 2 000 | 0.20 | 0.25 | 0.32 | 0.39 | 0.44 | 0.48 | 0.00 | 0.01 | 0.01 | 0.02 | 0.02 | 0.02 | 0.02 | 0.03 | 0.03 | 0.04 | |
| 2 400 | 0.22 | 0.30 | 0.37 | 0.46 | 0.50 | 0.54 | 0.00 | 0.01 | 0.02 | 0.02 | 0.02 | 0.03 | 0.03 | 0.03 | 0.04 | 0.04 | 15 |
| 2 800 | 0.26 | 0.33 | 0.41 | 0.50 | 0.56 | 0.60 | 0.00 | 0.01 | 0.02 | 0.02 | 0.03 | 0.03 | 0.03 | 0.04 | 0.04 | 0.04 | |

**表 6-7 A 型 V 带的额定功率 $P_1$ 和功率的增量 $\Delta P_1$** 单位:kW

| $n_1$ (r/min) | $d_{d1}$(mm) | | | | | | $i$ | | | | | | | | | | $v$ (m/s) ≈ |
|---|---|---|---|---|---|---|---|---|---|---|---|---|---|---|---|---|---|
| | 75 | 90 | 100 | 112 | 125 | 140 | 1.00~1.01 | 1.02~1.04 | 1.05~1.08 | 1.09~1.12 | 1.13~1.18 | 1.19~1.24 | 1.25~1.34 | 1.35~1.50 | 1.51~1.99 | ≥2.00 | |
| | $P_1$ | | | | | | $\Delta P_1$ | | | | | | | | | | |
| 800 | 0.45 | 0.68 | 0.83 | 1.00 | 1.19 | 1.41 | 0.00 | 0.01 | 0.02 | 0.03 | 0.04 | 0.05 | 0.06 | 0.08 | 0.09 | 0.10 | |
| 950 | 0.51 | 0.77 | 0.95 | 1.15 | 1.37 | 1.62 | 0.00 | 0.01 | 0.03 | 0.04 | 0.05 | 0.06 | 0.07 | 0.08 | 0.10 | 0.11 | 10 |
| 1 200 | 0.60 | 0.93 | 1.14 | 1.39 | 1.66 | 1.96 | 0.00 | 0.02 | 0.03 | 0.05 | 0.07 | 0.08 | 0.10 | 0.11 | 0.13 | 0.15 | |
| 1 450 | 0.68 | 1.07 | 1.32 | 1.61 | 1.92 | 2.28 | 0.00 | 0.02 | 0.04 | 0.06 | 0.08 | 0.09 | 0.11 | 0.13 | 0.15 | 0.17 | 15 |
| 1 600 | 0.73 | 1.15 | 1.42 | 1.74 | 2.07 | 2.45 | 0.00 | 0.02 | 0.04 | 0.06 | 0.09 | 0.11 | 0.13 | 0.15 | 0.17 | 0.19 | |
| 2 000 | 0.84 | 1.34 | 1.66 | 2.04 | 2.44 | 2.87 | 0.00 | 0.03 | 0.06 | 0.08 | 0.11 | 0.13 | 0.16 | 0.19 | 0.22 | 0.24 | 20 |
| 2 400 | 0.92 | 1.50 | 1.87 | 2.30 | 2.74 | 3.22 | 0.00 | 0.03 | 0.07 | 0.10 | 0.13 | 0.16 | 0.19 | 0.23 | 0.26 | 0.29 | 25 |
| 2 800 | 1.00 | 1.64 | 2.05 | 2.51 | 2.98 | 3.48 | 0.00 | 0.04 | 0.08 | 0.11 | 0.15 | 0.19 | 0.23 | 0.26 | 0.30 | 0.34 | 30 |

表 6-8　B 型 V 带的额定功率 $P_1$ 和功率的增量 $\Delta P_1$　　单位:kW

| | $d_{d1}$(mm) | | | | | | $i$ | | | | | | | | | | |
|---|---|---|---|---|---|---|---|---|---|---|---|---|---|---|---|---|---|
| $n_1$ (r/min) | 125 | 140 | 160 | 180 | 200 | 224 | 1.00~1.01 | 1.02~1.04 | 1.05~1.08 | 1.09~1.12 | 1.13~1.18 | 1.19~1.24 | 1.25~1.34 | 1.35~1.50 | 1.51~1.99 | ≥2.00 | $v$ (m/s) ≈ |
| | $P_1$ | | | | | | $\Delta P_1$ | | | | | | | | | | |
| 200 | 0.48 | 0.59 | 0.74 | 0.88 | 1.02 | 1.19 | 0.00 | 0.01 | 0.01 | 0.02 | 0.03 | 0.04 | 0.04 | 0.05 | 0.06 | 0.06 | 5 |
| 400 | 0.84 | 1.05 | 1.32 | 1.59 | 1.85 | 2.17 | 0.00 | 0.01 | 0.03 | 0.04 | 0.06 | 0.07 | 0.08 | 0.10 | 0.11 | 0.13 | |
| 700 | 1.30 | 1.64 | 2.09 | 2.53 | 2.96 | 3.47 | 0.00 | 0.02 | 0.05 | 0.07 | 0.10 | 0.12 | 0.15 | 0.17 | 0.20 | 0.22 | 10 |
| 800 | 1.44 | 1.82 | 2.32 | 2.81 | 3.30 | 3.86 | 0.00 | 0.03 | 0.06 | 0.08 | 0.11 | 0.14 | 0.17 | 0.20 | 0.23 | 0.25 | |
| 950 | 1.64 | 2.08 | 2.66 | 3.22 | 3.77 | 4.42 | 0.00 | 0.03 | 0.07 | 0.10 | 0.13 | 0.17 | 0.20 | 0.23 | 0.26 | 0.30 | 15 |
| 1 200 | 1.93 | 2.47 | 3.17 | 3.85 | 4.50 | 5.26 | 0.00 | 0.04 | 0.08 | 0.13 | 0.17 | 0.21 | 0.25 | 0.30 | 0.34 | 0.38 | |
| 1 450 | 2.19 | 2.82 | 3.62 | 4.39 | 5.13 | 5.97 | 0.00 | 0.05 | 0.10 | 0.15 | 0.20 | 0.25 | 0.31 | 0.36 | 0.40 | 0.46 | 20 |
| 1 600 | 2.33 | 3.00 | 3.86 | 4.68 | 5.46 | 6.33 | 0.00 | 0.06 | 0.11 | 0.17 | 0.23 | 0.28 | 0.34 | 0.39 | 0.45 | 0.51 | |
| 1 800 | 2.50 | 3.23 | 4.15 | 5.02 | 5.83 | 6.73 | 0.00 | 0.06 | 0.13 | 0.19 | 0.25 | 0.32 | 0.38 | 0.44 | 0.51 | 0.57 | 25 |
| 2 000 | 2.64 | 3.42 | 4.40 | 5.30 | 6.13 | 7.02 | 0.00 | 0.07 | 0.14 | 0.21 | 0.28 | 0.35 | 0.42 | 0.49 | 0.56 | 0.63 | |

表 6-9　C 型 V 带的额定功率 $P_1$ 和功率的增量 $\Delta P_1$　　单位:kW

| | $d_{d1}$(mm) | | | | | | $i$ | | | | | | | | | | |
|---|---|---|---|---|---|---|---|---|---|---|---|---|---|---|---|---|---|
| $n_1$ (r/min) | 200 | 224 | 250 | 280 | 315 | 355 | 1.00~1.01 | 1.02~1.04 | 1.05~1.08 | 1.09~1.12 | 1.13~1.18 | 1.19~1.24 | 1.25~1.34 | 1.35~1.50 | 1.51~1.99 | ≥2.00 | $v$ (m/s) ≈ |
| | $P_1$ | | | | | | $\Delta P_1$ | | | | | | | | | | |
| 500 | 2.87 | 3.58 | 4.33 | 5.19 | 6.17 | 7.27 | 0.00 | 0.05 | 0.10 | 0.15 | 0.20 | 0.24 | 0.29 | 0.34 | 0.39 | 0.44 | |
| 600 | 3.30 | 4.12 | 5.00 | 6.00 | 7.14 | 8.45 | 0.00 | 0.06 | 0.12 | 0.18 | 0.24 | 0.29 | 0.35 | 0.41 | 0.47 | 0.53 | 15 |
| 700 | 3.69 | 4.64 | 5.64 | 6.76 | 8.09 | 9.50 | 0.00 | 0.07 | 0.14 | 0.21 | 0.27 | 0.34 | 0.41 | 0.48 | 0.55 | 0.62 | |
| 800 | 4.07 | 5.12 | 6.23 | 7.52 | 8.92 | 10.46 | 0.00 | 0.08 | 0.16 | 0.23 | 0.31 | 0.39 | 0.47 | 0.55 | 0.63 | 0.71 | 20 |
| 950 | 4.58 | 5.78 | 7.04 | 8.49 | 10.05 | 11.73 | 0.00 | 0.09 | 0.19 | 0.27 | 0.37 | 0.47 | 0.56 | 0.65 | 0.74 | 0.83 | |
| 1 200 | 5.29 | 6.71 | 8.21 | 9.81 | 11.53 | 13.31 | 0.00 | 0.12 | 0.24 | 0.35 | 0.47 | 0.59 | 0.70 | 0.82 | 0.94 | 1.06 | 25 |
| 1 450 | 5.84 | 7.45 | 9.04 | 10.72 | 12.46 | 14.12 | 0.00 | 0.14 | 0.28 | 0.42 | 0.58 | 0.71 | 0.85 | 0.99 | 1.14 | 1.27 | 30 |

**表 6-10　D 型 V 带的额定功率 $P_1$ 和功率的增量 $\Delta P_1$**　　　单位:kW

| $n_1$ (r/min) | $d_{d1}$(mm) | | | | | | $i$ | | | | | | | | | | $v$ (m/s) ≈ |
|---|---|---|---|---|---|---|---|---|---|---|---|---|---|---|---|---|---|
| | 355 | 400 | 450 | 500 | 560 | 630 | 1.00~1.01 | 1.02~1.04 | 1.05~1.08 | 1.09~1.12 | 1.13~1.18 | 1.19~1.24 | 1.25~1.34 | 1.35~1.50 | 1.51~1.99 | ≥2.00 | |
| | $P_1$ | | | | | | $\Delta P_1$ | | | | | | | | | | |
| 300 | 7.35 | 9.13 | 11.02 | 12.88 | 15.07 | 17.57 | 0.00 | 0.10 | 0.21 | 0.31 | 0.42 | 0.52 | 0.62 | 0.73 | 0.83 | 0.94 | 15 |
| 400 | 9.24 | 11.45 | 13.85 | 16.20 | 18.95 | 22.05 | 0.00 | 0.14 | 0.28 | 0.42 | 0.56 | 0.70 | 0.83 | 0.97 | 1.11 | 1.25 | |
| 500 | 10.90 | 13.55 | 16.40 | 19.17 | 22.38 | 25.94 | 0.00 | 0.17 | 0.35 | 0.52 | 0.70 | 0.87 | 1.04 | 1.22 | 1.39 | 1.56 | 20 |
| 600 | 12.39 | 15.42 | 18.67 | 21.78 | 25.32 | 29.18 | 0.00 | 0.21 | 0.42 | 0.62 | 0.83 | 1.04 | 1.25 | 1.46 | 1.67 | 1.88 | 25 |
| 700 | 13.70 | 17.07 | 20.63 | 23.99 | 27.73 | 31.68 | 0.00 | 0.24 | 0.49 | 0.73 | 0.97 | 1.22 | 1.46 | 1.70 | 1.95 | 2.19 | |
| 800 | 14.83 | 18.46 | 22.25 | 25.76 | 29.55 | 33.38 | 0.00 | 0.28 | 0.56 | 0.83 | 1.11 | 1.39 | 1.67 | 1.95 | 2.22 | 2.50 | 30 |
| 950 | 16.15 | 20.06 | 24.01 | 27.50 | 31.04 | 34.19 | 0.00 | 0.33 | 0.66 | 0.99 | 1.31 | 1.60 | 1.92 | 2.31 | 2.64 | 2.97 | 35 |

**表 6-11　E 型 V 带的额定功率 $P_1$ 和功率的增量 $\Delta P_1$**　　　单位:kW

| $n_1$ (r/min) | $d_{d1}$(mm) | | | | | | $i$ | | | | | | | | | | $v$ (m/s) ≈ |
|---|---|---|---|---|---|---|---|---|---|---|---|---|---|---|---|---|---|
| | 500 | 560 | 630 | 710 | 800 | 900 | 1.00~1.01 | 1.02~1.04 | 1.05~1.08 | 1.09~1.12 | 1.13~1.18 | 1.19~1.24 | 1.25~1.34 | 1.35~1.50 | 1.51~1.99 | ≥2.00 | |
| | $P_1$ | | | | | | $\Delta P_1$ | | | | | | | | | | |
| 250 | 12.97 | 15.67 | 18.77 | 22.23 | 26.03 | 30.14 | 0.00 | 0.17 | 0.34 | 0.52 | 0.69 | 0.86 | 1.03 | 1.20 | 1.37 | 1.55 | 15 |
| 300 | 14.96 | 18.10 | 21.39 | 25.69 | 30.05 | 34.71 | 0.00 | 0.21 | 0.41 | 0.62 | 0.83 | 1.03 | 1.24 | 1.45 | 1.65 | 1.86 | |
| 350 | 16.81 | 20.38 | 24.42 | 28.89 | 33.73 | 38.64 | 0.00 | 0.24 | 0.48 | 0.72 | 0.96 | 1.20 | 1.45 | 1.69 | 1.92 | 1.17 | 20 |
| 400 | 18.55 | 22.49 | 26.95 | 31.83 | 37.05 | 42.49 | 0.00 | 0.28 | 0.55 | 0.83 | 1.00 | 1.38 | 1.65 | 1.93 | 2.20 | 2.48 | |
| 500 | 21.65 | 26.25 | 31.36 | 36.85 | 42.53 | 48.20 | 0.00 | 0.34 | 0.64 | 1.03 | 1.38 | 1.72 | 2.07 | 2.41 | 2.75 | 3.10 | 25 |
| 600 | 24.21 | 29.30 | 34.83 | 40.58 | 46.26 | 51.48 | 0.00 | 0.41 | 0.83 | 1.24 | 1.65 | 2.07 | 2.48 | 2.89 | 3.31 | 3.72 | 30 |
| 700 | 26.21 | 31.59 | 37.26 | 42.87 | 47.96 | 51.95 | 0.00 | 0.48 | 0.97 | 1.45 | 1.93 | 2.41 | 2.89 | 3.38 | 3.86 | 4.34 | 35 |

(3) 带传动的设计步骤

设计 V 带传动的一般已知条件:传动的用途和工作情况、传递功率、主动轮和从动轮的转速以及对外形尺寸的要求等。

设计计算准则:既要保证带与带轮接触面间不发生打滑,同时又要保证带在许可使用年限内不发生疲劳破坏。

设计的内容:确定 V 带的型号、长度和根数,带轮的材料、结构和尺寸,中心距以及作用在轴上的力等。

设计步骤如下:

① 确定计算功率 $P_c$。计算功率 $P_c$ 可按下式求得:

$$P_c = K_A P \tag{6-9}$$

式中:$P$——需要传递的名义功率(kW);

$K_A$——工作情况系数,见表 6-12。

表 6-12 工作情况系数 $K_A$

| 载荷性质 | 工 作 机 | 原动机 | | | | | |
|---|---|---|---|---|---|---|---|
| | | 空、轻载启动 | | | 重载启动 | | |
| | | 每天工作小时(h) | | | | | |
| | | <10 | 10～16 | >16 | <10 | 10～16 | >16 |
| 载荷变动微小 | 液体搅拌机、通风机和鼓风机(≤7.5 kW)、离心式水泵和压缩机、轻型带式输送机 | 1.0 | 1.1 | 1.2 | 1.1 | 1.2 | 1.3 |
| 载荷变动小 | 带式输送机(不均匀负荷)、通风机(>7.5 kW)、旋转式水泵和压缩机(非离心式)、发电机、金属切削机床、旋转筛、锯木机和木工机械 | 1.1 | 1.2 | 1.3 | 1.2 | 1.3 | 1.4 |
| 载荷变动较大 | 制砖机、斗式提升机、往复式水泵和压缩机、起重机、磨粉机、冲剪机床、橡胶机械、振动筛、纺织机械、重载输送机 | 1.2 | 1.3 | 1.4 | 1.4 | 1.5 | 1.6 |
| 载荷变动很大 | 破碎机(旋转式、颚式等)、磨碎机(球磨、棒磨、管磨) | 1.3 | 1.4 | 1.5 | 1.5 | 1.61 | 1.8 |

② 选择带的型号。根据计算功率和主动轮(通常是小带轮)转速，由图 6-11 选择 V 带型号。当在两种型号交线附近，可以两种型号同时计算，选择较佳者。

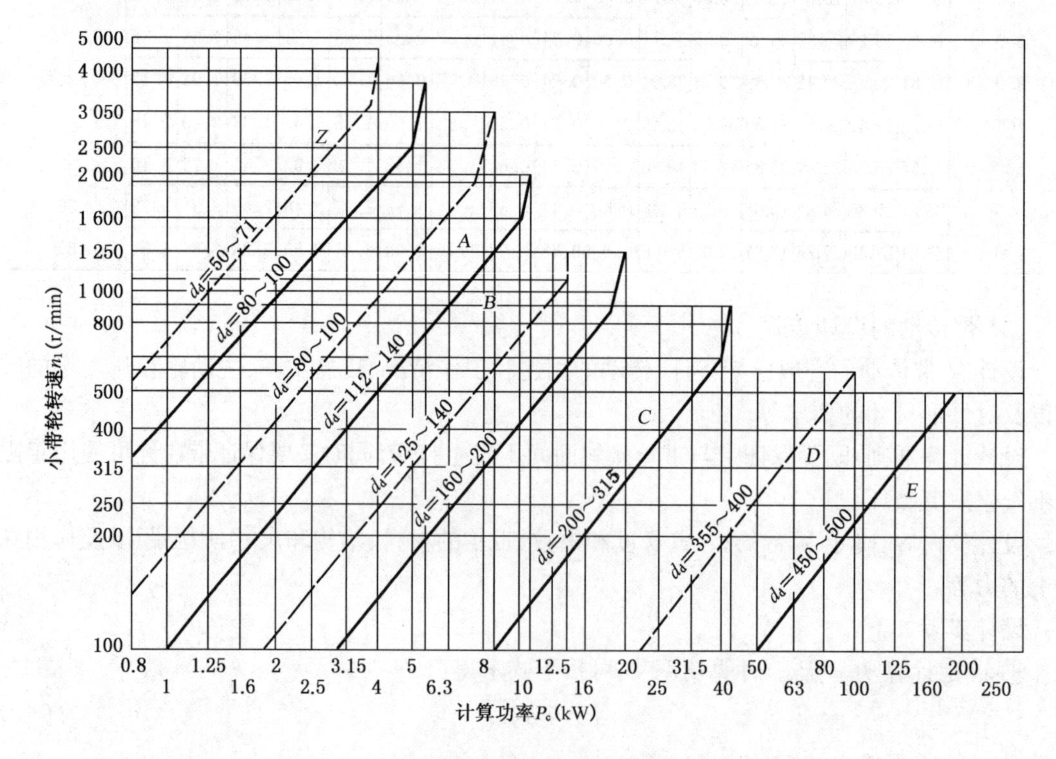


图 6-11 普通 V 带选型图

③ 确定带轮基准直径。带轮基准直径是胶带节线所在圆的直径，当其他条件不变时，带轮基准直径越小，带传动越紧凑，但带内的弯曲应力越大，导致带的疲劳强度下降，传动效率下降。通常小轮直径 $d_{d1}$ 不应小于表 6-3 所示的最小直径，并应符合带轮直径系列。大带轮直径 $d_{d2}$ 也应按直径系列进行圆整。

传动比要求精确时，大带轮基准直径依据为

$$d_{d2} = id_{d1}(1-\varepsilon) = \frac{n_1}{n_2}d_{d1}(1-\varepsilon)$$

一般情况下，可以忽略滑动率的影响，则有

$$d_{d2} = id_{d1} = \frac{n_1}{n_2}d_{d1}$$

④ 小轮直径确定后，应验算带速 $v$。

$$v = \frac{\pi d_{d1} n_1}{60 \times 1\,000}\ (\mathrm{m/s}) \tag{6-10}$$

式中：$n_1$——小带轮转速(r/min)；

$d_{d1}$——小带轮直径(mm)。

带速不能太大，一般 $v \leqslant 25$ m/s。若速度过大，则会因离心力过大而降低带和带轮间的正压力，从而降低摩擦力和传动的工作能力，同时离心力过大又降低了带的疲劳强度。带速 $v$ 也不能过小(一般不应小于 5 m/s)。带速太小说明所选的 $d_{d1}$ 太小，这将使所需的圆周力过大，从而使所需的胶带根数过多。

⑤ 确定中心距 $a$ 和胶带长度 $L_d$。中心距小虽能使传动紧凑，但带长太小，单位时间内胶带绕过带轮次数增多，即带的应力循环次数增加，将降低带的寿命。此外，中心距小又减小了包角 $\alpha_1$，降低了摩擦力和传动能力。

中心距过大时除有相反的利弊外，高速时还易引起带的颤动。

一般推荐按下式初步确定中心距 $a_0$：

$$0.7(d_{d1} + d_{d2}) \leqslant a_0 \leqslant 2(d_{d1} + d_{d2})\ (\mathrm{mm}) \tag{6-11}$$

初选 $a_0$ 后，可根据下式计算胶带的初选带的长度 $L_{d0}$：

$$L_{d0} = 2a_0 + \frac{\pi}{2}(d_{d1} + d_{d2}) + \frac{(d_{d2} - d_{d1})^2}{4a_0}\ (\mathrm{mm}) \tag{6-12}$$

根据初选长度 $L_{d0}$ 由表 6-4 选取和 $L_{d0}$ 相近的标准胶带基准长度 $L_d$。

⑥ 计算出实际中心距 $a$

$$a \approx a_0 + \frac{L_d - L_{d0}}{2}\ (\mathrm{mm}) \tag{6-13}$$

考虑到安装调整和胶带松弛后张紧的需要，应给中心距留出一定的调整余量。中心距的变动范围为 $-0.015L_d \sim +0.03L_d$。

⑦ 验算小带轮包角 $\alpha_1$。小带轮包角可按下式计算：

$$\alpha_1 = 180^\circ - \frac{d_{d2} - d_{d1}}{a} \times 57.3^\circ \tag{6-14}$$

一般应使 $\alpha_1 \geqslant 120^\circ$(特殊情况下允许$\geqslant 90^\circ$)，若不满足此条件，可适当增大中心距 $a$ 或减

小两带轮的直径差，也可以在带的外侧加压带轮，但这样会降低带的使用寿命。

⑧ 确定胶带根数 $z$。带传动的设计计算准则是：单根 V 带传递的计算功率小于或等于单根 V 带的许可额定功率，即

$$z \geqslant \frac{P_c}{P_1'} = \frac{P_c}{(P_1 + \Delta P_1)K_\alpha K_L} \tag{6-15}$$

式中：$P_c$——计算功率；

$P_1$——当包角等于 180°、特定带长、工作平稳的情况下，单根普通 V 型带的额定功率，查表 6-6 至表 6-11；

$\Delta P_1$——传动比 $i$ 不等于 1 时，单根普通 V 型带额定功率的增量，查表 6-6 至表 6-11；

$K_\alpha$——包角系数，查表 6-5；

$K_L$——长度修正系数，查表 6-4。

带的根数应根据计算进行圆整。为使各带受力均匀，带的根数不宜过多，一般应满足 $z<10$。若计算结果超出范围，应加大带轮基准直径或改选带型重新设计。

⑨ 计算预拉力 $\boldsymbol{F}_0$ 和轴上压力 $\boldsymbol{F}_Q$。预拉力愈大，胶带对轮面的正压力和摩擦力也愈大，不易打滑，即传递载荷的能力愈大；但预拉力太大会增大胶带的拉应力，从而降低其使用寿命，同时作用在轴上的载荷也大。故预拉力的大小应适当。考虑离心力不良影响时，单根胶带的预拉力可按下式计算：

$$\boldsymbol{F}_0 = 500\frac{P_c}{vz}\left(\frac{2.5}{K_\alpha} - 1\right) + qv^2 (\mathrm{N}) \tag{6-16}$$

式中：$v$——带速(m/s)；

$z$——胶带根数；

$P_c$——计算功率(kW)；

$K_\alpha$——包角系数；

$q$——胶带每米长的质量(kg/m)，见表 6-1。

为了设计安装带轮的轴和轴承，必须确定带传动作用在轴上的压力 $\boldsymbol{F}_Q$。为简化计算，一般按静止状态下带轮两边均作用初拉力 $\boldsymbol{F}_0$ 进行计算。如图 6-12 所示。

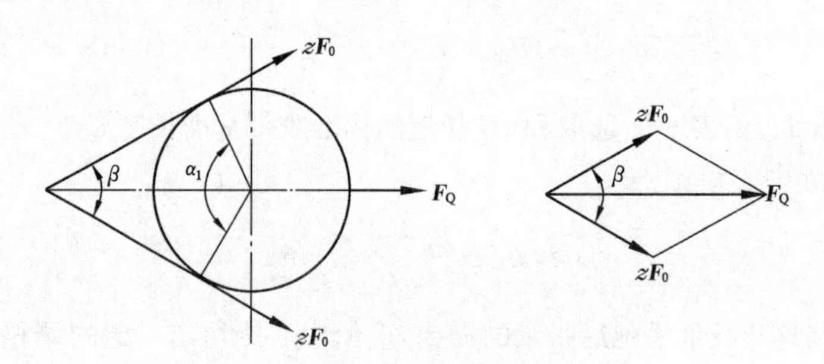


图 6-12 带传动作用在轴上的压力

作用在轴上的压力计算式为

$$\boldsymbol{F}_Q \approx 2zF_0 \sin\frac{\alpha_1}{2}\ (\mathrm{N}) \tag{6-17}$$

⑩ 选择带轮的结构并绘制带轮的零件图。参见本章 6.1.1 节。

⑪ 设计结果。列出带的型号，基准带长 $L_d$，根数 $z$，带轮直径 $d_{d1}$、$d_{d2}$，中心距 $a$，轴上压力 $\boldsymbol{F}_Q$ 等。

## 任务实施

(1) 确定计算功率

$$P_c = K_A \cdot P$$

式中，$P = 7.5$ kW；$K_A$ 为工作情况系数，见表 6-12，取 $K_A = 1.2$。

$$P_c = 1.2 \times 7.5 = 9 \text{ kW}$$

(2) 选择带的型号

根据计算功率 $P_c = 9$ kW 和小带轮转速 $n_1 = 1\,440$ r/min，由图 6-11 选择 V 带型号。取 A 型带。

(3) 确定带轮基准直径

① 确定小带轮基准直径 $d_{d1}$，由表 6-3 查得最小直径 $d_{d1\min} = 75$ mm，图 6-11 推荐小带轮基准直径为 112 ～ 140 mm，则取 $d_{d1} = 125 \text{ mm} > d_{d1\min}$，则

$$d_{d2} = \frac{n_1}{n_2} d_{d1} = \frac{1\,440}{565} \times 125 = 318.6 \text{ mm}$$

由表 6-3 取 $d_{d2} = 315$ mm。

实际从动轮转速

$$n_2' = n_1 \frac{d_{d1}}{d_{d2}} = 1\,440 \times \frac{125}{315} = 571.42 \text{ r/min}$$

从动轮转速误差为

$$\frac{n_2 - n_2'}{n_2} \times 100\% = \frac{565 - 571.42}{565} \times 100\% = -1.1\% < -5\%$$

允许。

② 验算带速 $v$

$$v = \frac{\pi d_{d1} n_1}{60 \times 1\,000} = \frac{3.14 \times 125 \times 1\,440}{60 \times 1\,000} = 9.42 \text{ m/s}$$

带速在 5～25 m/s 范围内，合适。

(4) 确定中心距 $a$ 和胶带长度 $L_d$

① 初步确定中心距 $a_0$

$$0.7(d_{d1} + d_{d2}) \leqslant a_0 \leqslant 2(d_{d1} + d_{d2}) \text{ mm}$$

$$0.7 \times (125 + 315) \leqslant a_0 \leqslant 2 \times (125 + 315)$$

$$308 \text{ mm} \leqslant a_0 \leqslant 880 \text{ mm}$$

取 $a_0 = 400$ mm。

② 初选 $a_0$ 后，可根据下式计算胶带的初选长度 $L_{d0}$：

$$L_{d0} = 2a_0 + \frac{\pi}{2}(d_{d1} + d_{d2}) + \frac{(d_{d2} - d_{d1})^2}{4a_0} \text{ (mm)}$$

$$L_{d0}=2\times 400+\frac{3.14}{2}\times(125+315)+\frac{(315-125)^2}{4\times 400}=1\,513.4\ \text{mm}$$

根据初选长度 $L_{d0}$ 由表 6-4 选取和 $L_{d0}$ 相近的标准胶带基准长度 $L_d=1\,600$ mm。

(5) 计算出实际中心距 $a$

$$a=a_0+\frac{L_d-L_{d0}}{2}$$

$$a=400+\frac{1\,600-1\,513.4}{2}=443\ \text{mm}$$

中心距的变动范围为

$$-0.015L_d\sim+0.03L_d$$

$$a=419\sim 491\ \text{mm}$$

(6) 验算小带轮包角 $\alpha_1$

$$\alpha_1=180°-\frac{d_{d2}-d_{d1}}{a}\times 57.3°=155.4°\geqslant 120°$$

小带轮包角合适。

(7) 确定胶带根数 $z$

$$z\geqslant\frac{P_c}{P_1'}=\frac{P_c}{(P_1+\Delta P_1)K_\alpha K_L}$$

$$P_c=9\ \text{kW}$$

$P_1$、$\Delta P_1$ 由表 6-7 用内插法

$$P_1=1.66+\frac{1\,440-1\,200}{1\,450-1\,200}\times(1.92-1.66)\approx 1.91$$

$$\Delta P_1=0.15+\frac{1\,440-1\,200}{1\,450-1\,200}\times(0.17-0.15)\approx 0.17$$

由表 6-5　　包角系数　　　　$K_\alpha=0.93$

由表 6-4　　长度修正系数　　$K_L=0.99$

$$z\geqslant\frac{9}{(1.91+0.17)\times 0.93\times 0.99}=4.70$$

取 $z=5$

(8) 计算预拉力 $F_0$

$$F_0=500\frac{P_c}{vz}\left(\frac{2.5}{K_\alpha}-1\right)+qv^2=500\times\frac{9}{9.42\times 5}\left(\frac{2.5}{0.93}-1\right)+0.1\times 9.42^2=170.16\ \text{N}$$

$q$ 为胶带每米长的质量(kg/m),见表 6-1,取 $q=0.1$ kg/m。

(9) 带传动作用在轴上的压力 $F_Q$

$$F_Q\approx 2zF_0\sin\frac{\alpha_1}{2}$$

$$F_Q\approx 2\times 5\times 170.16\times\sin\left(\frac{155.4°}{2}\right)=1\,662.5\ \text{N}$$

(10) 选择带轮的结构并绘制带轮的零件图(略)

(11) 设计结果

选用 5 根 A - 1600(GB/T 11544—1997) V 带,中心距 $a = 443$ mm,带轮直径 $d_{d1} = 125$ mm,$d_{d2} = 315$ mm,轴上压力 $F_Q = 1\ 662.5$ N。

## 技能训练——带传动装置性能参数测试与分析

**1) 目的要求**

(1) 掌握转矩、转速、转速差的测量方法。

(2) 观察带传动的弹性滑动及打滑现象。

(3) 了解改变预紧力对带传动能力的影响。

**2) 训练内容**

(1) 测试带传动转速 $n_1$、$n_2$和扭矩 $T_1$、$T_2$。

(2) 计算出输出功率 $P_2$、滑动率 $\varepsilon$、效率 $\eta$。

**3) 实验步骤与方法**

(1) 观察相关实验平台的各部分结构,检查实验平台上各设备、电路及各测试仪器间的信号线、连接线是否可靠连接。

(2) 用手转动被测传动装置,检查其是否转动灵活及有无阻滞现象。

(3) 实验数据测试前,应对测试设备进行调零。

(4) 启动主电动机进行实验数据测试。

(5) 在实验过程中,如遇电机及其他设备的转速突然下降或者出现不正常的噪音、震动或升温时,必须卸载或紧急停车。

(6) 实验测试完毕后,关闭电源。

(7) 根据实验要求,完成实验报告。

# 思考与练习

6-1　带传动的工作原理及主要特点是什么?

6-2　为什么一般都将带传动配置在高速级?

6-3　V 带传动的主要失效形式有哪些?

6-4　带传动的弹性滑动是怎样产生的? 能否避免? 对传动有何影响? 它与打滑有何不同?

6-5　为避免打滑,安装带传动时,初拉力 $F_0$是否越大越好?

6-6　为什么带传动的带速不宜过高也不宜过低?

6-7　为什么要规定小带轮的最小直径?

6-8　V 带传动中为什么带的根数不宜过多? 如计算根数过多应如何解决?

6-9　设计一带式输送机传动系统中的高速级普通 V 带传动。电动机额定功率 $P = 7.5$ kW,转速 $n_1 = 1\ 460$ r/min,带的传动比 $i = 3$,工人双班制工作,工作机有轻微冲击。

# 项目七

# 齿轮及轮系设计

## 学习目标

**1）知识目标**

（1）熟悉齿轮机构的特点、类型和应用；

（2）掌握标准渐开线直齿圆柱齿轮各部分的名称、主要参数及基本尺寸计算；

（3）掌握标准渐开线直齿圆柱齿轮正确啮合条件及连续传动条件；

（4）了解渐开线齿轮的切制原理、方法、根切现象和最少齿数；

（5）掌握斜齿圆柱齿轮、直齿锥齿轮的主要参数、基本尺寸和正确啮合条件；

（6）掌握齿轮传动的设计方法；

（7）掌握蜗杆传动的特点、参数和几何尺寸计算，明确蜗杆传动的失效形式和设计准则；

（8）了解轮系的功用，掌握定轴轮系、周转轮系和混合轮系的传动比计算。

**2）能力目标**

（1）能够进行齿轮传动的设计；

（2）了解齿轮的加工、润滑；

（3）能够分析齿轮系并进行传动比计算。

## 任务一　测量和计算齿轮的几何尺寸

### 任务导入

在某项技术革新中，需要采用一对齿轮传动，在库房中有一个标准直齿圆柱齿轮，齿数为38，现准备将它用在中心距为112.5 mm的传动中。

（1）如何利用量具测量其齿顶圆直径？

（2）确定该齿轮的模数。

（3）确定与之配对的齿轮齿数、分度圆直径、齿顶圆直径、齿根圆直径、基圆直径以及分度圆上的齿厚和齿槽宽。

### 任务分析

在实际工作中，往往会遇到齿轮破坏，需要修配或利用库房现有齿轮进行配置，而齿轮模数常因标识模糊不能确定，此时可通过测量的方法确定其模数并计算齿轮几何尺寸。

## 相关知识

### 7.1.1　齿轮传动的特点和分类

齿轮机构用于传递两轴之间的运动和动力，在现代机器中是应用最广的传动机构。它与其他传动相比，齿轮传动能实现任意位置的两轴传动，具有工作可靠、使用寿命长、传动比恒定、效率高、结构紧凑、速度和功率的适用范围广(最大功率可达 $10^5$ kW、圆周速度 200～300 m/s)等优点。主要缺点是制造和安装精度要求较高，加工齿轮需要用专用机床和设备，成本较高。

根据齿轮机构所传递运动两轴线的相对位置、运动形式及齿轮的几何形状，齿轮机构可分为以下几种基本类型：

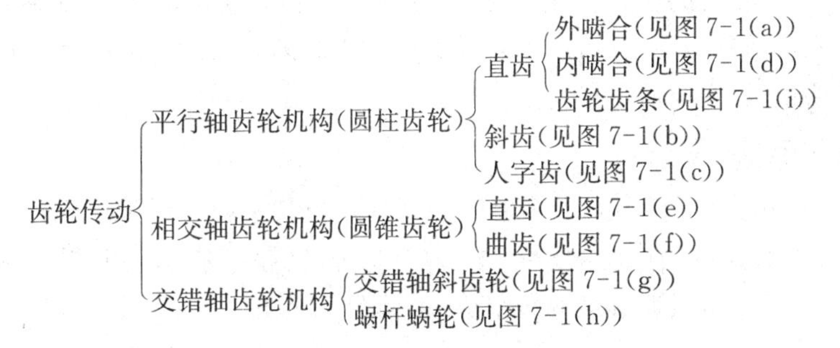


其中最基本的型式是传递平行轴间运动的直齿圆柱齿轮机构和斜齿圆柱齿轮机构。

按齿轮齿廓曲线不同，又可分为渐开线齿轮、摆线齿轮和圆弧齿轮等，其中渐开线齿轮应用最广。

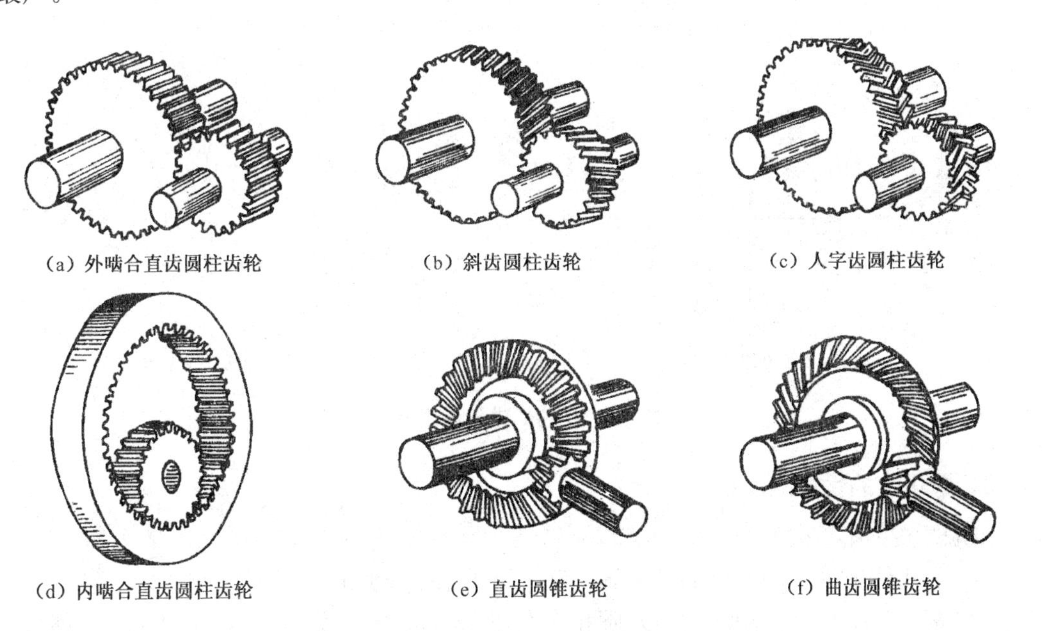

(a) 外啮合直齿圆柱齿轮　(b) 斜齿圆柱齿轮　(c) 人字齿圆柱齿轮

(d) 内啮合直齿圆柱齿轮　(e) 直齿圆锥齿轮　(f) 曲齿圆锥齿轮

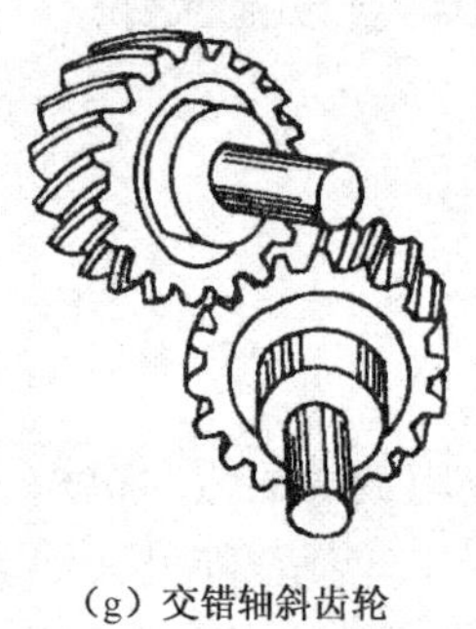

（g）交错轴斜齿轮

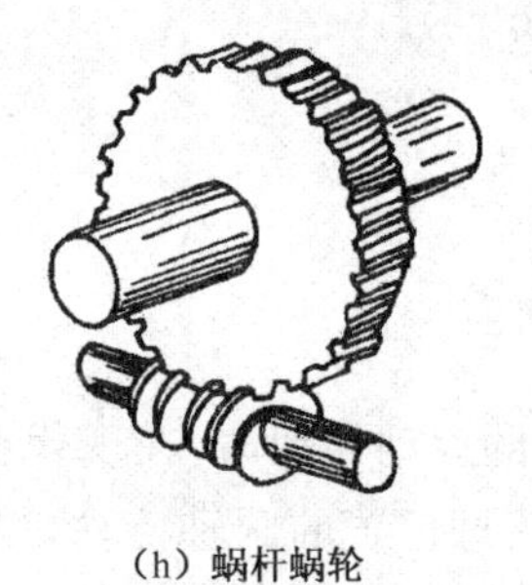

（h）蜗杆蜗轮

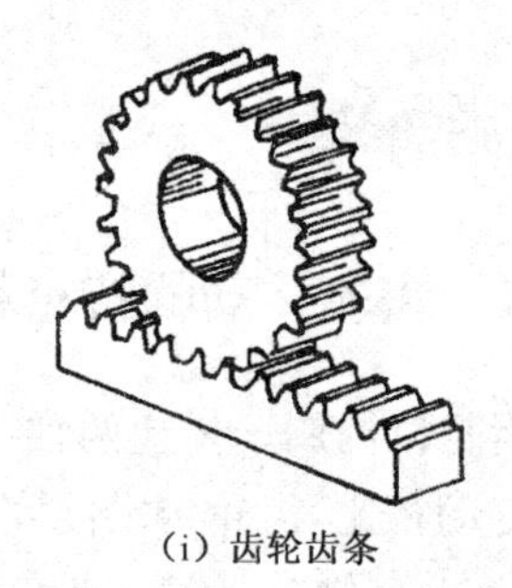

（i）齿轮齿条

图 7-1　齿轮机构的基本类型

### 7.1.2　渐开线性质及渐开线齿廓啮合特性

齿轮机构靠齿轮轮齿的齿廓相互推动，在传递动力和运动时，如何保证瞬时传动比恒定，以减小惯性力，实现平稳传动，其齿廓形状是关键因素。渐开线齿廓能满足瞬时传动比恒定且制造方便、安装要求低，因而应用最普遍。

**1）渐开线的形成**

如图 7-2(a)所示，设半径为 $r_b$ 的圆上有一直线 $L$ 与其相切，当直线 $L$ 沿圆周作纯滚动时，直线上任一点 $K$ 的轨迹称为该圆的渐开线。该圆称为基圆，$r_b$ 称为基圆半径，直线 $L$ 称为发生线。齿轮的齿廓就是由两段对称渐开线组成的(见图 7-2(b))。

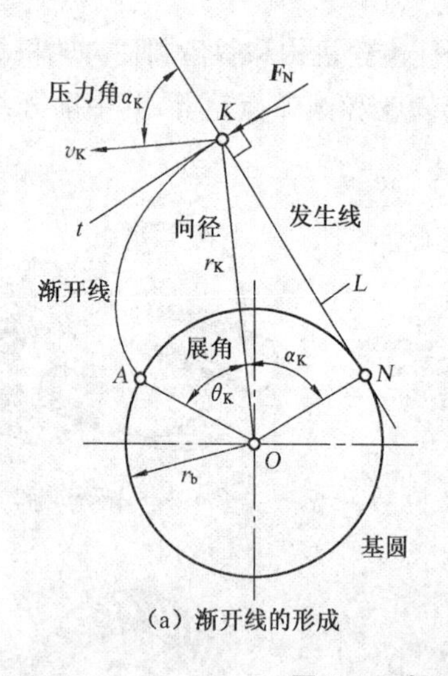


（a）渐开线的形成

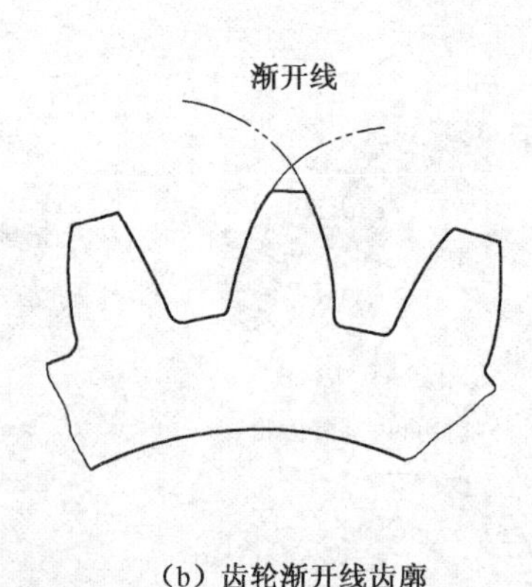


（b）齿轮渐开线齿廓

图 7-2　渐开线的形成与齿轮渐开线齿廓

**2）渐开线的性质**

由渐开线的形成过程可知它具有以下特性：

(1) 发生线上沿基圆滚过的长度等于基圆上被滚过的弧长，即 $\overline{KN} = \widehat{AN}$。

(2) 渐开线上任意点的法线与基圆相切。切点 $N$ 是渐开线上 $K$ 点的曲率中心，线段 $NK$

是渐开线上 $K$ 点的曲率半径。

(3) 作用于渐开线上 $K$ 点的正压力 $F_N$ 方向(法线方向)与点 $K$ 的速度 $v_K$ 方向所夹的锐角 $\alpha_K$ 称为渐开线在 $K$ 点的压力角,由图 7-2(a)可知

$$\alpha_K = \cos^{-1}\frac{r_b}{r_K} \tag{7-1}$$

因基圆半径 $r_b$ 为定值,所以渐开线齿廓上各点的压力角不相等，离基圆中心愈远(即 $r_K$ 愈大),压力角愈大,基圆上的压力角 $\alpha_b = 0$。

(4) 渐开线的弯曲程度取决于基圆的大小(如图 7-3)。基圆越大,渐开线越平直,当基圆半径趋于无穷大时,渐开线变成直线。齿条的齿廓就是这种直线齿廓。

(5) 基圆内无渐开线。

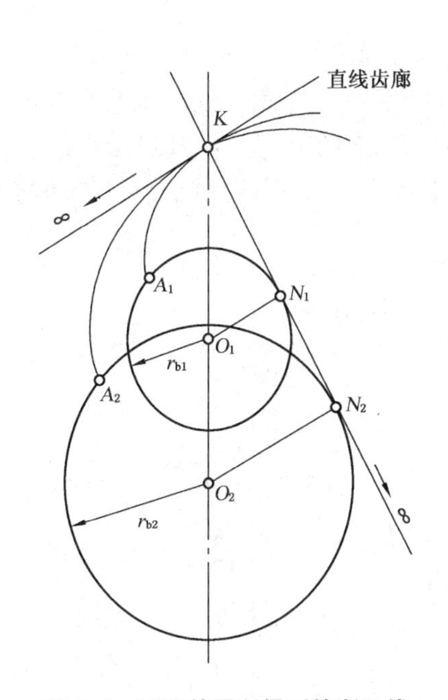


图 7-3　不同基圆所得到的渐开线

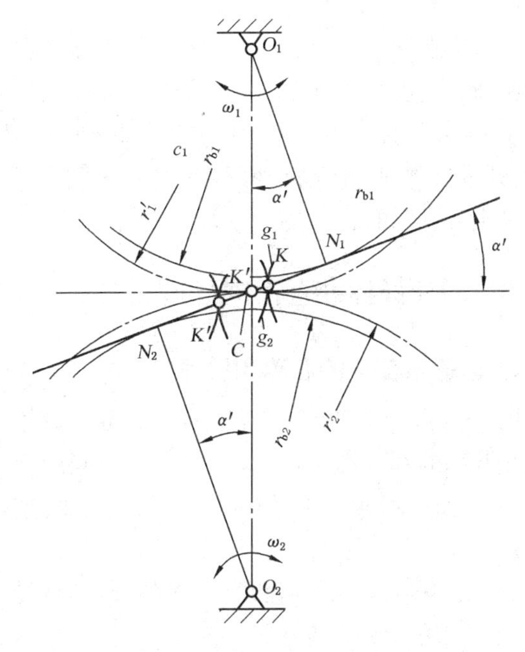


图 7-4　渐开线齿轮的啮合

**3) 渐开线齿廓的啮合特性**

(1) 瞬时传动比恒定

图 7-4 所示为一对渐开线齿廓 $g_1$、$g_2$ 在任意位置啮合,啮合接触点为点 $K$。过点 $K$ 作这对齿廓的公法线 $N_1N_2$,根据渐开线的性质可知,公法线 $N_1N_2$ 必同时与两基圆相切,即公法线 $N_1N_2$ 为两基圆的一条内公切线。由于两基圆的大小和位置均固定不变,满足齿轮运动方向要求的内公切线只有一条。因此,不论两齿廓在任何位置啮合,它们的接触点一定在这条内公切线上(如图中的点 $K'$)。这条内公切线是接触点 $K$ 的轨迹,称为啮合线。亦即一对渐开线齿廓的啮合线是一条定直线。

如上所述,无论两齿廓在任何位置啮合,接触点的公法线是一条定直线,而且该直线与连心线 $O_1O_2$ 的交点 $C$ 是固定点,$C$ 称为节点。以 $O_1$、$O_2$ 为圆心,以 $O_1C(r'_1)$、$O_2C(r'_2)$ 为半径所作的圆称为节圆,$r'_1$、$r'_2$ 称为节圆半径。一对渐开线齿轮的啮合传动可看作两个节圆在 $C$ 点处

作相对纯滚动。因图中$\triangle O_1N_1C$和$\triangle O_2N_2C$相似,则传动比为

$$i_{12}=\frac{\omega_1}{\omega_2}=\frac{\overline{O_2C}}{\overline{O_1C}}=\frac{r'_2}{r'_1}=\frac{r_{b2}}{r_{b1}}=\text{常数} \tag{7-2}$$

上式表明:一对渐开线齿轮的齿廓在任意点啮合时,其瞬时传动比恒定,且与两基圆半径成反比。

(2) 中心距可分性

由于制造、安装和轴承磨损等原因会造成齿轮中心距的微小变化,节圆半径也随之改变。但因两轮基圆半径不变,所以传动比仍保持不变。这种中心距稍有变化并不改变传动比的性质,称为中心距可分性。这一性质为齿轮的制造和安装等带来方便。中心距可分性是渐开线齿轮传动的一个主要优点。

(3) 啮合角恒定不变

两齿廓在任意位置啮合时,接触点的公法线与节圆公切线之间所夹的锐角称为啮合角。因为两渐开线齿廓接触点的公法线始终是定直线,所以其啮合角大小始终不变,而且在数值上恒等于节圆压力角,用$\alpha'$表示。在齿轮传动中,两齿廓间正压力的方向是沿其接触点的公法线,渐开线齿廓啮合的啮合角不变,故齿廓间正压力的方向也始终不变,这对于齿轮传动的平稳性是十分有利的。

## 7.1.3 渐开线标准直齿圆柱齿轮的基本参数及几何尺寸

**1) 齿轮各部分的名称和符号**

图7-5所示为直齿外齿轮的一部分。齿轮上每个凸起的部分称为轮齿,相邻两齿之间的空间称为齿槽。齿轮各部分的名称及符号规定如下:

(1) 齿顶圆:过齿轮各齿顶所作的圆,其直径和半径分别用$d_a$和$r_a$表示。

(2) 齿根圆:过齿轮各齿槽底边的圆,其直径和半径分别用$d_f$和$r_f$表示。

(3) 分度圆:齿顶圆和齿根圆之间的圆,是计算齿轮几何尺寸的基准圆,其直径和半径分别用$d$和$r$表示。

(4) 基圆:形成渐开线的圆,其直径和半径分别用$d_b$和$r_b$表示。

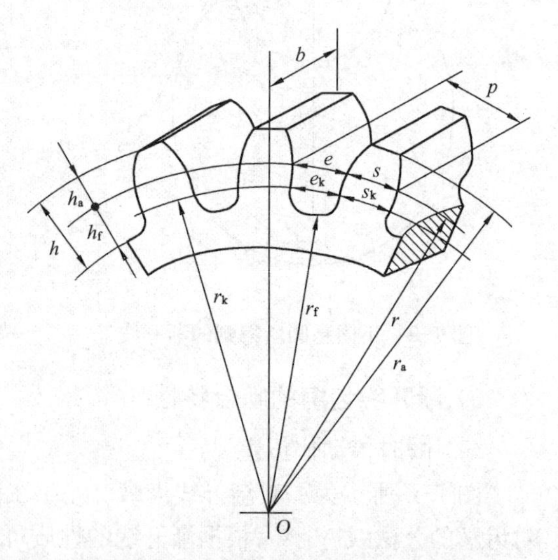

图7-5 直齿圆柱齿轮各部分的名称

(5) 齿顶高、齿根高及齿全高:齿顶高为分度圆与齿顶圆之间的径向距离,用$h_a$表示;齿根高为分度圆与齿根圆之间的径向距离,用$h_f$表示;齿全高为齿顶圆与齿根圆之间的径向距离,用$h$表示,显然$h=h_a+h_f$。

(6) 齿厚、齿槽宽及齿距:在半径为$r_k$的圆周上,一个轮齿两侧齿廓之间的弧长称为该圆上的齿厚,用$s_k$表示;在此圆周上,一个齿槽两侧齿廓之间的弧长称为该圆上的齿槽宽,用$e_k$表

示；此圆周上相邻两齿同侧齿廓之间的弧长称为该圆上的齿距，用 $p_k$ 表示，显然 $p_k = s_k + e_k$。分度圆上的齿厚、齿槽宽及齿距依次用 $s$、$e$ 及 $p$ 表示，$p = s + e$。基圆上的齿距又称为基节，用 $p_b$ 表示。

**2）标准直齿圆柱齿轮基本参数**

齿轮的基本参数有：齿数 $z$，模数 $m$，压力角 $\alpha$，齿顶高系数 $h_a^*$ 和顶隙系数 $c^*$。

（1）齿数 $z$

在齿轮整个圆周上轮齿的总数。

（2）模数 $m$

分度圆的周长 $= \pi d = zp$，则有

$$d = \frac{zp}{\pi} \tag{7-3}$$

由于 $\pi$ 是无理数，给齿轮的设计、制造及检测带来不便。为此，人为地将比值 $p/\pi$ 取为一些简单的有理数，并称该比值为模数，用 $m$ 表示，单位是mm。我国已制定了模数的国家标准，其值见表 7-1。

**表 7-1　渐开线圆柱齿轮模数（GB/T 1357—2008）**　　单位：mm

| | | | | | | | | | |
|---|---|---|---|---|---|---|---|---|---|
| 第一系列 | 1 | 1.25 | 1.5 | 2 | 2.5 | 3 | 4 | 5 | 6 |
| 第二系列 | 1.75 | 2.25 | 2.75 | (3.25) | 3.5 | (3.75) | 4.5 | 5.5 | (6.5) |
| 第一系列 | 8 | 10 | 12 | 16 | 20 | 25 | 32 | 40 | 50 |
| 第二系列 | 7 | 9 | (11) | 14 | 18 | 22 | 28 | 36 | 45 |

注：(1) 优先采用第一系列，括号内的模数尽可能不用。
(2) 对斜齿轮是指法面模数。

所以，分度圆直径

$$d = mz \tag{7-4}$$

齿距

$$p = m\pi \tag{7-5}$$

模数 $m$ 是决定齿轮尺寸的一个基本参数。齿数相同的齿轮，模数愈大，其尺寸也愈大，如图 7-6 所示。

（3）分度圆压力角 $\alpha$

齿轮轮齿齿廓在齿轮各圆上具有不同的压力角，我国规定分度圆压力角 $\alpha$ 的标准值一般为 20°。此外，在某些场合也采用 $\alpha = 14.5°$、15°、22.5° 及 25° 等的齿轮。

由式(7-1)和式(7-4)可推出基圆直径

$$d_b = d\cos\alpha = mz\cos\alpha$$

至此，我们可以给分度圆下一个完整的定义：分度圆就是齿轮上具有标准模数和标准压力角的圆。

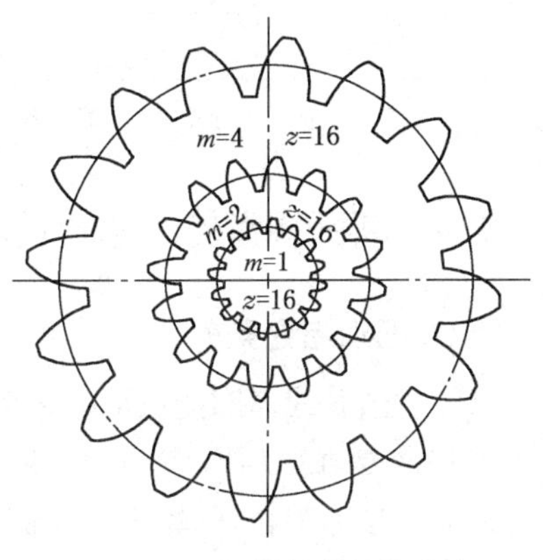


图 7-6　不同模数齿轮的比较

(4) 顶高系数 $h_a^*$ 和顶隙系数 $c^*$

齿轮齿顶高和齿根高的计算式分别为

$$h_a = h_a^* m$$
$$h_f = (h_a^* + c^*)m$$

式中:$h_a^*$、$c^*$——分别称为齿顶高系数和顶隙系数。

① 正常齿制 $h_a^* = 1, c^* = 0.25$;② 短齿制 $h_a^* = 0.8, c^* = 0.3$。

**3) 标准直齿圆柱齿轮的几何尺寸**

基本参数取标准值,具有标准的齿顶高和齿根高,分度圆齿厚等于齿槽宽的直齿圆柱齿轮称为标准齿轮,不能同时具备上述特征的直齿圆柱齿轮都是非标准齿轮。标准直齿圆柱齿轮的几何尺寸计算公式见表 7-2。

**表 7-2　标准直齿圆柱齿轮几何尺寸计算公式**

| 名称 | 符号 | 计算公式 |
| --- | --- | --- |
| 分度圆直径 | $d$ | $d_1 = mz_1 \quad d_2 = mz_2$ |
| 齿顶高 | $h_a$ | $h_a = h_a^* m$ |
| 齿根高 | $h_f$ | $h_f = (h_a^* + c^*)m$ |
| 全齿高 | $h$ | $h = h_a + h_f = (2h_a^* + c^*)m$ |
| 齿顶圆直径 | $d_a$ | $d_{a1} = d \pm 2h_a = (z_1 \pm 2h_a^*)m \quad d_{a2} = d_2 \pm 2h_a = (z_2 \pm 2h_a^*)m$ |
| 齿根圆直径 | $d_f$ | $d_{f1} = d_1 \mp 2h_f = (z_1 \mp 2h_a^* \mp 2c^*)m$<br>$d_{f2} = d_2 \mp 2h_f = (z_2 \mp 2h_a^* \mp 2c^*)m$ |
| 基圆直径 | $d_b$ | $d_{b1} = d_1 \cos\alpha = mz_1 \cos\alpha \quad d_{b2} = d_2 \cos\alpha = mz_2 \cos\alpha$ |
| 齿距 | $p$ | $p = \pi m$ |
| 齿厚 | $s$ | $s = \frac{\pi m}{2}$ |
| 齿槽宽 | $e$ | $e = \frac{\pi m}{2}$ |
| 中心距 | $a$ | $a = \frac{1}{2}(d_2 \pm d_1) = \frac{m}{2}(z_2 \pm z_1)$ |
| 顶隙 | $c$ | $c = c^* m$ |
| 基圆齿距 | $p_b$ | $p_b = \pi m \cos\alpha$ |

注:凡含“±”或“∓”的公式,上面符号用于外啮合,下面符号用于内啮合。

## 7.1.4　渐开线齿轮的啮合传动

**1) 正确啮合条件**

一对渐开线齿廓能保证定传动比传动,但这并不表明任意两个渐开线齿轮都能搭配起来正确啮合传动。为了正确啮合,还必须满足一定的条件。图 7-7 所示为一对渐开线齿轮同时有两对齿参加啮合,两轮齿工作侧齿廓的啮合点分别为 $K_1$ 和 $K_2$。为了保证定传动比,两啮合点 $K_1$ 和 $K_2$ 必须同时落在啮合线 $N_1N_2$ 上,否则,将出现卡死或冲击现象。齿轮 1 和齿轮 2 上

$\overline{K_1K_2}$的距离为相邻同侧齿廓沿公法线上的距离，称为法向齿距，用 $p_{n1}$、$p_{n2}$表示。因此，一对齿轮实现定传动比传动的正确啮合条件为两轮的法向齿距相等。又由渐开线性质 1 可知，齿轮法向齿距与基圆齿距相等，则该条件又可表述为两轮的基圆齿距相等，即

$$p_{b1}=p_{b2}$$

将 $p_{b1}=\pi m_1\cos\alpha_1$ 和 $p_{b2}=\pi m_2\cos\alpha_2$ 代入上式，得

$$m_1\cos\alpha_1=m_2\cos\alpha_2$$

式中：$m_1$、$m_2$和 $\alpha_1$、$\alpha_2$——分别为两轮的模数和压力角。

由于齿轮的模数和压力角都已标准化，所以正确啮合条件为

$$\left.\begin{aligned}m_1=m_2=m\\ \alpha_1=\alpha_2=\alpha\end{aligned}\right\}\qquad(7-6)$$

即：两轮的模数和压力角分别相等。

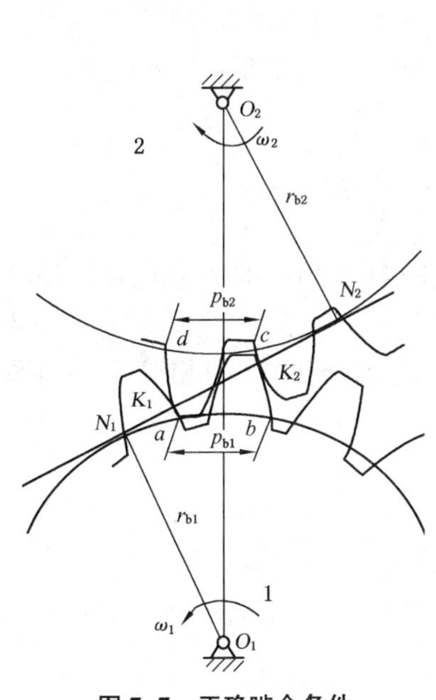


图 7-7　正确啮合条件

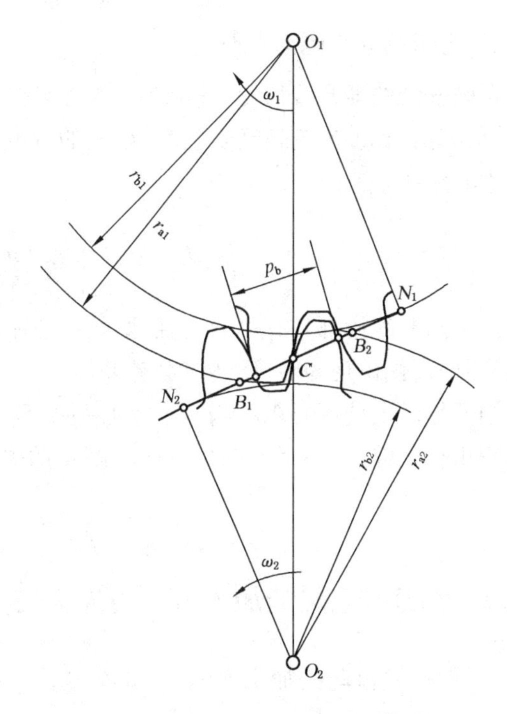


图 7-8　渐开线齿轮连续传动条件

**2）连续传动条件**

齿轮传动是通过其轮齿交替啮合而实现的。图 7-8 所示为一对轮齿的啮合过程。主动轮 1 顺时针方向转动，推动从动轮 2 做逆时针方向转动。一对轮齿的开始啮合点是从动轮齿顶圆与啮合线 $N_1N_2$的交点 $B_2$，这时主动轮的齿根推动从动轮的齿顶，两轮齿进入啮合，$B_2$点为起始啮合点。随着啮合传动的进行，两齿廓的啮合点将沿着啮合线向左下方移动。一直到主动轮的齿顶圆与啮合线的交点 $B_1$，主动轮的齿顶与从动轮的齿根即将脱离接触，两轮齿结束啮合，$B_1$点为终止啮合点。线段$\overline{B_1B_2}$为啮合点的实际轨迹，称为**实际啮合线段**。当两轮齿顶圆加大时，点 $B_1$、$B_2$分别趋于点 $N_1$、$N_2$，实际啮合线段将加长。但因基圆内无渐开线，故点

$B_1$、$B_2$不会超过点 $N_1$、$N_2$，点 $N_1$、$N_2$ 称为**极限啮合点**。线段$\overline{N_1N_2}$是理论上最长的实际啮合线段，称为**理论啮合线段**。

为保证齿轮定传动比传动的连续性，仅具备两轮的基圆齿距相等的条件是不够的，还必须满足$\overline{B_1B_2} \geqslant p_b$。否则，当前一对齿在点 $B_1$ 分离时，后一对齿尚未进入点 $B_2$ 啮合，这样，在前后两对齿交替啮合时将引起冲击，无法保证传动的平稳性。把实际啮合线段$\overline{B_1B_2}$与基圆齿距 $p_b$ 的比值称为重合度，用 $\varepsilon$ 表示。

连续传动条件为

$$\varepsilon = \frac{\overline{B_1B_2}}{p_b} \geqslant 1 \tag{7-7}$$

重合度 $\varepsilon$ 值愈大，表明同时参加啮合轮齿的对数愈多，这对提高齿轮传动的承载能力和传动的平稳性都有十分重要的意义。从理论上讲，$\varepsilon = 1$ 恰能保证连续传动，但因齿轮的加工及安装的误差，实际上 $\varepsilon > 1$ 方能连续传动。在一般机械制造中，$\varepsilon \geqslant 1.1 \sim 1.4$。

**3）无齿侧间隙啮合条件**

正确安装的渐开线齿轮，理论上应为无齿侧间隙啮合，即一轮节圆上的齿槽宽与另一轮节圆齿厚相等。标准齿轮正确安装时，齿轮的分度圆与节圆重合，啮合角 $\alpha' = \alpha = 20°$。

中心距

$$a = \frac{1}{2}(d'_1 + d'_2) = \frac{1}{2}(d_1 + d_2) = \frac{m}{2}(z_1 + z_2) \tag{7-8}$$

由于渐开线齿廓具有可分离性，两轮中心距略大于正确安装中心距时仍能保持瞬时传动比恒定，但齿侧出现间隙，反转时会有冲击。

当两轮的安装中心距 $a'$ 与标准中心距 $a$ 不一致时，两轮的分度圆不再相切，这时节圆与分度圆不重合，实际中心距 $a'$ 与标准中心距 $a$ 的关系为

$$a'\cos\alpha' = a\cos\alpha \tag{7-9}$$

### 7.1.5 渐开线齿轮的加工方法与齿廓的根切

**1）渐开线齿轮的加工方法**

齿轮的齿廓加工方法有铸造、热轧、冲压、粉末冶金和切削加工等，最常用的是切削加工法，根据切齿原理的不同，可分为仿形法和范成法两种。

(1) 仿形法

顾名思义，仿形法就是刀具的轴剖面刀刃形状和被切齿槽的形状相同。其刀具有盘形铣刀和指状铣刀等，如图 7-9 所示。

图 7-9(a)为用盘形铣刀加工。切削时，铣刀转动，同时毛坯沿它的轴线方向移动一个行程，这样就切出一个齿间，也就是切出相邻两齿的各一侧齿槽；然后毛坯退回原来的位置，并用分度盘将毛坯转过$\frac{360°}{z}$，再继续切削第二个齿间(槽)。依次进行即可切削出所有轮齿。

图 7-9(b)所示的是用指状铣刀切削加工的情形。其加工方法与盘形铣刀加工时基本相

同。不过指状铣刀常用于加工模数较大（$m > 20$ mm）的齿轮，并可用于切制人字齿轮。

由于轮齿渐开线的形状是随基圆的大小不同而不同的，而基圆的半径 $r_b = r \cdot \cos\alpha = \frac{mz}{2}\cos\alpha$，所以当 $m$ 及 $\alpha$ 一定时，渐开线齿廓的形状将随齿轮齿数而变化。

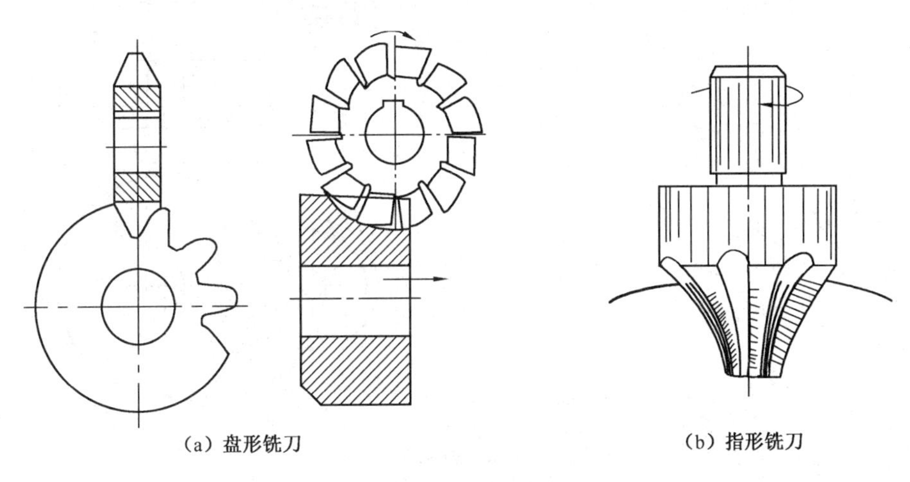

（a）盘形铣刀　　（b）指形铣刀

图 7-9　仿形法铣齿

那么，如果我们想要切出完全准确的齿廓，则在加工 $m$ 与 $\alpha$ 相同、而 $z$ 不同的齿轮时，每一种齿数的齿轮就需要一把铣刀。显然，这在实际中是做不到的。所以，在工程上加工同样 $m$ 与 $\alpha$ 的齿轮时，根据齿数不同，一般备有 8 把或 15 把一套的铣刀，来满足加工不同齿数齿轮的需要。见表 7-3。

表 7-3　圆盘铣刀加工齿轮的齿数范围

| 刀号 | 1 | 2 | 3 | 4 | 5 | 6 | 7 | 8 |
|---|---|---|---|---|---|---|---|---|
| 轮齿数 | 12～13 | 14～16 | 17～20 | 21～25 | 26～34 | 35～54 | 55～134 | ≥135 |

每一号铣刀的齿形与其对应齿数范围中最少齿数的轮齿齿形相同。因此，用该号铣刀切削同组其他齿数的齿轮时，其齿形均有误差。但这种误差都是偏向轮齿齿体的，因此不会引起轮齿传动干涉。

这种方法的优点：可以用普通铣床加工。缺点：加工精度低；加工不连续，生产率低；加工成本高。故该方法主要用于修配和小批量生产。

（2）范成法（展成法）

利用一对齿轮（或齿轮齿条）啮合时其共轭齿廓互为包络线原理切齿的方法称为范成法。目前生产中大量应用的插齿、滚齿、剃齿、磨齿等都采用范成法原理。

① 插齿

插齿是利用一对齿轮啮合的原理进行范成加工的方法（图 7-10）。

插齿刀实质上是一个淬硬的齿轮，但齿部开出前、后角，具有刀刃，其模数和压力角与被加工齿轮相同。插齿时，插齿刀沿齿坯轴线做上下往复切削运动，同时强制性地使插齿刀的转速 $n_{刀具}$ 与齿坯的转速 $n_{工件}$ 保持一对渐开线齿轮啮合的运动关系，在这样对滚的过程中，就能加工出与插齿刀相同模数、相同压力角和具有给定齿数的渐开线齿轮。

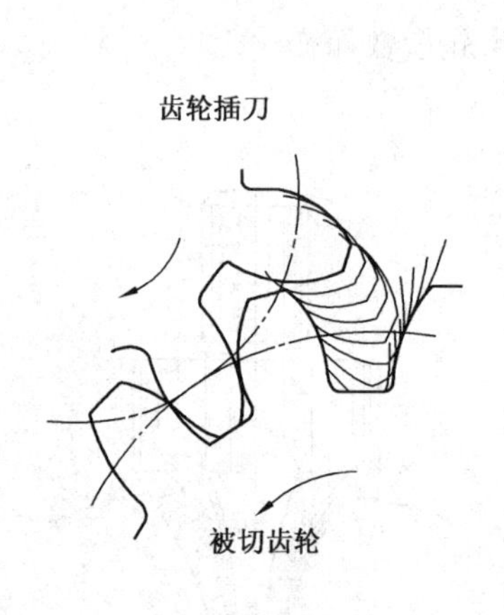


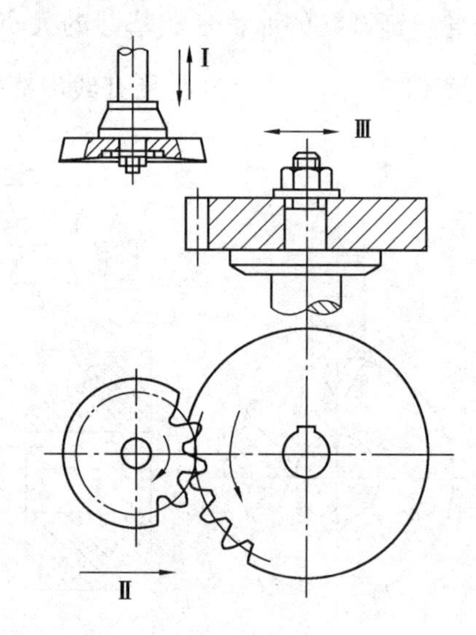


图 7-10　插齿加工

② 滚齿

滚齿是利用齿轮齿条啮合的原理进行范成加工的方法。

加工时利用有切削刃的螺旋状滚刀代替齿条刀。滚刀的轴向剖面形状同齿条(图 7-11)，当其回转时，轴向相当于有一无穷长的齿条向前移动。滚齿为连续加工，生产率高，可加工直齿圆柱齿轮和斜齿圆柱齿轮。

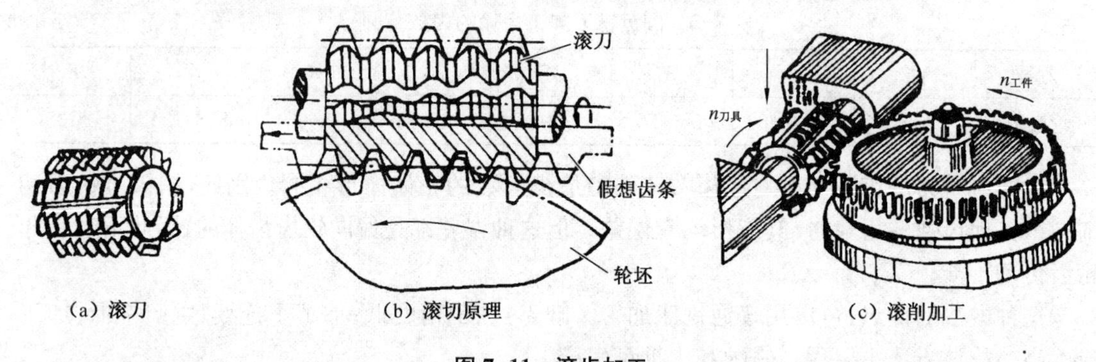


(a) 滚刀　(b) 滚切原理　(c) 滚削加工

图 7-11　滚齿加工

范成法利用一对齿轮(或齿轮齿条)啮合的原理加工，一把刀具可加工同模数、同压力角的各种齿数的齿轮，而齿轮的齿数是靠齿轮机床中的传动链严格保证刀具与工件间的相对运动关系来控制的。滚齿和插齿可加工 IT7～IT8 级精度的齿轮，是目前齿形加工的主要方法。

**2）渐开线齿轮的根切现象**

用范成法加工齿轮时，若齿轮齿数过少，刀具将与渐开线齿廓发生干涉，把轮齿根部渐开线切去一部分，产生“根切”现象，如图 7-12(a)所示。根切使轮齿齿根削弱，重合度减小，传动不平稳，应该避免。

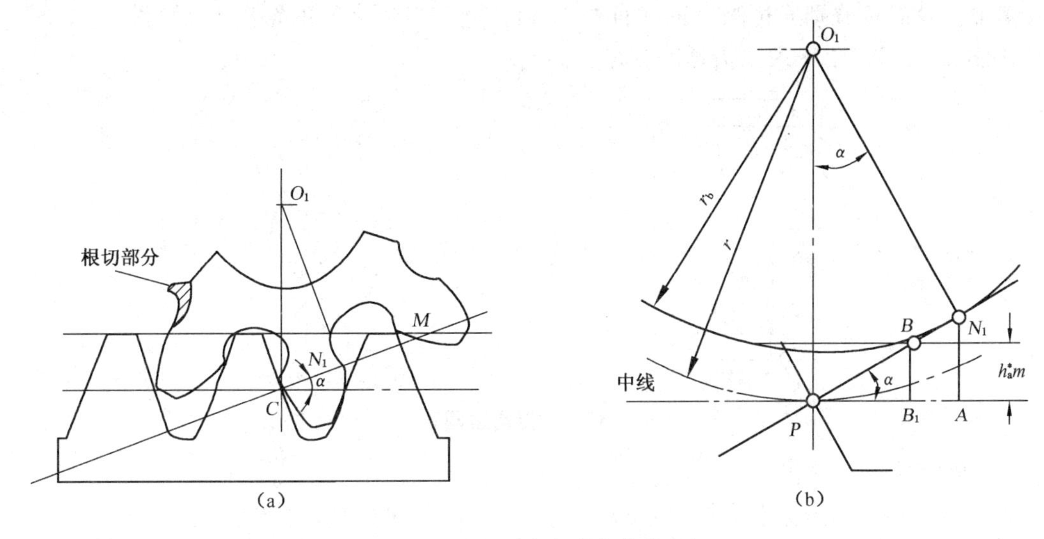


图 7-12 根切现象与避免齿轮根切

(1) 根切产生的原因

研究表明，在范成法加工齿轮时，刀具的齿顶线超过了啮合线与被切齿轮基圆的切点 $N_1$ 是产生根切现象的根本原因，如图 7-12(b)所示。

(2) 不根切的最少齿数 $z_{\min}$

用齿条型刀具切削齿轮，要不产生根切，必须使刀具齿顶线与啮合线的交点 $B$ 不超过啮合极限点 $N_1$，如图 7-12(b)所示。即应使 $N_1A \geqslant BB_1$。

$$N_1A = PN_1 \sin\alpha$$

$$PN_1 = r\text{sim}\,\alpha$$

所以

$$N_1A = r\text{sim}^2\alpha = \frac{1}{2}mz\sin^2\alpha$$

$$BB_1 = h_a^* m$$

$$\frac{1}{2}mz\sin^2\alpha \geqslant h_a^* m$$

$$z \geqslant \frac{2h_a^*}{\sin^2\alpha}$$

所以

$$z_{\min} = \frac{2h_a^*}{\sin^2\alpha}$$

则不根切的最少齿数 当 $\alpha = 20°, h_a^* = 1$ 时，$z_{\min} = 17$

## 任务实施

该任务通过测量的方法确定其齿轮模数并计算齿轮几何尺寸，其方法和步骤如下：

(1) 测量齿顶圆直径 $d_a$。

利用量具测量其齿顶圆直径，本任务测得齿顶圆直径 $d_a = 99.85$ mm。当测量其齿顶圆直径时，应注意齿数是偶数还是奇数。若为奇数，测量的齿顶圆直径会略小于实际直径，故不能直接量取。这时可分别通过测量轴孔直径 $D$ 和孔壁到齿顶之间的距离 $H$，如图 7-13 所示。然后按照 $d_a = D + 2H$ 求出齿顶圆直径。

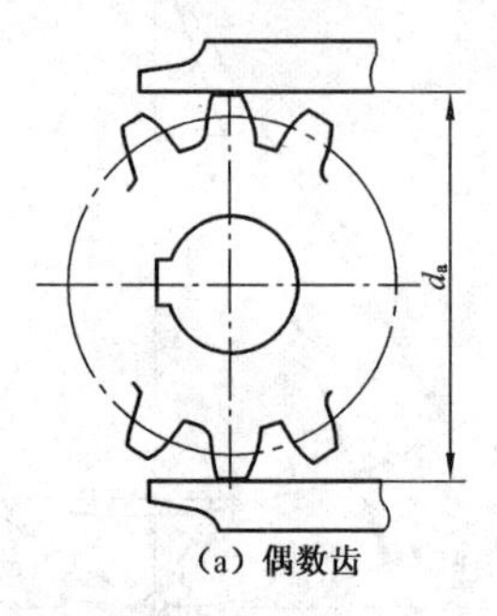


(a) 偶数齿

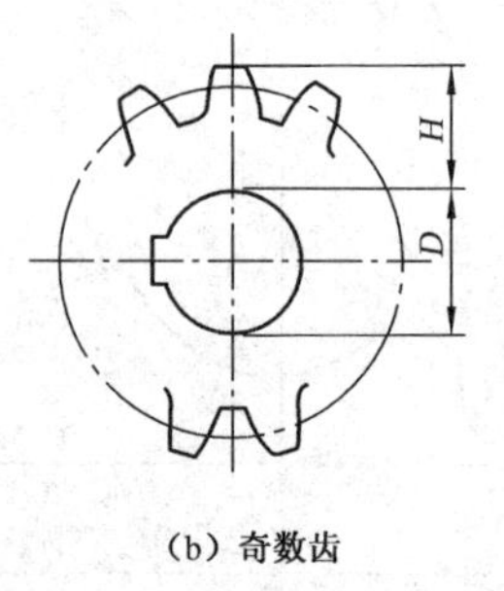


(b) 奇数齿

图 7-13　测量齿顶圆直径

(2) 确定该齿轮模数 $m$。

因为该库存齿轮为标准齿轮，则按 $d_a = m(z+2)$ 计算模数，所以有

$$m = \frac{d_a}{z+2} = \frac{99.85}{38+2} = 2.496\ \text{mm}$$

考虑测量误差，应将模数圆整并取标准值 2.5 mm。

(3) 确定与之配对的齿轮齿数、分度圆直径、齿顶圆直径、齿根圆直径、基圆直径以及分度圆上的齿厚和齿槽宽。

由
$$a = \frac{1}{2}m(z_1 + z_2)$$

得
$$z_2 = \frac{2 \times 112.5}{2.5} - 38 = 52$$

则

$$d_2 = mz_2 = 2.5 \times 52 = 130\ \text{mm}$$

$$d_{a2} = m(z_2 + 2h_a^*) = 2.5 \times (52 + 2 \times 1) = 135\ \text{mm}$$

$$d_{f2} = m(z_2 - 2h_a^* - 2c^*) = 2.5 \times (52 - 2 \times 1 - 2 \times 0.25) = 123.75\ \text{mm}$$

$$d_{b2} = d_2 \cos\alpha = 130 \cos 20^\circ = 122.16\ \text{mm}$$

$$s = e = \frac{\pi m}{2} = \frac{\pi \times 2.5}{2} = 3.925\ \text{mm}$$

也可以采用公法线千分尺测量齿轮的公法线长度，通过测量公法线长度的方法来确定齿轮的模数并计算齿轮各部分几何尺寸。

如图 7-14 所示，卡尺的两脚与齿廓相切于 $A$、$B$ 两点。设卡尺的跨齿数为 $k$(图中 $k = 3$)，$AB$ 的长度即为公法线长度，以 $W_k$ 表示，单位为mm。由图可得

$$W_k = (k-1)p_b + s_b$$

根据测量的 $W_k$、$W_{k-1}$ 的值得 $p_b$

$$W_k - W_{k-1} = p_b$$

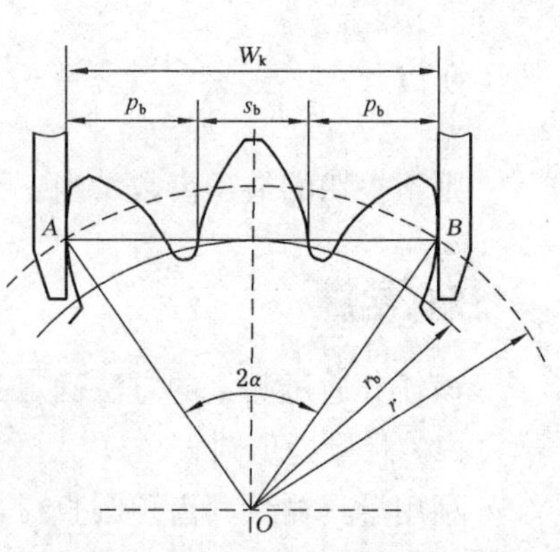


图 7-14　测量公法线长度

由 $p_b = \pi m \cos\alpha$ 可确定齿轮的模数。

式中：$p_b$——齿轮的基圆齿距(mm)；

$s_b$——齿轮的基圆齿厚(mm)；

$k$——跨齿数，它与被测齿轮的齿数 $z$ 有关，选取原则是使卡尺与渐开线的接触点在轮齿的中间。

# 任务二　设计单级齿轮减速器中的齿轮传动

## 任务导入

设计如图 6-1 所示带式运输机减速器中的单级圆柱齿轮传动。

(1) 减速器中齿轮为直齿圆柱齿轮。该减速器由电机驱动。已知电动机传递功率 $P = 10$ kW，小齿轮转速 $n_1 = 955$ r/min，传动比 $i = 4$，单向运转，载荷平稳。使用寿命 10 年，单班制工作。

(2) 减速器中齿轮为斜齿圆柱齿轮。该减速器用于重型机械上，由电机驱动。已知传递功率 $P = 70$ kW，小齿轮 $n_1 = 960$ r/min，传动比 $i = 3$，载荷有中等冲击，单向运转，齿轮相对于支承位置对称，工作寿命为 10 年，单班制工作。

## 任务分析

减速器是一种由封闭在刚性壳体内的齿轮传动、蜗杆传动、齿轮一蜗杆传动所组成的独立部件，常用作原动件与工作机之间的减速传动装置，在原动机和工作机或执行机构之间起匹配转速和传递转矩的作用，在现代机械中应用极为广泛。为了合理地设计出减速器齿轮的具体参数，必须了解减速器的结构和工作原理，掌握齿轮传动的设计计算方法，了解齿轮的加工、齿轮结构、润滑等知识。

## 相关知识

### 7.2.1　齿轮传动的失效形式与设计准则

#### 1）齿轮传动的失效形式

齿轮传动的失效主要是指齿轮轮齿的破坏。至于齿轮的其他部分，通常都是按经验进行设计，所确定的尺寸对强度来说都是很富余的，在实际工程中也极少破坏。轮齿失效形式与传动工作情况、受载情况、工作转速和齿面硬度有关。

按工作情况，齿轮传动可分为开式传动和闭式传动两种。开式传动是指传动裸露或只有简单的遮盖，工作时环境中粉尘、杂物易侵入啮合齿间，润滑条件较差的齿轮传动。闭式传动是指被封闭在箱体内且润滑良好(常用浸油润滑)的齿轮传动。

常见的失效形式有轮齿折断、齿面疲劳点蚀、齿面磨损、齿面胶合以及齿面塑性变形等几种形式。

(1) 轮齿的折断

齿轮在工作时,轮齿像悬臂梁一样承受弯矩,在其齿根部分的弯曲应力最大,而且在齿根的过渡圆角处有应力集中,当交变的齿根弯曲应力超过材料的弯曲疲劳极限应力时,在齿根处受拉一侧就会产生疲劳裂纹, 随着裂纹的逐渐扩展,致使轮齿发生疲劳折断。

而用脆性材料(如铸铁、整体淬火钢等)制成的齿轮,当受到严重过载或很大冲击时,轮齿容易发生突然过载折断。

直齿圆柱齿轮轮齿的折断一般是全齿折断,如图 7-15(a)所示,斜齿轮和人字齿齿轮,由于接触线倾斜,一般是局部齿折断,如图 7-15(b)所示。

提高轮齿抗折断能力的措施很多,如限制齿根危险截面上的弯曲应力、选用合适的齿轮参数和几何尺寸、降低齿根处的应力集中、强化处理和良好的热处理工艺等。

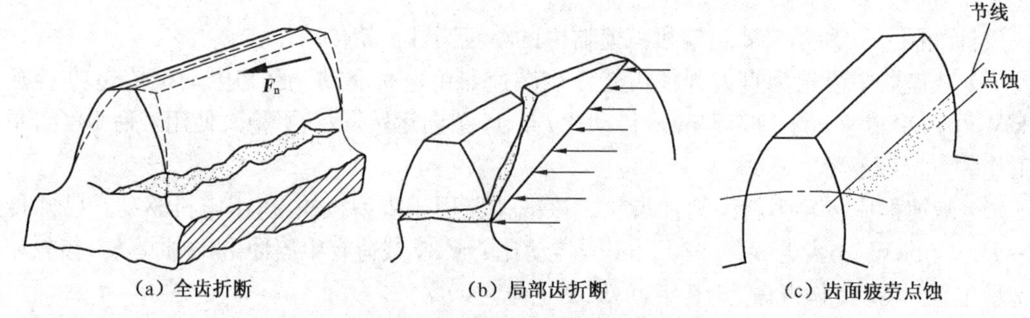


(a) 全齿折断 (b) 局部齿折断 (c) 齿面疲劳点蚀

图 7-15 轮齿折断和齿面疲劳点蚀

(2) 齿面疲劳点蚀

齿轮传动工作时,齿面间的接触相当于轴线平行的两圆柱滚子间的接触,在接触处将产生变化的接触应力 $\sigma_H$,在 $\sigma_H$反复作用下,轮齿表面出现疲劳裂纹,疲劳裂纹扩展的结果,使齿面金属脱落而形成麻点状凹坑,这种现象称为齿面疲劳点蚀。实践表明,疲劳点蚀首先出现在齿面节线附近的齿根部分,如图 7-15(c)所示。发生点蚀后,齿廓形状遭破坏,齿轮在啮合过程中会产生剧烈的振动,噪音增大,以至于齿轮不能正常工作而使传动失效。

提高齿面硬度、降低齿面粗糙度、合理选用润滑油粘度等,都能提高齿面的抗点蚀能力。

(3) 齿面磨损

粗糙齿面的摩擦或有砂粒、金属屑等磨料落入齿面之间,都会引起齿面磨损,如图 7-16 所示。磨损引起齿廓变形和齿厚减薄,产生振动和噪声,甚至因轮齿过薄而断裂。磨损是开式齿轮传动的主要失效形式。

采用闭式齿轮传动,提高齿面硬度,降低齿面粗糙度值,注意保持润滑油清洁等,都有利于减轻齿面磨损。

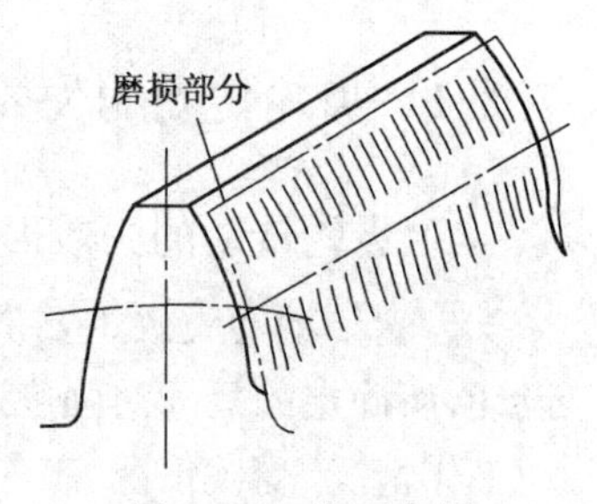


图 7-16 齿面磨损

(4) 齿面胶合

在高速重载齿轮传动中(如航空齿轮传动), 由于齿面间压力大,相对滑动速度大,摩擦发热多,使啮合点处瞬时温度过高,润滑失效, 致使相啮合两齿面金属尖峰直接接触并相互粘连在一起,当两齿面相对运动时,粘连的地方即被撕开,在齿面上沿相对滑动方向形成条状伤痕,这种现象称为齿面胶合,如图 7-17 所示。在低速重载齿轮传动中,由于齿面间润滑油膜难以形成,或由于局部偏载使油膜破坏,也可能发生胶合。胶合发生在齿面相对滑动速度大的齿顶或齿根部位。齿面一旦出现胶合，不但齿面温度升高，而且齿轮的振动和噪声也增大，导致失效。

提高齿面抗胶合能力的方法有：减小模数，降低齿高，降低滑动系数；提高齿面硬度和降低齿面粗糙度；采用齿廓修形，提高传动平稳性；采用抗胶合能力强的齿轮材料和加入极压添加剂的润滑油等。

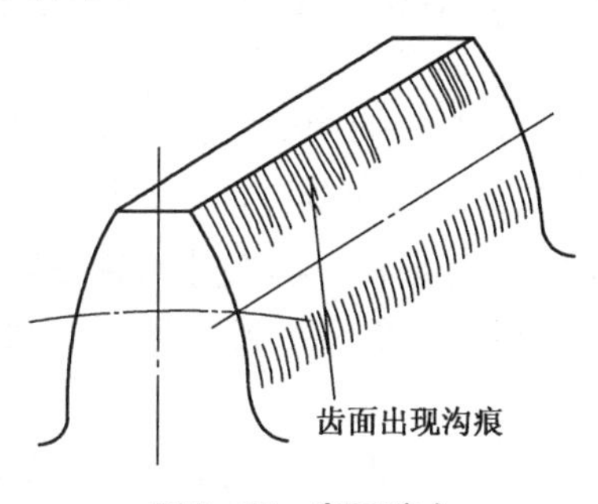


图 7-17　齿面胶合

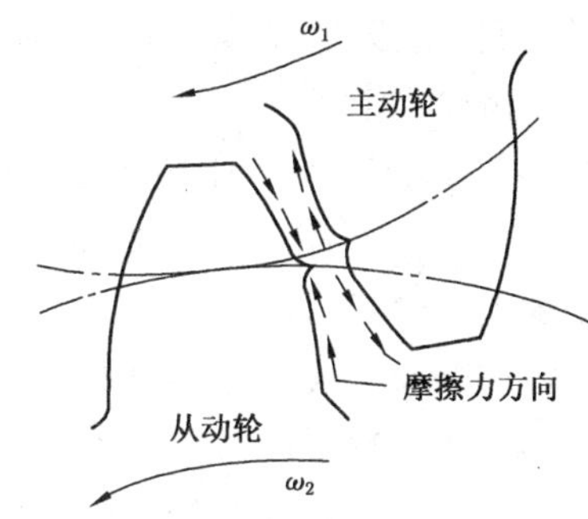


图 7-18　齿面塑性变形

(5) 齿面塑性变形

齿面塑性变形常发生在齿面材料较软、低速重载的传动中。是因过载使齿面油膜破坏，摩擦力剧增，使齿面表层的材料沿摩擦力方向流动，在从动轮的齿面节线处产生凸起，而在主动轮的齿面节线处产生凹沟，这种现象称为齿面塑性变形，如图 7-18 所示。齿面塑性变形破坏了齿廓形状，影响了齿轮的正确啮合。

适当提高齿面硬度和润滑油粘度可以防止或减轻齿面的塑性变形。

**2）齿轮传动设计准则**

轮齿的失效形式很多，它们很少同时发生，却又相互联系、相互影响。例如，轮齿表面产生点蚀后，实际接触面积减少将导致磨损的加剧，而过大的磨损又会导致轮齿的折断。在一定条件下，必有一种为主要失效形式。

在进行齿轮传动的设计计算时，应分析具体的工作条件，判断可能发生的主要失效形式，以确定相应的设计准则。

对于软齿面(硬度≤350 HBS)的闭式齿轮传动，由于齿面抗点蚀能力差，润滑条件良好，齿面点蚀将是主要的失效形式。在设计计算时，通常按齿面接触疲劳强度设计，再按齿根弯曲疲劳强度校核。

对于硬齿面(硬度＞350 HBS)的闭式齿轮传动，齿面抗点蚀能力强，但易发生齿根折断，齿根疲劳折断将是主要失效形式。在设计计算时，通常按齿根弯曲疲劳强度设计，再按齿面接触疲劳强度校核。

对于开式传动，其主要失效形式将是齿面磨损。但由于磨损的机理比较复杂，到目前为止尚无成熟的设计计算方法，通常只能按齿根弯曲疲劳强度设计，再考虑磨损，将所求得的模数增大 10％～20％，而无需按齿面接触疲劳强度校核。

## 7.2.2　常用齿轮材料及热处理

**1）齿轮材料的基本要求**

齿轮材料对齿轮的承载能力和结构尺寸影响很大，合理选择齿轮材料是设计的重要内容之一。选择齿轮材料应考虑如下要求：齿面应有足够的硬度，保证齿面抗点蚀、抗磨损、抗胶合和抗塑性变形的能力；轮齿芯部应有足够的强度和韧性，保证齿根抗弯曲能力；此外，还应具有良好的机械加工和热处理工艺性及经济性等要求。

**2）常用齿轮材料及热处理**

齿轮的材料以锻钢（包括轧制钢材）为主，其次是铸钢、铸铁，还有有色金属和非金属材料等。

（1）调质齿轮用钢

常用材料有 40Cr、42SiMn、35CrMo、40CrNiMo、30CrNi3 及 45 号碳钢等。一般经调质或正火处理后切齿，齿轮精度一般为 IT8 级，高精度切齿可达 IT7 级。一对软齿面齿轮啮合，由于小齿轮啮合次数比大齿轮多，小齿轮易磨损，为了使大、小齿轮寿命接近相等，应使小齿轮的齿面硬度比大齿轮高 30～50 HBS。软齿面齿轮用于齿轮尺寸紧凑性和精度要求不高、载荷不大的中低速场合。

（2）表面硬化齿轮用钢

轮坯切齿后经表面硬化热处理（如表面淬火、渗碳淬火等），形成硬齿面，再经磨齿后精度可达 IT6 级以上。与软齿面齿轮相比，硬齿面齿轮大大提高了齿轮的承载能力，结构尺寸和重量明显减小，综合经济效益显著提高。我国齿轮制造业已普遍采用合金钢及硬齿面、磨齿、高精度、轮齿修形等工艺方法，生产硬齿面齿轮。

（3）铸钢

铸钢的力学性能稍低于锻钢。当齿轮尺寸较大而轮坯难以锻造时，可用铸钢，切齿前须经退火、正火及调质处理。

（4）铸铁

灰铸铁的抗弯及耐冲击能力都很差，但它易铸造、易切削，具有良好的耐磨性和消震性，成本低廉。可用于低速、载荷不大的开式齿轮传动。

球墨铸铁的强度比灰铸铁高很多，具有良好的韧性和塑性。在冲击不大的情况下，代替钢制齿轮。

（5）有色金属和非金属材料

有色金属（如铜合金、铝合金）用于有特殊要求的齿轮传动。

非金属材料的使用日益增多，常用的有夹布胶木和尼龙等工程塑料，用于低速、轻载、要求低噪声而对精度要求不高的场合。由于非金属材料的导热性差，故需与金属齿轮配对使用，以利于散热。表 7-4 列出了常用的齿轮材料及其力学性能。

**表 7-4　常用齿轮材料及其力学性能**

| 类别 | 材料牌号 | 热处理方法 | 抗拉强度 $\sigma_b$（MPa） | 屈服点 $\sigma_s$（MPa） | 硬度 HBS 或 HRC |
|---|---|---|---|---|---|
| 优质碳素钢 | 35 | 正火 | 500 | 270 | 150～180HBS |
| | | 调质 | 550 | 294 | 190～230HBS |
| | 45 | 正火 | 588 | 294 | 169～217HBS |
| | | 调质 | 647 | 373 | 229～286HBS |
| | | 表面淬火 | | | 40～50HRC |
| | 50 | 正火 | 628 | 373 | 180～220HBS |

续表 7-4

| 类别 | 材料牌号 | 热处理方法 | 抗拉强度 $\sigma_b$(MPa) | 屈服点 $\sigma_s$(MPa) | 硬度 HBS 或 HRC |
|---|---|---|---|---|---|
| 合金结构钢 | 40Cr | 调质 | 700 | 500 | 240～258HBS |
| | | 表面淬火 | | | 48～55HRC |
| | 35SiMn | 调质 | 750 | 450 | 217～269HBS |
| | | 表面淬火 | | | 45～55HRC |
| | 40MnB | 调质 | 735 | 490 | 241～286HBS |
| | | 表面淬火 | | | 45～55HRC |
| | 20Cr | 渗碳淬火 | 637 | 392 | 56～62HRC |
| | 20CrMnTi | | 1079 | 834 | 56～62HRC |
| | 38CrMnAlA | 渗氮 | 980 | 834 | 850HV |
| 铸钢 | ZG45 | 正火 | 580 | 320 | 156～217HBS |
| | ZG55 | | 650 | 350 | 169～229HBS |
| 灰铸铁 | HT300 | — | 300 | | 185～278HBS |
| | HT350 | | 350 | | 202～304HBS |
| 球墨铸铁 | QT600-3 | — | 600 | 370 | 190～270HBS |
| | QT700-2 | | 700 | 420 | 225～305HBS |
| 非金属 | 夹布胶木 | — | 100 | | 25～35HBSv |

## 7.2.3　直齿圆柱齿轮传动的强度计算

为计算齿轮强度，设计轴、轴承等轴系零件，需要分析轮齿上的作用力和工作载荷。

**1）渐开线直齿圆柱齿轮受力分析和计算载荷**

（1）直齿圆柱齿轮受力分析

图 7-19 为直齿圆柱齿轮受力情况，转矩 $T_1$ 由主动齿轮传给从动齿轮。若忽略齿面间的摩擦力，轮齿间法向力 $F_n$ 的方向始终沿啮合线。法向力 $F_n$ 在节点处可分解为两个相互垂直的分力：切于分度圆的圆周力 $F_t$ 和沿半径方向的径向力 $F_r$。

$$\left.\begin{aligned} &\text{圆周力}\quad F_t = \frac{2T_1}{d_1} \\ &\text{径向力}\quad F_r = F_t \tan\alpha \\ &\text{法向力}\quad F_n = \frac{F_t}{\cos\alpha} \end{aligned}\right\} \tag{7-10}$$

式中：$T_1$——主动齿轮传递的名义转矩（N·mm），$T_1 = 9.55\times10^6\dfrac{P_1}{n_1}$；

$P_1$——主动齿轮传递的功率(kW)；

$n_1$——主动齿轮的转速(r/min)；

$d_1$——主动齿轮分度圆直径(mm)；

$\alpha$——分度圆压力角(°)。

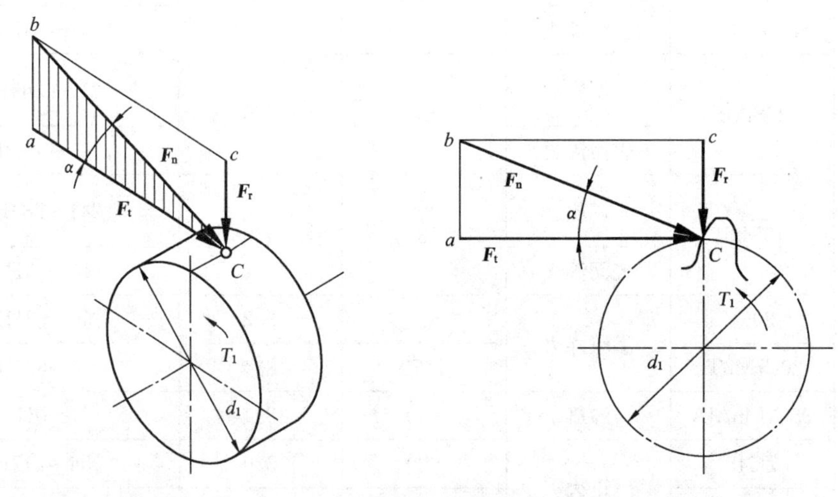


图 7-19　直齿圆柱齿轮受力分析

作用于主、从动轮上的各对力大小相等、方向相反。从动轮所受的圆周力是驱动力，其方向与从动轮转向相同；主动轮所受的圆周力是阻力，其方向与从动轮转向相反。径向力分别指向各轮中心(外啮合)。

(2) 计算载荷

上述求得的法向力 $F_n$ 为理想状况下的名义载荷。实际上，由于齿轮、轴、支承等的制造、安装误差以及载荷作用下的变形等因素的影响，轮齿沿齿宽的作用力并非均匀分布，存在着载荷局部集中的现象。此外，由于原动机与工作机的载荷变化，以及齿轮制造误差和变形所造成的啮合传动不平稳等，都将引起附加动载荷。因此，齿轮强度计算时，通常用考虑了各种影响因素的计算载荷 $F_{nc}$ 代替名义载荷 $F_n$，计算载荷按下式确定：

$$F_{nc} = KF_n \tag{7-11}$$

式中：$K$——载荷系数，其值可由表 7-5 查得。

表 7-5　载荷系数 K

| 载荷状态 | 工作机举例 | 原　动　机 | | |
|---|---|---|---|---|
| | | 电动机 | 多缸内燃机 | 单缸内燃机 |
| 平稳<br>轻微冲击 | 均匀加料的运输机、发电机、透平鼓风机和压缩机、机床辅助传动等 | 1～1.2 | 1.2～1.6 | 1.6～1.8 |
| 中等冲击 | 不均匀加料的运输机、重型卷扬机、球磨机、多缸往复式压缩机等 | 1.2～1.6 | 1.6～1.8 | 1.8～2.0 |
| 较大冲击 | 冲床、剪床、钻机、轧机、挖掘机、重型给水泵、破碎机、单缸往复式压缩机等 | 1.6～1.8 | 1.9～2.1 | 2.2～2.4 |

注：斜齿、圆周速度低、传动精度高、齿宽系数小时，取小值；直齿、圆周速度高、传动精度低时，取大值；齿轮在轴承间不对称布置时取大值。

**2）齿面接触疲劳强度计算**

齿面点蚀是因为接触应力过大而引起的，因此为避免齿面发生点蚀失效，应进行齿面接触疲劳强度计算。

（1）计算依据

一对渐开线齿轮啮合传动，齿面接触近似于一对圆柱体接触传动，轮齿在节点工作时往往是一对齿传动，是受力较大的状态，容易发生点蚀。所以设计时以节点处的接触应力作为计算依据，限制节点处接触应力 $\sigma_H$不超过许用接触应力$[\sigma_H]$。

（2）接触疲劳强度公式

① 接触疲劳强度公式

校核公式
$$\sigma_H = 3.52Z_E\sqrt{\frac{KT_1(u\pm1)}{bd_1^2u}} \leqslant [\sigma_H]\ (\text{MPa}) \tag{7-12}$$

式中：$\sigma_H$——齿面最大接触应力（MPa）；

$[\sigma_H]$——许用接触应力（MPa）；

$Z_E$——配对齿轮的弹性系数（$\sqrt{\text{MPa}}$），查表 7-6；

$d_1$——小齿轮分度圆直径（mm）；

$K$——载荷系数；

$T_1$——小齿轮传递的转矩（N·mm）；

$b$——齿宽（mm）；

$u$——大轮与小轮的齿数比 $u=\frac{z_2}{z_1}$，“+”、“−”符号分别表示外啮合和内啮合。

**表 7-6　配对齿轮的弹性系数 $Z_E$**　　$\sqrt{\text{MPa}}$

| 小齿轮材料 | 大齿轮材料 | | | |
|---|---|---|---|---|
| | 钢 | 铸钢 | 球墨铸铁 | 灰铸铁 |
| 钢 | 189.8 | 188.9 | 181.4 | 165.4 |
| 铸钢 | — | 188.0 | 180.5 | 161.4 |
| 球墨铸铁 | — | — | 173.9 | 156.6 |
| 灰铸铁 | — | — | — | 146.0 |

② 接触疲劳许用应力$[\sigma_H]$

$$[\sigma_H]=\frac{Z_N\sigma_{H\lim}}{S_H}\ (\text{MPa}) \tag{7-13}$$

式中：$Z_N$——齿面接触疲劳寿命系数，由图 7-20 查取；

$\sigma_{H\lim}$——试验齿轮的接触疲劳极限（MPa），与材料及硬度有关，图 7-21 所示之数据为可靠度 99%的试验值；

$S_H$——齿面接触疲劳安全系数，由表 7-7 查取。

表 7-7　齿轮强度的安全系数 $S_H$ 和 $S_F$

| 安全系数 | 软齿面 | 硬齿面 | 重要的传动、渗碳淬火齿轮或铸造齿轮 |
| --- | --- | --- | --- |
| $S_H$ | 1.0～1.1 | 1.1～1.2 | 1.3 |
| $S_F$ | 1.3～1.4 | 1.4～1.6 | 1.6～2.2 |

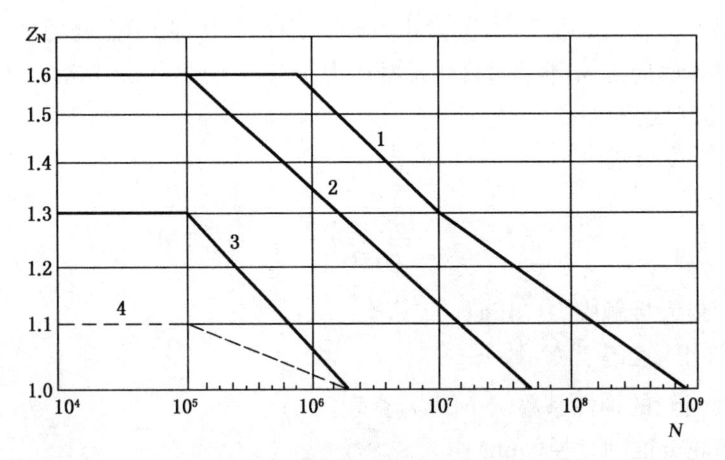


图 7-20　接触疲劳寿命系数 $Z_N$

1—碳钢经正火、调质、表面淬火、渗碳淬火、球墨铸铁，珠光体可锻铸铁（允许一定的点蚀）；
2—材料和热处理同 1，不允许出现点蚀；3—碳钢调质后气体氮化、氮化钢气体氮化，灰铸铁；
4—碳钢调质后液体氮化

③ 接触疲劳设计公式

引入齿宽系数 $\psi_d=\dfrac{b}{d_1}$ 代入式(7-12)中，消去 $b$ 可得设计公式

$$d_1 \geqslant \sqrt[3]{\frac{KT_1(u \pm 1)}{\psi_d u}\left(\frac{3.52Z_E}{[\sigma_H]}\right)^2}\ (\mathrm{mm}) \tag{7-14}$$

一对齿轮啮合，两齿面接触应力相等，但两轮的许用接触应力 $[\sigma_H]$ 可能不同，计算时应代入 $[\sigma_H]_1$ 与 $[\sigma_H]_2$ 中之较小值。

影响齿面接触疲劳的主要参数是分度圆直径 $d$ 和齿宽 $b$，$d$ 的效果更明显些。决定 $[\sigma_H]$ 的因素主要是材料及齿面硬度，所以提高齿轮齿面接触疲劳强度的途径是加大分度圆直径，增大齿宽或选强度较高的材料，提高轮齿表面硬度。

**3）齿根弯曲疲劳强度计算**

进行齿根弯曲疲劳强度计算的目的，是防止轮齿疲劳折断。

(1) 计算依据

根据一对轮齿啮合时力作用于齿顶的条件，限制齿根危险截面拉应力边的弯曲应力 $\sigma_F$ 不超过许用弯曲应力 $[\sigma_F]$。

轮齿受弯时其力学模型如悬臂梁，受力后齿根产生最大弯曲应力，而圆角部分又有应力集中，故齿根是弯曲强度的薄弱环节。齿根受拉应力边裂纹易扩展，是弯曲疲劳的危险区。

(2) 齿根弯曲疲劳强度公式

① 齿根弯曲应力计算

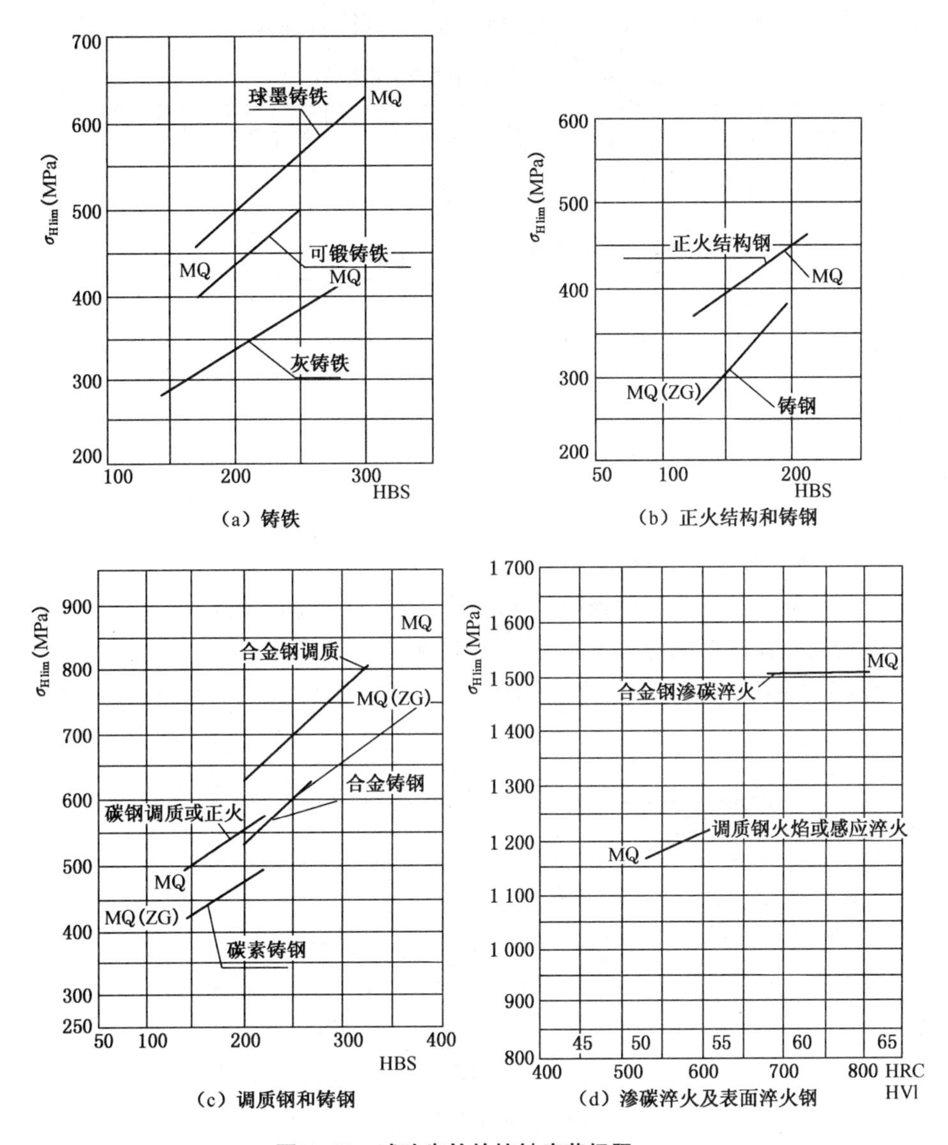


**图 7-21　试验齿轮的接触疲劳极限 $\sigma_{H\lim}$**

校核公式

$$\sigma_F = \frac{2KT_1}{bm^2 z_1} Y_F Y_S \leqslant [\sigma_F] \ (\text{MPa}) \tag{7-15}$$

式中：$\sigma_F$——齿根所受的弯曲应力(MPa)；

$[\sigma_F]$——许用弯曲应力(MPa)；

$z_1$——小齿轮齿数；

$K$——载荷系数；

$T_1$——小齿轮传递的转矩(N·mm)；

$b$——齿宽(mm)；

$m$——齿轮的模数(mm)；

$Y_F$——与模数无关，与齿数有关的齿形系数，其值可查表 7-8；

$Y_S$——与模数无关，与齿数有关的应力修正系数，其值可查表 7-9。

**表 7-8　标准外齿轮的齿形系数 $Y_F$**

| $z$ | 12 | 14 | 16 | 17 | 18 | 19 | 20 | 22 | 25 | 28 | 30 | 35 | 40 | 45 | 50 | 60 | 80 | 100 | ≥200 |
|---|---|---|---|---|---|---|---|---|---|---|---|---|---|---|---|---|---|---|---|
| $Y_F$ | 3.47 | 3.22 | 3.03 | 2.97 | 2.91 | 2.85 | 2.81 | 2.75 | 2.65 | 2.58 | 2.54 | 2.47 | 2.41 | 2.37 | 2.35 | 2.30 | 2.25 | 2.18 | 2.14 |

**表 7-9　标准外齿轮的应力修正系数 $Y_S$**

| $z$ | 12 | 14 | 16 | 17 | 18 | 19 | 20 | 22 | 25 | 28 | 30 | 35 | 40 | 45 | 50 | 60 | 80 | 100 | ≥200 |
|---|---|---|---|---|---|---|---|---|---|---|---|---|---|---|---|---|---|---|---|
| $Y_S$ | 1.44 | 1.47 | 1.51 | 1.53 | 1.54 | 1.55 | 1.56 | 1.58 | 1.59 | 1.61 | 1.63 | 1.65 | 1.67 | 1.69 | 1.71 | 1.73 | 1.77 | 1.80 | 1.88 |

② 弯曲疲劳许用应力$[\sigma_F]$

$$[\sigma_F]=\frac{Y_N\sigma_{F\lim}}{S_F}\ (\text{MPa}) \tag{7-16}$$

式中：$Y_N$——弯曲疲劳寿命系数，由图 7-22 查取；

$\sigma_{F\lim}$——试验齿轮的弯曲疲劳极限(MPa)(图 7-23)，对于双侧工作的齿轮传动，齿根承受对称循环弯曲应力，应将图中数据乘以 0.7；

$S_F$——齿轮弯曲疲劳强度安全系数，由表 7-7 查取。

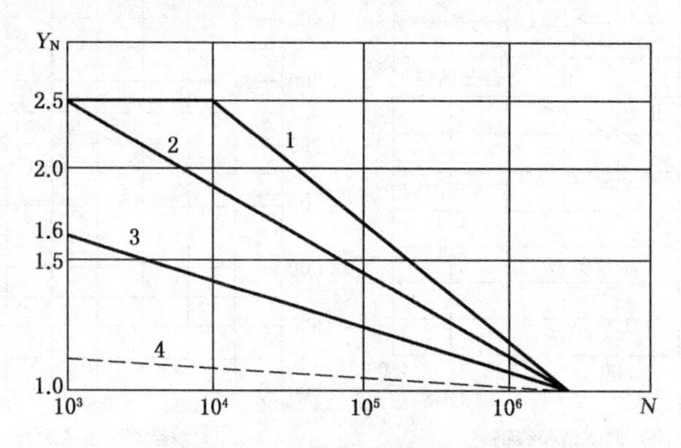


**图 7-22　弯曲疲劳寿命系数 $Y_N$**

1—碳钢经正火、调质，球墨铸铁，珠光体可锻铸铁；2—碳钢经表面淬火、渗碳淬火；3—碳钢调质后气体氮化、氮化钢气体氮化，灰铸铁；4—碳钢调质后经液体氮化

③ 弯曲疲劳设计公式

引入齿宽系数 $\psi_d=\frac{b}{d_1}$ 代入式(7-15)中，消去 $b$ 可得设计公式

$$m\geqslant 1.26\sqrt[3]{\frac{KT_1Y_FY_S}{\psi_d z_1^2[\sigma_F]}}\ (\text{mm}) \tag{7-17}$$

$m$ 计算后应取标准值。

通常两齿轮的齿形系数 $Y_{F1}$ 和 $Y_{F2}$ 不相同，两齿轮的应力修正系数 $Y_{S1}$ 和 $Y_{S2}$ 也不相同，许用弯曲应力$[\sigma_F]_1$和 $[\sigma_F]_2$ 也不等，$\frac{Y_{F1}Y_{S1}}{[\sigma_F]_1}$和$\frac{Y_{F2}Y_{S2}}{[\sigma_F]_2}$比值大者强度较弱，应作为计算时的代入值。

由式(7-15)可知影响齿根弯曲强度的主要参数有模数 $m$、齿宽 $b$ 和齿数 $z_1$ 等，而加大模数对降低齿根弯曲应力效果最显著。

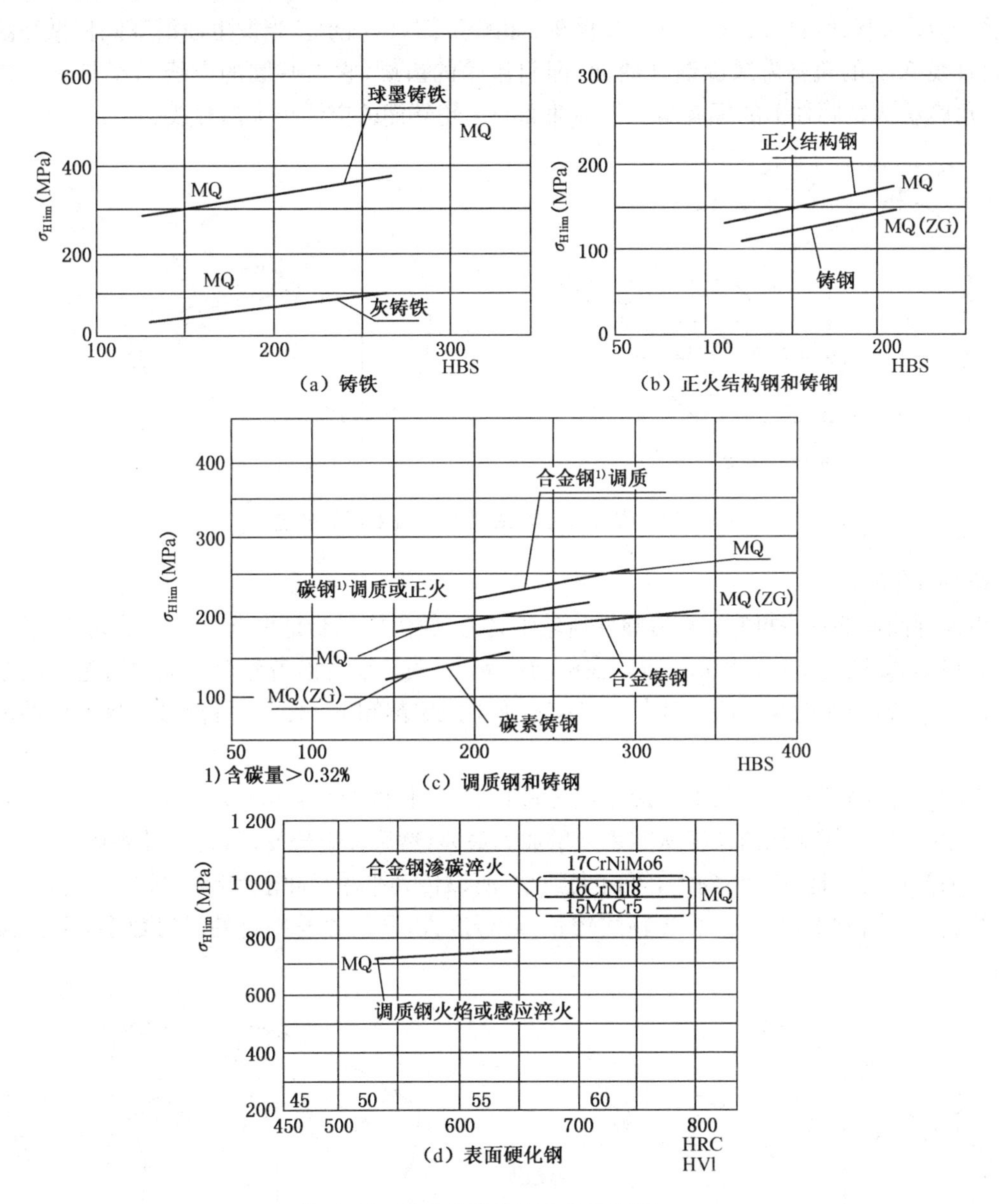


图 7-23 试验齿轮的弯曲疲劳极限 $\sigma_{Flim}$

## 7.2.4 斜齿圆柱齿轮传动

### 1) 斜齿圆柱齿轮传动的啮合特点

(1) 齿廓曲面的形成

实际上,齿轮具有宽度,因此,直齿圆柱齿轮齿廓的形成应如图 7-24(a)所示。前述的基圆应是基圆柱,发生线应是发生面。当发生面沿基圆柱做纯滚动时,发生面上与基圆柱母线 $NN'$平行的任一直线 $KK'$的轨迹,即为渐开线曲面。

斜齿圆柱齿轮(简称斜齿轮)齿廓的形成原理与直齿圆柱齿轮相似,所不同的是发生面上的直线 $KK'$ 与基圆柱母线 $NN'$ 成一夹角 $\beta_b$,如图 7-24(b)所示。当发生面沿基圆柱做纯滚动时,斜直线 $KK'$ 的轨迹为螺旋渐开曲面,即斜齿轮的齿廓,它与基圆的交线 $AA'$ 是一条螺旋线,夹角 $\beta_b$ 称为基圆柱上的螺旋角。齿廓曲面与齿轮端面的交线仍为渐开线。

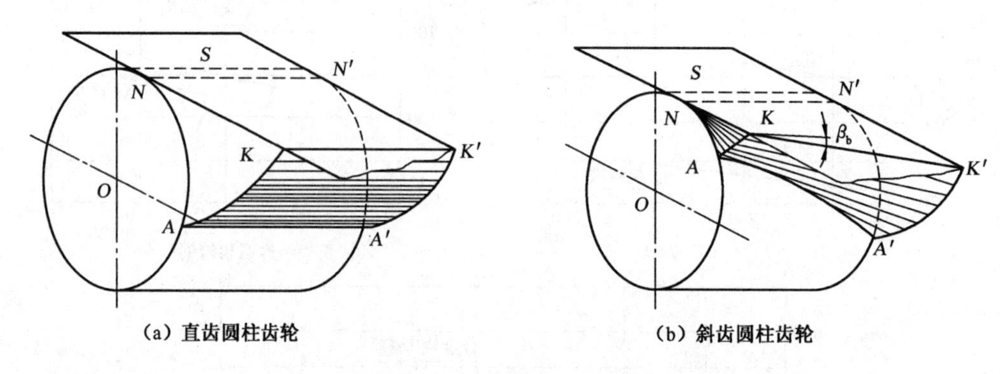


图 7-24 圆柱直齿轮、斜齿轮齿廓曲面的形成

(2) 啮合特点

由齿廓曲面的形成可知,直齿圆柱齿轮啮合时,轮齿接触线是一条平行于轴线的直线,并沿齿面移动,如图 7-25(a)所示。所以在传动过程中,两轮齿将沿着整个齿宽同时进入啮合或同时退出啮合,因而轮齿上所受载荷也是突然加上或突然卸下,传动平稳性差,易产生冲击和噪声。

斜齿圆柱齿轮啮合时,其瞬时接触线是斜直线,且长度变化,如图 7-25(b)所示。一对轮齿从开始啮合起,接触线的长度从零逐渐增加到最大,然后又由长变短,直至脱离啮合。因此,轮齿上的载荷也是逐渐由小到大,再由大到小,所以传动平稳,冲击和噪声较小。此外,一对轮齿从进入啮合到退出啮合,总接触线较长,重合度大,同时参与啮合的齿对数多,故承载能力高。

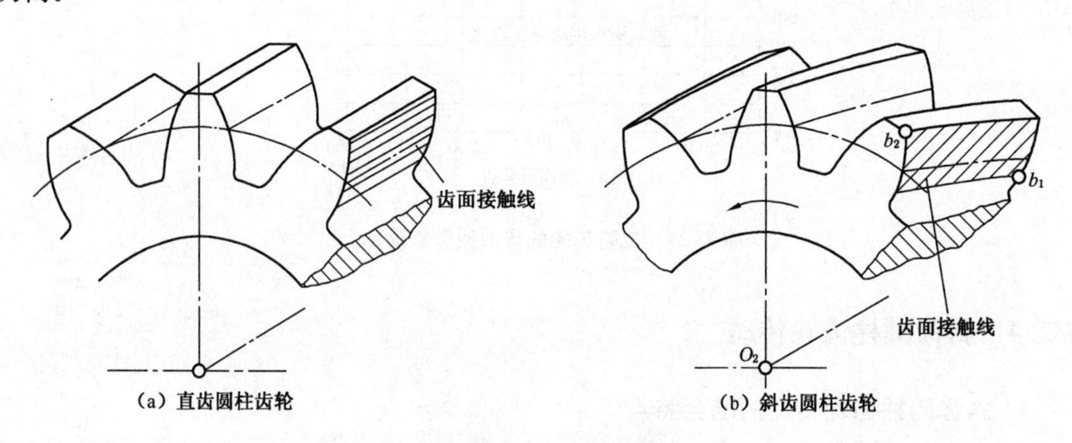


图 7-25 圆柱直齿轮、斜齿轮接触线比较

**2) 斜齿圆柱齿轮的基本参数和几何尺寸**

斜齿轮与直齿圆柱齿轮的主要区别是:斜齿轮的齿向倾斜,如图 7-26 所示,虽然端面(垂直于齿轮轴线的平面)齿形与直齿圆柱齿轮齿形相同,但斜齿轮切制时刀具是沿螺旋线方向切

齿的，其法向(垂直于轮齿齿线的方向)齿形是与刀具标准齿形相一致的渐开线标准齿形。

因此对斜齿轮来说，存在端面参数和法向参数两种表征齿形的参数，两者之间因为螺旋角$\beta$(分度圆上的螺旋角)而存在确定的几何关系。

(1) 斜齿圆柱齿轮的基本参数

① 斜齿轮的螺旋角$\beta$

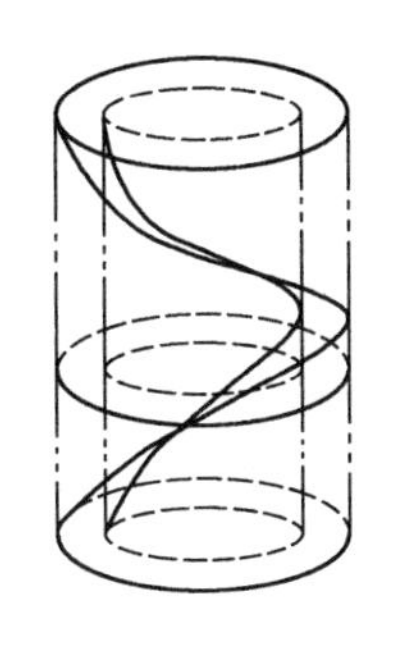

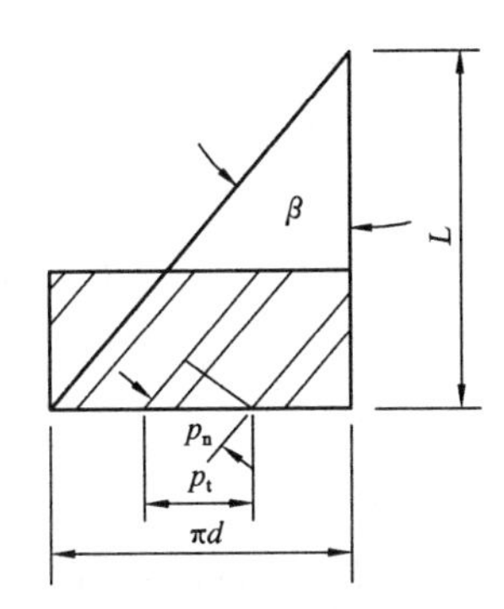


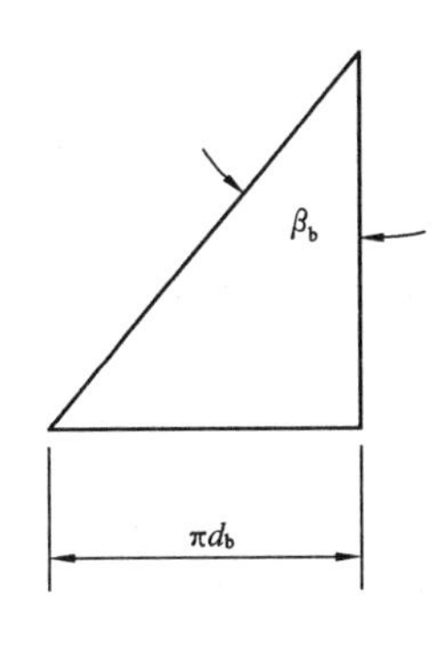


图 7-26　斜齿圆柱齿轮分度圆柱面展开图

螺旋角是反映斜齿轮轮齿倾斜程度的参数，若将斜齿轮的分度圆柱展成平面，如图 7-26 所示，螺旋线变为直线。由于斜齿轮各个圆柱面上的螺旋线的导程$L$相同，因此斜齿轮分度圆柱面上的螺旋角$\beta$与基圆柱面上的螺旋角$\beta_b$的计算公式为

$$\tan\beta=\frac{\pi d}{L} \tag{7-18}$$

$$\tan\beta_b=\frac{\pi d_b}{L} \tag{7-19}$$

从上式中可知，$\beta_b<\beta$，因此可推知，各圆柱面上直径越大，其螺旋角也越大，基圆柱螺旋角最小，但不等于零。螺旋角$\beta$越大，轮齿越倾斜，则传动的平稳性越好，但轴向力也越大。一般设计时常取$\beta=8^\circ\sim20^\circ$。

如图 7-27 所示，斜齿轮按其齿廓渐开线螺旋面的旋向可分为左旋和右旋两种。

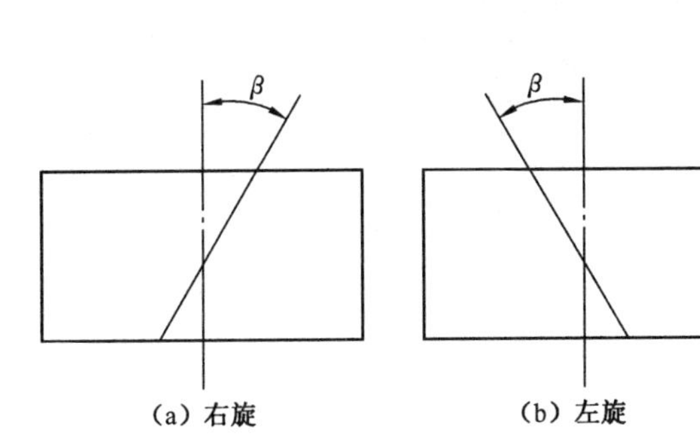


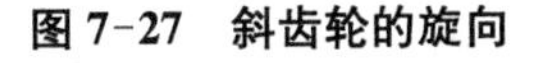
图 7-27　斜齿轮的旋向

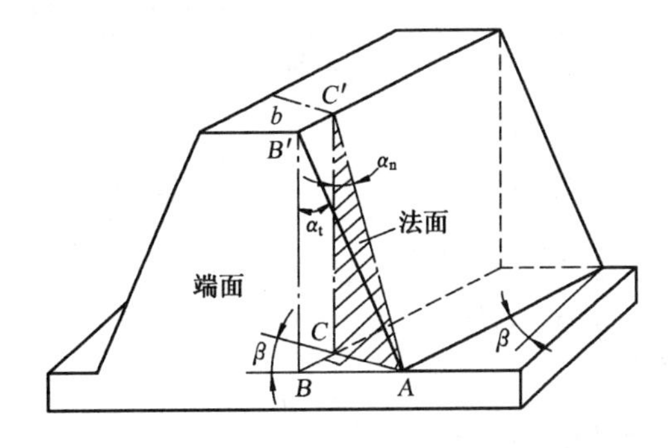


图 7-28　斜齿条中的螺旋角和压力角

② 法面模数$m_n$与端面模数$m_t$

如图 7-26 所示，斜齿轮的法面齿距$p_n$与端面齿距$p_t$存在如下关系：

$$p_n=p_t\cos\beta$$

即

$$\pi m_n = \pi m_t \cos\beta$$

$$m_n = m_t \cos\beta \tag{7-20}$$

③ 法向压力角 $\alpha_n$ 与端面压力角 $\alpha_t$

图 7-28 所示的斜齿条,在端面 $\triangle ABB'$ 中有端面压力角 $\alpha_t$,在法面 $\triangle ACC'$ 中有法面压力角 $\alpha_n$。在底面 $\triangle ABC$ 中,$\angle BAC = \beta$,因此

$$\cos\beta = \frac{AC}{AB} = \frac{CC'\tan\alpha_n}{BB'\tan\alpha_t}$$

由于端面与法面的齿高相等,即 $h_t = BB' = h_n = CC'$,所以

$$\tan\alpha_t = \frac{\tan\alpha_n}{\cos\beta} \tag{7-21}$$

④ 法面齿顶高系数 $h_{an}^*$ 与端面齿顶高系数 $h_{at}^*$

对于斜齿轮,其法面齿顶高与端面齿顶高是相同的,因此有

$$h_a = h_{an}^* m_n = h_{at}^* m_t$$

故

$$h_{at}^* = h_{an}^* \frac{m_n}{m_t} = h_{an}^* \cos\beta \tag{7-22}$$

同理,其顶隙系数也存在如下关系:

$$c_t^* = c_n^* \cos\beta \tag{7-23}$$

由于切齿刀具齿形为标准齿形,所以斜齿轮的法向基本参数也为标准值,设计、加工和测量斜齿轮时均以法向为基准。规定:$m_n$ 为标准值,$\alpha_n = \alpha = 20°$;正常齿制,取 $h_{an}^* = 1$,$c_n^* = 0.25$,短齿制,取 $h_{an}^* = 0.8$,$c_n^* = 0.3$。

(2) 标准斜齿轮几何尺寸

由于斜齿圆柱齿轮的端面齿形也是渐开线,所以将斜齿轮的端面参数代入直齿圆柱齿轮的几何尺寸计算公式,就可以得到斜齿圆柱齿轮相应的几何尺寸计算公式,见表 7-10。

**表 7-10 标准斜齿轮几何尺寸计算公式**

| 名　称 | 符号 | 计算公式 |
|---|---|---|
| 齿顶高 | $h_a$ | $h_a = h_{an}^* m_n$ |
| 齿根高 | $h_f$ | $h_f = (h_{an}^* + c_n^*) m_n$ |
| 全齿高 | $h$ | $h = (2h_{an}^* + c_n^*) m_n$ |
| 分度圆直径 | $d$ | $d = m_t z = \frac{m_n}{\cos\beta} z$ |
| 齿顶圆直径 | $d_a$ | $d_a = d + 2h_a = m_n\left(\frac{z}{\cos\beta} + 2h_{an}^*\right)$ |
| 齿根圆直径 | $d_f$ | $d_f = d - 2h_f = m_n\left(\frac{z}{\cos\beta} - 2h_{an}^* - 2c_n^*\right)$ |
| 基圆直径 | $d_b$ | $d_b = d\cos\alpha_t$ |
| 中心距 | $a$ | $a = m_n \frac{z_1 + z_2}{2\cos\beta}$ |

从表中可知，斜齿轮传动的中心距与螺旋角 $\beta$ 有关，当一对齿轮的模数、齿数一定时，可以通过改变螺旋角 $\beta$ 的方法来配凑中心距。

**3）斜齿轮传动的正确啮合条件和重合度**

（1）正确啮合条件

斜齿轮传动在端面上相当于一对直齿圆柱齿轮传动，因此端面上两齿轮的模数和压力角应相等，从而可知，一对齿轮的法向模数和压力角也应分别相等。考虑到斜齿轮传动螺旋角的关系，正确啮合条件应为

$$\left.\begin{aligned} m_{n1} &= m_{n2} = m \\ \alpha_{n1} &= \alpha_{n2} = \alpha \\ \beta_1 &= \pm \beta_2 \end{aligned}\right\} \tag{7-24}$$

上式表明，斜齿轮传动螺旋角相等，外啮合时旋向相反，取“－”号，内啮合时旋向相同，取“＋”号。

（2）重合度

由斜齿圆柱齿轮一对齿啮合过程的特点可知，在计算斜齿圆柱齿轮重合度时，还必须考虑螺旋角 $\beta$ 的影响。图 7-29 所示为两个端面参数（齿数、模数、压力角、齿顶高系数及顶隙系数）完全相同的标准直齿轮和标准斜齿轮的分度圆柱面（即节圆柱面）展开图。由于直齿轮接触线为与齿宽相当的直线，从 $B$ 点开始啮入，从 $B'$ 点啮出，工作区长度为 $BB'$；斜齿轮接触线，由点 $A$ 啮入，接触线逐渐增大，至 $A'$ 啮出，比直齿轮多转过一个弧 $f = b \cdot \tan\beta$，因此斜齿轮传动的重合度为端面重合度和纵向重合度之和。斜齿圆柱齿轮的重合度随螺旋角 $\beta$ 和齿宽 $b$ 的增大而增大，其值可以达到很大。故斜齿圆柱齿轮与直齿轮相比，承载能力更大，传动更平稳。

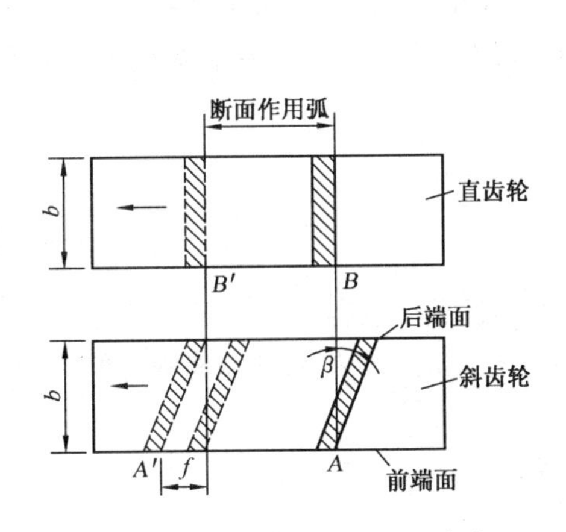


图 7-29　斜齿圆柱齿轮的重合度

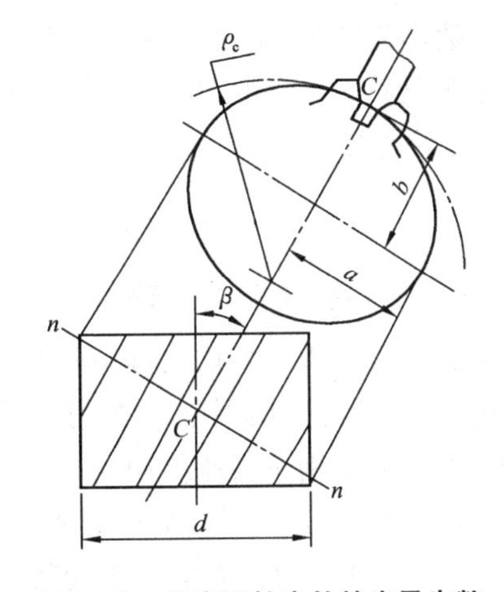


图 7-30　斜齿圆柱齿轮的当量齿数

**4）斜齿圆柱齿轮的当量齿数**

由于斜齿圆柱齿轮的强度计算、制造等都是以法面为准，因此需要知道斜齿圆柱齿轮的法面齿形。但法面齿形比较复杂，不易精确计算。这样可以找一个与斜齿圆柱齿轮法面齿形相当的直齿圆柱齿轮齿形来近似代替，这个相当的直齿圆柱齿轮称为斜齿圆柱齿轮的当量齿轮。当量齿轮的齿数称为当量齿数，用 $z_v$ 表示。

如图 7-30 所示，过斜齿圆柱齿轮分度圆柱螺旋线上的一点 $C$ 作轮齿的法截面，此截面将分度圆柱剖开，其剖面为一椭圆，$C$ 点附近的齿形可看作斜齿圆柱齿轮的法面齿形。椭圆的长半轴 $a$ 和短半轴 $b$ 分别为

$$\begin{cases} b = r \\ a = \dfrac{r}{\cos\beta} \end{cases}$$

式中，$r$ 为斜齿圆柱齿轮的分度圆半径，$r = \dfrac{1}{2}m_t z$。

椭圆上节点 $C$ 处的曲率半径为

$$\rho = \frac{a^2}{b} = \frac{r}{\cos^2\beta}$$

若以 $\rho$ 为半径作一圆，作为假想直齿圆柱齿轮的分度圆，并设该直齿圆柱齿轮的模数和压力角为斜齿圆柱齿轮的法面模数和法面压力角，则该直齿圆柱齿轮的齿形就与斜齿圆柱齿轮的法面齿形十分接近，这个假想的直齿轮即为该斜齿圆柱齿轮的**当量齿轮**。其当量齿轮齿数 $z_v$ 为

$$z_v = \frac{2\rho}{m_n} = \frac{2r}{m_n\cos^2\beta} = \frac{m_t z}{m_n\cos^2\beta}$$

因 $m_n = m_t\cos\beta$，则得

$$z_v = \frac{z}{\cos^3\beta} \tag{7-25}$$

$z_v$ 值一般不是整数，无须圆整为整数。仿形法加工时，应按当量齿数选择铣刀号；在斜齿圆柱齿轮强度计算时，要用当量齿数决定其齿形系数；在计算标准斜齿圆柱齿轮不发生根切的齿数时，可按下式求得：

$$z_{min} = z_{vmin}\cos^3\beta = 17\cos^3\beta \tag{7-26}$$

**5）斜齿圆柱齿轮传动的优缺点**

与直齿圆柱齿轮传动相比，斜齿圆柱齿轮传动具有以下优点：

(1) 斜齿圆柱齿轮传动中齿廓接触线是斜直线，轮齿是逐渐进入和脱离啮合的，故工作平稳，冲击和噪声小，适用于高速传动。

(2) 重合度较大，有利于提高承载能力和传动的平稳性。

(3) 最小齿数小于直齿轮的最小齿数 $z_{min}$。

主要缺点是传动中存在轴向力，为克服此缺点，可采用人字齿轮。

**6）斜齿圆柱齿轮的强度计算**

(1) 斜齿圆柱齿轮受力分析

斜齿圆柱齿轮受力情况如图 7-31 所示，轮齿所受法向力 $F_n$ 可分解为圆周力 $F_t$、径向力 $F_r$ 和轴向力 $F_a$。

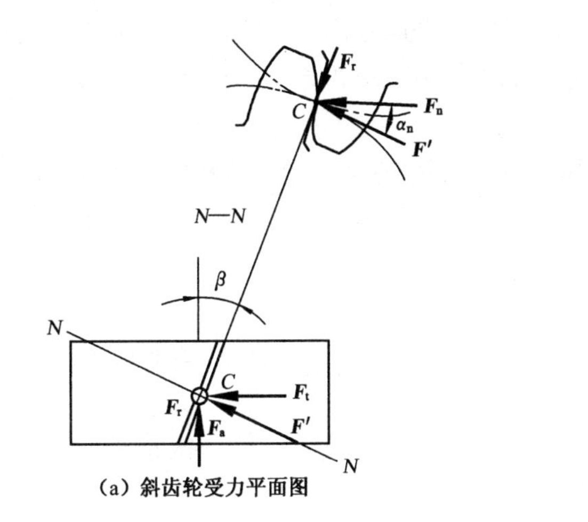

(a) 斜齿轮受力平面图

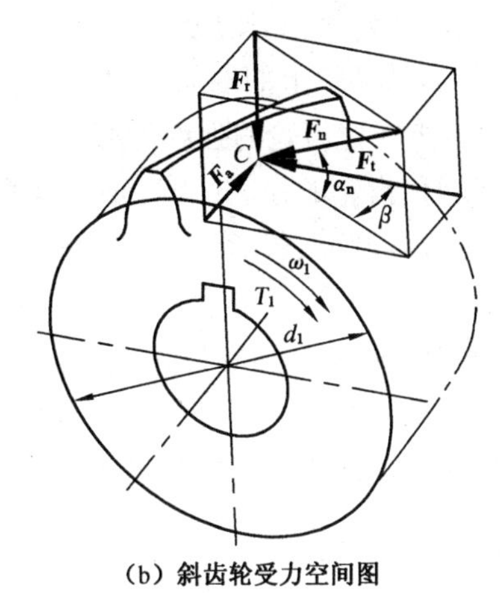

(b) 斜齿轮受力空间图

**图 7-31　渐开线斜齿圆柱齿轮受力分析**

圆周力
$$F_{t1}=\frac{2T_1}{d_1} \tag{7-27}$$

轴向力
$$F_{a1}=F_{t1}\tan\beta \tag{7-28}$$

径向力
$$F_{r1}=\frac{F_{t1}\tan\alpha_n}{\cos\beta} \tag{7-29}$$

法向力
$$F_{n1}=\frac{F_{t1}}{\cos\beta\cos\alpha_n} \tag{7-30}$$

式中：$\alpha_n$——法向压力角；

$\beta$——螺旋角；

$T_1$——主动轮传递的转矩（N·mm）；

$d_1$——主动轮分度圆直径（mm）。

圆周力的方向，在主动轮上与转动方向相反，在从动轮上与转向相同。径向力的方向均指向各自的轮心。

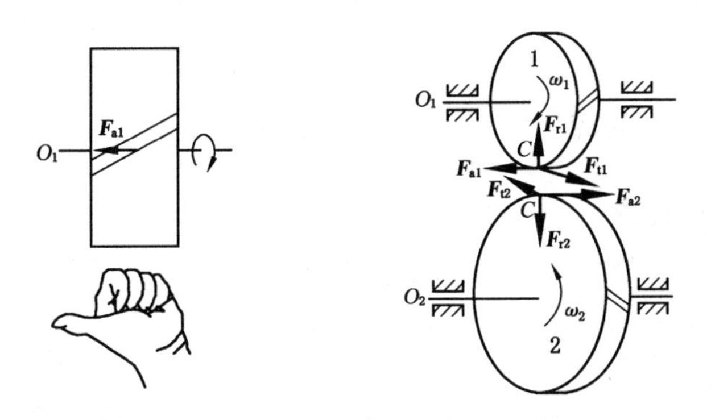

**图 7-32　主动齿轮轴向力方向判断**

轴向力的方向，可按“主动轮左、右手螺旋定则”来判断。主动轮为右旋时，右手按转动方向握轴，以四指弯曲方向表示主动轮的回转方向，伸直大拇指，其指向即为主动轮上轴向力的方向；主动轮为左旋时，则应以左手用同样的方法来判断，如图 7-32 所示。主动轮上轴向力的方向确定后，从动轮上的轴向力则与主动轮上的轴向力大小相等、方向相反。

(2) 斜齿圆柱齿轮的强度计算

斜齿圆柱齿轮的强度计算、分析的思路与直齿轮相似，但由于斜齿圆柱齿轮齿面接触线是倾斜的、重合度增大、载荷作用位置的变化等因素的影响，使斜齿圆柱齿轮的接触应力和弯曲应力降低。

① 齿面接触疲劳强度计算

可以认为一对斜齿圆柱齿轮啮合相当于它们的当量直齿轮啮合，因此斜齿圆柱齿轮强度计算可转化为当量直齿轮的强度计算。

校核公式

$$\sigma_H = 3.17 z_E \sqrt{\frac{KT_1(u \pm 1)}{bd_1^2 u}} \leqslant [\sigma_H] (\text{MPa}) \tag{7-31}$$

设计公式

$$d_1 \geqslant \sqrt[3]{\frac{KT_1(u \pm 1)}{\psi_d u}\left(\frac{3.17 z_E}{[\sigma_H]}\right)^2} (\text{mm}) \tag{7-32}$$

由上式可知斜齿圆柱齿轮传动的接触强度要比直齿轮传动的高。

② 齿根弯曲疲劳强度计算

校核公式

$$\sigma_F = \frac{1.6KT_1 \cos\beta}{bm_n^2 z_1} Y_F Y_S \leqslant [\sigma_F] (\text{MPa}) \tag{7-33}$$

设计公式

$$m_n \geqslant 1.17 \sqrt[3]{\frac{KT_1 \cos^2\beta Y_F Y_S}{\psi_d z_1^2 [\sigma_F]}} (\text{mm}) \tag{7-34}$$

$m_n$计算后应取标准值，$Y_F$、$Y_S$应按当量齿数查表 7-8 和表 7-9。

有关直齿圆柱齿轮传动的设计方法和参数选择原则对斜齿圆柱齿轮传动基本上都是适用的。

## 7.2.5 直齿圆锥齿轮传动

### 1) 圆锥齿轮传动概述

锥齿轮是圆锥齿轮的简称，它用来实现两相交轴之间的传动，两轴交角 $S$ 称为轴夹角，其值可根据传动需要确定，一般多采用 90°。锥齿轮的轮齿排列在截圆锥体上，轮齿由齿轮的大端到小端逐渐收缩变小，图 7-33 为圆锥齿轮传动。由于这一特点，对应于圆柱齿轮中的各有关“圆柱”在锥齿轮中就变成了“圆锥”，如分度圆锥、节圆锥、基圆锥、齿顶圆锥等。锥齿轮的轮齿有直齿、斜齿和曲线齿等形式。直齿和斜齿锥齿轮设计、制造及安装均较简单，但噪声较大，用于低速传动（$<5$ m/s）；曲线齿锥齿轮具有传动平稳、噪声小及承载能力大等特点，用于高速重载场合。本节只讨论 $\Sigma=90°$ 的标准直齿锥齿轮传动。

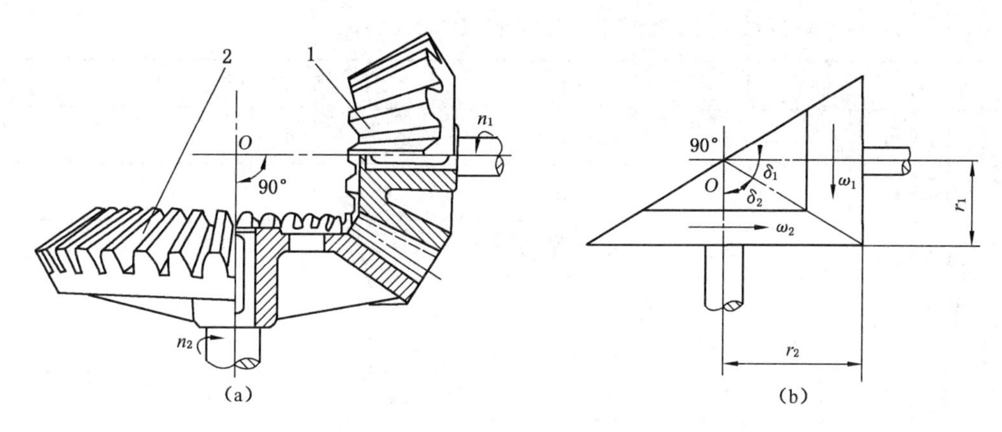


图 7-33　圆锥齿轮传动

设 $\delta_1$、$\delta_2$ 分别为两轮的分度圆锥角，当 $\sum = \delta_1 + \delta_2 = 90°$ 时，大端分度圆锥半径分别为 $r_1$、$r_2$，齿数分别为 $z_1$、$z_2$。两齿轮的传动比为

$$i = \frac{\omega_1}{\omega_2} = \frac{n_1}{n_2} = \frac{z_2}{z_1} = \frac{r_2}{r_1} = \cot \delta_1 = \tan \delta_2 \tag{7-35}$$

### 2）直齿圆锥齿轮几何尺寸计算

为了便于计算和测量，圆锥齿轮的参数和几何尺寸均以大端为准，取大端模数 $m$ 为标准值，大端压力角为 $\alpha = 20°$，齿顶高系数 $h_a^* = 1$，顶隙系数 $c^* = 0.2$，如图 7-34 所示。标准直齿圆锥齿轮各部分名称、几何尺寸计算公式见表 7-11。

直齿圆锥齿轮的正确啮合条件为两齿轮的大端模数和压力角分别相等，即有 $m_1 = m_2 = m$；$\alpha_1 = \alpha_2 = \alpha$ 。

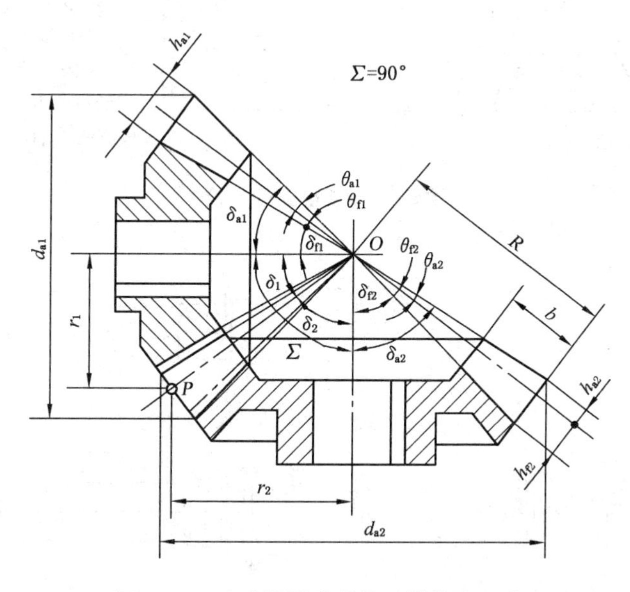


图 7-34　直齿圆锥齿轮传动的基本尺寸

表 7-11　标准直齿圆锥齿轮几何尺寸计算公式（$\sum = 90°$）

| 名　称 | 符　号 | 计　算　公　式 |
|---|---|---|
| 分度圆锥角 | $\delta$ | $\delta_2 = \arctan(z_2/z_1)$，$\delta_1 = 90° - \delta_2$ |
| 分度圆直径 | $d$ | $d = mz$ |
| 锥距 | $R$ | $R = \frac{m}{2}\sqrt{z_1^2 + z_2^2}$ |
| 齿宽 | $b$ | $b \leqslant R/3$ |
| 齿顶圆直径 | $d_a$ | $d_a = d + 2h_a \cos\delta = m(z + 2h_a^* \cos\delta)$ |
| 齿根圆直径 | $d_f$ | $d_f = d - 2h_f \cos\delta = m[z - (2h_a^* + c^*)\cos\delta]$ |
| 顶圆锥角 | $\delta_a$ | $\delta_a = \delta + \theta_a = \delta + \arctan(h_a^* m/R)$ |
| 根圆锥角 | $\delta_f$ | $\delta_f = \delta - \theta_f = \delta - \arctan[(h_a^* + c^*) m/R]$ |

## 7.2.6　齿轮的结构设计和齿轮传动的维护

### 1）齿轮的结构设计

(1) 齿轮轴

如果圆柱齿轮的齿根圆到键槽底面的径向距离 $e \leqslant 2.5\,m$(或 $m_n$)(如图 7-35(a))，圆锥齿轮小端齿根圆到键槽底面的径向距离 $e < 1.6\,m$（如图 7-35(b)），为了保证轮毂键槽足够的强度，应将齿轮与轴作成一体，形成齿轮轴，如图 7-36 所示。

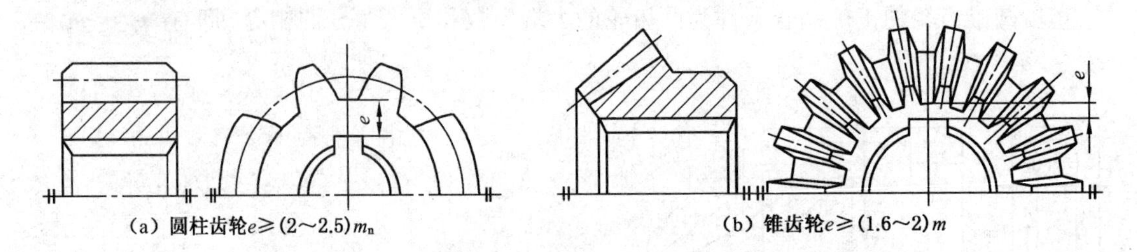


(a) 圆柱齿轮 $e \geqslant (2 \sim 2.5) m_n$　　(b) 锥齿轮 $e \geqslant (1.6 \sim 2) m$

图 7-35　实心式的齿轮

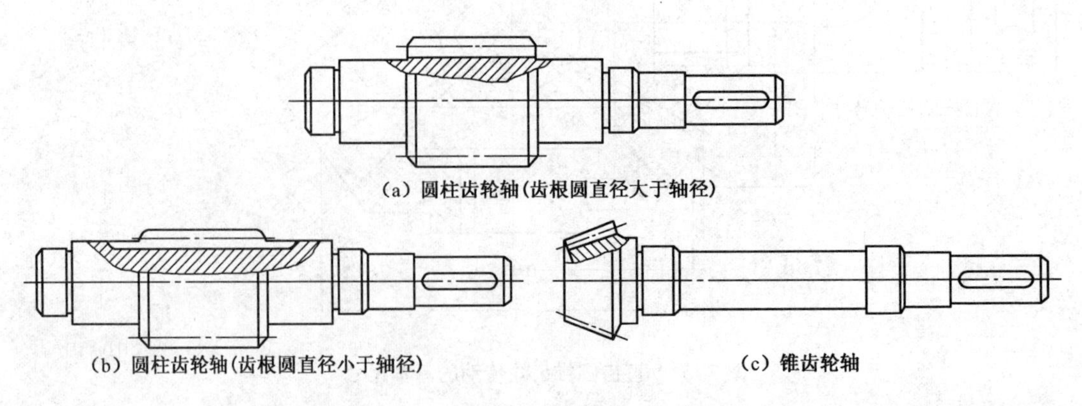

(a) 圆柱齿轮轴(齿根圆直径大于轴径)

(b) 圆柱齿轮轴(齿根圆直径小于轴径)　　(c) 锥齿轮轴

图 7-36　齿轮轴

(2) 实心式齿轮

当齿顶圆直径 $d_a \leqslant 200$ mm 或高速传动且要求低噪声时，可采用图 7-35 所示的实心结构。实心齿轮和齿轮轴可以用热轧型材或锻造毛坯加工。

(3) 腹板式齿轮

当齿顶圆直径 $d_a \leqslant 500$ mm 时，为了减少质量和节约材料，通常要用腹板式结构，如图 7-37 所示。应用最广泛的是锻造腹板式齿轮，对以铸铁或铸钢为材料的不重要齿轮，则采用铸造腹板式齿轮。

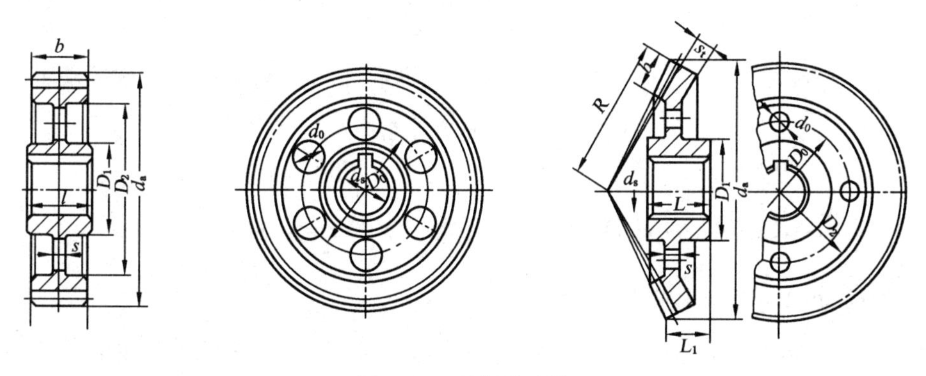


图 7-37　腹板式齿轮

(4) 轮辐式齿轮

当齿轮直径较大，如 $d_a = 400 \sim 1\,000$ mm，多采用轮辐式的铸造结构(如图 7-38)。轮辐剖面形状可以是椭圆形(轻载)、T 字形(中载)及工字形(重载)等，圆锥齿轮的轮辐剖面形状只用 T 字形。

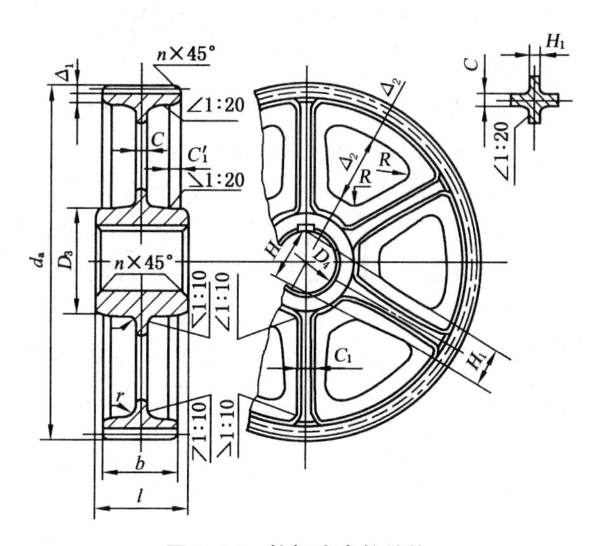


图 7-38　轮辐式齿轮结构

**2) 齿轮传动的润滑**

闭式齿轮传动的润滑方式决定于齿轮的圆周速度。齿轮圆周速度 $v < 12$ m/s 时，采用油浴润滑(将齿轮浸入油池中，浸入深度约一个齿高，但不应小于 10 mm)，如图 7-39(a)、(b) 所

示。当 $v>12\ \mathrm{m/s}$ 时，为了避免搅油损失过大，常采用喷油润滑（如图 7-39(c)）。对于速度较低的齿轮传动或开式齿轮传动，可定期人工加润滑油或润滑脂润滑。

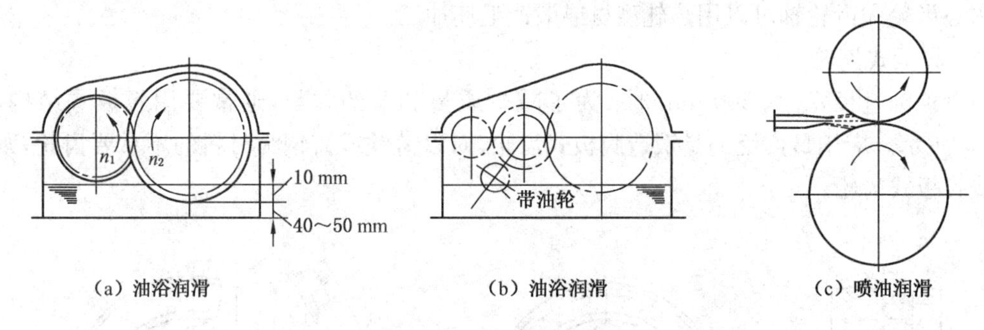


(a) 油浴润滑　　(b) 油浴润滑　　(c) 喷油润滑

图 7-39　齿轮传动的润滑方式

## 7.2.7　标准齿轮传动的设计计算

### 1）齿轮传动的主要参数选择

几何参数的选择对齿轮的结构尺寸和传动质量有很大影响，在满足强度条件下，应合理选择。

(1) 传动比 $i$

单级闭式传动，一般取 $i\leqslant 5$（直齿）、$i\leqslant 7$（斜齿）。传动比过大，则大小齿轮尺寸悬殊，会使传动的总体尺寸增大，且大小齿轮强度差别过大不利于传动。所以，需要更大的传动比时，可以采用两级或多级齿轮传动。开式传动或手动机械可以达到 8～12。

对传动比无严格要求的一般齿轮传动，实际传动比 $i$ 允许有 $\pm 3\%\sim\pm 5\%$ 的误差。

(2) 模数 $m$ 和小齿轮齿数 $z_1$

模数 $m$ 直接影响齿根弯曲强度，而对齿面接触强度没有直接影响。用于传递动力的齿轮，一般应使 $m>1.5\sim 2\ \mathrm{mm}$，以防止过载时轮齿突然折断。

对于闭式软齿面齿轮传动，按齿面接触疲劳强度确定小齿轮直径 $d_1$ 后，在满足抗弯疲劳强度的前提下，宜选取较小的模数和较多的齿数，以增加重合度，提高传动的平稳性，降低齿高，减轻齿轮重量，并减少金属切削量。通常取 $z_1=20\sim 40$。对于高速齿轮传动还可以减小齿面相对滑动，提高抗胶合能力。

对于闭式硬齿面和开式齿轮传动，承载能力主要取决于齿根弯曲疲劳强度，模数不宜太小，在满足接触疲劳强度的前提下，为避免传动尺寸过大，$z_1$ 应取较小值，一般取 $z_1=17\sim 20$。

配对齿轮的齿数以互质数为好，以使所有齿轮磨损均匀并有利于减小振动。

(3) 齿宽系数 $\psi_{\mathrm{d}}=\dfrac{b}{d_1}$

当 $d_1$ 一定时，$\psi_{\mathrm{d}}$ 选大值必然增大齿宽，可提高齿轮的承载能力。但齿宽越大，载荷沿齿向分布不均匀现象会更严重。设计时，必须合理选择。一般圆柱齿轮的齿宽系数可参考表 7-12 选用。其中，闭式传动，支承刚性好，$\psi_{\mathrm{d}}$ 可取大值；开式传动，齿轮一般悬臂布置，轴的刚性差，$\psi_{\mathrm{d}}$ 应取小值。

表 7-12 齿宽系数 $\psi_d$

| 齿轮相对轴承的位置 | 大轮或两轮齿面硬度≤350 HBS | 两轮齿面硬度>350HBS |
| --- | --- | --- |
| 对称布置 | 0.8～1.4 | 0.4～0.9 |
| 不对称布置 | 0.6～1.2 | 0.8～0.6 |
| 悬臂布置 | 0.3～0.4 | 0.2～0.5 |

为保证装配后的接触宽度，通常取小齿轮齿宽 $b_1$ 比大齿轮齿宽 $b_2$ 大，即 $b_1 = b_2 + (5 \sim 10)$ mm，强度计算时取 $b = b_2$。齿轮齿宽都应圆整成整数，最好个位数为 0 或 5。

### 2）齿轮精度等级的选择

渐开线圆柱齿轮精度按 GB/T 10095.1—2001、GB/T 10095.2—2001 标准执行，此标准规定齿轮共有 13 个精度等级，用数字 0～12 由高到低依次排列。齿轮精度等级应根据齿轮传动的用途、工作条件、传递功率和圆周速度的大小及其他技术要求等来选择。一般来说，传递功率大、圆周速度高、要求传动平稳、噪声低等场合，应选用较高的精度等级；反之，为了降低制造成本，精度等级可选得低些。选择精度等级时可参考表 7-13。

表 7-13 齿轮传动精度等级适用的速度范围　　单位：m/s

| 齿的种类 | 传动种类 | 齿面硬度 HBS | 齿轮精度等级 | | | | |
| --- | --- | --- | --- | --- | --- | --- | --- |
| | | | IT3,IT4,IT5 | IT6 | IT7 | IT8 | IT9 |
| 直齿 | 圆柱齿轮 | ≤350 | >12 | ≤18 | ≤12 | ≤6 | ≤4 |
| | | >350 | >10 | ≤15 | ≤10 | ≤5 | ≤3 |
| | 圆锥齿轮 | ≤350 | >7 | ≤10 | ≤7 | ≤4 | ≤3 |
| | | >350 | >6 | ≤9 | ≤6 | ≤3 | ≤2.5 |
| 斜齿及曲齿 | 圆柱齿轮 | ≤350 | >25 | ≤36 | ≤25 | ≤12 | ≤8 |
| | | >350 | >20 | ≤30 | ≤20 | ≤9 | ≤6 |
| | 圆锥齿轮 | ≤350 | >16 | ≤24 | ≤16 | ≤9 | ≤6 |
| | | >350 | >13 | ≤19 | ≤13 | ≤7 | ≤6 |

### 3）齿轮传动设计计算的步骤

（1）根据题目提供的工作情况等条件，确定传动形式，选定合适的齿轮材料和热处理方法，查表确定相应的许用应力。

（2）分析失效形式，根据设计准则，设计 $m$ 或 $d_1$。

（3）选择齿轮的主要参数。

（4）计算主要几何尺寸。公式见表 7-2、表 7-10 或表 7-11。

（5）根据设计准则校核接触强度或弯曲强度。

（6）校核齿轮的圆周速度，选择齿轮传动的精度等级和润滑方式等。

（7）绘制齿轮零件工作图。

## 任务实施

任务1　设计单级直齿圆柱齿轮减速器中的齿轮传动实施步骤如下：

(1) 选择材料与精度等级

小轮选用45钢，调质，硬度为229～286HBS(表7-4)，大轮选用45钢，正火，硬度为169～217HBS(表7-4)。因为是普通减速器，由表7-13选IT8级精度。因硬度小于350HBS，属软齿面，按接触疲劳强度设计，再校核弯曲疲劳强度。

(2) 按接触疲劳强度设计

① 计算小轮传递的转矩为

$$T_1 = 9.55 \times 10^6 \frac{P}{n_1} = 9.55 \times 10^6 \times \frac{10}{955} = 10^5\ \mathrm{N \cdot mm}$$

② 载荷系数 $K$

查表7-5取　$K = 1.1$

③ 齿数 $z$ 和齿宽系数 $\psi_d$

取 $z_1 = 25$，则　$z_2 = iz_1 = 4 \times 25 = 100$

因单级齿轮传动为对称布置，而齿轮齿面又为软齿面，由表7-12选取 $\psi_d = 1$。

④ 许用接触应力 $[\sigma_H]$

由图7-21(c)查得

$$\sigma_{H\,lim1} = 570\ \mathrm{MPa} \qquad \sigma_{H\,lim2} = 530\ \mathrm{MPa}$$

由表7-7查得

$$S_H = 1$$

$$N_1 = 60 n_1 j L_h = 60 \times 955 \times 1 \times (10 \times 52 \times 5 \times 8) = 1.19 \times 10^9$$

$$N_2 = N_1 / i = 1.19 \times 10^9 / 4 = 3 \times 10^8$$

查图7-20得　$Z_{N1} = 1, Z_{N2} = 1.08$

由式(7-13)可得

$$[\sigma_H]_1 = \frac{Z_{N1} \cdot \sigma_{H\,lim1}}{S_H} = \frac{1 \times 570}{1} = 570\ \mathrm{MPa}$$

$$[\sigma_H]_2 = \frac{Z_{N2} \cdot \sigma_{H\,lim2}}{S_H} = \frac{1.08 \times 530}{1} = 572.4\ \mathrm{MPa}$$

查表7-6得 $Z_E = 189.8\sqrt{\mathrm{MPa}}$，故由式(7-14)得

$$d_1 \geqslant \sqrt[3]{\frac{KT_1(u \pm 1)}{\psi_d u}\left(\frac{3.52 Z_E}{[\sigma_H]_1}\right)^2} = \sqrt[3]{\frac{1.1 \times 10^5 \times 5}{1 \times 4}\left(\frac{3.52 \times 189.8}{570}\right)^2} = 57.4\ \mathrm{mm}$$

$$m = \frac{d_1}{z_1} = \frac{57.4}{25} = 2.296\ \mathrm{mm}$$

由表 7-1 取标准模数 $m = 2.5$ mm。

(3) 确定基本参数,计算主要尺寸

$$d_1 = mz_1 = 2.5 \times 25 = 62.5 \text{ mm}$$
$$d_2 = mz_2 = 2.5 \times 100 = 250 \text{ mm}$$
$$b = \psi_d \cdot d_1 = 1 \times 62.5 = 62.5 \text{ mm}$$

圆整后取 $b_2 = 65$ mm。

$$b_1 = b_2 + 5 = 70 \text{ mm}$$
$$a = \frac{1}{2}m(z_1 + z_2) = \frac{1}{2} \times 2.5 \times (25 + 100) = 156.25 \text{ mm}$$

(4) 校核齿根弯曲疲劳强度

确定有关系数与参数:

① 齿形系数 $Y_F$

查表 7-8 得

$$Y_{F1} = 2.65,\ Y_{F2} = 2.18$$

② 应力修正系数 $Y_S$

查表 7-9 得

$$Y_{S1} = 1.59,\ Y_{S2} = 1.80$$

③ 许用弯曲应力$[\sigma_F]$

由图 7-23(c) 查得

$$\sigma_{F\lim1} = 200 \text{ MPa},\ \sigma_{F\lim2} = 180 \text{ MPa}$$

由表 7-7 查得

$$S_F = 1.3$$

查图 7-22 得

$$Y_{N1} = Y_{N2} = 1$$

由式(7-16)可得

$$[\sigma_F]_1 = \frac{Y_{N1} \cdot \sigma_{F\lim1}}{S_F} = \frac{1 \times 200}{1.3} = 154 \text{ MPa}$$
$$[\sigma_F]_2 = \frac{Y_{N2} \cdot \sigma_{F\lim2}}{S_F} = \frac{1 \times 180}{1.3} = 139 \text{ MPa}$$

所以由式(7-15),得

$$\sigma_{F1} = \frac{2KT_1}{bm^2 z_1}Y_{F1}Y_{S1} = \frac{2 \times 1.1 \times 10^5}{65 \times 2.5^2 \times 25} \times 2.65 \times 1.59 = 91 \text{ MPa} < [\sigma_F]_1 = 154 \text{ MPa}$$
$$\sigma_{F2} = \sigma_{F1}\frac{Y_{F2}Y_{S2}}{Y_{F1}Y_{S1}} = 91 \times \frac{2.18 \times 1.8}{2.65 \times 1.59} = 85 \text{ MPa} < [\sigma_F]_2 = 139 \text{ MPa}$$

齿根弯曲疲劳强度校核合格。

(5) 验算圆周速度

$$v=\frac{\pi d_1 n_1}{60\times 1\,000}=\frac{\pi\times 62.5\times 955}{60\times 1\,000}=3.13\ \text{m/s}$$

由表 7-13 可知，选 IT8 级精度是合适的。

(6) 设计齿轮结构，绘制齿轮工作图(略)

任务 2　设计单级斜齿圆柱齿轮减速器中的齿轮传动实施步骤如下：

(1) 选择材料与精度等级

因传动功率较大，选用硬齿面齿轮组合。小轮选用 20CrMnTi，渗碳淬火，硬度为 56～62HRC (表 7-4)；大轮选用 40Cr，表面淬火，硬度为 48～55HRC(表 7-4)。由表 7-13 选 IT8 级精度。因硬度大于 350HBS，属硬齿面，按弯曲疲劳强度设计，再校核接触疲劳强度。

(2) 按弯曲疲劳强度设计

① 计算小轮传递的转矩为

$$T_1=9.55\times 10^6\frac{P}{n_1}=9.55\times 10^6\times\frac{70}{960}=6.96\times 10^5\ \text{N}\cdot\text{mm}$$

② 载荷系数 $K$

查表 7-5 取 $K=1.4$。

③ 齿数 $Z$、螺旋角 $\beta$ 和齿宽系数 $\psi_d$

因为是硬齿面齿轮传动，取 $z_1=20$，则 $z_2=iz_1=3\times 25=60$。

初选螺旋角 $\beta=14°$

当量齿数 $Z_v$ 为

$$Z_{v1}=\frac{Z_1}{\cos^3\beta}=\frac{20}{\cos^3 14°}=21.89$$

$$Z_{v2}=\frac{Z_2}{\cos^3\beta}=\frac{60}{\cos^3 14°}=65.68$$

查表 7-8 得　　　　$Y_{F1}=2.75,\ Y_{F2}=2.285$

查表 7-9 得　　　　$Y_{S1}=1.58,\ Y_{S2}=1.742$

因单级齿轮传动为对称布置，而齿轮齿面又为硬齿面，由表 7-12 选取 $\psi_d=0.8$。

④ 许用弯曲应力$[\sigma_F]$

按图 7-23(d)查 $\sigma_{F\lim}$，小齿轮按 16MnCr5 查取，大齿轮按调质钢查取，得

$$\sigma_{F\lim 1}=880\ \text{MPa},\ \sigma_{F\lim 2}=740\ \text{MPa}$$

由表 7-7 查得

$$S_F=1.5$$

$$N_1=60njL_h=60\times 960\times 1\times(10\times 52\times 5\times 8)=1.2\times 10^9$$

$$N_2=\frac{N_1}{i}=\frac{1.2\times 10^9}{3}=3.99\times 10^8$$

查图 7-22 得　　　　$Y_{N1}=Y_{N2}=1$

由式(7-16)可得

$$[\sigma_F]_1 = \frac{Y_{N1} \cdot \sigma_{F\lim 1}}{S_F} = \frac{1 \times 880}{1.5} = 587 \text{ MPa}$$

$$[\sigma_F]_2 = \frac{Y_{N2} \cdot \sigma_{F\lim 2}}{S_F} = \frac{1 \times 740}{1.5} = 493 \text{ MPa}$$

$$\frac{Y_{F1}Y_{S1}}{[\sigma_F]_1} = \frac{2.75 \times 1.58}{587} = 0.007\,4 \text{ MPa}^{-1}$$

$$\frac{Y_{F2}Y_{S2}}{[\sigma_F]_2} = \frac{2.285 \times 1.742}{493} = 0.008\,1 \text{ MPa}^{-1}$$

所以由式(7-34)得

$$m_n \geqslant 1.17\sqrt[3]{\frac{KT_1\cos^2\beta Y_{F2}Y_{S2}}{\psi_d z_1^2 [\sigma_F]_2}} = 1.17 \times \sqrt[3]{\frac{1.4 \times 6.96 \times 10^5 \times 0.008\,1 \times \cos^2 14^\circ}{0.8 \times 20^2}} = 3.34 \text{ mm}$$

因为是硬齿面，$m_n$选大些。由表 7-1 取标准模数 $m_n = 4$ mm。

⑤ 确定中心距 $a$ 及螺旋角 $\beta$

传动的中心距 $a$ 为

$$a = \frac{m_n(z_1 + z_2)}{2\cos\beta} = \frac{4 \times (20 + 60)}{2\cos 14^\circ} = 164.89 \text{ mm}$$

取 $a = 165$ mm。

确定螺旋角 $\beta$ 为

$$\beta = \arccos\frac{m_n(z_1 + z_2)}{2a} = \arccos\frac{4(20 + 60)}{2 \times 165} = 14^\circ 8' 27''$$

此值与初选 $\beta$ 值相差不大，故不用重新计算。

(3) 计算齿轮几何尺寸(按表 7-10 计算，此处从略)

(4) 校核齿面接触疲劳强度

确定有关系数和参数。

① 分度圆直径 $d$

$$d_1 = \frac{m_n z_1}{\cos\beta} = \frac{4 \times 20}{\cos 14^\circ 8' 27''} = 82.5 \text{ mm}$$

$$d_2 = \frac{m_n z_2}{\cos\beta} = \frac{4 \times 60}{\cos 14^\circ 8' 27''} = 247.5 \text{ mm}$$

② 齿宽 $b$

$$b = \psi_d d_1 = 0.8 \times 82.5 = 66 \text{ mm}$$

取 $b_2 = 70$ mm，$b_1 = b_2 + 5 = 75$ mm。

③ 齿数比 $u$

$$u = i = 3$$

④ 确定许用接触应力$[\sigma_H]$

由图 7-21(d)查得

$$\sigma_{H\lim1} = 1\,500\text{ MPa} \qquad \sigma_{H\lim2} = 1\,220\text{ MPa}$$

由表 7-7 查得　　　　$S_H = 1.2$

查图 7-20 得　　　　$Z_{N1} = 1,\ Z_{N2} = 1.04$

由式(7-13)可得

$$[\sigma_H]_1 = \frac{Z_{N1} \cdot \sigma_{H\lim1}}{S_H} = \frac{1 \times 1\,500}{1.2} = 1\,250\text{ MPa}$$

$$[\sigma_H]_2 = \frac{Z_{N2} \cdot \sigma_{H\lim2}}{S_H} = \frac{1.04 \times 1\,220}{1.2} = 1\,057\text{ MPa}$$

查表 7-6 得 $Z_E = 189.8\sqrt{\text{MPa}}$，故由式(7-31)得

$$\sigma_H = 3.17Z_E\sqrt{\frac{KT_1(u \pm 1)}{bd_1^2u}} = 3.17 \times 189.8\sqrt{\frac{1.4 \times 6.96 \times 10^5 \times (3+1)}{70 \times 82.5^2 \times 3}} = 994\text{ MPa}$$

$\sigma_H < [\sigma_H]_2 = 1\,057\text{ MPa}$，齿面接触疲劳强度校核合格。

(5) 验算圆周速度 $v$

$$v = \frac{\pi d_1 n_1}{60 \times 1\,000} = \frac{\pi \times 82.5 \times 960}{60 \times 1\,000} = 4.15\text{ m/s}$$

由表 7-13 可知，选 IT8 级精度是合适的。

(6) 设计齿轮结构，绘制齿轮工作图(略)

# 任务三　蜗杆传动受力分析及效率计算

## 任务导入

图 7-40 所示为由电动机驱动的普通蜗杆传动减速器。已知模数 $m = 8\text{ mm}$，$d_1 = 80\text{ mm}$，$z_1 = 1$，$z_2 = 40$，蜗轮输出转矩 $T_2' = 1.61 \times 10^6\text{ N} \cdot \text{mm}$，$n_1 = 960\text{ r/min}$，蜗杆材料为 45 钢，表面淬火 50HRC，蜗轮材料为 ZCuSn10P1，金属模铸造，传动润滑良好，每日双班制工作，一对轴承的效率 $\eta_2 = 0.99$，搅油损耗的效率 $\eta_3 = 0.99$。要求：

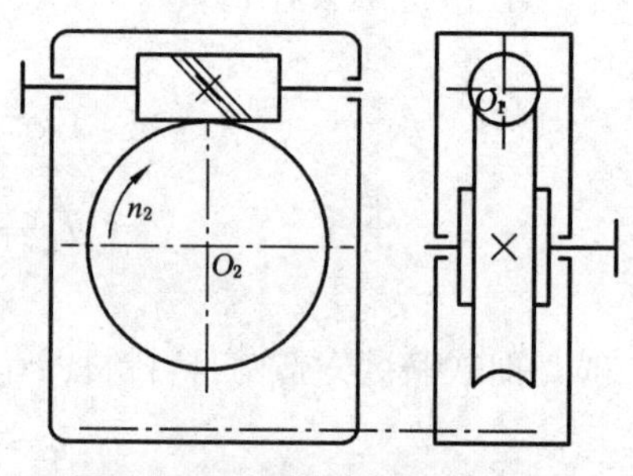

图 7-40　普通蜗杆传动减速器

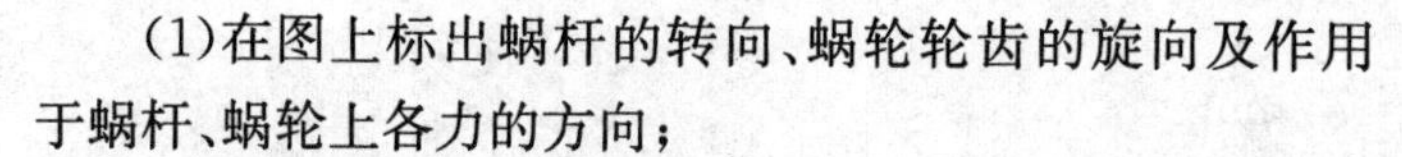

(1)在图上标出蜗杆的转向、蜗轮轮齿的旋向及作用于蜗杆、蜗轮上各力的方向；

(2) 计算各力的大小；

(3) 计算该传动的啮合效率及总效率；

(4) 该传动装置 5 年功率损耗的费用(工业用电暂按每度 0.7 元计算)。

(提示:当量摩擦角 $\rho_v = 1°30'$)

## 任务分析

蜗杆减速机是一种具有结构紧凑、传动比大、传动平稳以及在一定条件下具有自锁功能的传动机械,是最常用的减速机之一。蜗杆传动在啮合平面间将产生很大的相对滑动,具有效率低、摩擦发热大等缺点,如果不及时散热,将使润滑油温度升高,粘度降低,油被挤出,加剧齿面磨损,甚至引起胶合,必须掌握蜗杆传动的工作原理,蜗杆传动的受力分析,计算蜗杆传动的效率,从而对蜗杆传动进行热平衡核算。

## 相关知识

### 7.3.1　蜗杆传动概述

蜗杆传动主要由蜗杆和蜗轮组成,如图 7-41 所示。主要用于传递空间交错的两轴之间的运动和动力,通常轴间交角为 90°。一般情况下,蜗杆为主动件,蜗轮为从动件。

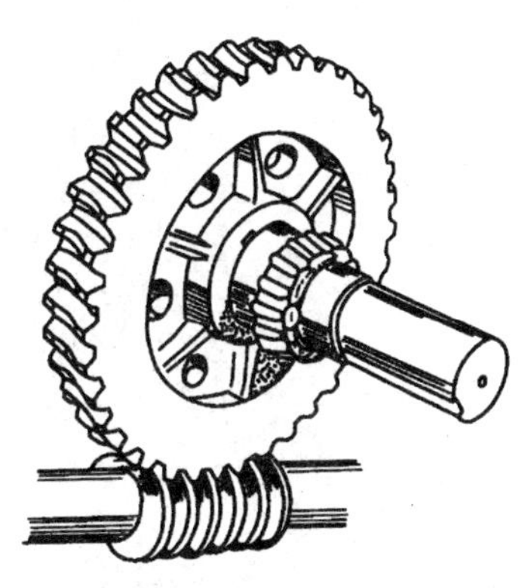

图 7-41　圆柱蜗杆传动

**1) 蜗杆传动的特点**

(1) 传动平稳。因蜗杆的齿是一条连续的螺旋线,传动连续,因此它的传动平稳,噪声小。

(2) 传动比大。单级蜗杆传动在传递动力时,传动比 $i = 5 \sim 80$,常用的为 $i = 15 \sim 50$。分度传动时 $i$ 可达 1 000,与齿轮传动相比则结构紧凑。

(3) 具有自锁性。当蜗杆的导程角小于轮齿间的当量摩擦角时可实现自锁。即蜗杆能带动蜗轮旋转,而蜗轮不能带动蜗杆。

(4) 传动效率低。蜗杆传动由于齿面间相对滑动速度大,齿面摩擦严重,故在制造精度和传动比相同的条件下,蜗杆传动的效率比齿轮传动低,一般只有 0.7～0.8。具有自锁功能的蜗杆机构,效率则一般不大于 0.5。

(5) 制造成本高。为了降低摩擦,减小磨损,提高齿面抗胶合能力,蜗轮齿圈常用贵重的铜合金制造,成本较高。

**2) 蜗杆传动的类型**

蜗杆传动按照蜗杆的形状不同,可分为圆柱蜗杆传动(如图 7-42(a))、环面蜗杆传动(如图 7-42(b))和锥蜗杆传动(如图 7-42(c))。圆柱蜗杆由于其制造简单,因此有着广泛的应用。环面蜗杆传动润滑状态良好,传动效率高,制造较复杂,主要用于大功率传动。

按普通圆柱蜗杆螺旋面的形状可分为阿基米德蜗杆(ZA 型)、渐开线蜗杆(ZI 型)、法向直齿廓蜗杆(ZN 型)和圆锥包络蜗杆(ZK 型)。目前应用最广的是阿基米德蜗杆,如图 7-43 所示,本章以其为代表来介绍普通圆柱蜗杆传动。

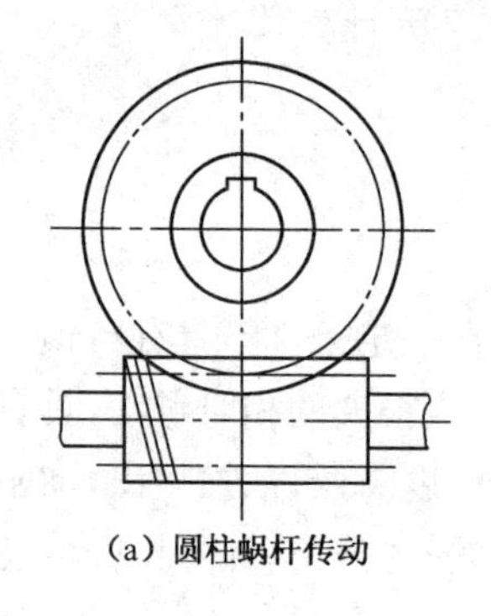

(a) 圆柱蜗杆传动

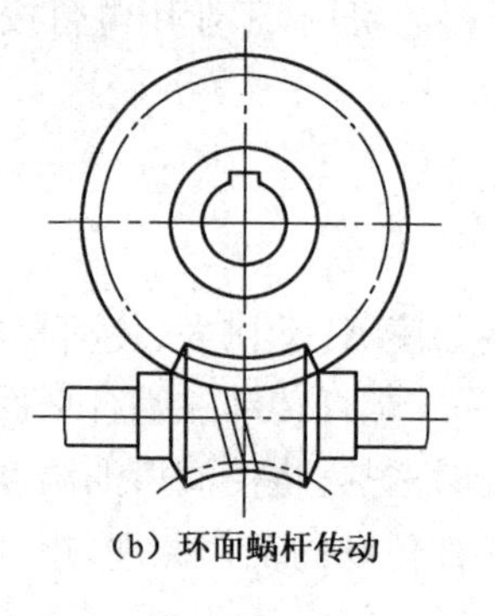

(b) 环面蜗杆传动

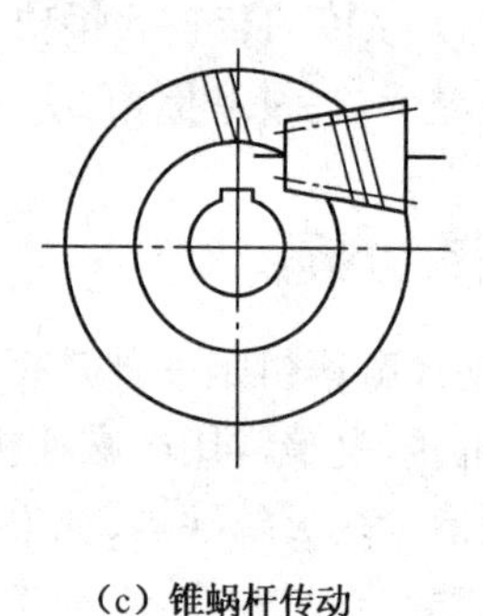

(c) 锥蜗杆传动

图 7-42　蜗杆传动的类型

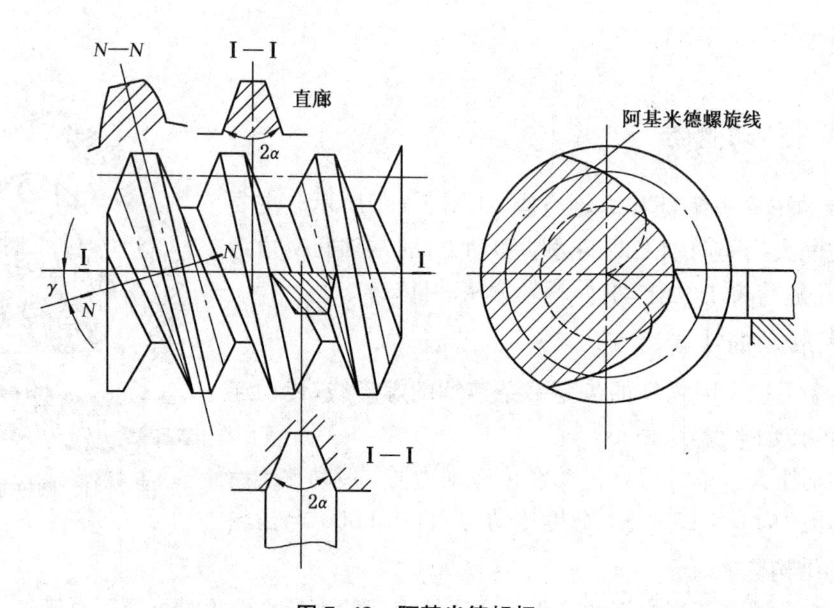


图 7-43　阿基米德蜗杆

## 7.3.2　圆柱蜗杆传动的主要参数和几何尺寸

### 1）圆柱蜗杆传动的主要参数

通过蜗杆轴线且垂直于蜗轮轴线的平面称为中间平面，如图 7-44 所示。对于阿基米德蜗杆传动，在中间平面上，相当于齿条与齿轮的啮合传动。在设计时常取此平面内的参数和尺寸作为计算基准。

(1) 模数 $m$ 和压力角 $\alpha$

蜗杆和蜗轮啮合时，在中间平面上，蜗杆的轴面模数 $m_{a1}$ 和压力角 $\alpha_{a1}$ 与蜗轮的端面模数 $m_{t2}$ 和压力角 $\alpha_{t2}$ 分别相等，并把中间平面上的模数和压力角同时规定为标准值。

由于蜗杆与蜗轮轴线正交，为了轮齿啮合，蜗杆导程角 $\gamma$ 和蜗轮螺旋角 $\beta$ 必须相等，旋向相同。

综上所述，蜗杆传动中，蜗轮蜗杆必须满足的啮合条件是

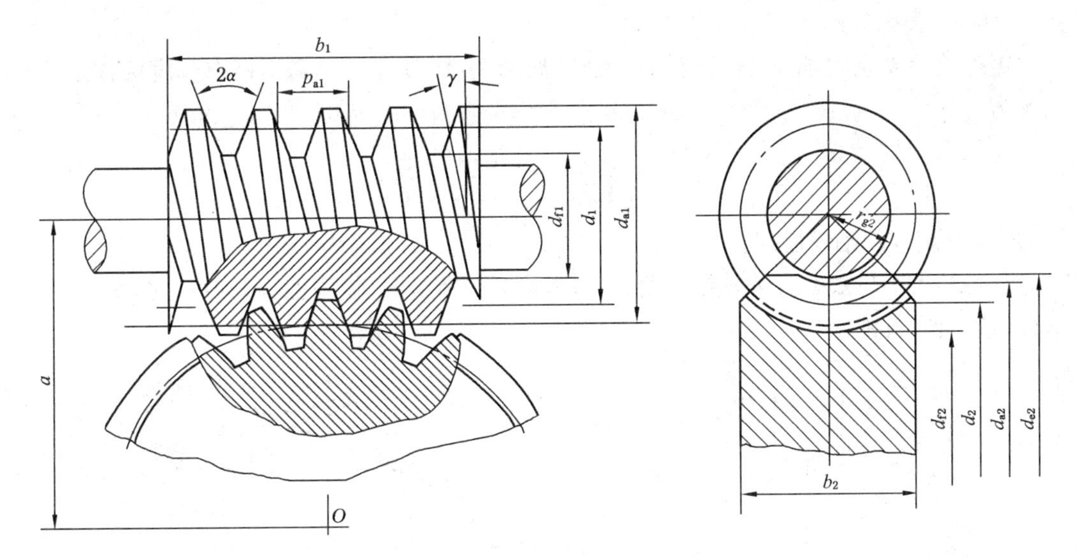


图 7-44　蜗杆传动的几何尺寸

$$\left.\begin{array}{l} m_{a1}=m_{t2}=m \\ \alpha_{a1}=\alpha_{t2}=20^{\circ} \\ \gamma=\beta \end{array}\right\} \tag{7-36}$$

(2) 传动比 $i$、蜗杆头数 $z_1$ 和蜗轮齿数 $z_2$

蜗杆传动比
$$i=\frac{n_1}{n_2}=\frac{z_2}{z_1}\neq\frac{d_2}{d_1} \tag{7-37}$$

式中：$n_1$、$n_2$——分别为蜗杆蜗轮的转速；

$z_1$、$z_2$——蜗杆头数、蜗轮齿数。

蜗杆头数 $z_1$ 通常为 1、2、4、6，$z_1$ 根据传动比和蜗杆传动的效率来确定。当要求自锁和大传动比时，$z_1=1$，但传动效率较低。若传递动力，为提高传动效率，常取 $z_1$ 为 2、4。蜗轮齿数 $z_2=iz_1$，通常取 $z_2=28\sim80$。若 $z_2<27$，会使蜗轮发生根切，不能保证传动的平稳性和提高传动效率。若 $z_2>80$，随着蜗轮直径的增大，蜗杆的支承跨距也会增大，其刚度会随之减小，从而影响蜗杆传动的啮合精度。

(3) 蜗杆分度圆直径 $d_1$ 和蜗杆直径系数 $q$

为了保证蜗杆与蜗轮正确啮合，铣切蜗轮的滚刀直径及齿形参数与相应的蜗杆基本参数应相同。因此，即使模数相同，也会有许多直径不同的蜗杆及相应的滚刀，这显然是很不经济的。为了使刀具标准化，减少滚刀规格，对每一标准模数规定了一定数量的蜗杆分度圆直径 $d_1$。

蜗杆分度圆直径 $d_1$ 与模数 $m$ 的比值称为蜗杆直径系数，用 $q$ 表示。

$$q=\frac{d_1}{m} \tag{7-38}$$

因 $d_1$ 和 $m$ 均为标准值，故 $q$ 为导出值，不一定是整数。

(4) 蜗杆导程角 $\gamma$

按照螺纹形成原理，将蜗杆分度圆柱展开，如图 7-45 所示，得到蜗杆在分度圆柱上的导程角 $\gamma$ 为

$$\tan\gamma=\frac{z_1 p_{a1}}{\pi d_1}=\frac{z_1\pi m}{\pi d_1}=\frac{z_1}{q} \tag{7-39}$$

式中：$p_{a1}$——蜗杆的轴向齿距。

导程角的大小与效率有关。导程角大，效率高；导程角小，效率低。一般认为，$\gamma\leqslant 3°30'$ 的蜗杆传动具有自锁性。

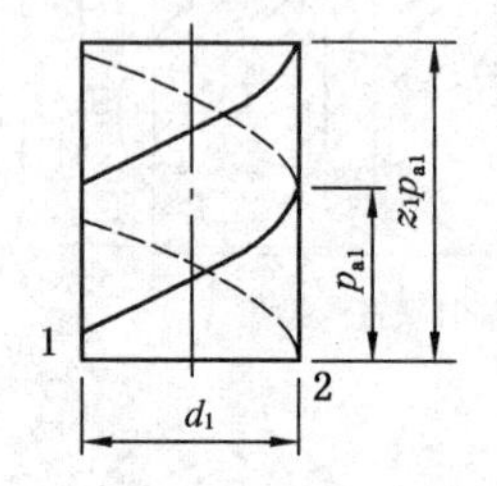


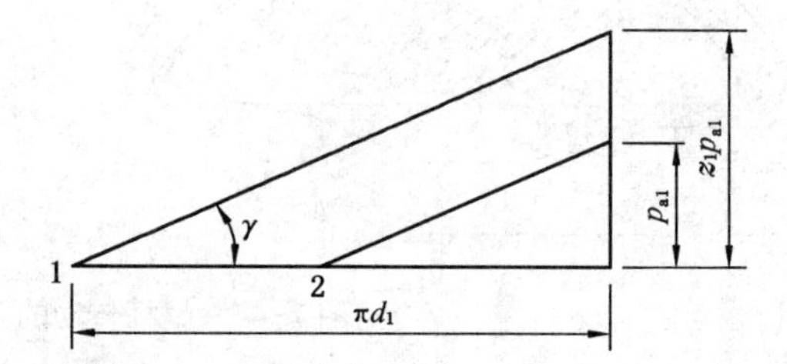


图 7-45　蜗杆导程

**2) 圆柱蜗杆传动的几何尺寸计算**

标准圆柱蜗杆传动的几何尺寸计算公式见表 7-14。

表 7-14　标准阿基米德蜗杆传动的基本尺寸计算

| 名　称 | 符号 | 计 算 公 式 | |
|---|---|---|---|
| | | 蜗　杆 | 蜗　轮 |
| 分度圆直径 | $d$ | $d_1=qm$ | $d_2=z_2m$ |
| 齿顶高 | $h_a$ | $h_a=m$ | |
| 齿根高 | $h_f$ | $h_f=1.2m$ | |
| 齿顶圆直径 | $d_a$ | $d_{a1}=(q+2)m$ | $d_{a2}=(z_2+2)m$ |
| 齿根圆直径 | $d_f$ | $d_{f1}=(q-2.4)m$ | $d_{f2}=(z_2-2.4)m$ |
| 蜗杆导程角 | $\gamma$ | $\gamma=\arctan\frac{z_1}{q}$ | |
| 蜗轮螺旋角 | $\beta$ | | $\beta=\gamma$ |
| 径向间隙 | $c$ | $c=0.2m$ | |
| 标准中心距 | $a$ | $a=0.5(d_1+d_2)=0.5m(z_2+q)$ | |

## 7.3.3　蜗杆传动的失效形式、材料和结构

**1) 蜗杆传动的受力分析**

蜗杆传动的受力分析与斜齿圆柱齿轮的受力分析相似，齿面上的法向力 $F_n$ 分解为三个相互垂直的分力：圆周力 $F_t$、轴向力 $F_a$、径向力 $F_r$，如图 7-46 所示。

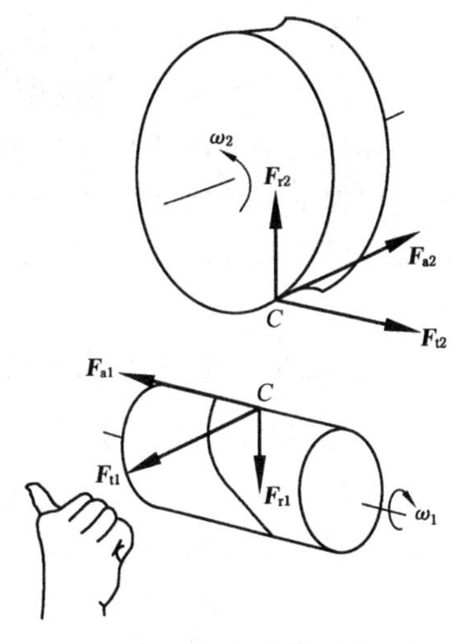

图 7-46　蜗杆传动的受力分析

蜗杆受力方向：轴向力 $F_{a1}$ 的方向由左、右手定则确定，图 7-46 为右旋蜗杆，用右手握住蜗杆，四指所指方向为蜗杆转向，拇指所指方向为轴向力 $F_{a1}$ 的方向；圆周力 $F_{t1}$，与主动蜗杆转向相反；径向力 $F_{r1}$，指向蜗杆中心。

蜗轮受力方向：因为 $F_{a1}$ 与 $F_{t2}$、$F_{t1}$ 与 $F_{a2}$、$F_{r1}$ 与 $F_{r2}$ 是作用力与反作用力关系，所以蜗轮上的三个分力方向，如图 7-46 所示。$F_{a1}$ 的反作用力 $F_{t2}$ 是驱使蜗轮转动的力，所以通过蜗轮蜗杆的受力分析也可判断它们的转向。

径向力 $F_{r2}$ 指向轮心，圆周力 $F_{t2}$ 驱动蜗轮转动，轴向力 $F_{a2}$ 与轮轴平行。

力的大小可按下式计算：

$$\left.\begin{aligned} F_{t1} &= F_{a2} = \frac{2T_1}{d_1} \\ F_{a1} &= F_{t2} = \frac{2T_2}{d_2} \\ F_{r1} &= F_{r2} = F_{t2} \cdot \tan\alpha \\ T_2 &= T_1 \cdot i \cdot \eta \end{aligned}\right\} \tag{7-40}$$

式中：$T_1$——蜗杆传递的转矩（N · mm）；

$T_2$——蜗轮传递的转矩（N · mm）；

$\eta$——蜗杆传动的效率；

$d_1$、$d_2$——分别为蜗杆、蜗轮分度圆直径；

$\alpha$——中间平面分度圆上压力角，$\alpha = 20°$；

$i$—— 传动比。

**2）蜗杆传动的失效形式和设计准则**

（1）蜗杆传动齿面间的滑动速度

在蜗杆传动中，蜗杆与蜗轮的啮合齿面间会产生很大的齿向相对滑动速度 $v_s$，如图 7-47 所示。

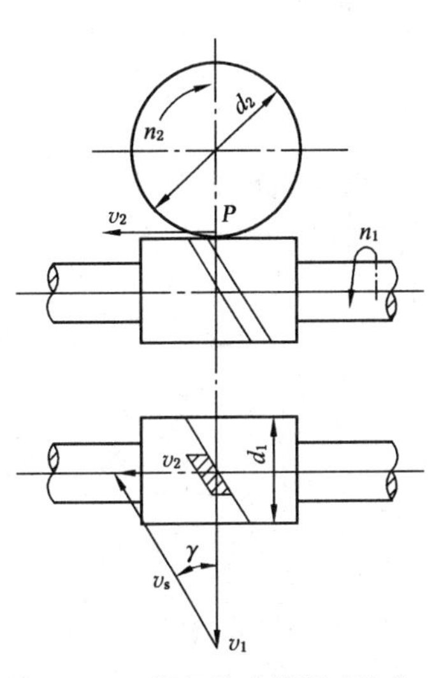

图 7-47　蜗杆传动的滑动速度

$$v_s = \frac{v_1}{\cos\gamma} = \frac{\pi d_1 n_1}{60 \times 1\,000 \cos\gamma} \tag{7-41}$$

式中：$v_1$——蜗杆分度圆的圆周速度（m/s）；

$n_1$——蜗杆的转速（r/min）。

（2）蜗杆传动的主要失效形式

蜗杆传动的失效形式与齿轮传动基本相同，主要有轮齿的点蚀、弯曲折断、磨损及胶合失效等。由于该传动啮合齿面间的相对滑动速度大，效率低，发热量大，故更易发生磨损和胶合失效。而蜗轮无论在材料的强度还是在结构方面均较蜗杆弱，所以失效多发生在蜗轮轮齿上，设计时一般只需对蜗轮进行承载能力计算。

(3) 蜗杆传动的设计准则

蜗杆传动的设计准则为：开式蜗杆传动以保证蜗轮齿根弯曲疲劳强度进行设计；闭式蜗杆传动以保证蜗轮齿面接触疲劳强度进行设计，并校核齿根弯曲疲劳强度；此外，因闭式蜗杆传动散热较困难，故需进行热平衡计算；当蜗杆轴细长且支承跨距大时，还应进行蜗杆轴的刚度计算。

**3）蜗杆、蜗轮的材料选择**

基于蜗杆传动的失效特点，选择蜗杆和蜗轮材料组合时，不但要求有足够的强度，而且要有良好的减摩、耐磨和抗胶合的能力。实践表明，较理想的蜗杆副材料是：青铜蜗轮齿圈匹配淬硬磨削的钢制蜗杆。

(1) 蜗杆材料

对高速重载的传动，蜗杆常用低碳合金钢（如 20Cr、20CrMnTi）经渗碳后，表面淬火使硬度达 56～62HRC，再经磨削。对中速中载传动，蜗杆常用 45 钢、40Cr、35SiMn 等，表面经高频淬火使硬度达 45～55HRC，再磨削。对一般蜗杆可采用 45、40 等碳钢调质处理（硬度为 210～230HBS）。

(2) 蜗轮材料

常用的蜗轮材料为铸造锡青铜（ZCuSn10Pl，ZCuSn6Zn6Pb3）、铸造铝铁青铜（$ZCuAl10F_e3$）及灰铸铁 HT150、HT200 等。锡青铜的抗胶合、减摩及耐磨性能最好，但价格较高，常用于 $v_s \geqslant$ 3 m/s 的重要传动；铝铁青铜具有足够的强度，并耐冲击，价格便宜，但抗胶合及耐磨性能不如锡青铜，一般用于 $v_s \leqslant 6$ m/s 的传动；灰铸铁用于 $v_s \leqslant 2$ m/s 的不重要场合。

**4）蜗杆、蜗轮的结构**

(1) 蜗杆的结构形式

蜗杆通常与轴为一体，采用车制或铣制，结构分别如图 7-48 所示。

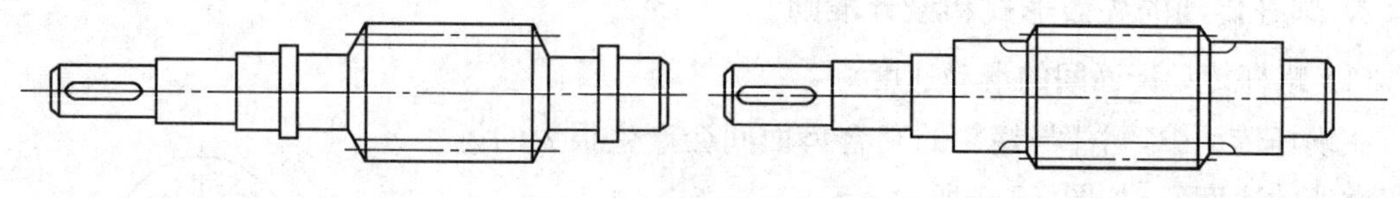

**图 7-48 蜗杆的结构形式**

(2) 蜗轮的结构形式

蜗轮的结构如图 7-49，一般为组合式结构，齿圈用青铜，轮芯用铸铁或钢。

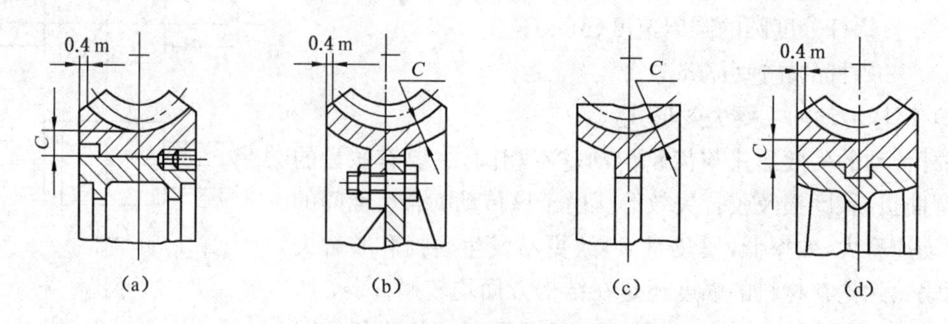


**图 7-49 常见蜗轮的结构形式**

图 7-49(a)为组合式过盈连接，这种结构常由青铜齿圈与铸铁轮芯组成，多用于尺寸不大或工作温度变化较小的地方。图 7-49(b)为组合式螺栓连接，这种结构装拆方便，多用于尺寸较大或易磨损的场合。图 7-49(c)为整体式，主要用于铸铁蜗轮或尺寸很小的青铜蜗轮。图 7-49(d)为拼铸式，将青铜齿圈浇铸在铸铁轮芯上，常用于成批生产的蜗轮。

## 7.3.4　蜗杆传动的效率、润滑和热平衡计算

**1）蜗杆传动的效率**

闭式蜗杆传动的功率损失包括啮合摩擦损失、轴承摩擦损失和润滑油被搅动的油阻损失，因此总效率为啮合效率 $\eta_1$、轴承效率 $\eta_2$、油的搅动和飞溅损耗效率 $\eta_3$ 的乘积，其中啮合效率 $\eta_1$ 是主要的。总效率 $\eta$ 为

$$\eta = \eta_1 \cdot \eta_2 \cdot \eta_3 \tag{7-42}$$

当蜗杆主动时，啮合效率 $\eta_1$ 为

$$\eta_1 = \frac{\tan \gamma}{\tan(\gamma + \rho_v)} \tag{7-43}$$

式中：$\gamma$——普通圆柱蜗杆分度圆上的导程角；

$\rho_v$——当量摩擦角，$\rho_v = \arctan f_v$。

由于轴承效率 $\eta_2$、油的搅动和飞溅损耗时的效率 $\eta_3$ 不大，一般取 $\eta_2\eta_3 = 0.95 \sim 0.96$。

**2）蜗杆传动的热平衡计算**

由于蜗杆传动的效率低，因而发热量大，在闭式传动中，如果不及时散热，将使润滑油温度升高，粘度降低，油被挤出，加剧齿面磨损，甚至引起胶合。因此，对闭式蜗杆传动要进行热平衡计算，以便在油的工作温度超过许可值时采取有效的散热方法。

由摩擦损耗的功率变为热能，借助箱体外壁散热，当发热速度与散热速度相等时就达到了热平衡。通过热平衡方程，可求出达到热平衡时润滑油的温度。该温度一般限制在 60～70℃，最高不超过 80℃。

热平衡方程为

$$1\,000(1-\eta)P_1 = \alpha_t A(t_1 - t_0) \tag{7-44}$$

式中：$P_1$——蜗杆传递的功率(kW)；

$\eta$——传动总效率；

$A$——散热面积，可按长方体表面积估算，但需除去不和空气接触的面积，凸缘和散热片面积按 50%计算；

$t_0$——周围空气温度，常温情况下可取 20℃；

$t_1$——润滑油的工作温度；

$\alpha_t$——箱体表面传热系数，其数值表示单位面积、单位时间、温差 1℃所能散发的热量，根据箱体周围的通风条件一般取 $\alpha_t = 10 \sim 17$ W/(m$^2$ · ℃)，通风条件好时取大值。

由热平衡方程得出润滑油的工作温度为

$$t_1 = \frac{1\,000P_1(1-\eta)}{\alpha_t A} + t_0 \tag{7-45}$$

当 $t_1 > 75 \sim 85$℃时，可采取下列措施降温：

(1) 增加散热面积。箱体上铸出或焊上散热片。

(2) 提高散热系数。在蜗杆轴端安装风扇强迫通风，如图 7-50(a)所示。

(3) 加冷却装置。在箱体油池内装蛇形冷却水管(如图 7-50(b))，或用循环油冷却(如图 7-50(c))。

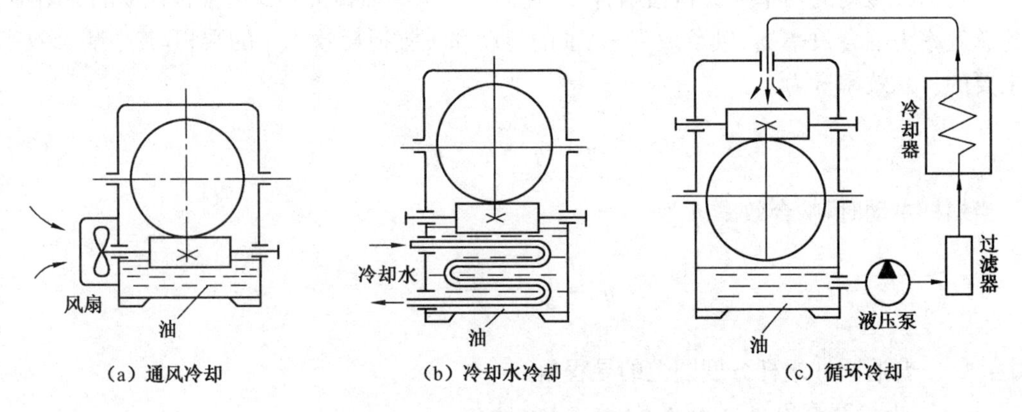


图 7-50　蜗杆传动的散热方式

## 任务实施

任务三实施步骤如下：

(1) 根据蜗杆传动啮合条件之一：$\beta=\gamma$ 和螺旋传动原理得出蜗轮的螺旋线方向及蜗杆转向如图 7-51 所示；再根据蜗杆(主动)与蜗轮啮合点处各作用力的方向确定方法，定出各力方向如图 7-51 所示。

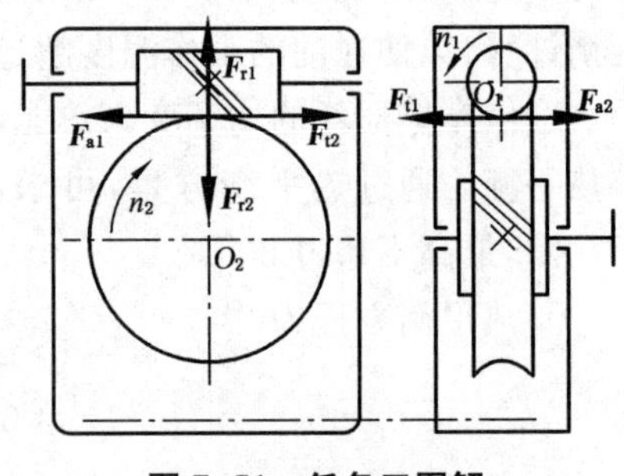


图 7-51　任务三图解

(2) 蜗杆传动的啮合效率及总效率

蜗杆直径系数为

$$q = \frac{d_1}{m} = \frac{80}{8} = 10$$

蜗杆导程角为

$$\gamma = \arctan\frac{z_1}{q} = \arctan\frac{1}{10} = 5.711 = 5°42'38''$$

传动的啮合效率为

$$\eta_1 = \frac{\tan\gamma}{\tan(\gamma+\rho_v)} = \frac{\tan 5°42'38''}{\tan(5°42'38''+1°30')} = 0.792$$

蜗杆传动的总效率为

$$\eta = \eta_1 \eta_2^2 \eta_3 = 0.792 \times 0.99^2 \times 0.99 = 0.768$$

(3) 蜗杆和蜗轮啮合点上的各力

由已知条件可求得

$$d_2 = mz_2 = 8 \times 40\ \text{mm} = 320\ \text{mm}$$

$$i = \frac{z_2}{z_1} = \frac{40}{1} = 40$$

因 $T'_2=1.61\times10^6$ N·mm 系蜗轮轴输出转矩,因此蜗轮转矩 $T_2$ 和蜗杆转矩 $T_1$ 分别为

$$T_2 = \frac{T'_2}{\eta_3 \eta_2} = \frac{1.61 \times 10^6}{0.99 \times 0.99}\ \text{N}\cdot\text{mm} = 1.643 \times 10^6\ \text{N}\cdot\text{mm}$$

$$T_1 = \frac{T_2}{i\eta_1} = \frac{1.643 \times 10^6}{40 \times 0.792}\ \text{N}\cdot\text{mm} = 51\ 862\ \text{N}\cdot\text{mm}$$

啮合点上各作用力的大小为

$$F_{t2} = F_{a1} = \frac{2T_2}{d_2} = \frac{2 \times 1.643 \times 10^6}{320}\ \text{N} = 10\ 269\ \text{N}$$

$$F_{a2} = F_{t1} = \frac{2T_1}{d_1} = \frac{2 \times 51\ 862}{80}\ \text{N} = 1\ 297\ \text{N}$$

$$F_{r2} = F_{r1} = F_{t2} \tan\ 20^\circ = 10\ 269 \times \tan\ 20^\circ\ \text{N} = 3\ 738\ \text{N}$$

(4) 该蜗杆传动的功率损耗 $\Delta P$

该蜗杆传动的输出功率为

$$P_2 = \frac{T'_2 n_2}{9.55 \times 10^6} = \frac{1.61 \times 10^6 \times 960/40}{9.55 \times 10^6}\ \text{kW} = 4.046\ \text{kW}$$

该蜗杆传动的输入功率为

$$P_1 = \frac{P_2}{\eta} = \frac{4.046}{0.768}\ \text{kW} = 5.268\ \text{kW}$$

该蜗杆传动的功率损耗为

$$\Delta P = P_1 - P_2 = (5.268 - 4.046)\ \text{kW} = 1.222\ \text{kW}$$

(5) 该蜗杆 5 年中消耗于功率损耗上的费用

每度电按 0.7 元计算,则

$$D = t_h \Delta P \times 0.7 = (5 \times 52 \times 5 \times 8 \times 2) \times 1.222 \times 0.7\ \text{元} = 17\ 792\ \text{元}$$

从上述仅消耗于功率损耗上的电费看,5 年要耗损 1 万余元,可见提高蜗杆传动效率的重要性。

# 任务四　汽车变速箱传动设计

## 任务导入

图 7-52 所示为某汽车变速箱示意图，已知 $z_1 = 20$，$z_2 = 35$，$z_3 = 28$，$z_4 = 27$，$z_5 = 18$，$z_6 = 37$，$z_7 = 14$，轴 Ⅰ(输入轴)$n_1 = 1\,000$ r/min，分析该车能实现几挡车速？如何计算？

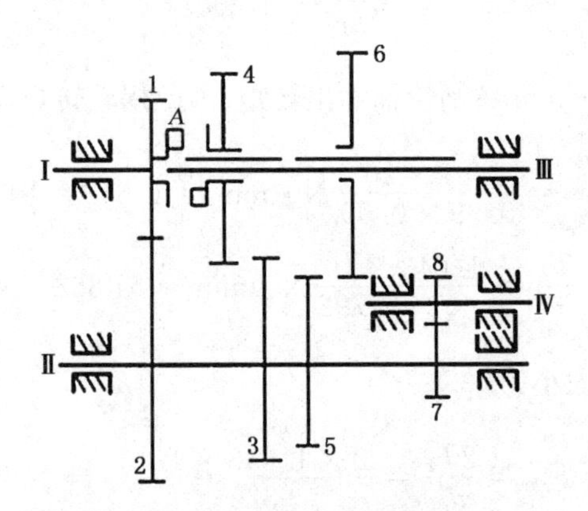


图 7-52　汽车变速箱

## 任务分析

变速箱可以在汽车行驶过程中在发动机和车轮之间产生不同的变速比，换挡可以使发动机工作在最佳动力性能状态下。图 7-52 所示汽车变速箱，共有四挡转速，Ⅰ为输入轴，Ⅲ为输出轴。齿轮 1 和 2 为常啮合齿轮，齿轮 4 和 6 可沿滑键在轴Ⅲ上移动。第一挡传动路线为齿轮 1-2-5-6；第二挡为齿轮 1-2-3-4；第三挡由离合器直接将Ⅰ轴和Ⅲ轴相连，为直接挡；第四挡为齿轮 1-2-7-8-6，为倒挡。

前面讨论了一对齿轮啮合传动、蜗杆传动等相关设计问题。但是，在实际的机械工程中，为了满足各种不同的工作需要，仅仅使用一对齿轮是不够的。例如，在各种机床中，为了将电动机的一种转速变为主轴的多级转速；在机械式钟表中，为了使时针、分针、秒针之间的转速具有确定的比例关系；在汽车的传动系统中，都是依靠一系列彼此相互啮合的齿轮所组成的齿轮机构来实现的。这种由一系列的齿轮所组成的传动系统称为齿轮系，简称轮系。

按轮系运动时轴线是否固定，将其分为两大类：

(1) 定轴轮系。轮系运动时，所有齿轮几何轴线位置都固定的轮系，称为定轴轮系，如图 7-53 所示。

(2) 周转轮系。轮系运动时，至少有一个齿轮的几何轴线位置可以绕另一齿轮的轴线转动，这样的轮系称为周转轮系。几何轴线位置可动的齿轮称为行星轮，如图 7-54 中轮 2，它既绕本身的轴线自转，又绕 $O_1$ 或 $O_H$ 公转。轮 1 与轮 3 的几何轴线位置固定不动，称为太阳轮或中心轮。

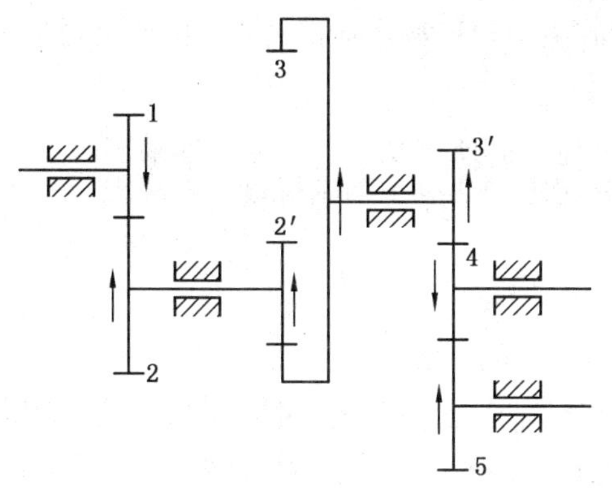


图 7-53　定轴轮系

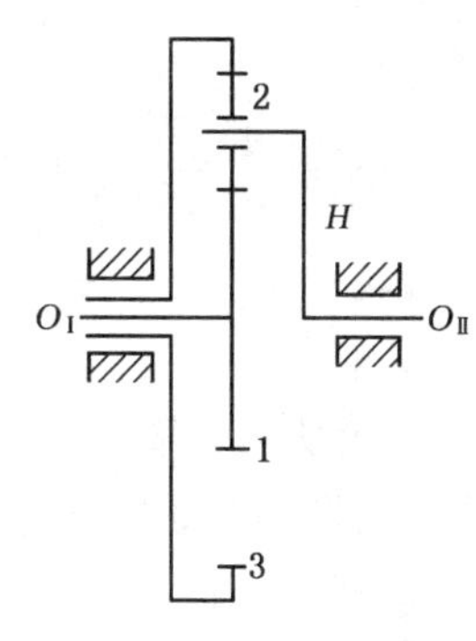


图 7-54　周转轮系

**相关知识**

## 7.4.1　定轴轮系传动比计算

定轴轮系分为两大类：一类是所有齿轮的轴线都相互平行，称为平行轴定轴轮系（亦称平面定轴轮系）；另一类轮系中有相交或交错的轴线，称之为非平行轴定轴轮系（亦称空间定轴轮系）。

轮系中，首末两轮的角速度或转速之比，称为**轮系传动比**。

计算传动比时，不仅要计算其数值大小，还要确定首末两轮的转向关系。对于平行轴定轴轮系，其转向关系用正、负号表示：转向相同用正号，相反用负号。对于非平行轴定轴轮系，各轮转动方向用箭头表示。

**1）平面定轴轮系传动比计算**

下面首先以图 7-53 所示的定轴轮系为例介绍传动比的计算。

设齿轮 1 为主动轮（首轮），齿轮 5 为从动轮（末轮），其轮系的传动比为

$$i_{15}=\frac{n_1}{n_5}$$

从图中可以看出，齿轮 1—2、齿轮 3′—4、齿轮 4—5 均为外啮合，2′—3 为内啮合。根据前面齿轮传动所介绍的内容，可以求得图中各对啮合齿轮的传动比大小：

1—2 齿轮：$i_{12}=\frac{n_1}{n_2}=-\frac{z_2}{z_1}$　　　2′—3 齿轮：$i_{2'3}=\frac{n_{2'}}{n_3}=+\frac{z_3}{z_{2'}}$

3′—4 齿轮：$i_{3'4}=\frac{n_{3'}}{n_4}=-\frac{z_4}{z_{3'}}$　　　4—5 齿轮：$i_{45}=\frac{n_4}{n_5}=-\frac{z_5}{z_4}$

其中 $n_2=n_{2'}$、$n_3=n_{3'}$，将以上各式两边连乘，得

$$i_{12}i_{2'3}i_{3'4}i_{45}=\frac{n_1}{n_2}\frac{n_{2'}}{n_3}\frac{n_{3'}}{n_4}\frac{n_4}{n_5}=\frac{n_1}{n_5}=(-1)^3\frac{z_2}{z_1}\frac{z_3}{z_{2'}}\frac{z_4}{z_{3'}}\frac{z_5}{z_4}$$

所以

$$i_{15}=\frac{n_1}{n_5}=(-1)^3\frac{z_2}{z_1}\frac{z_3}{z_{2'}}\frac{z_4}{z_{3'}}\frac{z_5}{z_4}$$

上式说明，定轴轮系的传动比等于组成该轮系各对啮合齿轮传动比的连乘积，其大小等于

各对啮合齿轮所有从动轮齿数的连乘积与所有主动轮齿数连乘积之比。由此可得出定轴轮系传动比计算通式为

$$i_{1k}=\frac{n_1}{n_k}=(-1)^m\frac{\text{从 1 轮到 }k\text{ 轮之间所有从动轮齿数的连乘积}}{\text{从 1 轮到 }k\text{ 轮之间所有主动轮齿数的连乘积}} \tag{7-46}$$

式中：1——首轮；

$k$——末轮；

$m$——齿轮系中从轮 1 到轮 $k$ 间，外啮合齿轮的对数。

首末两轮的转向关系用计算法，即$(-1)^m$来确定：为负号时，说明首末两轮的转向关系相反；为正则转向相同。也可用画箭头法来确定首末两轮的转向关系（如图 7-53 所示）。

因为齿轮 4 在与齿轮 3′啮合时是从动轮，但在与齿轮 5 啮合时又为主动轮，因此可在等式右边分子分母中互消去 $z_4$。这说明齿轮 4 的齿数不影响轮系传动比的大小。但齿轮 4 的加入，改变了传动比的正负号，即改变了齿轮系的从动轮转向，这种齿轮称为**惰轮**。

**2）空间定轴轮系传动比计算**

一对空间齿轮传动比的大小也等于两齿轮齿数的反比，故也可用式(7-46)来计算空间定轴轮系传动比的大小。但因各轴线并不全部相互平行，故不能用$(-1)^m$来确定主动轮与从动轮的转向关系，必须用画箭头的方式在图上标注出各轮的转向（如图 7-55 所示）。

**【例 7-1】** 在如图 7-55 所示的轮系中，已知蜗杆的转速为 $n_1=900$ r/min（顺时针），$z_1=2, z_2=60, z_{2'}=20$, $z_3=24, z_{3'}=20$, $z_4=24, z_{4'}=30$, $z_5=35, z_{5'}=28$, $z_6=135$。求 $n_6$ 的大小和方向。

**解**：(1)分析传动关系

指定蜗杆 1 为主动轮，内齿轮 6 为最末的从动轮，轮系的传动关系为：$1\rightarrow 2=2'\rightarrow 3=3'\rightarrow 4=4'\rightarrow 5=5'\rightarrow 6$

(2) 计算传动比 $i_{16}$

该轮系含有空间齿轮，且首末两轮轴线不平行，可利用公式求出传动比的大小，然后求出

$$n_6: i_{16}=\frac{n_1}{n_6}=\frac{z_2z_3z_4z_5z_6}{z_1z_{2'}z_{3'}z_{4'}z_{5'}}=\frac{60\times24\times24\times35\times135}{2\times20\times20\times30\times28}=243$$

所以 $$n_6=\frac{n_1}{i_{16}}=3.7\ \text{r/min}$$

(3) 在图中画箭头指示 $n_6$的方向（如图 7-55 所示）。

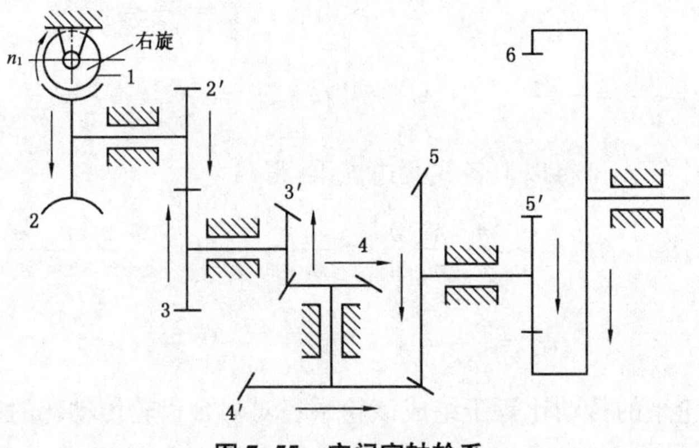


图 7-55 空间定轴轮系

## 7.4.2　周转轮系传动比计算

所谓周转轮系是指轮系中一个或几个齿轮的几何轴线位置相对机架不是固定的，而是绕其他齿轮的轴线转动的。周转轮系相对要复杂一些，所以首先需要了解周转轮系的组成。

**1）周转轮系的组成**

如图 7-56 所示轮系，为一基本周转轮系。外齿轮 1、内齿轮 3 都是绕固定轴线 $OO$ 回转的，在周转轮系中称为太阳轮或中心轮。

齿轮 2 安装在构件 $H$ 上，绕 $O_1O_1$ 进行自转，同时由于 $H$ 本身绕 $OO$ 有回转，齿轮 2 会随着 $H$ 绕 $OO$ 转动，就像天上的行星一样，兼有自转和公转，故此称为**行星轮**。而安装行星轮的构件 $H$ 称为**行星架**(或称为系杆、转臂)。

在周转轮系中，一般都以太阳轮或行星架作为运动的输入和输出构件，所以它们就是周转轮系的**基本构件**。$OO$ 轴线称为主轴线。

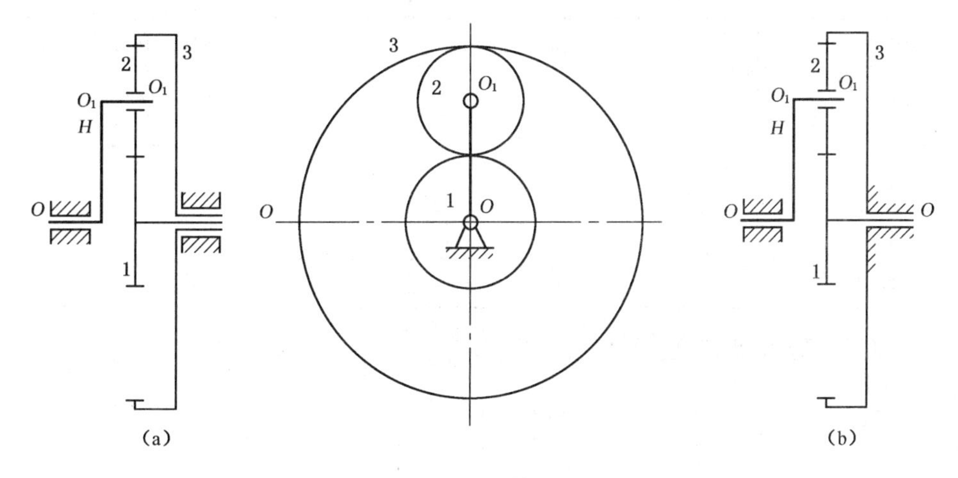


**图 7-56　周转轮系**

由此可以看出，一个基本周转轮系必须具有一个行星架、一个或若干个行星轮以及与行星轮啮合的太阳轮。

根据基本的周转轮系的自由度数目，可以将其划分为两大类。

(1) 差动轮系

如果轮系中两个太阳轮都可以转动，其自由度为 2，如图 7-56 (a)所示的轮系，我们称之为差动轮系。该轮系需要两个已知运动输入，才有确定的输出。

(2) 行星轮系

如果有一个中心轮是固定的，则其自由度为 1，就称为行星轮系，如图 7-56 (b)所示。

**2）周转轮系传动比的计算**

通过对周转轮系观察分析，发现行星轮 2 既绕本身的轴线 $O_1O_1$ 自转，又绕轴线 $OO$ 公转，因此不能直接用定轴轮系传动比计算公式求解周转轮系的传动比，而通常采用反转法来间接求解其传动比。假如给图 7-57 所示的整个周转轮系加上一个公共的角速度"$-\omega_H$"，则各个齿轮、构件之间的相对运动关系仍将不变，但这时系杆的绝对运动角速度为 $\omega_H-\omega_H=0$，即系杆相对变为“静止不动”，于是周转轮系便转化为定轴轮系了。这种经过一定条件转化得到的假想定轴轮系为原周转轮系的转化机构或转化轮系，如图7-58所示。这种求解轮系的方法称为转化轮系法。

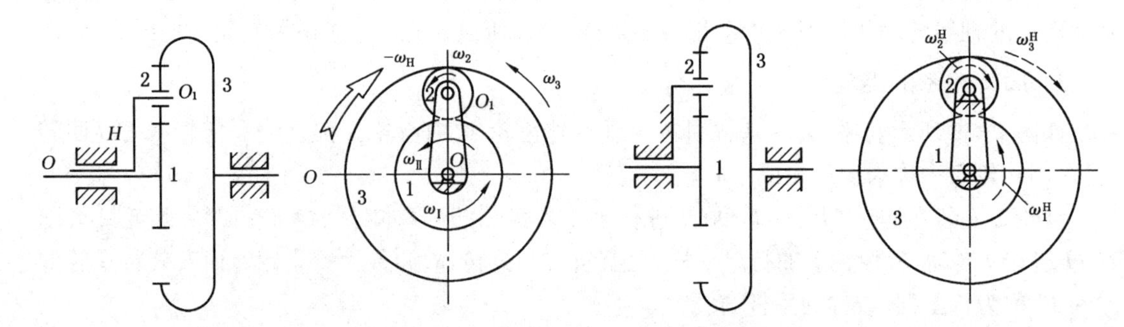


图7-57　定轴轮系　　　　图7-58　周转轮系

表7-15　转化轮系构件角速度变化情况

| 构件 | 原有角速度 | 转化后角速度 |
| --- | --- | --- |
| 行星架 $H$ | $\omega_H$ | $\omega_H-\omega_H=0$ |
| 齿轮1 | $\omega_1$ | $\omega_1^H=\omega_1-\omega_H$ |
| 齿轮2 | $\omega_2$ | $\omega_2^H=\omega_2-\omega_H$ |
| 齿轮3 | $\omega_3$ | $\omega_3^H=\omega_3-\omega_H$ |
| 机架4 | $\omega_4=0$ | $\omega_4=-\omega_H$ |

故此，我们可以求出此转化轮系的传动比 $i_{13}^H$ 为

$$i_{13}^H=\frac{\omega_1^H}{\omega_3^H}=\frac{\omega_1-\omega_H}{\omega_3-\omega_H}=-\frac{z_2z_3}{z_1z_2}=-\frac{z_3}{z_1}$$

“—”号表示在转化轮系中 $\omega_1^H$ 和 $\omega_3^H$ 转向相反。

设周转轮系中两个中心轮分别为1和 $k$，系杆为 $H$，则周转轮系转化机构传动比计算的一般公式为

$$i_{1k}=\frac{\omega_1^H}{\omega_k^H}=\frac{\omega_1-\omega_H}{\omega_k-\omega_H}=\pm\frac{\text{转化轮系中1到}k\text{各从动轮齿数连乘积}}{\text{转化轮系中1到}k\text{各主动轮齿数连乘积}} \tag{7-47}$$

特别注意：

(1) 通用表达式中的“±”号，不仅表明转化轮系中两太阳轮的转向关系，而且直接影响 $\omega_1$、$\omega_k$、$\omega_H$ 之间的数值关系，进而影响传动比计算结果的正确性，因此不能漏判或错判。

(2) $\omega_1$、$\omega_k$、$\omega_H$ 均为代数值，使用公式时要带相应的正负号。

(3) 式中“±”不表示周转轮系中轮1、$k$ 之间的转向关系，仅表示转化轮系中轮1、$k$ 之间的转向关系。

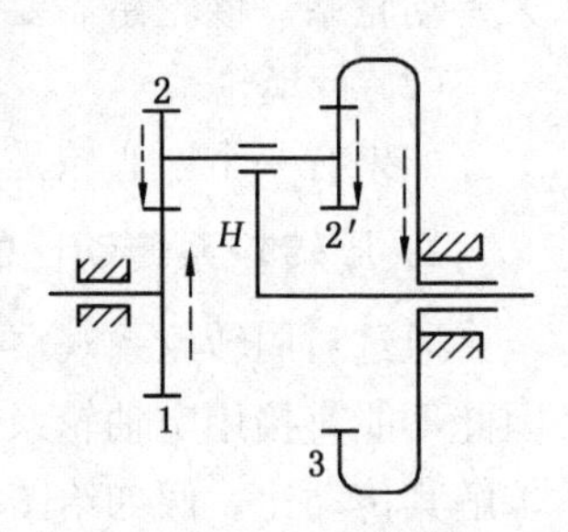


图7-59　例7-2图

【例7-2】　在如图7-59所示的轮系中，如已知各轮齿数 $z_1=50$，$z_2=30$，$z_{2'}=20$，$z_3=100$，且已知轮1和轮3的转数分别为

$|n_1|=100\ \mathrm{r/min}$，$|n_3|=200\ \mathrm{r/min}$。试求：当(1)$n_1$、$n_3$ 同向转动；(2)$n_1$、$n_3$ 异向转动时，行星架 $H$ 的转速及转向。

**解**：这是一个周转轮系，现给出了两个太阳轮的转速 $n_1$、$n_3$，故可以求得 $n_H$。根据转化轮系基本公式可得

$$i_{13}^{H}=\frac{n_1^H}{n_3^H}=\frac{n_1-n_H}{n_3-n_H}=(-1)^1\frac{z_2z_3}{z_1z_{2'}}=-\frac{30\times100}{50\times20}=-3$$

(1) 当 $n_1$、$n_3$ 同向转动时，它们的符号相同，取为正，代入上式得

$$\frac{100-n_H}{200-n_H}=-3,\ \text{求得}\quad n_H=175\ \mathrm{r/min}$$

由于 $n_H$符号为正，说明 $n_H$的转向与 $n_1$、$n_3$ 相同。

(2) 当 $n_1$、$n_3$ 异向时，它们的符号相反，取 $n_1$ 为正，$n_3$ 为负，代入上式可以求得 $n_H=-125\ \mathrm{r/min}$。

由于 $n_H$符号为负，说明 $n_H$的转向与 $n_1$ 相反，而与 $n_3$ 相同。

**【例 7-3】** 在图 7-60 所示的行星轮系中，已知 $z_1=z_{2'}=100$，$z_2=101$，$z_3=99$，行星架 $H$ 为原动件，试求传动比 $i_{H1}$。

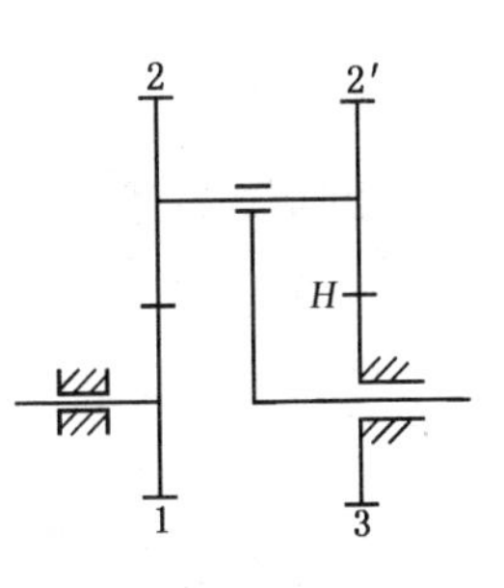

图 7-60　行星减速器

**解**：根据式 $i_{13}^{H}=\frac{n_1^H}{n_3^H}$ 得

$$i_{13}^{H}=\frac{n_1-n_H}{n_3-n_H}=\frac{n_1-n_H}{0-n_H}=\frac{z_2z_3}{z_1z_{2'}}=\frac{101\times99}{100\times100}$$

所以
$$i_{1H}=1-\frac{101\times99}{10\,000}=\frac{1}{10\,000}$$

则
$$i_{H1}=\frac{1}{i_{1H}}=10\,000$$

计算结果说明，这种轮系的传动比极大，系杆 $H$ 转 10 000 转，齿轮 1 转过 1 转，且转向相同。本例也说明，周转轮系用少数几个齿轮就能获得很大的传动比。

### 7.4.3　复合轮系传动比计算

一个轮系中同时包含有定轴轮系和周转轮系时，我们称之为混合轮系(或复合轮系)。对于这种复杂的混合轮系，其求解的方法是：

(1) 将该混合轮系所包含的各个定轴轮系和各个基本周转轮系一一划分出来。

(2) 分别列出计算各定轴轮系和周转轮系传动比的计算关系式。

(3) 联立求解这些关系式，从而求出该混合轮系的传动比。

划分定轴轮系的基本方法：若一系列互相啮合的齿轮的几何轴线都是固定不动的，则这些齿轮和机架便组成一个基本定轴轮系。

划分周转轮系的方法：首先需要找出既有自转又有公转的行星轮(有时行星轮有多个)，然后找出支持行星轮的构件——行星架，最后找出与行星轮相啮合的两个太阳轮(有时只有一个太阳轮)，这些构件便构成一个基本周转轮系，而且每一个基本周转轮系只含有

一个行星架。

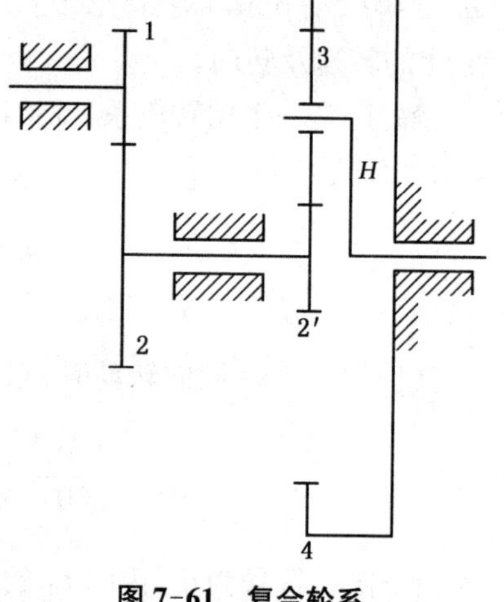

图 7-61　复合轮系

**【例 7-4】**　在图 7-61 所示的齿轮系中，已知 $z_1=20$，$z_2=40$，$z'_2=20$，$z_3=30$，$z_4=60$，均为标准齿轮。试求 $i_{1H}$。

**解：**（1）分析轮系

由图可知该轮系为一平面定轴轮系与简单周转轮系组成的复合轮系，其中

周转轮系：2′—3—4—$H$

定轴轮系：1—2

（2）分别计算各轮系传动比

① 定轴轮系

由式(7-46)得

$$i_{12}=\frac{n_1}{n_2}=(-1)^1\frac{z_2}{z_1}=-\frac{40}{20}=-2$$

$$n_1=-2n_2 \tag{a}$$

② 周转轮系

由式(7-47)得

$$i_{2'4}^{H}=\frac{n_{2'}^{H}}{n_4^{H}}=\frac{n_{2'}-n_H}{n_4-n_H}=-\frac{z_3z_4}{z_{2'}z_3}=-\frac{60}{20}=-3 \tag{b}$$

③ 联立求解

联立式(a)、(b)，代入 $n_4=0$，$n_2=n'_2$，得

$$\frac{n_2-n_H}{0-n_H}=-3$$

所以

$$i_{1H}=\frac{n_1}{n_H}=\frac{-2n_2}{\frac{n_2}{4}}=-8$$

构件 $H$ 与轮 1 转向相反。

## 7.4.4　轮系的功用

由上述可知，轮系广泛用于各种机械设备中，其功用如下：

（1）传递相距较远的两轴间的运动和动力

当两轴间的距离较大时，用轮系传动，可减少齿轮尺寸，节约材料，且制造安装都方便。如图 7-62 所示。

（2）可获得大的传动比

一般一对定轴齿轮的传动比不宜大于 5～7。为此，当需要获得较大的传动比时，可用几个齿轮组成行星轮系来达到目的，不仅外廓尺寸小，且小齿轮不易损坏。如例 7-3 所述的简单行星轮系。

(3) 可实现变速传动

在主动轴转速不变的条件下，从动轴可获得多种转速。汽车、机床、起重设备等多种机器设备都需要变速传动。图 7-63 所示为最简单的变速传动。

图 7-63 中主动轴 $O_1$ 转速不变，移动双联齿轮 1—1′，使之与从动轴上两个齿数不同的齿轮 2、2′分别啮合，即可使从动轴 $O_2$ 获得两种不同的转速，达到变速的目的。

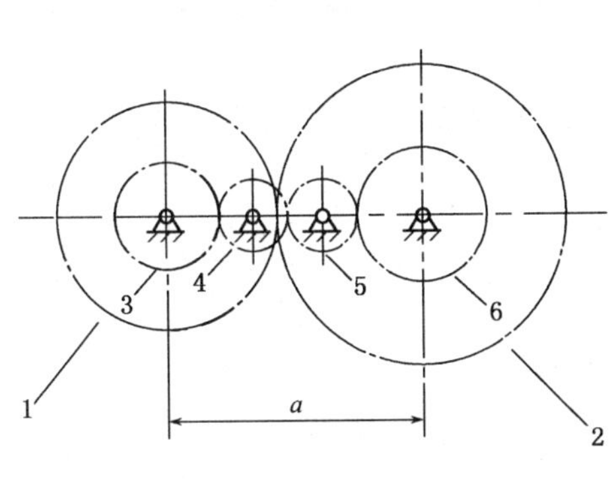


图 7-62　轮系传动

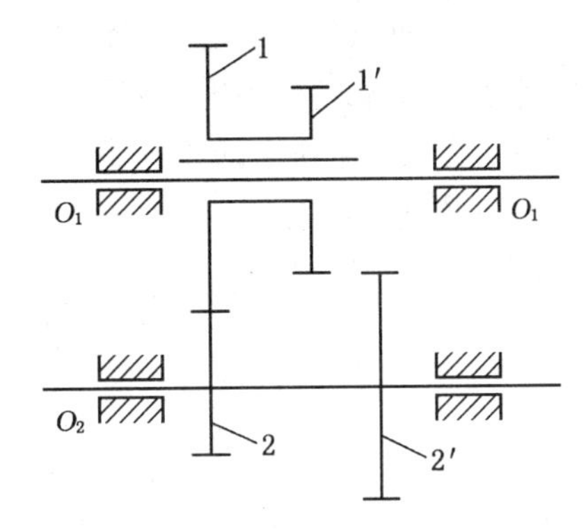


图 7-63　变速传动

(4) 变向传动

在主动轴转向不变的情况下，利用惰轮可以改变从动轴的转向。如图 7-64 所示车床上走刀丝杆的三星轮换向机构，扳动手柄改变外啮合的次数，从动轮 4 相对主动轮有两种输出转向。

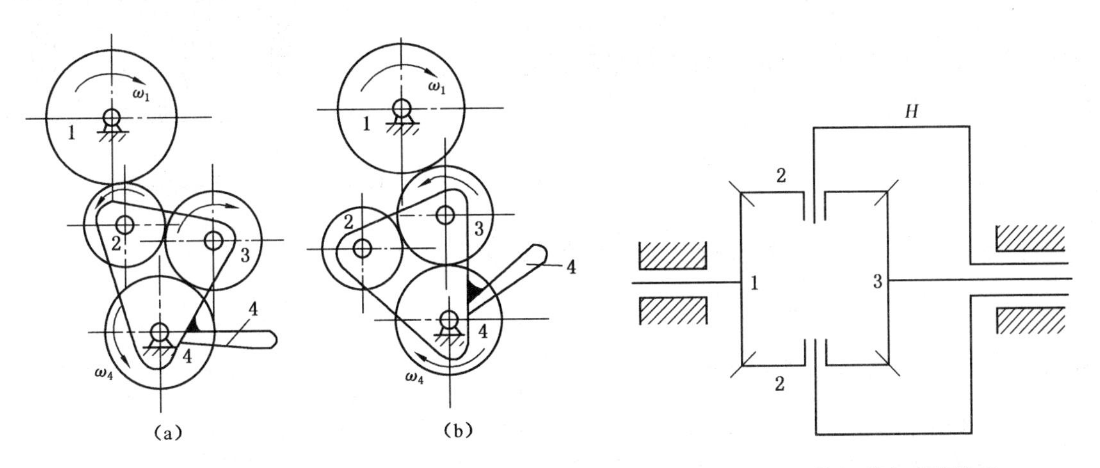


图 7-64　可变向的轮系

图 7-65　使运动合成的轮系

(5) 实现运动的合成与分解

图 7-65 所示差动轮系，由于有两个自由度，所以常被用来进行运动的合成。该特性在机床、计算装置及补偿调整装置中得到广泛应用。

图示轮系中　　　　　　$z_= \ z_3$

故
$$i_{13}^{H}=\frac{n_1-n_H}{n_3-n_H}=\frac{z_3}{z_1}=-1$$

即
$$n_H=\frac{1}{2}(n_1+n_3)$$

上式表明，系杆 $H$ 的转速是两个中心轮转速的合成，所以这种轮系可用作加法机构。

差动轮系还可以分解运动，该特性在汽车、飞机等动力传动中得到广泛应用。汽车后桥的差速器就利用了差动轮系的这一特性。

图 7-66 为汽车后桥上的差速器，齿轮 1、2、3、4($H$)组成一差动轮系。当汽车直线行驶时，$n_1=n_3$。因为

$$i_{13}^{H}=\frac{n_1-n_H}{n_3-n_H}=-\frac{z_3}{z_1}=-1 \qquad \text{(a)}$$

$$n_H=\frac{1}{2}(n_1+n_3)$$

所以

将 $n_1=n_3$ 代入，此时 $n_1=n_3=n_H=n_4$。即齿轮 1、3 和系杆 $H$ 之间没有相对运动，整个差动轮系相当于同齿轮 4 固结在一起成为一个刚体，随齿轮 4 一起转动，此时行星轮 2 相对于系杆没有转动。

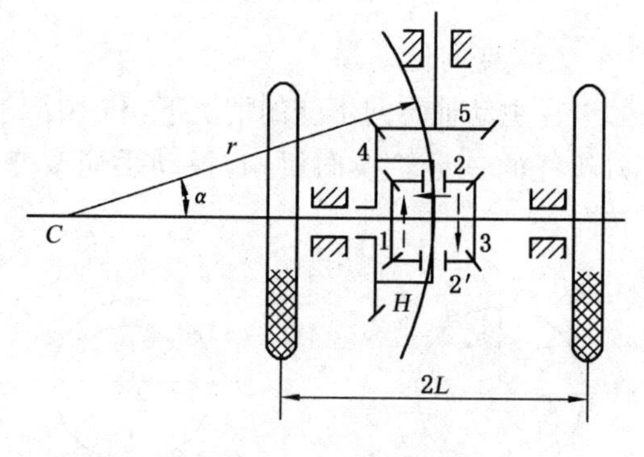


图 7-66 汽车后桥差速器

当汽车转弯时，设两后轮中心距为 $2L$，弯道平均半径为 $r$，由于两后轮的转速与弯道半径成正比，由图 7-66 可得

$$\frac{n_1}{n_3}=\frac{r-L}{r+L} \qquad \text{(b)}$$

联立解(a)、(b)两式，可得此时汽车两后轮的转速分别为

$$n_1=\frac{r-L}{r}n_H$$

$$n_3=\frac{r+L}{r}n_H$$

即自动将主轴的转动分解为两个后轮的不同转动，实现运动分解。

## 7.4.5 减速器简介

### 1）常用减速器

(1) 齿轮减速器

齿轮减速器按减速齿轮的级数可分为单级、二级、三级和多级减速器几种；按轴在空间的相互配置方式可分为立式减速器和卧式减速器两种；按运动简图的特点可分为展开式、同轴式和分流式减速器等。单级圆柱齿轮减速器的最大传动比一般为 8～10，作此限制主要是为了

避免外廓尺寸过大。若要求 $i > 10$ 时，就应采用二级圆柱齿轮减速器。

二级圆柱齿轮减速器应用于 $i = 8 \sim 50$ 及高、低速级的中心距总和为 250～400 mm 的情况下。图 7-67(a)所示为展开式二级圆柱齿轮减速器，它的结构简单，可根据需要选择输入轴端和输出轴端的位置。图 7-67(b)、(c)所示为分流式二级圆柱齿轮减速器，其中图 7-67(b)为高速级分流，图 7-67(c)为低速级分流。分流式减速器的外伸轴可向任意一边伸出，便于传动装置的总体配置，分流级的齿轮均做成斜齿，一边左旋，另一边右旋以抵消轴向力。图 7-67(g)所示为同轴式二级圆柱齿轮减速器，它的径向尺寸紧凑，轴向尺寸大，常用于要求输入和输出轴端在同一轴线上的情况。

图 7-67(e)、(f)所示三级圆柱齿轮减速器，用于要求传动比较大的场合。图 7-67(d)、(h)所示分别表示单级圆锥齿轮减速器和二级圆锥—圆柱齿轮减速器，用于需要输入轴与输出轴成 90°配置的传动中。因大尺寸的圆锥齿轮较难精确制造，所以圆锥—圆柱齿轮减速器的高速级总是采用圆锥齿轮传动以减小其尺寸，提高制造精度。齿轮减速器的特点是效率高，寿命长，维护简便，因而应用极为广泛。

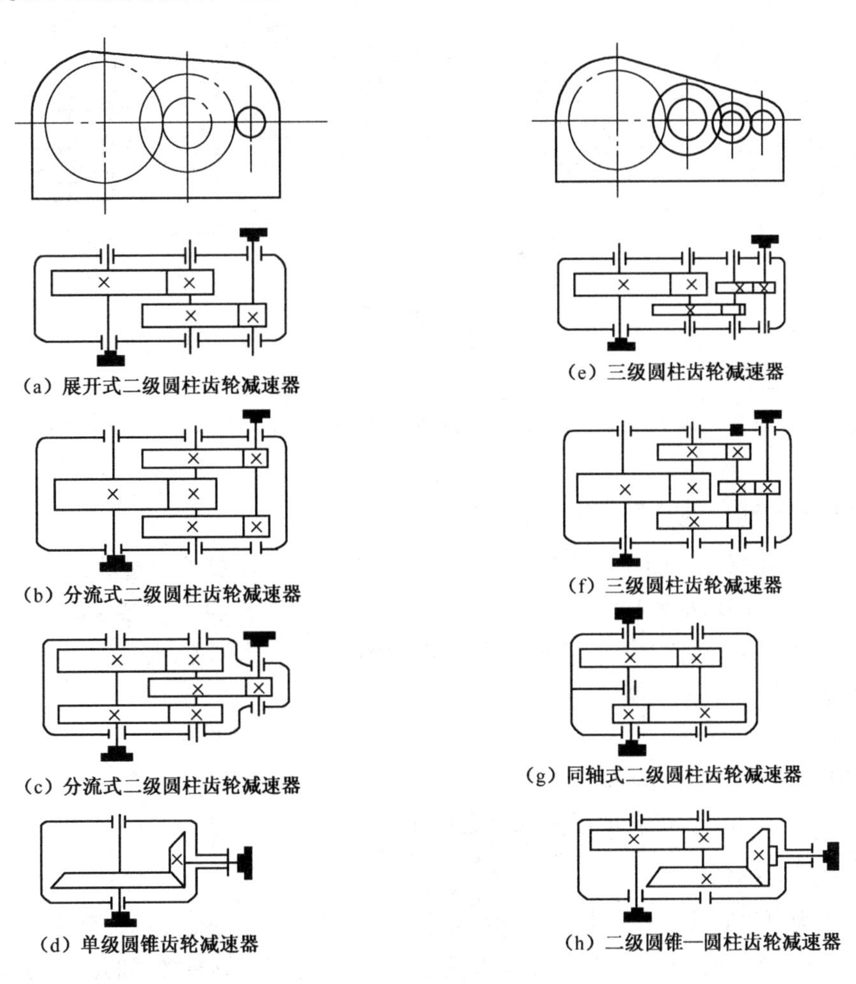

(a) 展开式二级圆柱齿轮减速器　(e) 三级圆柱齿轮减速器

(b) 分流式二级圆柱齿轮减速器　(f) 三级圆柱齿轮减速器

(c) 分流式二级圆柱齿轮减速器　(g) 同轴式二级圆柱齿轮减速器

(d) 单级圆锥齿轮减速器　(h) 二级圆锥—圆柱齿轮减速器

图 7-67　各式齿轮减速器

(2) 蜗杆减速器

蜗杆减速器的特点是在外廓尺寸不大的情况下可以获得很大的传动比,同时工作平稳、噪声较小,但缺点是传动效率较低。蜗杆减速器中应用最广的是单级蜗杆减速器。

单级蜗杆减速器根据蜗杆的位置可分为上置蜗杆(图 7-68(a))、下置蜗杆(图 7-68(c))及侧蜗杆(图 7-68(b))三种,其传动比范围一般为 $i = 10 \sim 70$。设计时应尽可能选用下置蜗杆的结构,以便于解决润滑和冷却问题。图 7-68(d)所示为二级蜗杆减速器。

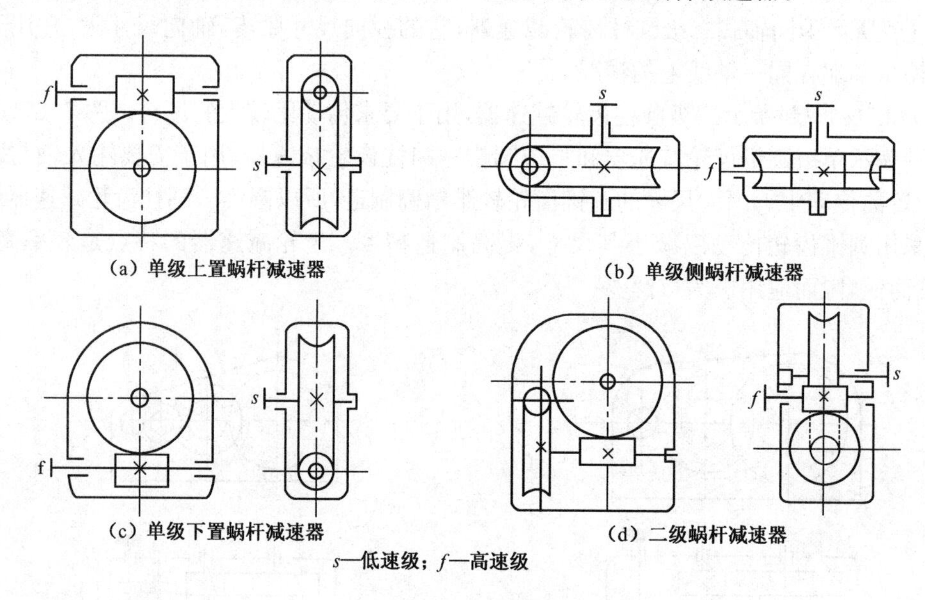


图 7-68 各式蜗杆减速器

(3) 蜗杆—齿轮减速器

这种减速器通常将蜗杆传动作为高速级,因为高速时蜗杆的传动效率较高。它适用的传动比范围为 50～130。

**2) 减速器传动比的分配**

由于单级齿轮减速器的传动比最大不超过 10,当总传动比要求超过此值时,应采用二级或多级减速器。此时就应考虑各级传动比的合理分配问题,否则将影响到减速器外形尺寸的大小、承载能力能否充分发挥等。根据使用要求的不同,可按下列原则分配传动比:

(1) 使各级传动的承载能力接近于相等。

(2) 使减速器的外廓尺寸和质量最小。

(3) 使传动具有最小的转动惯量。

(4) 使各级传动中大齿轮的浸油深度大致相等。

**3) 减速器的结构**

图 7-69 为单级直齿圆柱齿轮减速器的结构,它主要由齿轮、轴、轴承、箱体等组成。箱体必须有足够的刚度,为保证箱体的刚度及散热,常在箱体外壁上制有加强肋。为方便减速器的制造、装配及使用,还在减速器上设置一系列附件,如检查孔、透气孔、油标尺或油面指示器、吊钩及起盖螺钉等。

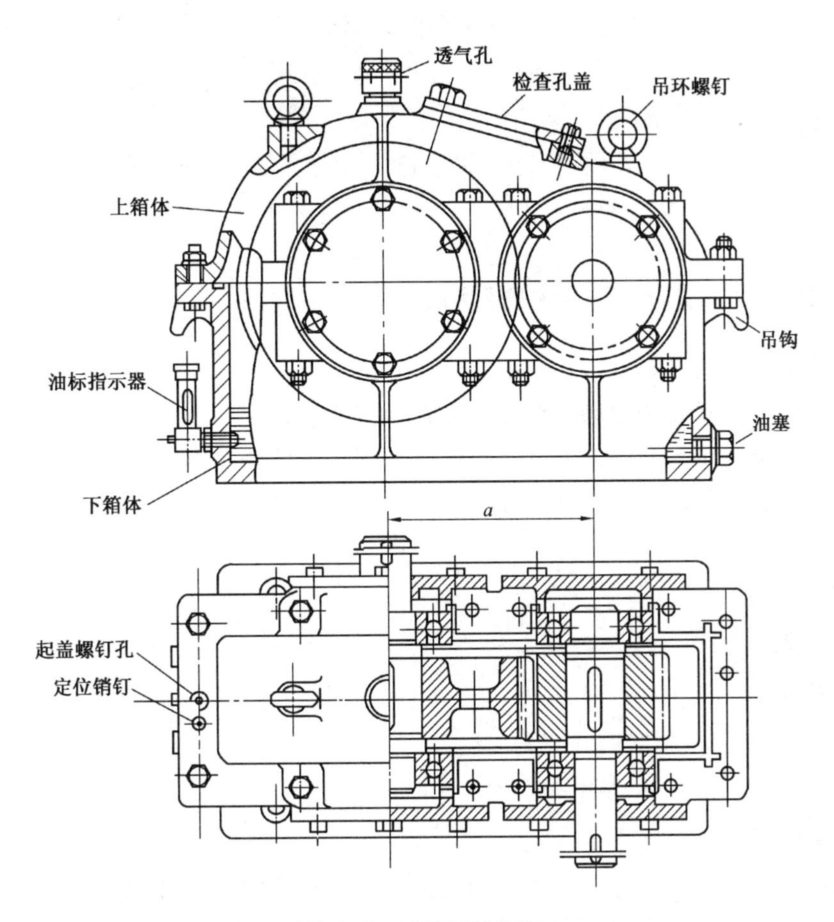


图 7-69　减速器的结构

## 任务实施

图 7-52 所示为某汽车变速箱示意图,已知 $z_1=20$,$z_2=35$,$z_3=28$,$z_4=27$,$z_5=18$,$z_6=37$,$z_7=14$,轴 Ⅰ(输入轴)$n_1=1\,000$ r/min,该车能实现几挡车速?如何计算?

(1) 通过对图 7-52 汽车变速箱结构的分析可知,该轮系属于定轴轮系,该轮系共有四挡转速。第一挡传动路线为齿轮 1-2-5-6;第二挡为齿轮 1-2-3-4;第三挡由离合器直接将Ⅰ轴和Ⅲ轴相连,为直接挡;第四挡为齿轮 1-2-7-8-6,为倒挡。

(2) 各挡转速计算

第一挡

$$i_{\text{Ⅰ}-\text{Ⅲ}}=\frac{n_{\text{Ⅰ}}}{n_{\text{Ⅲ}}}=\frac{z_2z_6}{z_1z_5}=\frac{35\times37}{20\times18}=\frac{259}{72}$$

$$n_{\text{Ⅲ}}=\frac{72}{259}n_{\text{Ⅰ}}=\frac{72}{259}\times1\,000=277.99\text{ r/min}$$

第二挡

$$i_{\text{Ⅰ}-\text{Ⅲ}}=\frac{n_{\text{Ⅰ}}}{n_{\text{Ⅲ}}}=\frac{z_2z_4}{z_1z_3}=\frac{35\times27}{20\times28}=\frac{189}{112}$$

$$n_{\text{Ⅲ}}=\frac{112}{189}n_{\text{Ⅰ}}=\frac{112}{189}\times1\,000=592.59\text{ r/min}$$

第三挡 $n_{Ⅲ} = n_{Ⅰ} = 1\,000\ r/min$

第四挡 $i_{Ⅰ-Ⅲ} = \frac{n_{Ⅰ}}{n_{Ⅲ}} = -\frac{z_2 z_8 z_6}{z_1 z_7 z_8} = -\frac{z_2 z_6}{z_1 z_7} = -\frac{35\times 37}{20\times 14} = -\frac{37}{8}$

$$n_{Ⅲ} = -\frac{8}{37} n_{Ⅰ} = -\frac{8}{37}\times 1\,000 = -216.22\ r/min$$

$n_{Ⅲ}$ 与 $n_{Ⅰ}$ 转向相反,故为倒挡。

## 技能训练——渐开线齿轮参数测量实验

**1) 目的要求**

(1) 掌握用游标卡尺测定渐开线直齿轮基本参数的方法。

(2) 进一步熟悉齿轮的各部分尺寸、参数关系及渐开线的性质。

**2) 实验设备和工具**

(1) 被测齿轮。

(2) 游标卡尺。

(3) 计算器。

**3) 训练内容**

(1) 渐开线的形成及特性。

(2) 齿轮的各部分名称、基本参数和尺寸计算。

**4) 原理和方法**

本实验要测定和计算的渐开线直齿圆柱齿轮的基本参数有:齿数 $z$、模数 $m$、分度圆压力角 $\alpha$、齿顶高系数 $h_a^*$、径向间隙系数 $c^*$ 等。

(1) 确定模数 $m$ 和压力角 $\alpha$

要确定 $m$ 和 $\alpha$,首先应测出基圆齿距 $p_b$,因渐开线的法线切于基圆,故由图 7-14 可知,基圆切线与齿廓垂直,卡尺的两脚与齿廓相切于 $A$、$B$ 两点。设卡尺的跨齿数为 $k$(图中 $k=3$),$AB$ 的长度即为公法线长度,因此,用游标卡尺跨过 $k$ 个齿,测得齿廓间的公法线距离为 $w_k$ 毫米,再跨过 $k-1$ 个齿,测得齿廓间的公法线距离为 $w_{k-1}$ 毫米。由图 7-14 可得

$$W_k = (k-1)p_b + s_b$$

根据测量的 $W_k$、$W_{k-1}$ 的值得 $p_b$

$$W_k - W_{k-1} = p_b$$

式中:$p_b$——齿轮的基圆齿距(mm);

$s_b$——齿轮的基圆齿厚(mm);

$k$——跨齿数,为保证卡尺的两个卡爪与齿廓的渐开线部分相切,跨齿数 $k$ 应根据被测齿轮的齿数参考表 7-16 决定。

表 7-16　齿数 $z$ 与跨齿数 $k$ 的对应关系

| $Z$ | 12～18 | 19～27 | 28～36 | 37～45 | 46～54 | 55～63 | 64～72 | 73～81 |
|---|---|---|---|---|---|---|---|---|
| $K$ | 2 | 3 | 4 | 5 | 6 | 7 | 8 | 9 |

因为 $p_b=\pi m\cos\alpha$，且式中 $m$ 和 $\alpha$ 都已标准化，所以根据所测得的基圆齿距 $p_b$ 查表 7-20 得出相应的模数 $m$ 和压力角 $\alpha$。

(2) 确定齿顶高系数 $h_a^*$ 和径向间隙系数 $c^*$

当被测齿轮的齿数为偶数时，可用卡尺直接测得齿顶圆直径 $d_a$ 及齿根圆直径 $d_f$。如果被测齿轮齿数为奇数时，则应先测量出齿轮轴孔直径 $d_孔$，然后再测量孔到齿顶的距离 $H_顶$ 和轴孔到齿根的距离 $H_根$。如图 7-70 所示，可得

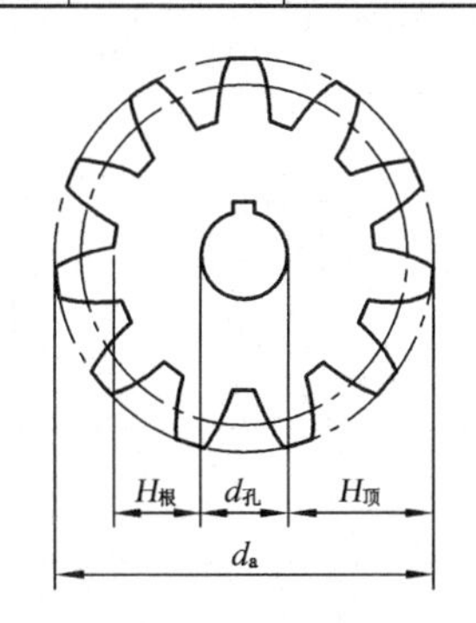


图 7-70　奇数齿测量方法

$$d_a=d_孔+2H_顶$$
$$d_f=d_孔+2H_根$$

又因为

$$d_a = mz + 2h_a^* m$$
$$h = 2h_a^* m + c^* m$$

由此推导出 $h_a^*$ 及 $c^*$ 得

$$h_a^* = \frac{1}{2}\left(\frac{d_a}{m} - z\right)$$

$$c^* = \frac{h}{m} - 2h_a^*$$

**5）实验步骤**

(1) 直接数出被测齿轮的齿数 $z$。

(2) 测量 $w_k$、$w_{k-1}$ 及 $d_a$ 和 $d_f$，每个尺寸应测量三次，分别填入表 7-17、表 7-18 和表 7-19 中。

表 7-17　公法线测量数据

| 齿轮号数 No： | | 齿轮齿数 $z$= | | |
|---|---|---|---|---|
| | 第一次 | 第二次 | 第三次 | 平均值 |
| $w_k$ | | | | |
| $w_{k+1}$ | | | | |

表 7-18　偶数齿齿轮齿顶圆直径和齿根圆直径的测量数据

| 偶数齿齿轮 $z$= | | |
|---|---|---|
| 测量序号 | 齿顶圆直径 $d_a$ | 齿根圆直径 $d_f$ |
| 1 | | |
| 2 | | |
| 3 | | |
| 平均值 | | |

**表 7-19　奇数齿齿轮齿顶圆直径和齿根圆直径的测量数据**

| 奇数齿齿轮 $z=$ | | | | | | |
|---|---|---|---|---|---|---|
| 测量序号 | 齿顶圆直径 $d_a$ | | | 齿根圆直径 $d_f$ | | |
| | $d_{孔}$ | $H_{顶}$ | $d_a=d_{孔}+2H_{顶}$ | $d_{孔}$ | $H_{根}$ | $d_f=d_{孔}+2H_{根}$ |
| 1 | | | | | | |
| 2 | | | | | | |
| 3 | | | | | | |
| 平均值 | | | | | | |

**表 7-20　基圆齿距 $p_b=\pi m\cos\alpha$ 的数值**

| 模　数 | $p_b=\pi m\cos\alpha$ | | | |
|---|---|---|---|---|
| $m$ | $\alpha=22.5°$ | $\alpha=20°$ | $\alpha=15°$ | $\alpha=14.5°$ |
| 1 | 2.902 | 2.952 | 3.053 | 3.041 |
| 1.25 | 3.682 | 3.690 | 3.793 | 3.817 |
| 1.5 | 4.354 | 4.428 | 4.552 | 4.625 |
| 1.75 | 5.079 | 5.166 | 5.310 | 5.323 |
| 2 | 5.805 | 5.904 | 6.096 | 6.080 |
| 2.25 | 6.530 | 6.642 | 6.828 | 6.843 |
| 2.5 | 7.256 | 7.380 | 7.586 | 7.604 |
| 2.75 | 7.982 | 8.118 | 8.345 | 8.363 |
| 3 | 8.707 | 8.856 | 9.104 | 9.125 |
| 3.25 | 9.433 | 9.594 | 9.862 | 9.885 |
| 3.5 | 10.159 | 10.332 | 10.621 | 10.645 |
| 3.75 | 10.884 | 11.071 | 11.379 | 11.406 |
| 4 | 11.610 | 11.808 | 12.138 | 12.166 |
| 4.5 | 13.061 | 13.285 | 13.655 | 13.687 |
| 5 | 14.512 | 14.761 | 15.173 | 15.208 |
| 5.5 | 15.963 | 16.237 | 16.690 | 16.728 |
| 6 | 17.415 | 17.731 | 18.207 | 18.249 |
| 6.5 | 18.886 | 19.189 | 19.724 | 19.770 |
| 7 | 20.317 | 20.665 | 21.242 | 21.291 |
| 8 | 23.220 | 23.617 | 24.276 | 24.332 |
| 9 | 26.122 | 26.569 | 27.311 | 27.374 |
| 10 | 29.024 | 29.521 | 30.345 | 30.415 |

续表 7-20

| 模　数 | $p_b=\pi m\cos\alpha$ | | | |
|---|---|---|---|---|
| $m$ | $\alpha=22.5°$ | $\alpha=20°$ | $\alpha=15°$ | $\alpha=14.5°$ |
| 11 | 31.927 | 32.473 | 33.380 | 33.457 |
| 12 | 34.829 | 35.426 | 36.414 | 36.498 |
| 13 | 37.732 | 38.378 | 39.449 | 39.540 |
| 14 | 40.634 | 41.330 | 42.484 | 42.518 |
| 15 | 43.537 | 44.282 | 45.518 | 45.632 |
| 16 | 46.439 | 47.234 | 48.553 | 48.665 |
| 18 | 52.244 | 53.138 | 54.622 | 54.748 |
| 20 | 58.049 | 59.043 | 60.691 | 60.831 |
| 22 | 63.854 | 64.947 | 66.760 | 66.914 |
| 25 | 72.561 | 73.803 | 75.864 | 76.038 |
| 28 | 81.278 | 82.660 | 84.968 | 85.162 |
| 30 | 87.070 | 88.564 | 91.040 | 91.250 |
| 33 | 95.787 | 97.419 | 100.140 | 100.371 |
| 36 | 104.487 | 106.278 | 109.242 | 109.494 |
| 40 | 116.098 | 118.086 | 121.380 | 121.660 |
| 45 | 130.610 | 132.850 | 136.550 | 136.870 |
| 50 | 145.120 | 147.610 | 151.73 | 152.080 |

## 思考与练习

7-1　什么叫齿轮的模数？它的大小说明什么？模数的单位是什么？

7-2　什么叫直齿圆柱齿轮传动的重合度？齿轮连续传动的条件是什么？

7-3　试述仿形法加工齿轮和范成法加工齿轮的基本原理及它们的优缺点。

7-4　齿轮传动的主要失效形式有哪些？开式、闭式齿轮传动的失效形式有什么不同？设计准则通常是按哪些失效形式制定的？

7-5　齿轮材料的选用原则是什么？常用材料和热处理方法有哪些？

7-6　齿面接触疲劳强度与哪些参数有关？若接触强度不够，采取什么措施提高接触强度？

7-7　齿根弯曲疲劳强度与哪些参数有关？若弯曲强度不够，可采取什么措施提高弯曲强度？

7-8　蜗杆传动与齿轮传动相比有何特点？常用于什么场合？

7-9　蜗杆传动为什么要进行热平衡计算？若热平衡计算不合要求怎么办？

7-10　如何恰当地选择蜗杆传动的传动比 $i_{12}$、蜗杆头数 $z_1$ 和蜗轮齿数 $z_2$，并简述其理由。

7-11　蜗轮蜗杆传动正确啮合条件如何？为什么将蜗杆分度圆直径 $d_1$ 定为标准值？

7-12　常用的蜗轮、蜗杆的材料组合有哪些？设计时如何选择材料？

7-13　有一个标准渐开线直齿圆柱齿轮，测量其齿顶圆直径 $d_a = 106.40$ mm，齿数 $z = 25$，问是哪一种齿制的齿轮，基本参数是多少？

7-14　在技术革新中，拟使用现有的两个标准直齿轮圆柱齿轮，已测得齿数 $z_1 = 22$，$z_2 = 98$，小齿轮齿顶圆直径 $d_{a1} = 240$ mm，大齿轮全齿高 $h = 22.5$ mm，试判断这两个齿轮能否正确啮合传动。

7-15　一对渐开线标准直齿圆柱齿轮传动，已知小齿轮的齿数 $z_1 = 26$，传动比 $i = 3$，模数 $m = 3$ mm，试求大齿轮的齿数、主要几何尺寸及中心距。

7-16　已知一对正常齿标准斜齿圆柱齿轮的模数 $m = 3$ mm，齿数 $z_1 = 23$、$z_2 = 76$，分度圆螺旋角 $\beta = 8°6'34''$。试求其中心距、端面压力角、当量齿数、分度圆直径、齿顶圆直径和齿根圆直径。

7-17　已知某机器中的一对标准直齿圆柱齿轮传动，其中心距 $a=200$ mm，传动比 $i=3$，$z=24$，$n_1=1\,440$ r/min，$b_1=100$ mm，$b_2=95$ mm。小齿轮材料为 45 钢调质，大齿轮材料为 45 钢正火。单向运转，中等冲击，使用寿命 10 年，一班制工作。试确定该对齿轮所能传递的最大功率。

7-18　设计一单级直齿圆柱齿轮减速器的齿轮传动。已知所传递的功率 $P=8$ kW，高速轴转速 $n_1=1\,440$ r/min，要求传动比 $i=3.6$，齿轮单向运转，载荷平稳。齿轮相对轴承为对称布置，电动机驱动，预期寿命为 8 年，两班制工作。

7-19　试设计斜齿圆柱齿轮减速器中的一对斜齿轮。已知两齿轮的转速 $n_1 = 720$ r/min，$n_2 = 200$ r/min，传递的功率 $P = 10$ kW，单向传动，载荷有中等冲击，由电动机驱动，单向运转，齿轮相对于支承位置对称，工作寿命为 10 年，单班制工作。

7-20　题 7-20 图所示为斜齿圆柱齿轮减速器。

(1) 已知主动轮 1 的螺旋角旋向及转向，为了使轮 2 和轮 3 中间轴的轴向力最小，试确定轮 2、3、4 的螺旋角旋向和各轮产生的轴向力方向。

(2) 已知 $m_{n2} = 3$ mm，$z_2 = 57$，$\beta_2 = 18°$，$m_{n3} = 4$ mm，$z_3 = 20$，$\beta_3$ 应为多少时，才能使中间轴上两齿轮产生的轴向力互相抵消？

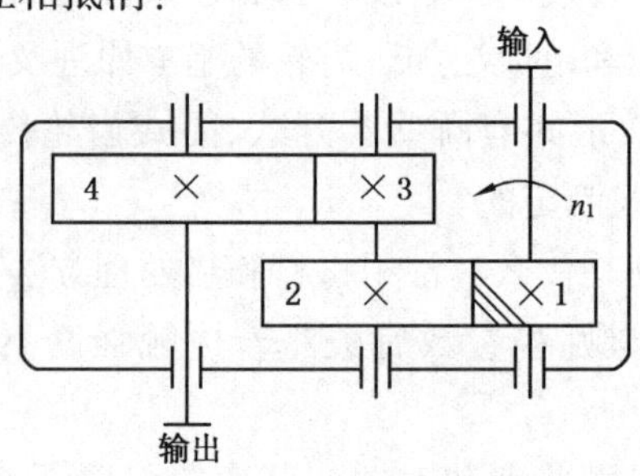


题 7-20 图

7-21　有一标准圆柱蜗杆传动，已知模数 $m = 8\,\text{mm}$，传动比 $i = 20$，蜗杆分度圆直径 $d = 80\,\text{mm}$，蜗杆头数 $z = 2$。试计算该蜗杆传动的主要几何尺寸。

7-22　题 7-22 图所示蜗杆传动，已知蜗杆的螺旋线方向和转动方向，试求：

(1) 蜗轮转向；

(2) 标出节点处作用于蜗杆和蜗轮上的三个分力的方向。

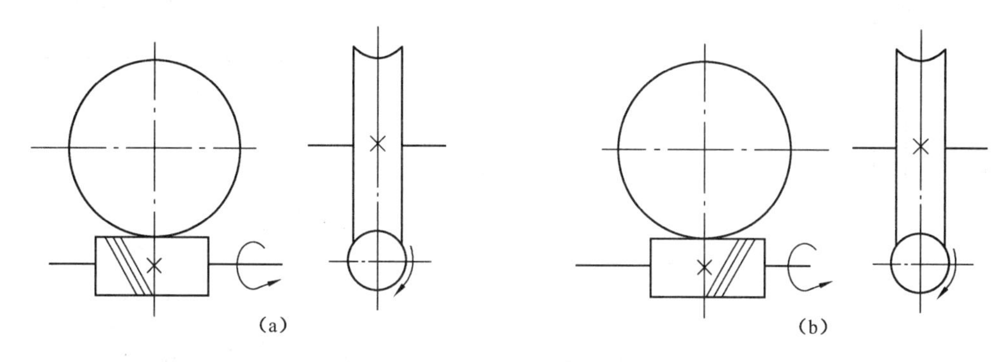


题 7-22 图

7-23　图中所示为一定轴轮系，图上标明了各齿轮的位置，其中 $a$、$b$ 分别为变速滑移齿轮。已知齿轮 $z_1=20$、$z_2=40$、$z_3=30$、$z_4=24$、$z_5=36$、$z_6=72$，电动机轴转速 $n_1=1\,440$ r/min，转向如图所示。试问按图示啮合传动路线，输出轴的转速 $n_6$ 和转动方向如何？输出轴能获得几种不同的转速？

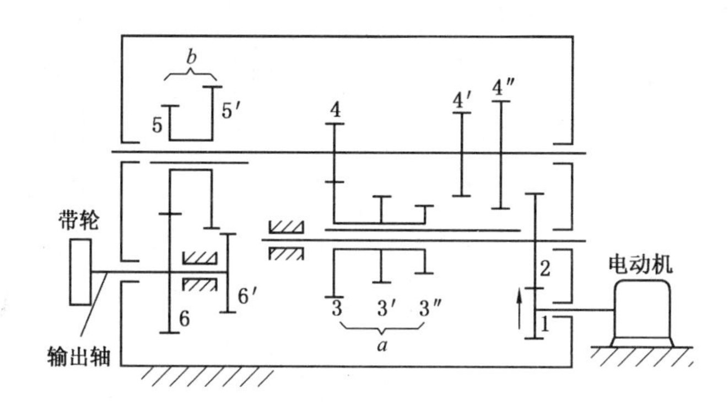


题 7-23 图

7-24　某外圆磨床的进给机构如图所示，已知各轮齿数为 $z_1 = 28$，$z_2 = 56$，$z_3 = 38$，$z_4 = 57$，手轮与齿轮 1 相固连，横向丝杠与齿轮 4 相固连，其丝杠螺距为3 mm。试求当手轮转动 1/100 转时，砂轮架的横向进给量 $S$。

7-25　如图所示为一电动提升装置，其中各轮齿数均为已知，试求传动比 $i_{15}$，并画出当提升重物时电动机的转向。

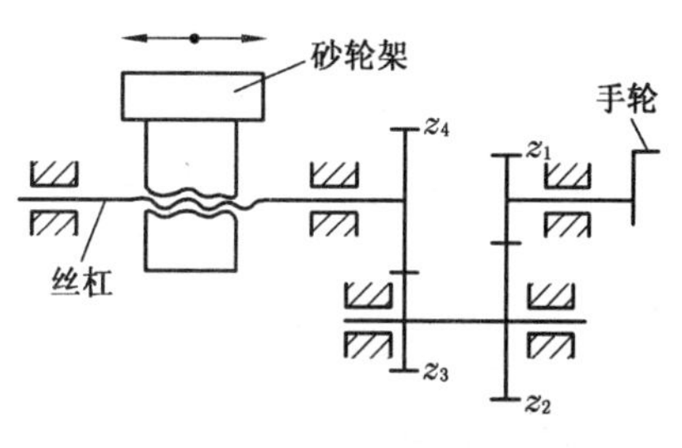


题 7-24 图

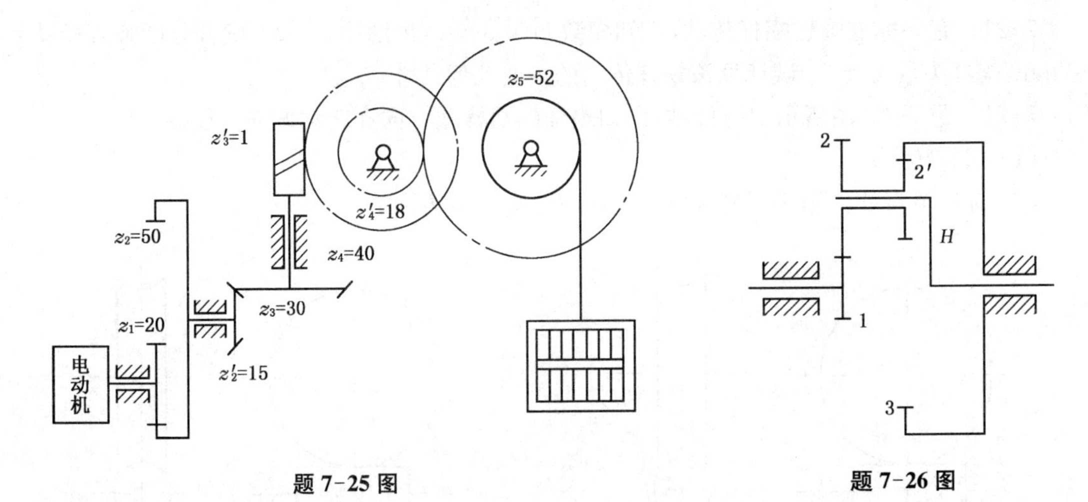


题 7-25 图　　　　题 7-26 图

7-26　图中所示轮系,已知 $z_1=50$,$z_2=30$,$z_2'=20$,$z_3=100$,试求轮系传动比 $i_{1H}$。

7-27　图中所示轮系中,各轮的齿数为 $z_1=15$,$z_2=25$,$z_2'=20$,$z_3=60$。在图(a)中若已知 $n_1=200\ \text{r/min}$,$n_3=50\ \text{r/min}$,$n_1$ 和 $n_3$ 转向如图示,求 $n_H$ 的大小和转向。又如在图(b)中,若已知 $n_1=200\ \text{r/min}$,$n_3=50\ \text{r/min}$,$n_1$ 和 $n_3$ 转向如图示,求 $n_H$ 的大小和转向。

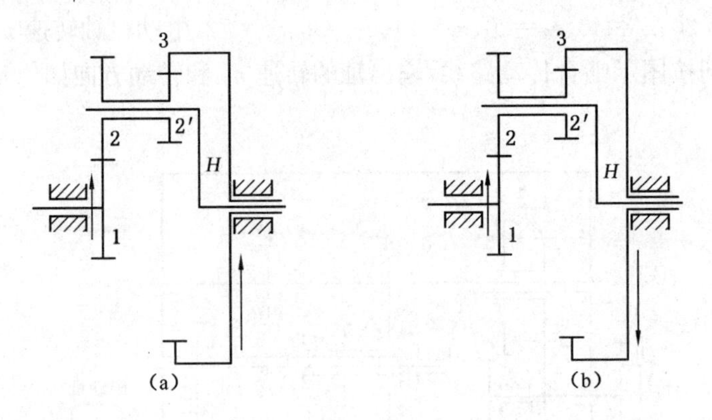


题 7-27 图

# 项目八 轴承的设计

### 学习目标

**1）知识目标**

（1）会选用滑动轴承的结构和材料；
（2）非液体摩擦滑动轴承的校核计算；
（3）滚动轴承的分类、结构、类型、代号；
（4）滚动轴承选择的方法，能进行寿命计算等；
（5）滚动轴承的装置设计方法。

**2）能力目标**

（1）掌握各类轴承的结构特点、选用轴承的类型；
（2）熟练掌握常用滚动轴承的代号及表示方法；
（3）掌握滚动轴承的主要失效形式及基本额定寿命计算方法；
（4）正确进行滚动轴承部件的组合结构设计。

## 任务一　校核滑动轴承

### 任务导入

某公司有一混合摩擦向心滑动轴承，轴径直径 $d = 60$ mm，轴承宽度 $B = 60$ mm，轴瓦材料为 ZCuAl10Fe3，试确定当载荷 $F = 36\,000$ N、转速 $n = 50$ r/min 时，校核轴承是否满足非液体润滑轴承的使用条件。

### 任务分析

润滑良好的滑动轴承在高速、重载、高精度以及结构要求对开的场合优点突出，因而在汽轮机、内燃机、大型电机、仪表、机床、航空发动机及铁路机车等机械上被广泛应用。

### 相关知识

#### 8.1.1　滑动轴承的类型及特点

轴承是通过与轴颈接触，支承轴及轴上零件的重要部件，它能保持轴的旋转精度，减小相对零件之间的摩擦和磨损。合理地选择和使用轴承对提高机器的使用性能、延长寿命都起着重要的作用。按其工作时的摩擦性质可以分为滑动摩擦轴承(简称滑动轴承)和滚动摩擦轴承(简称滚动轴承)两大类。

滑动轴承结构简单、径向尺寸小、易于制造、便于安装，且具有工作平稳、无噪声、耐冲击和承载能力强等优点。但润滑不良时，会使滑动轴承迅速失效，并且轴向尺寸较大。滑动轴承适用于要求不高或有特殊要求的场合，如转速特高、承载特重、回转精度特高、承受巨大冲击和振动、轴承结构需要剖分、径向尺寸特小等场合。

滑动轴承按其承受载荷方向的不同，可分为径向轴承(承受径向载荷)和止推轴承(承受轴向载荷)。根据其滑动表面间润滑状态的不同，可分为液体润滑轴承、不完全液体润滑轴承(指滑动表面间处于边界润滑或混合润滑状态)和无润滑轴承(指工作前和工作时不加润滑剂)。根据液体润滑承载机理的不同，又可分为液体动力润滑轴承(简称液体动压轴承)和液体静力润滑轴承(简称液体静力轴承)。

## 8.1.2 滑动轴承的结构

滑动轴承一般由轴承座、轴瓦、润滑装置和密封装置等部分组成。

**1) 径向滑动轴承**

对于常用的径向滑动轴承，我国已经制定了相关标准，通常情况下可以根据工作条件进行选用。

(1) 整体式径向滑动轴承

如图 8-1 所示为整体式滑动轴承，它由轴承座和轴承套组成。轴承套压装在轴承座孔中，一般配合为 H8/s7。轴承座用螺栓与机座连接，顶部设有安装注油油杯的螺纹孔。轴套上开有油孔，并在其内表面开油沟以输送润滑油。这种轴承结构简单、制造成本低，但滑动表面磨损后无法修整，而且装拆轴的时候只能做轴向移动，有时很不方便，有些粗重的轴和中间具有轴颈的轴(如内燃机的曲轴)就不便或无法安装。所以，整体式滑动轴承多用于低速、轻载和间歇工作的场合，例如手动机械、农业机械等。

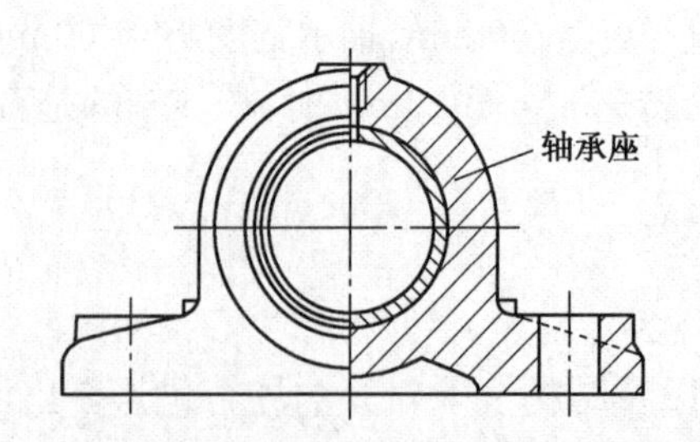


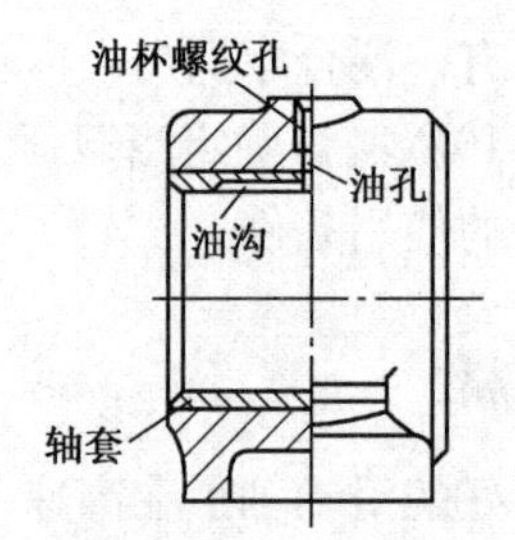


**图 8-1 整体式径向滑动轴承**

(2) 剖分式径向滑动轴承

剖分式径向滑动轴承结构如图 8-2 所示，它由轴承座、轴承盖、剖分式轴瓦和双头螺柱等组成。剖分面常做成阶梯形，以便对中和防止横向错动。轴承盖上部开有螺纹孔，用以安装油杯。轴瓦也是剖分式的，通常由下轴瓦承受载荷。为了节省贵重金属或其他需要，常在轴瓦内表面上浇注一层轴承衬。在轴瓦内壁非承载区开设油槽，润滑油通过油孔和油槽流进轴承间隙。轴承剖分面最好与载荷方向近似垂直，多数轴承的剖分面是水平的(也有做成倾斜的)。这种轴承装拆方便，并且轴瓦磨损后可以用减少剖分面处的垫片厚度来调整轴承间隙。

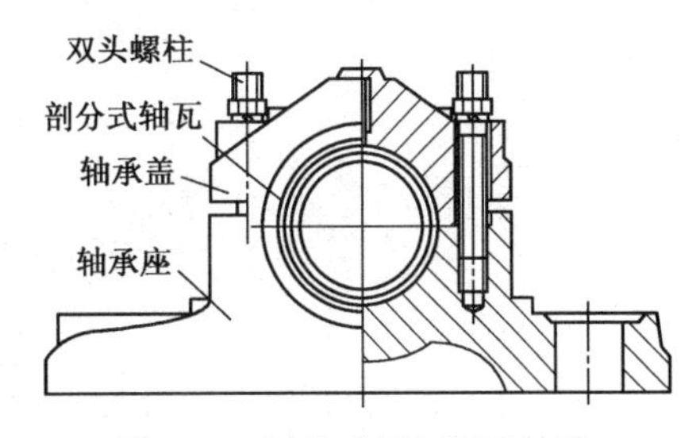


图 8-2 剖分式径向滑动轴承

这种轴承所受的径向载荷方向一般不超过剖分面垂线左右 35°的范围，否则应该使用斜剖分面轴承。为使润滑油能均匀地分布在整个工作表面上，一般在不承受载荷的轴瓦表面开出油沟和油孔。

(3) 调心式径向滑动轴承

轴承宽度与轴径之比($B/d$)称为宽径比。对于 $B/d > 1.5$ 的轴承，轴的刚度较小，或由于两轴承不是安装在同一刚性机架上，同轴度较难保证时，都会造成轴瓦端部的局部接触，如图 8-3(a)所示，使轴瓦局部严重磨损，为此可采用能相对轴承自行调节轴线位置的自动调心滑动轴承，如图 8-3(b)所示。这种滑动轴承的结构特点是轴瓦的外表面做成凸形球面，与轴承盖及轴承座上的凹形球面相配合，当轴变形时，轴瓦可随轴线自动调节位置，从而保证轴颈和轴瓦为球面接触。

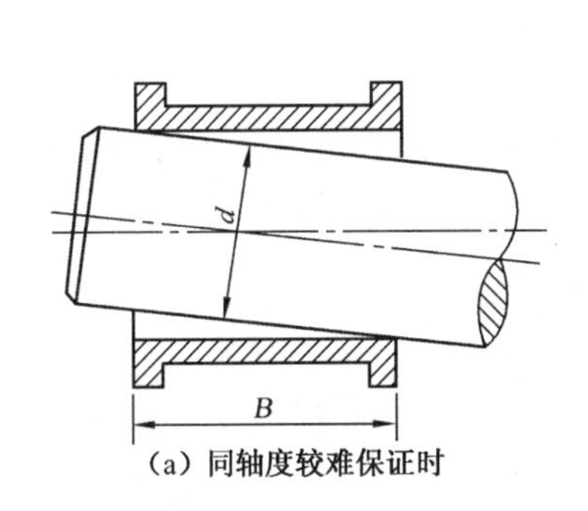


(a) 同轴度较难保证时

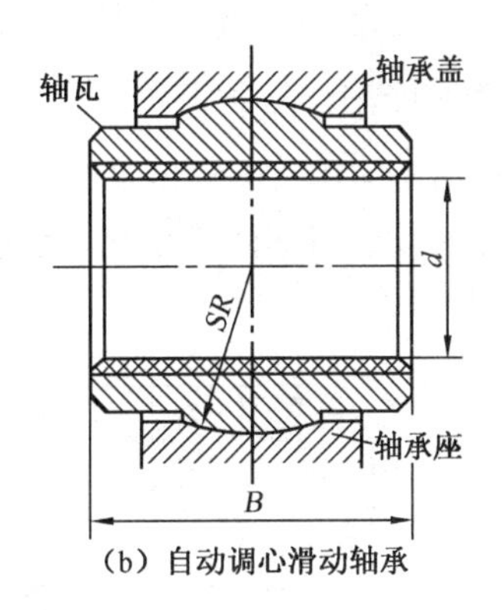


(b) 自动调心滑动轴承

图 8-3 调心式径向滑动轴承

**2) 推力滑动轴承**

推力滑动轴承用于承受轴向载荷。图 8-4 所示为一简单的推力轴承结构，它由轴承座、套筒、径向轴瓦、止推轴瓦所组成。

按推力轴颈支承面的不同，推力滑动轴承可分为实心式、空心式、单环式、多环式等形式，如图 8-5 所示。实心式轴颈由于工作时轴心与边缘磨损不均匀，以致轴心部分压强极高，润滑油容易被挤出，所以极少采用。在一般机器上大多采用空心式轴颈或环状轴颈。载荷较大时采用多环式轴颈，多环式轴颈还能承受双向轴向载荷。轴颈的结构尺寸可查有关手册。

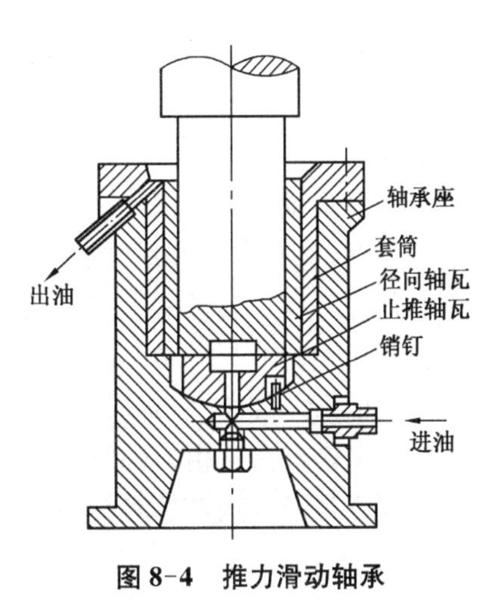


图 8-4 推力滑动轴承

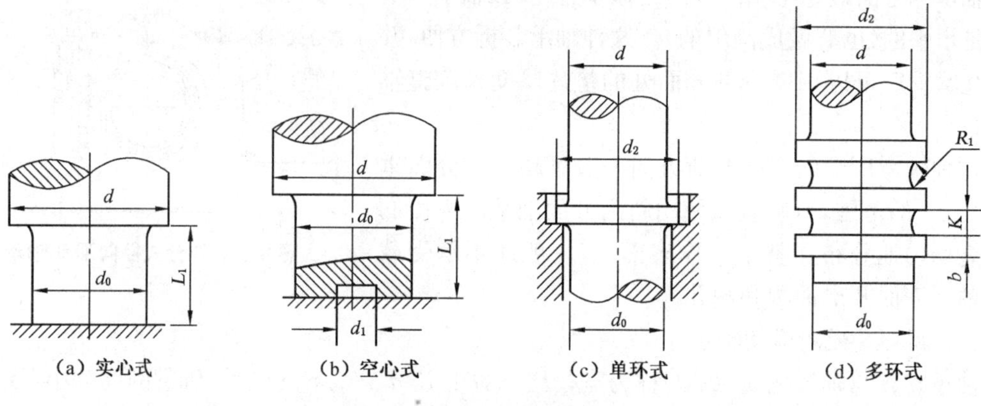


图 8-5 普通推力轴颈的形式

## 8.1.3 轴瓦的结构和滑动轴承的材料

轴瓦是滑动轴承中直接与轴颈接触的零件。由于轴瓦与轴颈的工作表面之间具有一定的相对滑动速度,因而从摩擦、磨损、润滑和导热等方面都对轴瓦的结构和材料提出了要求。

**1) 轴瓦的结构**

常用的轴瓦结构有整体式和剖分式两类。

整体式轴承采用整体式轴瓦,整体式轴瓦又称轴套,分为不带挡边和带挡边的两种结构,如图 8-6 所示。

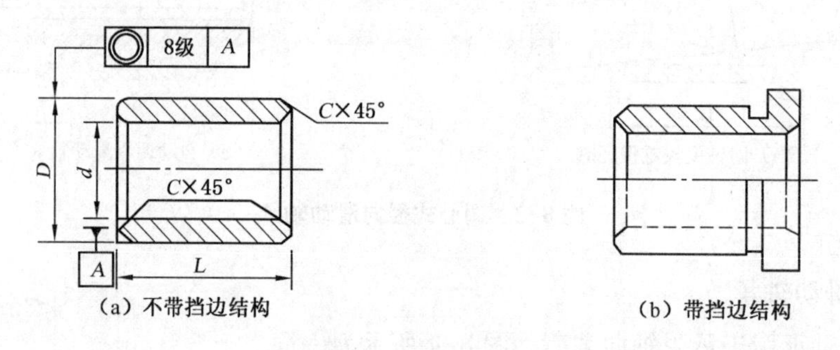


图 8-6 整体式轴瓦

剖分式轴承采用剖分式轴瓦,图 8-7(a)所示为无轴承衬的剖分式轴瓦。为使轴瓦既有一定的强度,又有良好的减磨性,常在其内径面上浇铸一层或两层减摩材料,通常称为轴承衬,所以轴瓦又有双金属轴瓦和三金属轴瓦。图 8-7(b)所示为内壁有轴承衬的双金属轴瓦。为了使轴承衬可靠地贴合在轴瓦表面上,可在轴瓦基体内壁制出沟槽,使其与合金轴承衬结合更牢。沟槽形式如图 8-8 所示。

为了将润滑油引入轴承,并布满于工作表面,常在其上开有供油孔和油沟。轴向油沟不应在轴瓦全长上开通,以免润滑油自油沟端部大量泄漏。常见的油沟形式如图 8-9 所示。

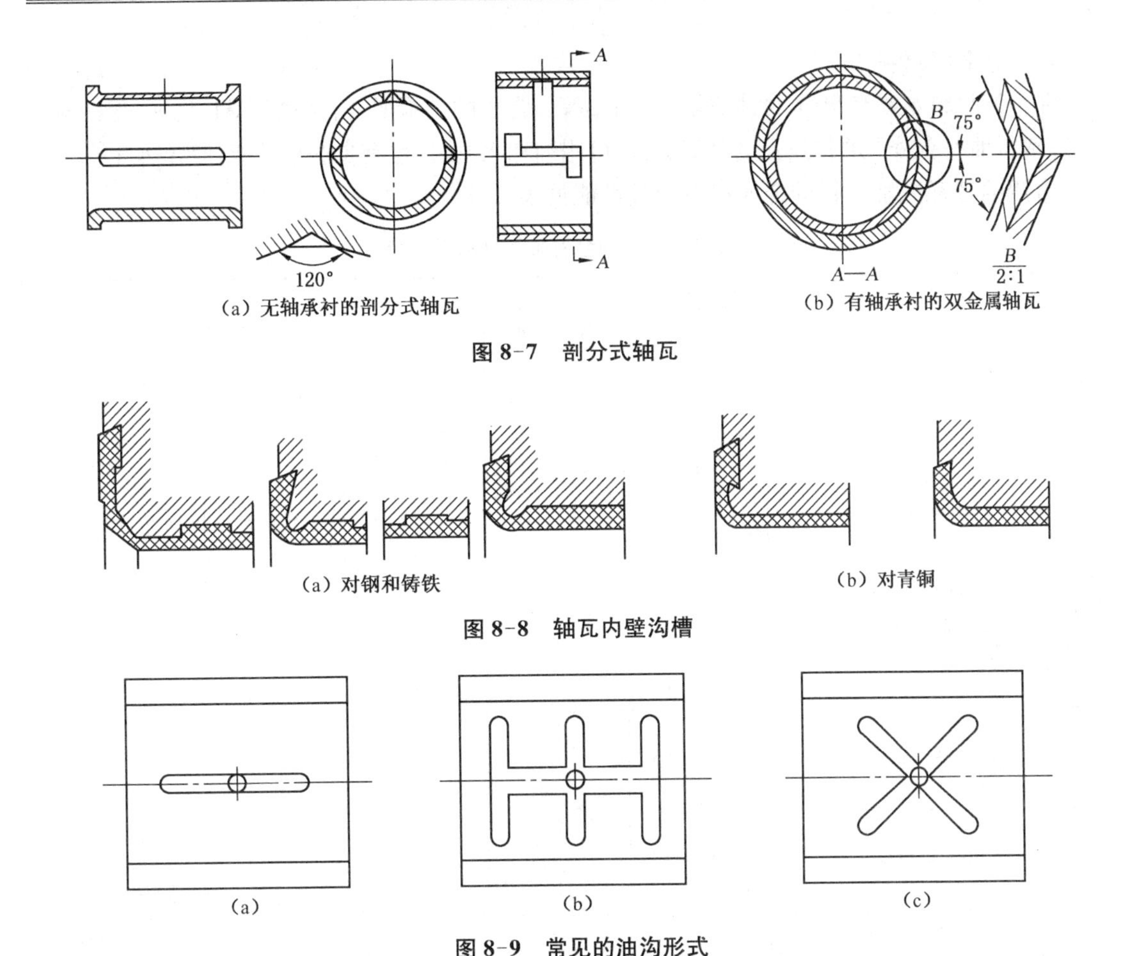


（a）无轴承衬的剖分式轴瓦　（b）有轴承衬的双金属轴瓦

图 8-7 剖分式轴瓦

（a）对钢和铸铁　（b）对青铜

图 8-8 轴瓦内壁沟槽

（a）　（b）　（c）

图 8-9 常见的油沟形式

**2）轴承材料**

轴瓦和轴承衬的材料统称为轴承材料。对轴承材料性能的要求是由轴承失效形式决定的。其最常见的失效形式是磨损、胶合（烧瓦）或疲劳破坏，所以轴承材料要有足够的强度，良好的减摩性、耐磨性和抗胶合性，良好的摩擦顺应性和嵌入性，良好的导热性、工艺性、经济性等。应该指出，没有一种轴承材料能够全面具备上述性能，因而必须针对各种具体情况仔细进行分析后合理选用。

轴承的常用材料有金属、粉末冶金和非金属材料三大类。

（1）金属材料

如轴承合金、青铜、铝基合金、锌基合金等。轴承合金又称白合金，主要是锡、铅、锑或其他金属的合金，由于其耐磨性、塑性、跑合性能、导热性、抗胶合性好及与油的吸附性好，故适用于重载、高速情况。轴承合金的强度较小，价格较贵，使用时必须浇注在青铜、钢或铸铁的轴瓦上，形成较薄的涂层。

（2）多孔质金属材料（粉末冶金材料）

多孔质金属是一种粉末材料，它具有多孔组织，若将其浸在润滑油中，使微孔中充满润滑油，变成了含油轴承，具有自润滑性能。多孔质金属材料的韧性小，只适用于平稳的无冲击载荷及中、低速度情况。

（3）非金属材料

非金属材料主要有塑料、硬木、橡胶和石墨等。常用的轴承塑料有酚醛塑料、尼龙、聚四氟乙烯等，塑料轴承有较大的抗压强度和耐磨性，可用油和水润滑，也有自润滑性能，但导热性差。

常用的轴瓦或轴承衬的金属材料及其性能见表 8-1。

**表 8-1　常用的金属轴瓦材料及性能**

| 轴承材料 | | 最大许用值 | | | 最高工作温度(℃) | 最小轴颈硬度(HBS) | 性能比较 | | | | 备注 |
|---|---|---|---|---|---|---|---|---|---|---|---|
| | | $[p]$(MPa) | $[v]$(m/s) | $[pv]$[MPa·m/s] | | | 抗胶合性 | 顺应、嵌藏性 | 耐蚀性 | 疲劳强度 | |
| 锡基轴承合金 | ZSnSb11Cu6<br>ZSnSb8Cu4 | 平稳载荷 | | | 150 | 150 | 1 | 1 | 1 | 5 | 用于高速、重载下工作的重要轴承，变载荷下易疲劳，价贵 |
| | | 25 | 80 | 20 | | | | | | | |
| | | 冲击载荷 | | | | | | | | | |
| | | 20 | 60 | 15 | | | | | | | |
| 铅基轴承合金 | ZPbSb16Sn16Cu2 | 15 | 12 | 10 | 150 | 150 | 1 | 1 | 3 | 5 | 用于中速、中等载荷的轴承，不易受显著的冲击载荷，可作为锡锑合金的代用品 |
| | ZPbSb15Sn5Cu3 | 5 | 8 | 5 | | | | | | | |
| 锡青铜 | ZCuSn10P1 | 15 | 10 | 15 | 280 | 200 | 3 | 5 | 1 | 1 | 用于中速、重载及受变载荷的轴承 |
| | ZCuSn5Pb5Zn5 | 8 | 3 | 15 | | | | | | | 用于中速、中等载荷的轴承 |
| 铝青铜 | ZCuAl10Fe3 | 15 | 4 | 12 | 280 | 200 | 5 | 5 | 5 | 2 | 用于润滑充分的低速、重载轴承 |

## 任务实施

该公司的滑动轴承计算如下：已知载荷 $F = 36\,000$ N，转速 $n = 150$ r/min，并查表 8-1 得 ZCuAl10Fe3 许用值为 $[p] = 15$ MPa，$[v] = 4$ m/s，$[pv] = 12$ MPa·m/s，由于：

$$v = \frac{\pi dn}{60 \times 1\,000} = \frac{\pi \times 60 \times 150}{60 \times 1\,000} = 0.47 \text{ m/s} < [v]$$

$$p = \frac{F}{Bd} = \frac{36\,000}{60 \times 60} = 10 \text{ MPa} < [p]$$

$$pv = 10 \times 0.47 = 4.7 \text{ MPa} \cdot \text{m/s} < [pv]$$

所以该滑动轴承满足使用要求。

# 任务二　滚动轴承类型的选用

## 任务导入

为下列设备选择合适的滚动轴承类型。(1)高速内圆磨磨头,如图 8-10(a),转速 $n=12\,000$ r/min。(2)起重机卷筒轴,如图 8-10(b),起重量 $Q=2\times10^5$ N,转速 $n=26.5$ r/min,动力由直齿圆柱齿轮输入。(3)吊车滑轮轴及吊钩,如图 8-10(c),起重量 $Q=5\times10^4$ N。

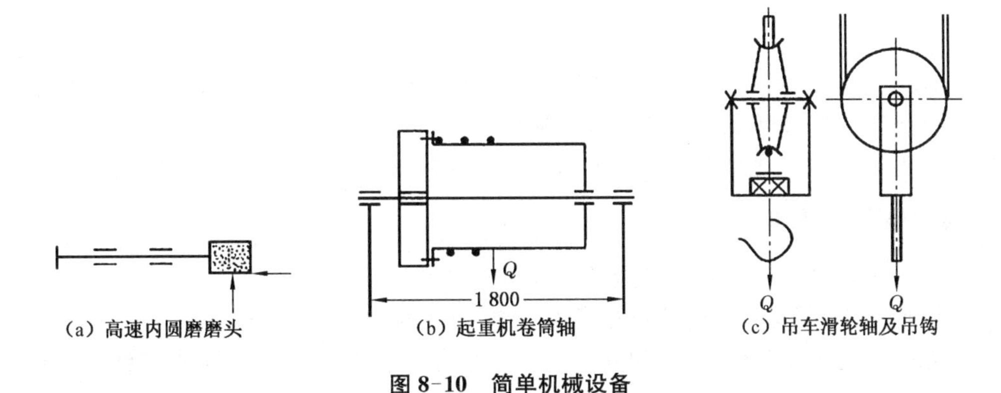


图 8-10　简单机械设备

## 任务分析

滚动轴承的摩擦阻力小,载荷、转速及工作温度的适用范围广,且为标准件,有专门厂家大批量标准化生产,质量可靠,供应充足,润滑、维修方便,但径向尺寸较大,有振动和噪声。由于滚动轴承的机械效率较高,对轴承的维护要求较低,因此在一般机器中,如无特殊使用要求,优先推荐采用滚动轴承。

## 相关知识

### 8.2.1　滚动轴承的组成、类型及特点

#### 1) 滚动轴承的组成

滚动轴承的组成如图 8-11 所示,包括外圈、内圈、滚动体、保持架 。内圈用来与轴颈装配,外圈用来和轴承座孔装配。通常是内圈随轴颈回转,外圈固定,但也可以用于外圈回转而内圈不动,或是内、外圈同时回转的场合。当内、外圈相对转动时,滚动体即在内、外圈的滚道内滚动。保持架的作用主要是均匀地隔开滚动体。

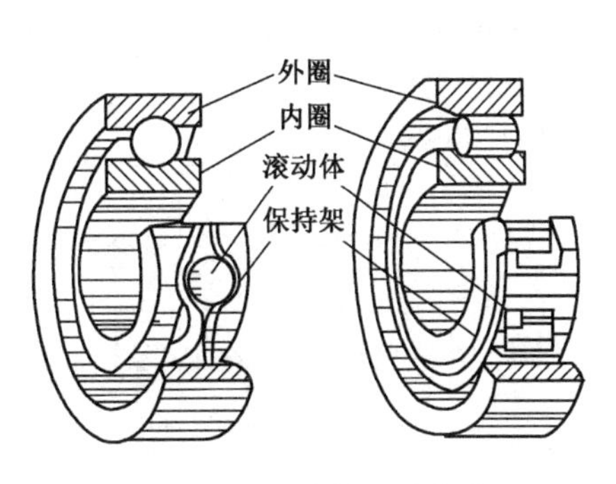


图 8-11　滚动轴承的构造

滚动体的形状有球形、圆柱形、圆锥形、鼓形、空心螺旋、长圆柱形和滚针形等(图 8-12)。

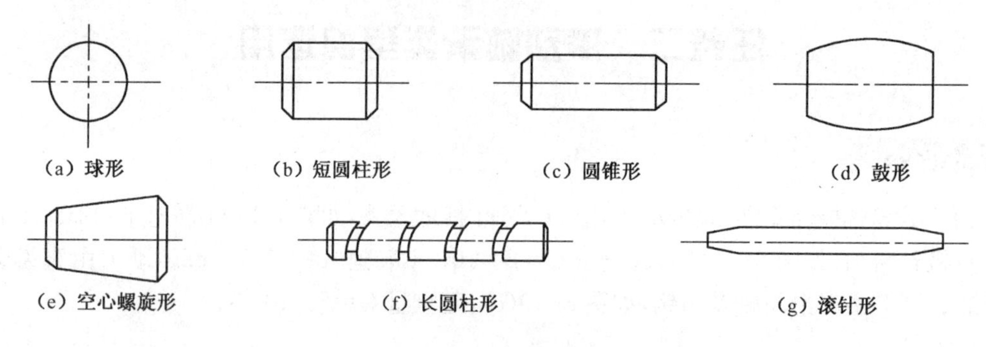


**图 8-12　滚动体形状**

滚动轴承的外圈、内圈、滚动体均采用强度高、耐磨性好的铬锰高碳钢制造。保持架多用低碳钢或铜合金制造,也可采用塑料及其他材料。

与滑动轴承相比,滚动轴承是标准件,具有旋转精度高、启动力矩小、选用方便等特点。

**2) 滚动轴承的类型**

滚动轴承有多种分类方法,常用的主要有以下几种。

(1) 按轴承承受载荷的方向和公称接触角的不同分类

公称接触角是指滚动体与套圈接触点的公法线与轴承的径向平面(垂直于轴承轴心线的平面)的夹角 $\alpha$(如表 8-2 图例所示),称为接触角。$\alpha$ 越大,轴承承受轴向载荷的能力越大。所以轴承按承受载荷的方向分类也就是按公称接触角的不同分类,见表 8-2。

① 向心轴承:公称接触角 $0° \leqslant \alpha \leqslant 45°$。向心轴承又可细分为:

A. 径向接触轴承。$\alpha = 0°$,只能承受径向载荷(如圆柱滚子轴承),或主要用于承受径向载荷,但也能承受少量的轴向载荷(如深沟球轴承)。

B. 向心角接触轴承。$0° < \alpha \leqslant 45°$,能同时承受径向载荷和单向的轴向载荷(如角接触球轴承及圆锥滚子轴承)。

② 推力轴承:公称接触角 $45° < \alpha \leqslant 90°$,推力轴承又可细分为:

A. 轴向接触轴承。$\alpha = 90°$,只用于承受轴向载荷。

B. 推力角接触轴承。$45° < \alpha < 90°$,主要承受大的轴向载荷,也能承受不大的径向载荷。

**表 8-2　各类轴承的公称接触角**

| 轴承种类 | 同心轴承 | | 推力轴承 | |
| --- | --- | --- | --- | --- |
| | 径向接触 | 角接触 | 角接触 | 轴向接触 |
| 公称接触角 $\alpha$ | $\alpha=0°$ | $0<\alpha\leqslant45°$ | $45<\alpha<90°$ | $\alpha=90°$ |
| 图例<br>(以球轴承为例) | | $\alpha$ | $\alpha$ | $\alpha$ |

(2) 按滚动体的形状分类

滚动轴承可分为球轴承和滚子轴承。在外廓尺寸相同的条件下，滚子轴承比球轴承承载能力高。

(3) 按工作时能否自动调心分类

滚动轴承可分为自动调心轴承和非自动调心轴承。

(4) 轴承按游隙能否调整分类

滚动轴承可分为可调游隙轴承(如角接触球轴承、圆锥滚子轴承)和不可调游隙轴承(如深沟球轴承、圆柱滚子轴承)。滚动轴承是标准件，类型很多，选用时主要根据载荷的大小、方向和性质，转速的高低及使用要求来选择，同时也必须考虑价格及经济性。常用滚动轴承类型和特点见表 8-3。

**表 8-3　常用滚动轴承类型和特点**

| 轴承名称<br>代号 | 结构简图 | 承载方向 | 极限<br>转速 | 允许偏<br>位角 | 主要特性和应用 |
|---|---|---|---|---|---|
| 调心球<br>轴承 10000 | | | 中 | 2°～3° | 主要承受径向载荷，同时也能承受少量的轴向载荷<br>因为外圈滚道表面是以轴承中点为中心的球面，故能调心<br>允许偏差转角为在保证轴承正常工作条件下内、外圈轴线间的最大夹角 |
| 调心滚子<br>轴承 20000C | | | 低 | 0.5°～<br>2° | 能承受很大的径向载荷和少量轴向载荷，承载能力较大<br>滚动体为鼓形，外圈滚道为球面，因而具有调心性能 |
| 圆锥滚子<br>轴承 30000 | α | | 中 | 2′ | 能同时承受较大的径向、轴向联合载荷，因为是线接触，承载能力大于“7”类轴承<br>内、外圈可分离，装拆方便，成对使用 |
| 推力球轴承<br>(a)51000<br>(b)52000 | (a) 单列<br>(b) 双列 | | 低 | 不允许 | 只能承受轴向载荷，而且载荷作用线必须与轴线相重合，不允许有角偏差<br>具体有单列和双列两种类型，其中单列承受单向推力，双列承受双向推力<br>高速时，因滚动体离心力大，球与保持架摩擦发热严重，寿命降低，故仅适用于轴向载荷大、转速不高之处<br>紧圈内孔直径小，装在轴上；松圈内孔直径大，与轴之间有间隙，装在机座上 |
| 深沟球<br>轴承 60000 | | | 高 | 8′～16′ | 主要承受径向载荷，同时也可承受一定量的轴向载荷<br>当转速很高而轴向载荷不太大时，可代替推力球轴承承受纯轴向载荷 |

续表 8-3

| 轴承名称代号 | 结构简图 | 承载方向 | 极限转速 | 允许偏位角 | 主要特性和应用 |
|---|---|---|---|---|---|
| 角接触球轴承 70000 | | | 较高 | 2′～10′ | 能同时承受径向、轴向联合载荷，公称接触角越大，轴向承载能力也越大<br>公称接触角 $\alpha$ 有 15°、25°、40°三种，内部结构代号分别为 C、AC 和 B。通常成对使用，可以分装于两个支点或同装于一个支点上 |
| 圆柱滚子轴承 N0000 | | | 较高 | 2′～4′ | 能承受较大的径向载荷，不能承受轴向载荷<br>因是线接触，内、外圈只允许有极小的相对偏转<br>轴承内、外圈可分离 |
| 滚针轴承<br>(a)NA0000<br>(b)RNA0000 | (a)<br>(b) | | 低 | 不允许 | 只能承受径向载荷，承载能力大，径向尺寸很小，一般无保持架，因而滚针间有摩擦，轴承极限转速低<br>这类轴承不允许有角偏差<br>轴承内、外圈可分离<br>可以不带内圈 |

## 8.2.2 滚动轴承的代号

滚动轴承代号是表示其结构、尺寸、公差等级和技术性能等特征的产品符号，由字母和数字组成。按 GB/T 272—1993 的规定，轴承代号由基本代号、前置代号和后置代号构成，其排列见表 8-4。

表 8-4　滚动轴承代号的构成

| 前置代号 | 基本代号 | | | | | 后置代号 | | | | | | | |
|---|---|---|---|---|---|---|---|---|---|---|---|---|---|
| | 五 | 四 | 三 | 二 | 一 | | | | | | | | |
| | | 尺寸系列代号 | | | | | | | | | | | |
| 轴承分部件代号 | 类型代号 | 宽度或高度系列代号 | 直径系列代号 | 内径代号 | | 内部结构 | 密封与防尘套圈变形 | 保持架及其材料 | 轴承材料 | 公差等级 | 游隙 | 配置 | 其他 |

**1）基本代号**

基本代号由类型代号、尺寸系列代号和内径代号组成。

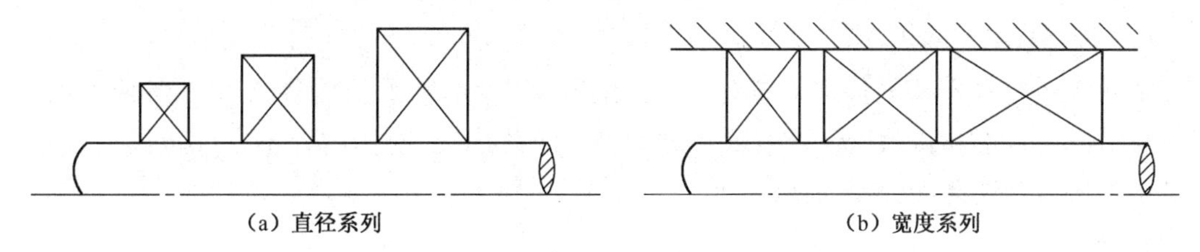


**图 8-13　轴承的直径系列和宽度系列**

(1) 类型代号

轴承的类型代号用基本代号右起第五位表示，表示方法见表 8-3。

(2) 宽度系列代号

表示内、外径相同的同类轴承宽度的变化，用右起第四位数字表示。当宽度系列为 0 系列（正常系列）时，大多数轴承在代号中部标出宽度系列代号 0，但是对于调心滚子轴承和圆锥滚子轴承，宽度系列代号 0 不能省略。宽度系列由数字 0～9 表示，如图 8-14 所示 。

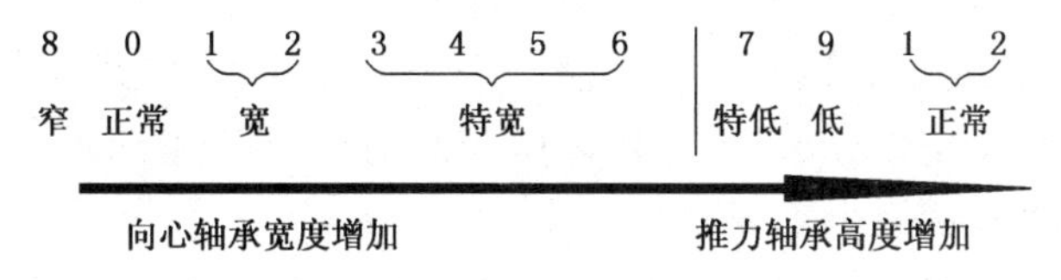


**图 8-14　滚动轴承宽度系列代号及说明**

(3) 直径系列代号

轴承的直径系列代号为基本代号右起第三位数字，表示内径相同的同类轴承有几种不同的外径。直径系列代号有 7、8、9、0、1、2、3、4 和 5，对应于相同内径轴承的外径尺寸依次递增，如图 8-15 所示 。

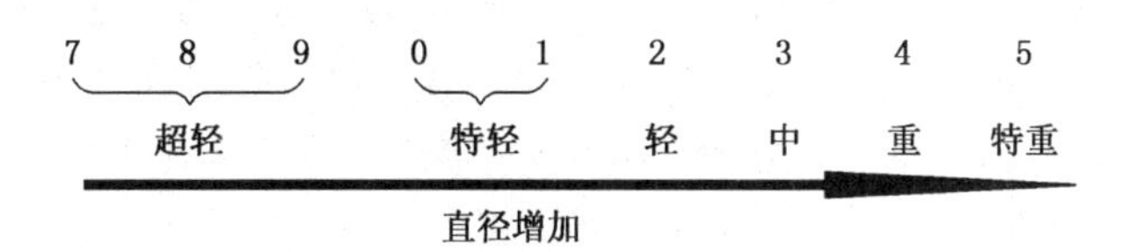


**图 8-15　滚动轴承直径系列代号及说明**

部分直径系列的对比见图 8-16(a)，部分宽度系列的对比见图 8-16(b)。

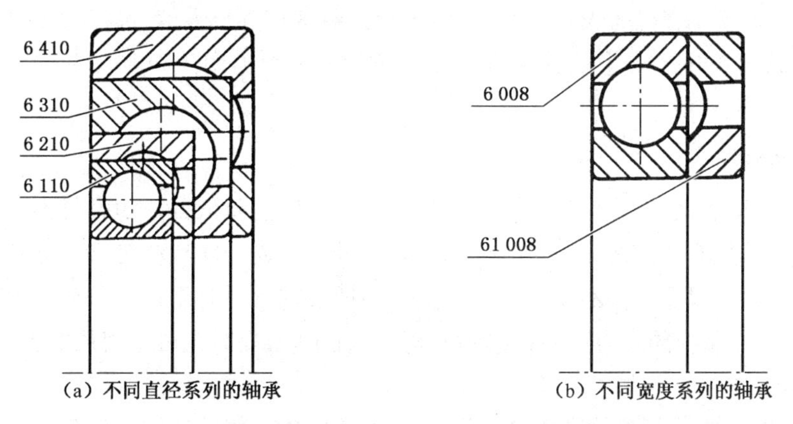


**图 8-16　部分直径系列和宽度系列的对比**

(4) 内径代号

轴承内径代号为基本代号右起第一、二位数字，表示轴承的内径尺寸。当轴承内径在20～480 mm范围内时，内径代号乘以5即为轴承公称内径；对于内径不在此范围的轴承，内径表示方法另有规定，可参看轴承手册。

**2) 前置代号**

用于表示轴承的分部件，用字母表示。如用L表示分离轴承的可分离套圈；K表示轴承的滚动体与保持架组件等等。例如LNU 207、K81107。

**3) 后置代号**

是用字母和数字等表示轴承的结构、公差及材料的特殊要求等，后置代号的内容很多，下面介绍几个常用的代号。

(1) 内部结构代号是表示同一类型轴承的不同内部结构，用字母紧跟着基本代号表示。如：接触角为15°、25°和40°的角接触球轴承分别用C、AC和B表示内部结构的不同。

(2) 轴承的公差等级分为2级、4级、5级、6级、6x级和0级，共6个级别，依次由高级到低级，其代号分别为/P2、/P4、/P5、/P6、/P6x和/P0。公差等级中，6x级仅适用于圆锥滚子轴承，0级为普通级，在轴承代号中不标出。

(3) 常用的轴承径向游隙系列分为1组、2组、0组、3组、4组和5组，共6个组别，径向游隙依次由小到大。0组游隙是常用的游隙组别，在轴承代号中不标出，其余的游隙组别在轴承代号中分别用/C1、/C2、/C3、/C4、/C5表示。公差代号与游隙代号同时标注时可省去字母C。

**4) 滚动轴承代号举例**

71908B/P63　其代号意义为：7—轴承类型为角接触球轴承，1—宽度系列代号，9—直径系列代号，08—内径为40 mm，接触角为40°，公差等级为6级，3组游隙。

6306　其代号意义为：6—轴承类型为深沟球轴承，宽度系列代号为0(省略)，3—直径系列代号，06—内径为30 mm，公差等级为0级(公差等级代号/P0省略)。

### 8.2.3　滚动轴承的类型选择

选择轴承的类型，应考虑轴承的工作条件、各类轴承的特点、价格等因素。与一般的零件设计一样，轴承类型选择的方案也不是唯一的，可以有多种选择方案，选择时，应首先提出多种可行方案，经深入分析比较后，再决定选用一种较优的轴承类型。一般来说，选择滚动轴承时应考虑的问题主要有：

**1) 载荷条件**

轴承所受载荷的大小、方向和性质是选择轴承类型的主要依据。如载荷小而平稳时，可选用球轴承；载荷大且有冲击时，宜选用滚子轴承；如轴承仅受径向载荷时，可选用径向接触球轴承或圆柱滚子轴承；只受轴向载荷时，宜选用推力轴承；轴承同时受径向和轴向载荷时，可选用角接触轴承。轴向载荷越大，应选择接触角越大的轴承，必要时也可选用径向轴承和推力轴承的组合结构。

应该注意推力轴承不能承受径向载荷，圆柱滚子轴承不能承受轴向载荷。

**2）轴承的转速**

若轴承的尺寸和精度相同，则球轴承的极限转速比滚子轴承高，所以当转速较高、载荷较小或要求旋转精度较高时，宜选用球轴承。

推力轴承的极限转速很低。当工作转速较高而轴向载荷不大时，可选用角接触球轴承或深沟球轴承。一般应保证轴承低于极限转速条件下工作。

对高速回转的轴承，为减小滚动体施加于外圈滚道的离心力，宜选用外径和滚动体直径较小的轴承。

若工作转速超过轴承的极限转速，可通过提高轴承的公差等级，适当加大其径向游隙等措施来满足要求。

**3）轴承的调心性能**

当轴的中心线与轴承座中心线不重合而有角度误差时，或因轴受力弯曲或倾斜时，会造成轴承的内、外圈轴线发生偏斜。这时，应采用有一定调心性能的调心球轴承或调心滚子轴承。

对于支点跨距大、轴的弯曲变形大或多支点轴，也可考虑选用调心轴承。

圆柱滚子轴承、滚针轴承以及圆锥滚子轴承对角度偏差敏感，宜用于轴承与座孔能保证同轴的刚度较高的地方。

值得注意的是，各类轴承内圈轴线相对外圈轴线的倾斜角度是有限制的，超过限制角度，会使轴承寿命降低。

**4）允许的空间**

当轴向尺寸受到限制时，宜选用窄或特窄的轴承。当径向尺寸受到限制时，宜选用滚动体较小的轴承。如要求径向尺寸小而径向载荷又很大时，可选用滚针轴承。

**5）轴承的安装和拆卸**

当轴承座没有剖分面而必须沿轴向安装和拆卸轴承部件时，应优先选用内外圈可分离的轴承（如圆柱滚子轴承、滚针轴承、圆锥滚子轴承等）。当轴承在长轴上安装时，为了便于装拆，可以选用其内圈孔为 1∶12 的圆锥孔的轴承。

**6）经济性要求**

一般来说，深沟球轴承价格最低，滚子轴承比球轴承价格高。轴承精度愈高，则价格愈高。同型号不同公差等级的价格比为 P0∶P6∶P5∶P4 $\approx$ 1∶1.5∶1.8∶6。选择轴承时，必须详细了解各类轴承的价格，在满足使用要求的前提下尽可能地降低成本。如无特殊要求，尽量选用普通级精度的轴承，只有对旋转精度有较高要求时才选用精度较高的轴承。

## 任务实施

任务中的机电设备的轴承选择方法如下：

(1) 高速内圆磨磨头承受不太大的径向力及较小的轴向力，转速高，要求运转精度高。选用一对精密级的向心角接触轴承 36000 型（极限转速应大于 12 000 r/min）。

(2) 由于起重机卷筒轴设备承受较大径向力，转速低，两支点距离远，且为分别安装的轴承座，对中性较差，轴承内外圈之间可能有较大的角偏移，选用一对 3000 型调心滚子轴承。

(3) 吊车滑轮轴及吊钩滑轮承受较大的径向力，转速低，选用一对 2000 型向心短圆柱滚子轴承。吊钩轴承承受较大的单向轴向力，摆动，选用一个 8000 型推力轴承。

# 任务三 计算滚动轴承的寿命

## 任务导入

某工程机械的传动装置中，根据工作条件采用一对角接触球轴承，初选轴承型号为 7307AC。已知径向载荷 $F_{r1}=1\ 650$ N，$F_{r2}=2\ 250$ N，轴向载荷 $F_A=1\ 500$ N，转速 $n=1\ 500$ r/min，载荷系数 $f_p=1.2$，工作温度小于 100℃。试确定其工作寿命。

## 任务分析

在设计中经常会根据使用寿命选用轴承，或者根据轴承型号计算轴承的使用寿命。为了能合理地选用滚动轴承，我们必须了解滚动轴承的安装方法及载荷计算方法。

## 相关知识

### 8.3.1 滚动轴承的组合设计

**1) 滚动轴承的轴向固定**

为了防止轴承在承受轴向载荷时，相对于轴或座孔产生轴向移动，轴承内圈与轴、外圈与座孔必须进行轴向固定，滚动轴承常用的内、外圈轴向固定方式见表 8-5。

**表 8-5 滚动轴承常用内、外圈轴向固定方式**

| 轴承内圈的轴向固定方式 | | | 轴承外圈的轴向固定方式 | |
|---|---|---|---|---|
| 名称 | 特点与应用 | | 名称 | 特点与应用 |
| 轴肩 | 结构简单，外廓尺寸小，可承受大的轴向负荷 | 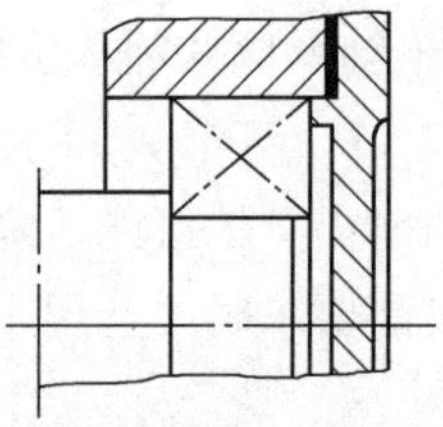 | 端盖 | 端盖可为通孔，以通过轴的伸出端，适于高速及轴向负荷较大的场合 |
| 弹性挡圈 | 由轴肩和弹性挡圈实现轴向固定，弹性挡圈可承受不大的轴向负荷，结构尺寸小 | 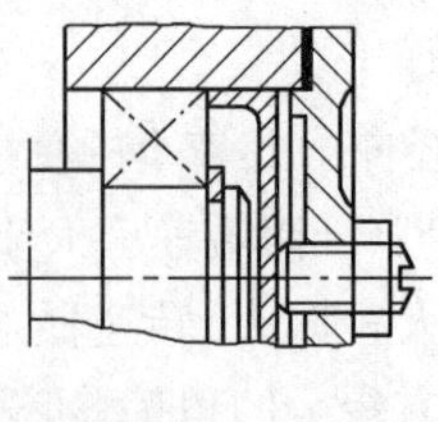 | 螺钉压盖 | 类似于端盖式，但便于在箱体外调节轴承的轴向游隙，螺母为防松措施 |

**续表 8-5**

| 轴承内圈的轴向固定方式 | | | 轴承外圈的轴向固定方式 | |
|---|---|---|---|---|
| 名称 | 特点与应用 | | 名称 | 特点与应用 |
| 轴端挡板 | 由轴肩和轴端挡板实现轴向固定，销和弹簧垫圈为防松措施，适于轴端不宜切制螺纹或空间受限制的场合 | | 螺纹环 | 便于调节轴承的轴向游隙，应有防松措施，适于高转速、较大轴向负荷的场合 |
| 锁紧螺母 | 由轴肩和锁紧螺母实现轴向固定，有止动垫圈防松，安全可靠，适于高速重载 | | 弹性挡圈 | 结构简单，拆装方便，轴向尺寸小，适于转速不高、轴向负荷不大的场合，弹性挡圈与轴承间的调整环可调整轴承的轴向游隙 |

**2）滚动轴承组的轴向固定**

机器中的轴的位置是靠轴承来定位的。当轴工作时，既要防止轴向窜动，又要保证轴承工作受热膨胀时的影响(不致受热膨胀而卡死)，轴承必须有适当的轴向固定措施。常用的轴向固定措施有三种：

(1) 两端固定式(双支点单向固定)

图 8-17(a)是利用轴肩和端盖的挡肩单向固定内、外圈，每一个支点只能限制单方向移动，两个支点共同防止轴的双向移动。考虑温度升高后轴的伸长，为使轴的伸长不致引起附加应力，对于深沟球轴承，在轴承盖与外圈端面之间留出热补偿间隙 $c = 0.2 \sim 0.4$ mm（如图 8-17(b)），也可采用游隙来补偿；当采用角接触球轴承或圆锥滚子轴承时，轴的热伸长量只能由轴承游隙来补偿。游隙的大小是靠端盖和外壳之间的调整垫片增减来实现的。

这种支承方式结构简单，便于安装，适用于工作温度不高、跨距不大的短轴（跨距 $L \leqslant$ 350 mm）。

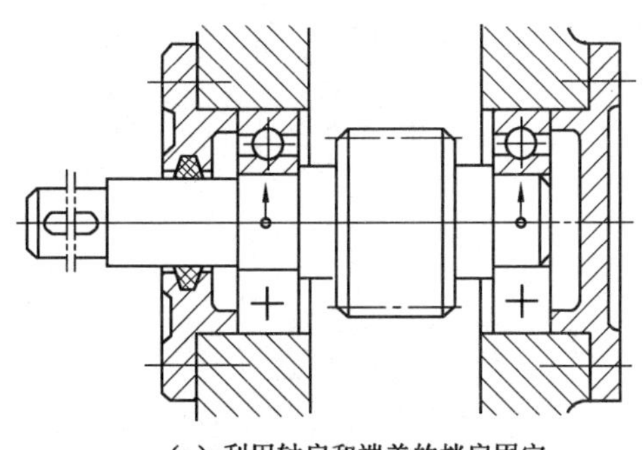

(a) 利用轴肩和端盖的挡肩固定

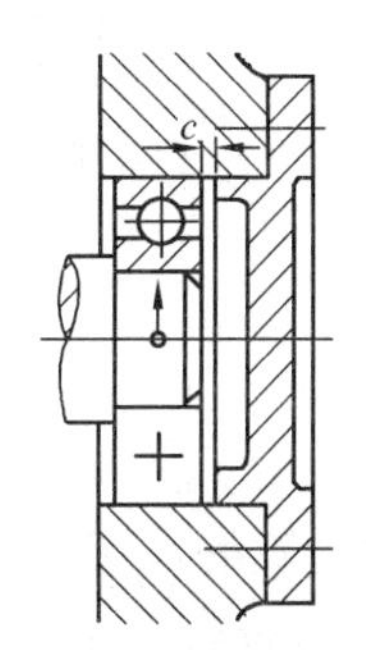


(b) 在轴承盖与外圈端面之间流出热补偿间隙

**图 8-17　两端固定式支承**

(2) 一端固定、一端游动(单支点双向固定式)

对于工作温度较高的长轴,受热后伸长量比较大,应该采用一端固定而另一端游动的支承结构,如图 8-18 所示。作为固定支承的轴承,应能承受双向载荷,故此内、外圈都要固定,如图 8-18(a)中左端所示。作为游动支承的轴承,若使用的是可分离型的圆柱滚子轴承等,则其内、外圈都应固定,如图 8-18(b)所示;若使用的是内、外圈不可分离的轴承,则固定其内圈,其外圈在轴承座孔中应可以游动,如图 8-18(a)中右端所示。

这种支承方式适于工作温度较高、跨距较大 ($L > 350$ mm) 情况。

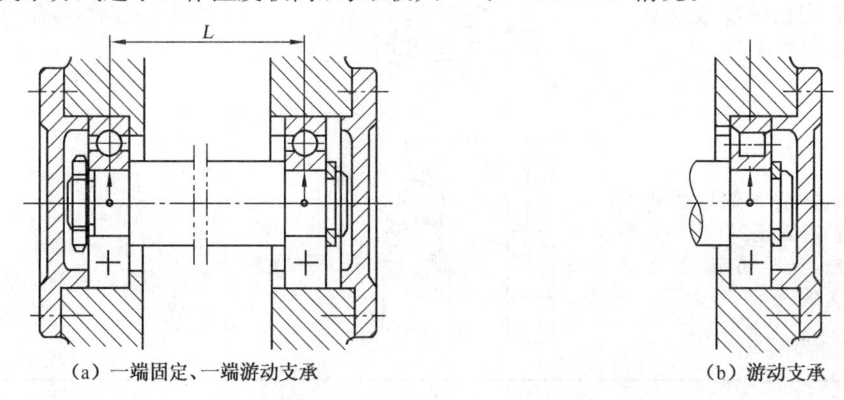


(a) 一端固定、一端游动支承　　(b) 游动支承

图 8-18　一端固定、一端游动支承

(3) 两端游动

图 8-19 所示的传动中,小齿轮轴做成两端游动的支承结构,大齿轮轴的支承结构采用两端固定结构。由于人字齿轮的加工误差使得轴转动时产生左右窜动,而小齿轮采用两端游动的支承结构,满足了其运转中自由游动的需要,并可调节啮合位置。若小齿轮轴的轴向位置也固定,将会发生干涉甚至卡死现象。

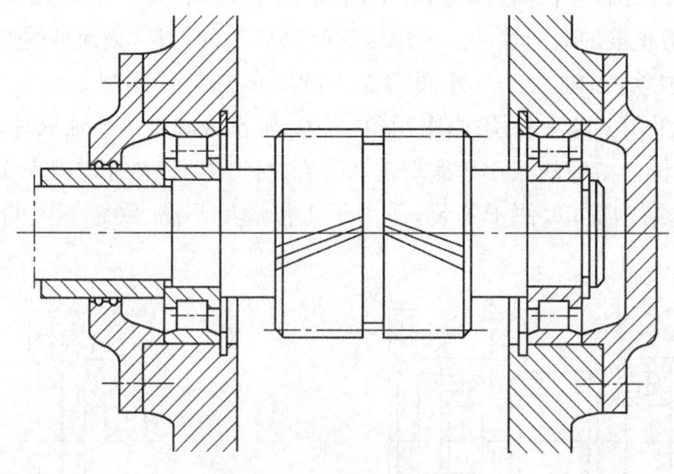

图 8-19　两端游动支承

**3) 滚动轴承装置的调整**

(1) 轴承间隙的调整

轴承在装配时,一般要留有适当间隙,以利于轴承正常运转。常用的调整方法有以下几种。

① 调整垫片。如图 8-20 所示结构,轴承间隙是靠加减轴承盖与机座之间的垫片厚度来调整的。

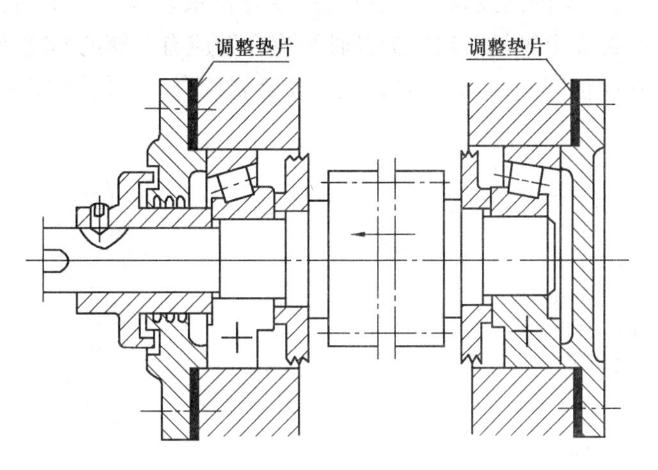


图 8-20　垫片调整

② 调节螺钉。如图 8-21 所示的结构,是用螺钉通过轴承外圈压盖移动外圈的位置来进行调整的。调整后,用螺母锁紧防松。

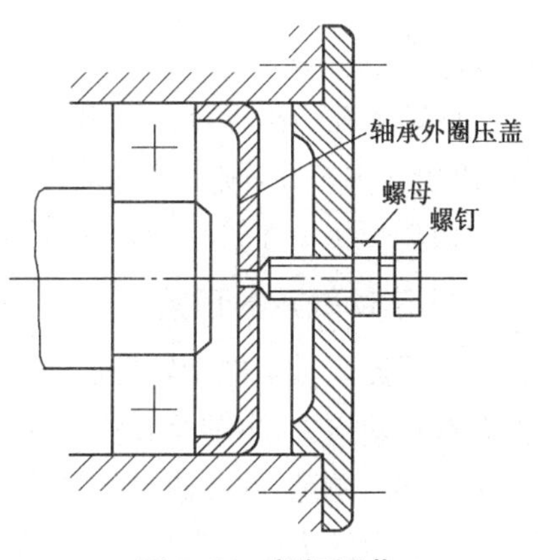


图 8-21　螺钉调节

(2) 轴系位置的调整

某些场合要求轴上安装的零件必须有准确的轴向位置,例如,圆锥齿轮传动要求两锥齿轮的节锥顶点相重合,蜗杆传动要求蜗轮的中间平面要通过蜗杆的轴线等。这种情况下需要有轴向位置调整的措施。

图 8-22 所示为圆锥齿轮轴承组合位置的调整方式,通过改变套杯与箱体间垫片的厚度调整锥齿轮轴向位置。垫片用来调整轴承间隙。

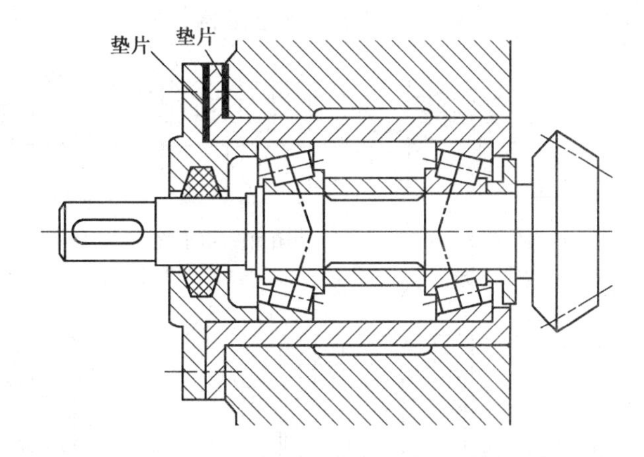


图 8-22　调整轴的位置和轴承内部间隙

**4）轴承座的刚度与同轴度**

轴和轴承座必须有足够的刚度，以免因过大的变形使滚动体受力不均。增大轴承装置刚性的措施很多。例如，机壳上轴承装置部分及轴承座孔壁应有足够的厚度；轴承座的悬臂应尽可能缩短，并采用加强肋提高刚性；对于轻合金和非金属机壳应采用钢或铸铁衬套，如图 8-23 所示。

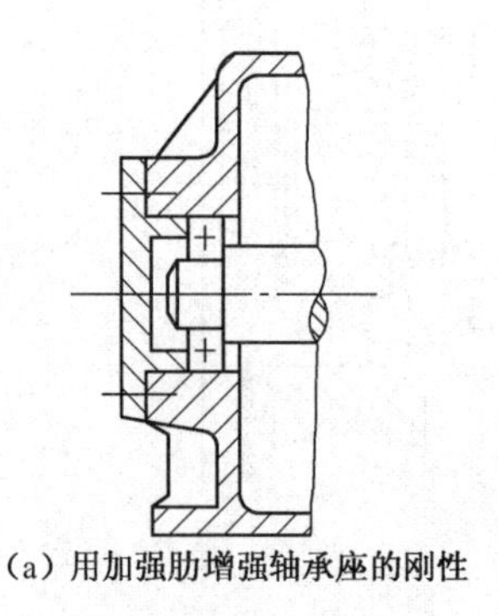

(a) 用加强肋增强轴承座的刚性

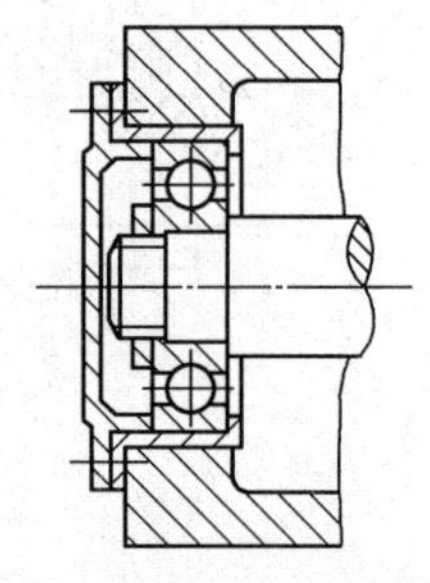

(b) 使用衬套的轴承座孔

**图 8-23　使用套杯的轴承座**

两轴承孔必须保证同轴度，以免轴承内外圈轴线倾斜过大。为此，两端轴承尺寸应力求相同，以便一次镗孔，减小其同轴度的误差。当同一轴上装有不同外径尺寸的轴承时，可采用套杯结构来安装尺寸较小的轴承，使轴承孔能一次镗出。

**5）滚动轴承的预紧**

为了提高轴承的旋转精度，增加轴承装置的刚性，减小机器工作时的振动，滚动轴承一般都要有预紧措施，也就是在安装时采用某种方法，在轴承中产生并保持一定的轴向力，以消除轴承中轴向游隙，并在滚动体与内外圈接触处产生预变形。

预紧力的大小要根据轴承的载荷、使用要求来决定。预紧力过小，达不到增加轴承刚性的目的；预紧力过大，又将使轴承中摩擦增加，温度升高，影响轴承寿命。在实际工作中，预紧力大小的调整主要依靠经验或试验来决定。常见的预紧结构如图 8-24 所示。

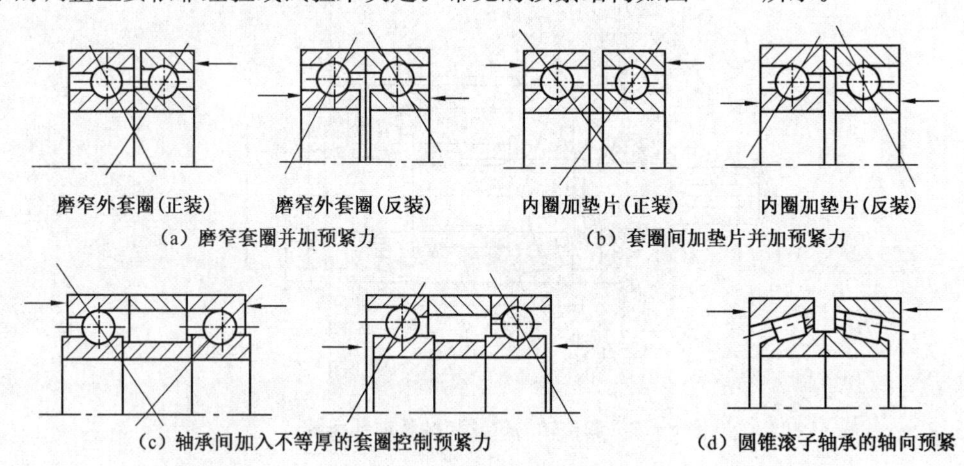


(a) 磨窄套圈并加预紧力　(b) 套圈间加垫片并加预紧力

(c) 轴承间加入不等厚的套圈控制预紧力　(d) 圆锥滚子轴承的轴向预紧

**图 8-24　滚动轴承的预紧**

**6）滚动轴承的配合及拆装**

（1）滚动轴承的配合

滚动轴承的配合是指内圈与轴颈、外圈与座孔的配合，轴承的周向固定是通过配合来保证的。这些配合的松紧程度直接影响轴承间隙的大小，从而关系到轴承的运转精度和使用寿命。

由于滚动轴承是标准件，所以与其他零件配合时，轴承内孔为基准孔，外圈是基准轴，其配合代号不用标注。轴承配合种类的选择应根据转速的高低、载荷的大小、温度的变化等因素来决定。配合过松，会使旋转精度降低，振动加大；配合过紧，可能因为内、外圈过大的弹性变形而影响轴承的正常工作，也会使轴承装拆困难。一般来说，转速高、载荷大、温度变化大的轴承应选紧一些的配合，经常拆卸的轴承应选较松的配合，转动套圈配合应紧一些，游动支点的外圈配合应松一些。与轴承内圈配合的回转轴常采用 n6、m6、k5、k6、j5、js6；与不转动的外圈相配合的轴承座孔常采用 J6、J7、H7、G7 等配合。

（2）滚动轴承的装配与拆卸

由于滚动轴承的配合通常较紧，为便于装配，防止损坏轴承，应采取合理的装配方法保证装配质量，组合设计时也应采取相应措施。

安装轴承时，小轴承可用铜锤轻而均匀地敲击配合套圈装入，大轴承可用压力机压入（如图 8-25）。尺寸大且配合紧的轴承可将孔件加热膨胀后再进行装配。需要注意的是，力应施加在被装配的套圈上，否则会损伤轴承。拆卸轴承时可采用专用工具，如图 8-26 所示，为便于拆卸，轴承的定位轴肩高度应低于内圈高度，其值可查阅轴承样本。

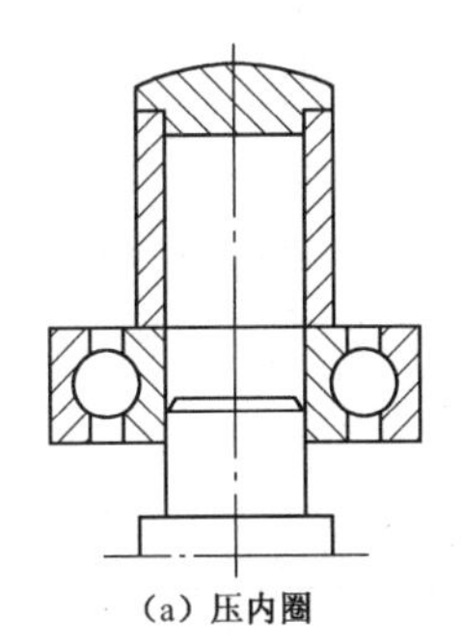

（a）压内圈

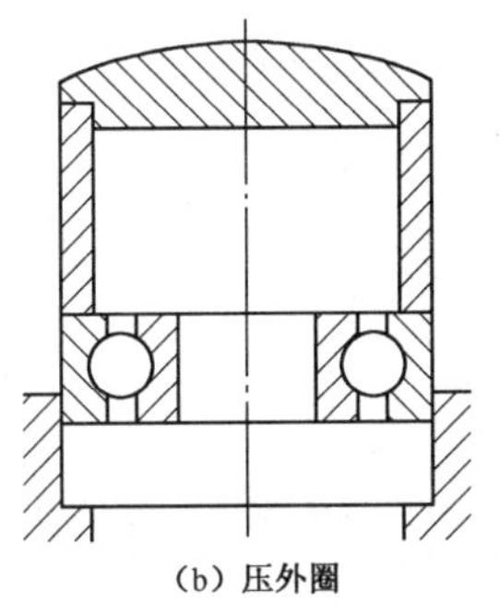

（b）压外圈

图 8-25　冷压法安装轴承

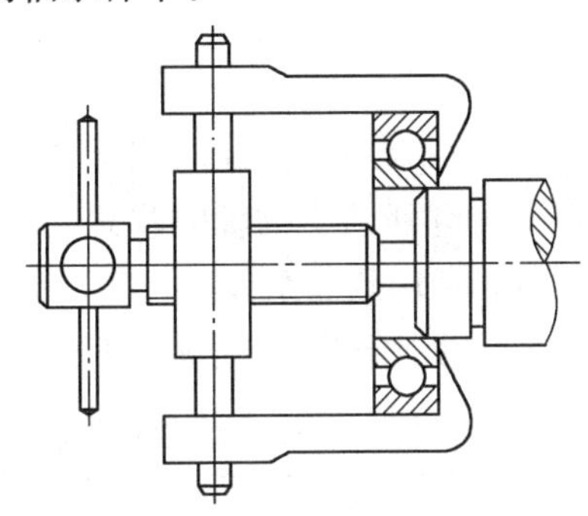

图 8-26　轴承的拆卸

## 8.3.2　滚动轴承的寿命计算

**1）滚动轴承的工作情况分析**

以深沟球轴承为例进行分析，如图 8-27 所示。轴承转动时，承受径向载荷 $\boldsymbol{F}_r$，外圈固定。当内圈随轴转动时，滚动体滚动，内、外圈与滚动体的接触点不断发生变化，其表面接触应力随着位置的不同做脉动循环变化。滚动体在上面位置时不受载荷，滚到下面位置受载荷最大，两侧所受载荷逐渐减小。所以轴承元件受到脉动循环的接触应力。

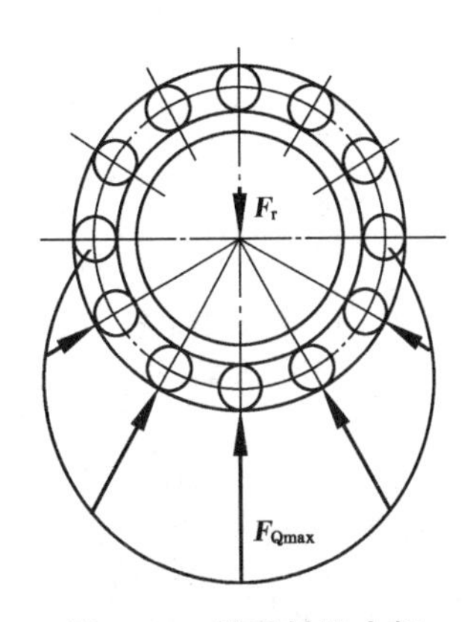


图 8-27　滚动轴承内部径向载荷的分布

**2）滚动轴承的设计准则**

（1）对于一般运转的轴承，为防止疲劳点蚀发生，以疲劳强度计算为依据，称为轴承的寿命计算。

(2) 对于不回转、转速很低 ($n \leqslant 10$ r/min) 或间歇摆动的轴承，为防止塑性变形，以静强度计算为依据，称为轴承的静强度计算。

**3) 寿命计算中的基本概念**

(1) 寿命　滚动轴承的寿命是指轴承中任何一个滚动体或内、外圈滚道上出现疲劳点蚀前轴承转过的总转数，或在一定转速下总的工作小时数。

(2) 基本额定寿命　一批类型、尺寸相同的轴承，材料、加工精度、热处理与装配质量不可能完全相同。即使在同样条件下工作，各个轴承的寿命也是不同的。在国标中规定以基本额定寿命作为计算依据。基本额定寿命是指一批相同的轴承，在同样工作条件下，其中 10% 的轴承产生疲劳点蚀时转过的总转数，或在一定转速下总的工作小时数。

(3) 额定动载荷　基本额定寿命为 $10^6$ 转时轴承所能承受的载荷，称为额定动载荷，以 **"Cr"** 表示。轴承在额定动载荷作用下，不发生疲劳点蚀的可靠度是 90%。各种类型和不同尺寸轴承的 **Cr** 值可查设计手册。

(4) 当量载荷　基本额定动载荷是向心轴承只承受径向载荷、推力轴承只承受轴向载荷的条件下，根据试验确定的。实际上，轴承承受的载荷往往与上述条件不同，因此，必须将实际载荷等效为一假想载荷，这个假想载荷称为当量动载荷。当量动载荷是一假想载荷，在该载荷作用下，轴承的寿命与实际载荷作用下的寿命相同。

在不变的径向和轴向载荷作用下，当量动载荷的计算公式是

$$P = XF_r + YF_a \tag{8-1}$$

式中：$F_r$——轴承所受的径向载荷(N)；

$F_a$——轴承所受的轴向载荷(N)；

$X$——径向载荷系数；

$Y$——轴向载荷系数，见表 8-6。

**表 8-6　单列向心轴承的径向载荷系数 $X$ 和轴向载荷系数 $Y$**

| 轴承类型 | $F_a/C_{0r}$ | $E$ | $F_a/F_r>e$ | | $F_a/F_r\leqslant e$ | |
|---|---|---|---|---|---|---|
| | | | $X$ | $Y$ | $X$ | $Y$ |
| 深沟球轴承<br>(6 类) | 0.014 | 0.19 | 0.56 | 2.30 | 1 | 0 |
| | 0.028 | 0.22 | | 1.99 | | |
| | 0.056 | 0.26 | | 1.71 | | |
| | 0.084 | 0.28 | | 1.55 | | |
| | 0.11 | 0.30 | | 1.45 | | |
| | 0.17 | 0.34 | | 1.31 | | |
| | 0.28 | 0.38 | | 1.15 | | |
| | 0.42 | 0.42 | | 1.04 | | |
| | 0.56 | 0.44 | | 1.00 | | |

续表 8-6

| 轴承类型 | | $F_a/C_{0r}$ | $E$ | $F_a/F_r>e$ | | $F_a/F_r\leqslant e$ | |
|---|---|---|---|---|---|---|---|
| | | | | $X$ | $Y$ | $X$ | $Y$ |
| 角接触球轴承(7类) | 7000$C$($\alpha=15°$) | 0.015 | 0.38 | 0.44 | 1.47 | 1 | 0 |
| | | 0.029 | 0.40 | | 1.40 | | |
| | | 0.058 | 0.43 | | 1.30 | | |
| | | 0.087 | 0.46 | | 1.23 | | |
| | | 0.12 | 0.47 | | 1.19 | | |
| | | 0.17 | 0.50 | | 1.12 | | |
| | | 0.29 | 0.55 | | 1.02 | | |
| | | 0.44 | 0.56 | | 1.00 | | |
| | | 0.58 | 0.56 | | 1.00 | | |
| | 7000$AC$($\alpha=25°$) | — | 0.68 | 0.41 | 0.87 | 1 | 0 |
| | 7000$B$($\alpha=40°$) | — | 1.14 | 0.35 | 0.57 | 1 | 0 |
| 圆锥滚子轴承(3类) | | — | 见手册 | 0.40 | 见手册 | 1 | 0 |

**4）寿命计算**

以上介绍了基本额定动载荷和基本额定寿命的概念。但是，轴承工作条件是千变万化各不相同的，在设计时会有两种情况出现：

(1) 对于具有基本额定动载荷 $C_r$ 的轴承，当它所受的载荷 $P$(计算值)等于 $C_r$ 时，其基本额定寿命就是 $10^6$ 转。但是，当 $P\neq C_r$ 时，轴承的寿命是多少？

(2) 如果知道轴承应该承受的载荷 $P$，而且要求轴承的寿命为 $L_h$，应如何选择轴承？

很显然，当选定的轴承在某一确定的载荷 $P(P\neq C_r)$ 下工作时，其寿命将不同于基本额定寿命。图 8-28 为 6208 轴承的载荷寿命曲线，它表示了载荷 $P$ 与基本额定寿命 $L_{10}$ 的关系。经过大量的实验得出关系式：

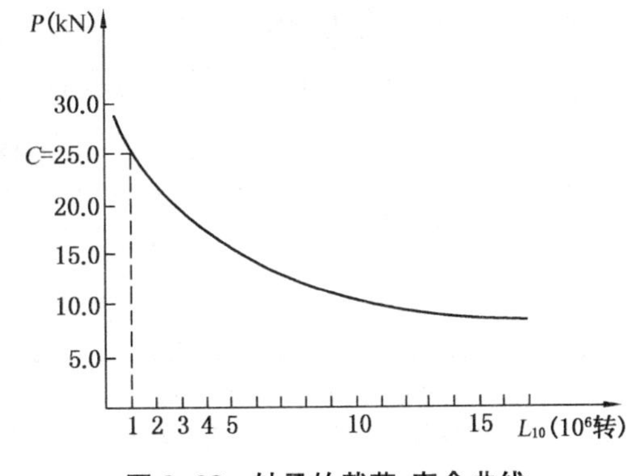

图 8-28　轴承的载荷-寿命曲线

$$L_{10}=\left(\frac{C_r}{P}\right)^{\varepsilon}\times 10^6(\text{转}) \tag{8-2}$$

式中：$P$——当量动载荷(N)；

$\varepsilon$——寿命指数，对于球轴承，$\varepsilon=3$；对于滚子轴承，$\varepsilon=10/3$。

在实际应用中，额定寿命常用给定转速下运转的小时数 $L_h$ 表示。考虑到机器振动和冲击的影响，引入载荷系数 $f_P$(表 8-7)；考虑到工作温度的影响，引入了温度系数 $f_T$(表 8-8)。实际的寿命计算公式为

$$L_h = \frac{10^6}{60n}\left(\frac{f_T C_r}{f_P P}\right)^{\varepsilon}(\mathrm{h}) \tag{8-3}$$

$$C_c = \frac{f_P P}{f_T}\sqrt[3]{\frac{60nL'_h}{10^6}} \leqslant C_r \tag{8-4}$$

式中:$C_c$——计算额定动载荷(kN);

$C_r$——额定动载荷(kN),可查设计手册。

若当量动载荷 $P$ 与转速 $n$ 均已知,预期寿命 $L'_h$ 已选定,则可根据式(8-4)选择轴承型号。

**表 8-7　载荷系数 $f_P$**

| 载荷性质 | $f_P$ | 举　例 |
|---|---|---|
| 无冲击或有轻微冲击 | 1.0～1.2 | 电动机、汽轮机、通风机、水泵 |
| 中等冲击和振动 | 1.2～1.8 | 车辆、机床、内燃机、起重机、冶金设备、减速器 |
| 强大冲击和振动 | 1.8～3.0 | 破碎机、轧钢机、石油钻机、振动筛 |

**表 8-8　温度系数 $f_T$**

| 轴承工作温度(℃) | 100 | 125 | 150 | 175 | 200 | 225 | 250 | 300 |
|---|---|---|---|---|---|---|---|---|
| 温度系数 $f_T$ | 1 | 0.95 | 0.90 | 0.85 | 0.80 | 0.75 | 0.70 | 0.60 |

### 5) 向心角接触轴承轴向载荷的计算

(1) 向心角接触轴承的内部轴向力

由于向心角接触轴承有接触角,故轴承在受到径向载荷作用时,承载区内滚动体的法向力分解,产生一个轴向分力 $F_s$,如图 8-29 所示。$F_s$ 是在径向载荷作用下产生的轴向力,通常称为内部轴向力,其大小按表 8-9 计算。内部轴向力的方向沿轴向,由轴承外圈的宽边指向窄边。

**表 8-9　向心角接触轴承的内部轴向力**

| 圆锥滚子轴承 | 角接触球轴承 | | |
|---|---|---|---|
| 3000 型 | 7000C 型 | 7000AC 型 | 7000B 型 |
| $F_s = F_r/(2Y)$ | $F_s = eF_r$ | $F_s = 0.68F_r$ | $F_s = 1.14F_r$ |

注:(1) $Y$ 为圆锥滚子轴承的轴向载荷系数。

(2) 若接触角 $\alpha$ 与 $Y$ 的关系式为 $Y=0.4\cot\alpha$,可查有关手册确定 $\alpha$ 的值。

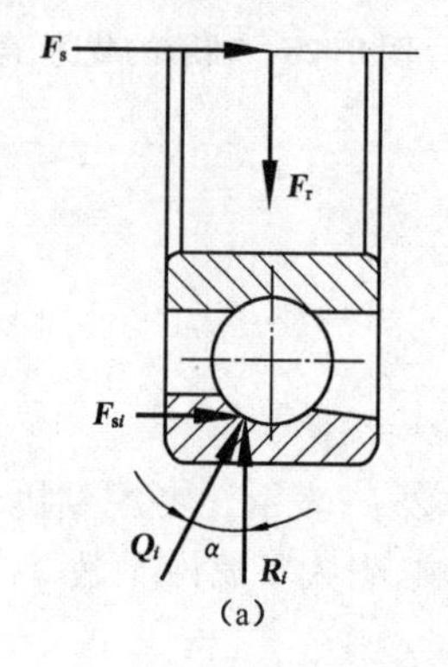


图 8-29　内部轴向力

(2) 角接触轴承的轴向载荷计算

为了使角接触轴承能正常工作，通常采用两个轴承成对使用、对称安装的方法。图 8-30 所示为成对安装角接触轴承的两种方式。正装时外圈窄边相对，轴的实际支点偏向两支点里侧；反装时外圈窄边相背，轴的实际支点偏向两支点外侧。简化计算时可近似认为支点在轴承宽度的中点处。因此，在计算轴承所受的轴向载荷时，不但要考虑 $F_s$ 和 $F_a$ 的作用，还要考虑到安装方式的影响。

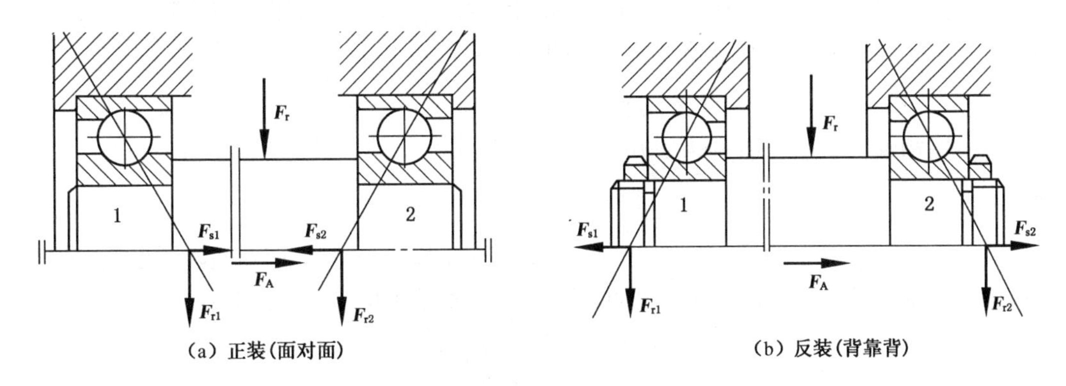


图 8-30　角接触轴承的轴向载荷分析

下面以一对角接触轴承支承的斜齿轮轴为例分析轴承上所承受的轴向载荷，如图 8-31 所示。

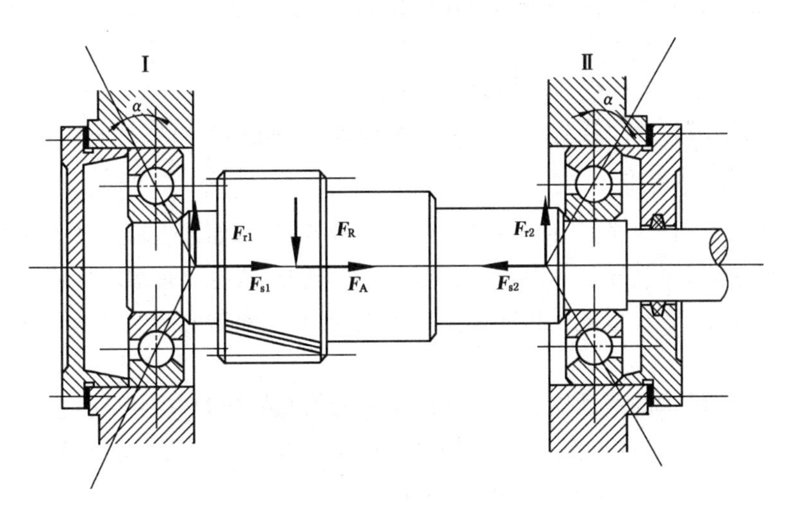


图 8-31　角接触轴承的轴向力

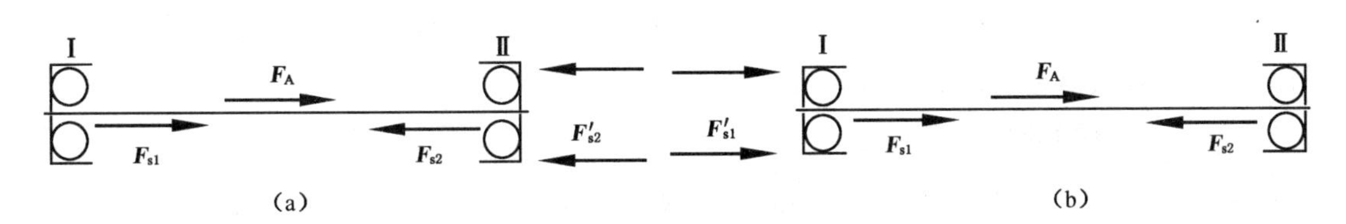


图 8-32　轴向力示意图

如果 $F_{s1}+F_A>F_{s2}$，如图 8-32(a) 所示，则轴有右移的趋势，此时右边轴承 Ⅱ 被“压紧”，左边轴承 Ⅰ 被“放松”。但实际上轴并没有移动。因此，根据力的平衡关系，作用在轴承 Ⅱ 的外圈上的力应是 $F_{s2}+F'_{s2}$，且有

$$F_{s1}+F_A=F_{s2}+F'_{s2}$$

故

$$F'_{s2}=F_{s1}+F_A-F_{s2}$$

轴承Ⅱ除受内部轴向力 $F_{s2}$ 的作用外，还受到轴向平衡力 $F'_{s2}$ 的作用，而轴承Ⅰ仅受自身内部轴向力 $F_{s1}$ 的作用，则压紧端轴承Ⅱ所受的轴向载荷为

$$F_{a2}=F_{s2}+F'_{s2}=F_{s1}+F_A$$

故放松端轴承Ⅰ所受的轴向载荷为

$$F_{a1}=F_{s1}$$

如果 $F_{s1}+F_A<F_{s2}$，如图 8-32(b)所示，则轴有左移的趋势，此时右边轴承Ⅱ被“放松”，左边轴承Ⅰ被“压紧”。同上述分析方法可得出压紧端轴承Ⅰ所受的轴向载荷为

$$F_{a1}=F_{s1}+F'_{s1}=F_{s2}-F_A$$

故放松端轴承Ⅱ所受的轴向载荷为 $F_{a2}=F_{s2}$。

由此可得计算两支点轴向载荷的步骤如下：

① 先计算出两支点内部轴向力 $F_{s1}$、$F_{s2}$ 的大小，并绘出其方向。

② 将外加轴向载荷 $F_A$ 及与之同向的内部轴向力之和与另一内部轴向力进行比较，以判定轴承的“压紧”端与“放松”端。

③ “放松”端轴承的轴向载荷等于它本身的内部轴向力。

④ “压紧”端轴承的轴向载荷等于除了它本身的内部轴向力以外其他轴向力的代数和。

**6）滚动轴承的静载荷**

在实际工作时，有许多轴承并非都是工作在正常状态，例如许多轴承就工作在低速重载工况下，甚至有些基本就不旋转。针对这种情况，其破坏的形式主要是滚动体接触表面上接触应力过大而产生永久的凹坑，也就是材料发生了永久变形，因此需要按照轴承静强度来选择轴承尺寸。

通常情况下，当轴承的滚动体与滚道接触中心处引起的接触应力不超过一定值时，对多数轴承而言尚不会影响其正常工作。因此，把轴承产生上述接触应力的静载荷称作基本额定静载荷，用 $C_{0r}$ 表示。具体可以查阅手册或产品样本。

按静载荷选择轴承的公式为

$$C_{0r}\geqslant S_0P_0$$

式中：$S_0$——轴承静载荷强度安全系数；

$P_0$——当量静载荷。

$$P_0=X_0R+Y_0A$$

式中：$X_0$、$Y_0$——分别为当量静载荷的径向载荷系数和轴向载荷系数；

$S_0$、$X_0$、$Y_0$ 都可以由轴承手册上查到。

## 8.3.3　滚动轴承的主要失效形式

**1）疲劳点蚀**

实践证明，在适当的润滑和密封，安装和维护条件正常时，绝大多数轴承由于滚动体沿着套圈滚动，在相互接触的物体表层内产生变化的接触应力，经过一定次数循环后，此应力就导致表层下不深处形成微观裂缝，微观裂缝被渗入其中的润滑油挤裂而引起点蚀。

**2）塑性变形**

当轴承转速很低（$n\leqslant 10$ r/min）或间歇摆动时，一般不会发生疲劳点蚀，此时轴承往往因受过大的静载荷或冲击载荷而产生塑性变形，使轴承失效。

**3）磨损**

滚动轴承在密封不可靠以及多尘的运转条件下工作时易发生磨粒磨损。通常在滚动体与套圈之间，特别是滚动体与保持架之间有滑动摩擦，如果润滑不好，发热严重时，可能使滚动体回火，甚至产生胶合磨损，转速越高，磨损越严重。

### 任务实施

该装置中的滚动轴承受力分析如图 8-33 所示。

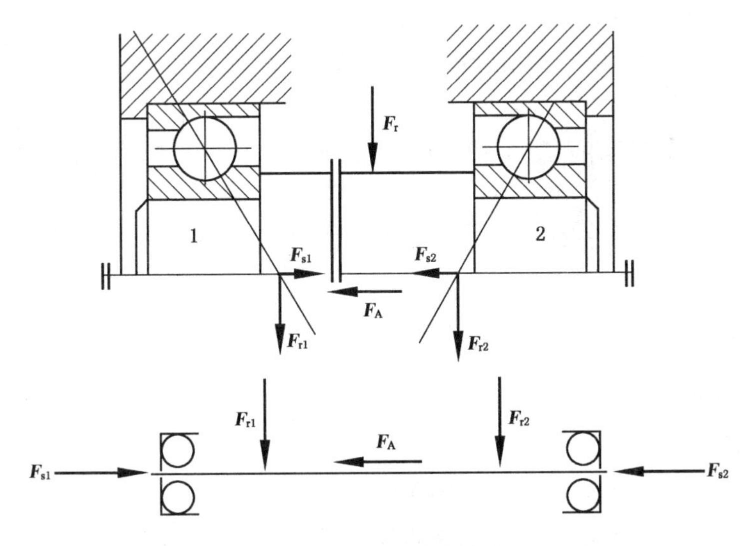


**图 8-33　角接触球轴承**

**1）计算轴承的轴向力 $F_{a1}$、$F_{a2}$**

由表 8-9 查得 7307AC 轴承内部轴向力公式为

$$F_s = 0.68F_r$$

则

$$F_{s1} = 0.68F_{r1} = 0.68\times 1\,650 = 1\,122\ \text{N}$$

$$F_{s2} = 0.68F_{r2} = 0.68 \times 2\,250 = 1\,530\ \text{N}$$

因为

$$F_{s2} + F_A = 1\,530 + 1\,500 = 3\,030\ \text{N} > F_{s1} = 1\,122\ \text{N}$$

所以轴承 1 为“紧端”，轴承 2 为“松端”。

$$F_{a1} = F_{s2} + F_A = 1\,530 + 1\,500 = 3\,030\ \text{N}$$
$$F_{a2} = 1\,530\ \text{N}$$

**2）计算轴承的当量动载荷 $P_1$、$P_2$**

由表 8-6 查得 7307AC 轴承的 $e=0.68$，而

$$\frac{F_{a1}}{F_{r1}} = \frac{3\,030}{1\,650} = 1.84 > e \qquad \frac{F_{a2}}{F_{r2}} = \frac{1\,530}{2\,250} = 0.68 = e$$

故由表 8-6 得

$$X_1 = 0.41 \qquad Y_1 = 0.87$$
$$X_2 = 1 \qquad Y_2 = 0$$
$$P_1 = X_1F_{r1} + Y_1F_{a1} = 0.41 \times 1\,650 + 0.87 \times 3\,030 = 3312.6\ \text{N}$$
$$P_2 = X_2F_{r2} + Y_2F_{a2} = 1 \times 2\,250 + 0 \times 1\,530 = 2\,250\ \text{N}$$

**3）计算轴承的寿命 $L_h$**

因为两个轴承的型号相同，所以其中当量动载荷大的轴承寿命短。因 $P_1 > P_2$，所以只需要计算轴承 1 的寿命。

查手册得 7307AC 轴承的 $C_r = 32\,800\ \text{N}$，$f_P = 1.2$，$f_T = 1$，由式(8-3)得

$$L_h = \frac{10^6}{60n}\left(\frac{f_T C_r}{f_P P}\right)^{\varepsilon} = \frac{10^6}{60 \times 1\,500}\left(\frac{1 \times 32\,800}{1.2 \times 3\,312.6}\right)^3 = 6\,242\ \text{h}$$

## 技能训练

滚动轴承的结构认识与测绘。

**1）目的要求**

(1) 熟悉各种轴承的组成结构与轴承的类型、型号标记。

(2) 掌握分析减速箱各轴轴承类型、装配定位结构零件的功能的基本思路与方法。

(3) 掌握绘制减速箱输出轴轴承装配草图的基本技能。

**2）操作设备和工具**

(1) 被测轴承若干个(至少包含 3、5、6、7、$N$ 类轴承)，减速箱 1～2 个。

(2) 游标卡尺和千分尺各一把。

(3) 计算器及绘图纸、圆规、三角板、铅笔、铅笔刀、橡皮等绘图工具。

**3）训练内容**

(1) 观察各种类型的轴承，分析轴承的特点。

（2）分析减速箱输出轴轴承的定位。

（3）绘制减速箱输出轴轴承定位结构装配草图。

**4）训练步骤**

（1）观察滚动轴承的结构与型号。一般轴承上都标注有轴承的型号，要注意观察，并抄记下来，画出轴承的规定画法和简化画法图形。

（2）拆卸减速箱输出轴轴承端盖，分析定位零件的功能及装配定位零件。

（3）画轴承定位装配草图。

## 思考与练习

8-1　滑动轴承的性能特点有哪些？主要的应用场合有哪些？

8-2　滑动轴承的主要结构型式有哪几种？各有什么特点？

8-3　滑动轴承材料应具备哪些性能？是否存在着能同时满足这些性能的材料？

8-4　选择滚动轴承时，应考虑哪些因素？

8-5　指出下列轴承代号的含义：6410，7206C，7208AC，30312/P5。

8-6　一农用水泵决定选用深沟球轴承，轴颈直径 $d=30$ mm，转速 $n=2\,900$ r/min，已知轴承承受的径向载荷 $F_{r1}=1\,500$ N，外部轴向载荷 $F_a=800$ N，预期寿命为 6 000 h，试选择轴承的型号。

8-7　根据设计要求，在某一轴上安装一对 7000AC 轴承（如图所示），已知两个轴承的径向载荷分别是 $F_{r1}=1\,000$ N，$F_{r2}=2\,060$ N，外加轴向力 $F_A=880$ N，轴颈 $d=40$ mm，转速 $n=5\,000$ r/min，常温下运转，有中等冲击，预期寿命 $L_h=2\,000$ 小时，试选择轴承型号。

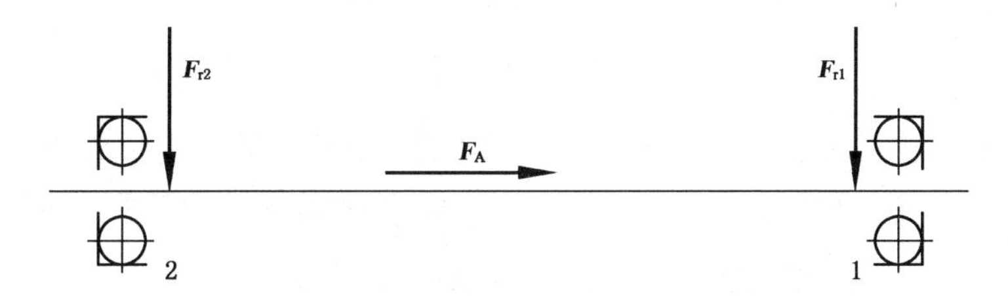


题 8-7 图

# 项目九

# 轴的设计

## 学习目标

**1）知识目标**

（1）轴上零件的轴向和周向定位方法；

（2）轴的结构及设计方法；

（3）轴的受力分析及强度计算。

**2）能力目标**

（1）掌握按扭矩初步估算轴的直径；

（2）掌握轴的结构设计；

（3）能正确按弯、扭合成强度计算轴的直径。

## 任务一　估算轴的直径

### 任务导入

设计如图 9-1 所示的卷扬机，判断各轴的类型并估算电机轴的最小直径，其中轴的自重、轴承中的摩擦均不计。初定电机的转速是 970 转/分钟，要传动的功率是 27 kW。

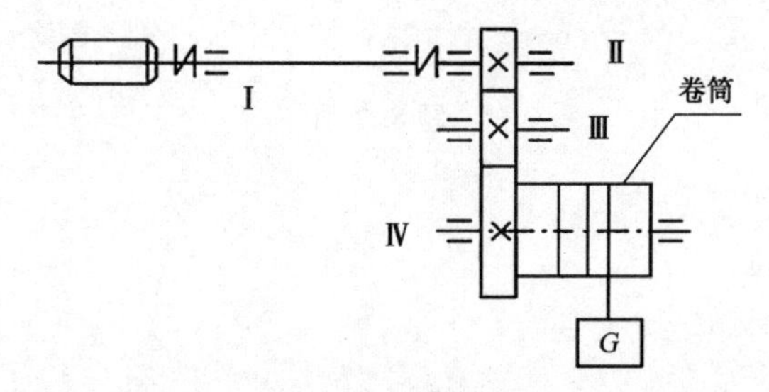


**图 9-1　卷扬机**

### 任务分析

轴是组成机器的重要零件之一，用途极广，类型很多，其主要功能是支持做回转运动的传动零件（如齿轮、蜗轮等），并传递运动和动力。根据工作承载等情况，我们对轴进行分类，并按力学中的扭转强度来估算轴的直径。

## 力学知识

### 9.1.1　轴的扭转变形

在工程实际中有些杆件会发生扭转变形，例如驾驶汽车时，司机加在方向盘上作用两个大小相等、方向相反的切向力，它们在垂直于操纵杆轴线的平面内组成一力偶，如图 9-2 所示。

在垂直杆件轴线的平面内作用一对大小相等、方向相反的外力偶，将发生扭转变形，其变形特点是：各横截面绕杆的轴线发生相对转动，两截面相对转过的角度称为扭转角，如图 9-3 所示。

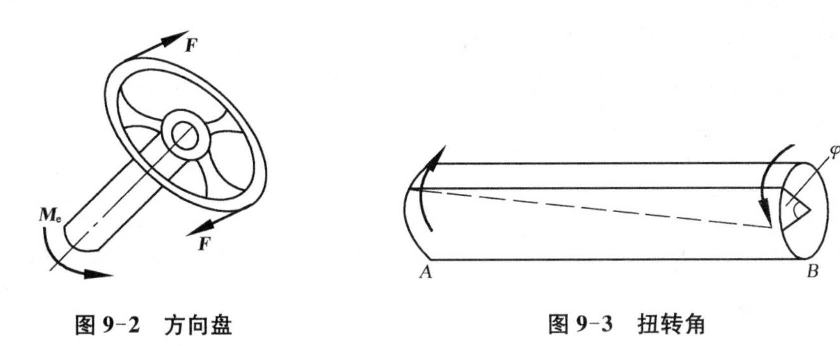


图 9-2　方向盘　　　　图 9-3　扭转角

### 9.1.2　扭矩与扭矩图

对工程中的传动轴来说，通常不是直接给出作用在轴上的外力偶的力偶矩，而是给出轴所传递的功率和轴的转速，需通过功率、转速与力偶矩间的关系算出外力偶矩。

$$M_e = 9\,550\,\frac{P}{n} \tag{9-1}$$

式中：$P$——轴传递的功率(kW)；

$M_e$——作用在轴上的外力偶矩(N·m)；

$n$——转速(r/min)。

确定了外力偶矩之后，便可用截面法计算受扭杆件的内力。例如求图 9-4(a)所示圆截面杆 $a$—$a$ 截面上的内力，可用假想平面将杆截开，任取其中一分离体，例如取左侧分离体(图 9-4(b))。

由于分离体上的外力为力偶，故 $a-a$ 截面上的内力也是力偶。若分别用 $M_e$ 和 $M_n$ 表示外力偶和内力偶的力偶矩，由 $\sum M_x = 0$ 得

$$M_n = M_e$$

$M_n$ 即为 $a$—$a$ 截面上的内力，称为扭矩。

如取右侧分离体(图 9-4(c))，则求得 $a$—$a$ 截面的扭矩与上述扭矩大小相等、转向相反。

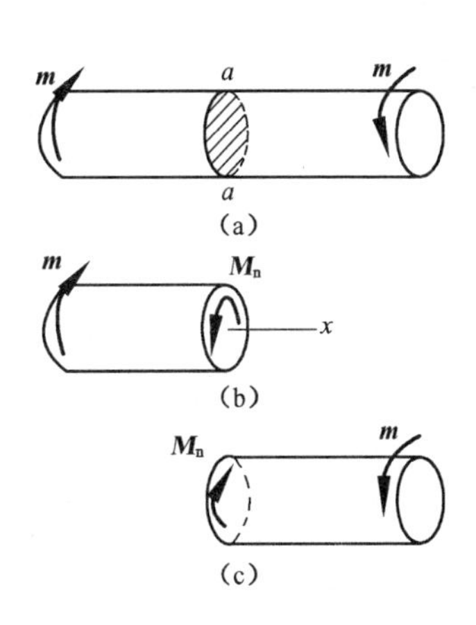


图 9-4　截面法计算扭矩

为了使由左、右分离体求得的同一截面上扭矩的正负号一致，对扭矩的正负号作如下规定：按右手螺旋法则，以右手四指表示扭矩的转向，拇指指向截面外法线方向时，扭矩为正；反之，拇指指向截面时为负。按此规定，图 9-4(b)、(c)中的扭矩均为正值。与求轴力的方法相类似，用截面法计算扭矩时，可将扭矩设为正值，计算结果为负说明该扭矩转向与所设的转向相反。

当杆件上作用有多个外力偶时，杆件不同段横截面上的扭矩也各不相同，为了直观地了解杆件各段扭矩的变化规律，可用类似画轴力图的方法画出杆件的扭矩图。扭矩图中垂直杆于轴线方向的坐标代表相应截面的扭矩，正、负扭矩分别画在基线两侧，并标以“+”、“-”。下面举例说明。

**【例 9-1】** 试求图 9-5(a)所示杆件 1-1、2-2、3-3 截面上的扭矩，并画出杆的扭矩图。

**解**：1-1 截面：在 1-1 处截开，取左侧分离体。

1-1 截面上的扭矩按扭矩正负号规定中的正号方向标出，其受力图如图 9-5(b)所示。由平衡方程 $\sum M_x = 0$，得

$$M_{n1} = m$$

2-2 截面：在 2-2 处截开，仍取左侧分离体，其受力图如图 9-5(c)所示（$M_{n2}$仍按正号方向标出），由平衡方程 $\sum M_x = 0$，得

$$M_{n2} = m - 3m = -2m$$

求得的 $M_{n2}$为负值，表明图 9-5(c)中 $M_{n2}$的方向与实际相反，按扭矩正负号规定，$M_{n2}$应为负值。

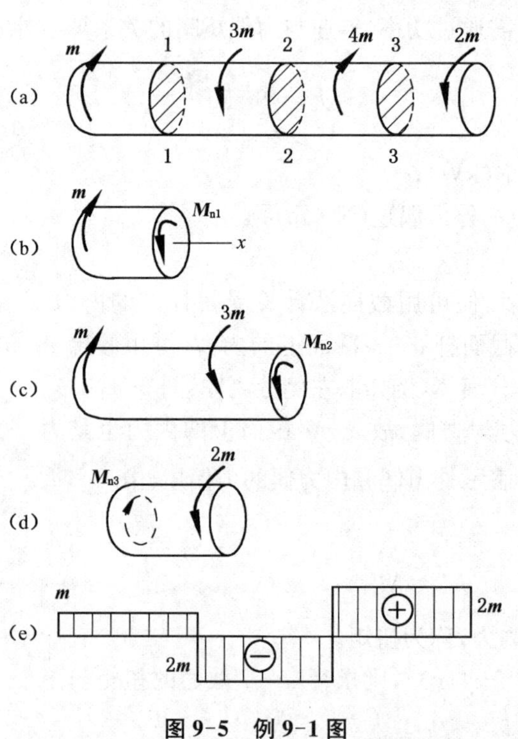


图 9-5　例 9-1 图

3-3 截面：在 3-3 处截开，取右侧分离体，其受力图如图 9-5(d)所示，由平衡方程 $\sum M_x = 0$，得

$$M_{n3} = 2m$$

杆件的扭矩图如图 9-5(e)所示。

由上面求扭矩的方法和结果可看到：受扭杆件任一横截面上的扭矩，等于该截面一侧(左侧或右侧)所有外力偶矩的代数和。

## 9.1.3　圆轴扭转时横截面上的应力及强度条件

### 1) 圆轴扭转时横截面上的剪应力

当用截面法求得圆轴扭转时横截面上的扭矩后，还应进一步研究横截面上的应力分布规律，以便求出最大应力。

取一圆轴如图 9-6 所示，实验前在其表面上画两条圆周线和两条与轴线平行的纵线，两端加外力偶矩为 $M_e$ 的力偶作用后，圆轴即发生扭转变形。在变形微小的情况下，可观察到如下现象：

(1) 纵线倾斜了相同的角度，原来轴表面上的小方格变成了歪斜的平行四边形。

(2) 圆周线围绕轴线旋转一个微小的角度，圆周线的长度、形状和两圆周线间的距离均保持不变。

(3) 轴的直径和长度都没有改变。

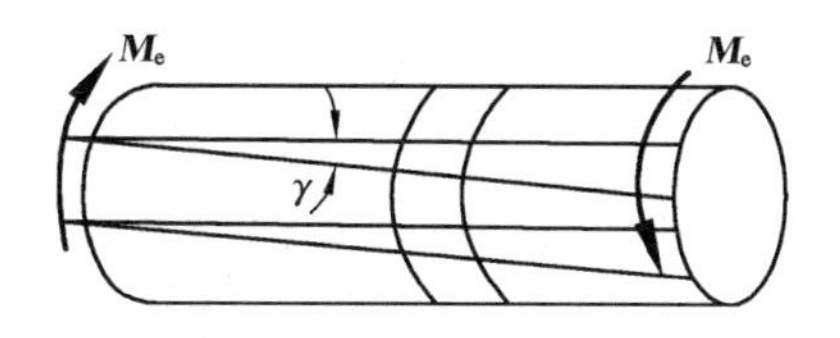


图 9-6　圆轴的扭转变形

由此可推断：原为平面的横截面变形后仍保持为平面，只是各横截面相对地转过了一个角度。这就是圆轴扭转的平面假设。

根据平面假设，可得出以下结论：

(1) 由于相邻截面相对地转过了一个角度，即横截面间发生旋转式的相对错动，出现了剪切变形，故截面上有切应力存在。

(2) 由于相邻截面间距不变，所以横截面没有正应力。又因半径长度不变，切应力方向必与半径垂直。

(3) 从圆轴的扭转变形几何关系可以找出应变的变化规律，由应变规律找出应力的分布规律，即建立应力和应变间的物理关系，最后根据转矩和应力之间的静力关系，即可推导出截面上任意点应力的计算公式，从而求出最大应力，为建立强度条件提供依据。

由上述三个方面的分析推导出的横截面上任意点处的切应力的计算公式为

$$\tau_\rho = \frac{M_n}{I_P}\rho \tag{9-2}$$

式中：$\tau_\rho$——横截面上任意点处的切应力(MPa)；

$\rho$——横截面上任一点至圆心的距离(mm)；

$M_n$——横截面上的扭矩(N·m)；

$I_P$——横截面对形心的极惯性矩($m^4$或$mm^4$)。

最大切应力发生在截面边缘处，即$\rho=R$时，其值为

$$\tau_{max}=\frac{M_nR}{I_P} \tag{9-3}$$

式中：$R$——圆轴的半径(m或mm)。

令$W_P=\frac{I_P}{R}$，则有

$$\tau_{max}=\frac{M_n}{W_P} \tag{9-4}$$

式中：$W_P$——扭转截面系数($m^3$或$mm^3$)。

图9-7分别表示实、空心圆轴横截面上切应力的分布。在实心轴上靠近圆心的部分材料承受的应力值较低，故可做成空心轴，既不降低轴的承载能力，同时还可减轻轴的重量。极惯性矩和扭转截面系数与截面的形状、大小有关。

(1) 空心圆截面：设外径为$D$，内径为$d$，则有

极惯性矩
$$I_P=\frac{\pi D^4}{32}(1-\alpha^4)\approx 0.1D^4(1-\alpha^4) \tag{9-5}$$

式中，$\alpha=d/D$为横截面内外径之比。

扭转截面系数
$$W_P=\frac{\pi D^3}{16}(1-\alpha^4)\approx 0.2D^3(1-\alpha^4) \tag{9-6}$$

(2) 实心圆截面：将$d=0$及$\alpha=d/D=0$代入上两式，即可得到实心圆截面对形心的极惯性矩和扭转截面系数分别为

$$I_P=\frac{\pi D^4}{32}\approx 0.1D^4 \tag{9-7}$$

$$W_P=\frac{\pi D^3}{16}\approx 0.2D^3 \tag{9-8}$$

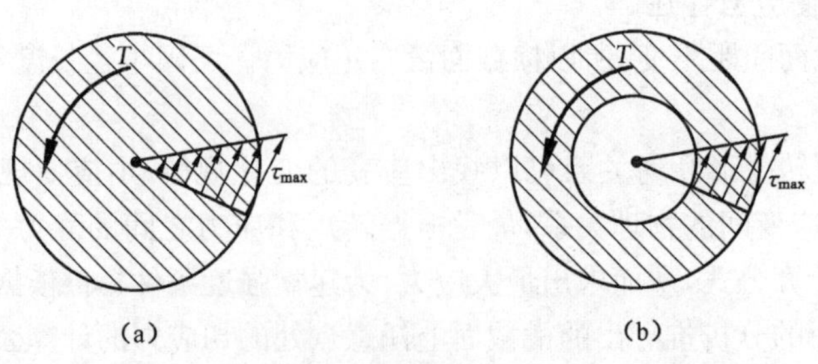


图9-7 实、空心圆轴横截面上切应力的分布

**2）圆轴扭转时的强度计算**

为保证圆轴受扭时具有足够的强度，轴内的最大切应力 $\tau_{max}$ 不能超过材料的许用剪应力$[\tau]$。

在等直圆杆受扭时，杆内的最大剪应力发生在扭矩最大截面的边缘处，圆轴扭转时其强度条件为

$$\tau_{max}=\frac{M_{max}}{W_P}\leqslant[\tau] \tag{9-9}$$

与拉压杆类似，应用式(9-9)之强度条件，可解决工程中常见的校核强度、选择截面和求许用载荷三类典型问题。

许用切应力$[\tau]$值根据试验获得，可查有关手册，它与相同材料的拉伸强度指标有如下统计关系：

对于塑性材料　　$[\tau]=(0.5\sim0.6)[\sigma]$

对于脆性材料　　$[\tau]=(0.8\sim1.0)[\sigma]$

**【例 9-2】** 机床齿轮减速箱中的二级齿轮如图 9-8(a)所示。轮 $C$ 输入功率 $P_C=40$ kW，轮 $A$、轮 $B$ 输出功率分别为 $P_A=23$ kW，$P_B=17$ kW，$n=1\ 000$ r/min，许用切应力$[\tau]=40$ MPa。试设计轴的直径。

**解**：(1)计算外力偶矩

由式(9-1)得

$$M_{eA}=9\ 550\times\frac{23}{1\ 000}\ \text{N}\cdot\text{m}=219.6\ \text{N}\cdot\text{m}$$

$$M_{eB}=9\ 550\times\frac{17}{1\ 000}\ \text{N}\cdot\text{m}=162.3\ \text{N}\cdot\text{m}$$

$$M_{eC}=9\ 550\times\frac{40}{1\ 000}\ \text{N}\cdot\text{m}=382\ \text{N}\cdot\text{m}$$

(2) 画扭矩图

由截面法可得

$$M_1=M_{eA}=219.6\ \text{N}\cdot\text{m}$$
$$M_2=-M_{eB}=-162.3\ \text{N}\cdot\text{m}$$

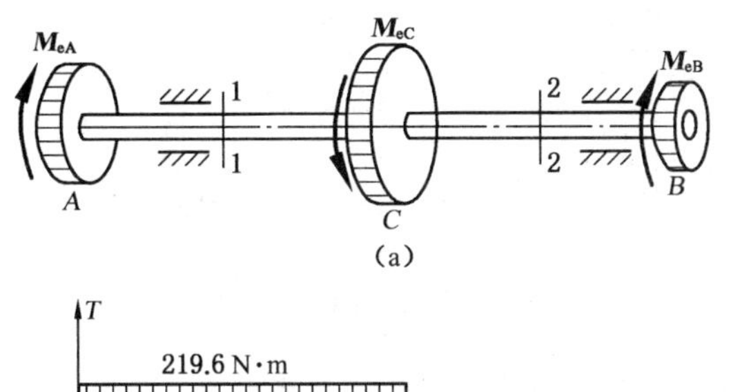


**图 9-8　例 9-2 图**

最大扭矩发生在 $AC$ 段，扭矩图如图 9-8(b)所示。因是等截面轴，该段是危险截面。

(3) 按强度条件设计轴的直径

$$\tau_{max}=\frac{M_{max}}{W_P}=\frac{16M_1}{\pi D^3}\leqslant[\tau]$$

$$D\geqslant\sqrt[3]{\frac{16M_1}{\pi[\tau]}}=\sqrt[3]{\frac{16\times219.6\times10^3}{\pi\times40}}=30.4\ \text{mm}$$

取标准直径 $D=32$ mm。

### 9.1.4 平面弯曲变形的剪力图和弯矩图

#### 1) 平面弯曲变形的概念和基本形式

工程结构中经常用梁来承受载荷，例如房屋建筑中的楼板梁要承受楼板上的载荷(如图 9-9(a))，起重吊车的钢梁要承受起吊载荷(如图 9-9(b))。这些载荷的方向都与梁的轴线相垂直，在这样载荷作用下，梁要变弯，其轴线由原来的直线变为曲线，此种变形称为弯曲。产生弯曲变形的杆件称为受弯杆件。

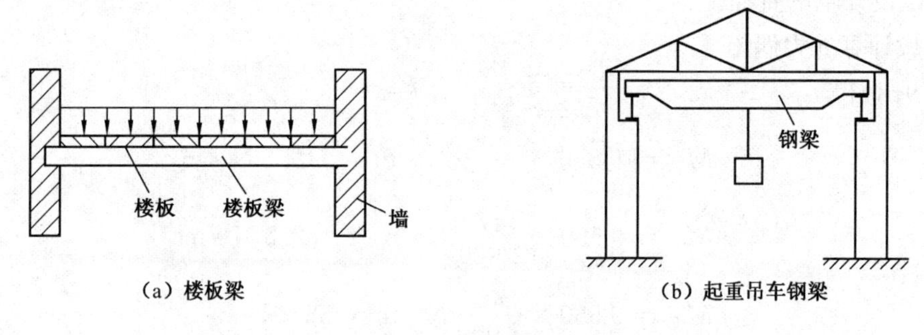


图 9-9 受弯杆件

载荷一般是作用在梁的纵向对称平面内(图 9-10)，在这种情况下，梁发生弯曲变形后的轴线仍保持在同一平面(载荷作用平面)内，即梁的轴线为一条平面曲线，这类弯曲称为平面弯曲。平面弯曲是弯曲变形中最简单和最基本的情况，下面讨论直梁的平面弯曲。

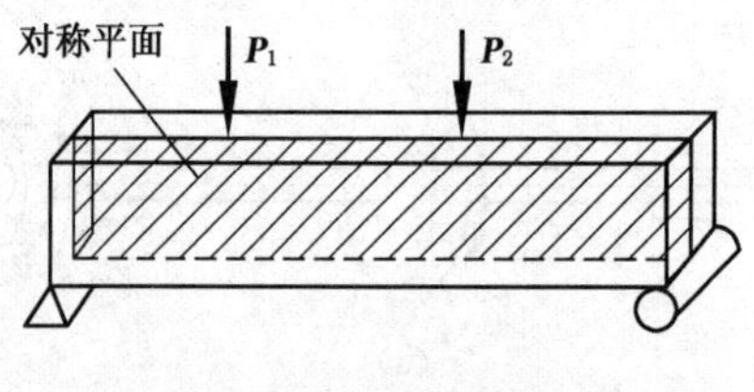


图 9-10 受弯杆件

工程中的梁按其支座情况分为下列三种形式：

(1) 简支梁。一端为固定铰支座，另一端为可动铰支座的梁(图 9-11(a))。

(2) 外伸梁。一端或两端向外伸出的简支梁(图 9-11(b))。

(3) 悬臂梁。一端为固定支座，另一端为自由的梁(图 9-11(c))。

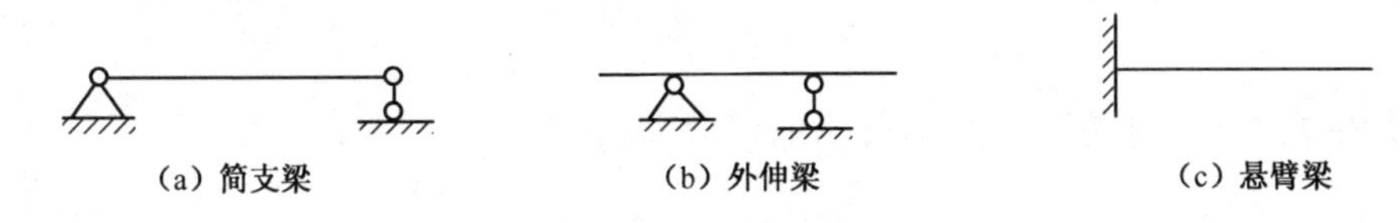


图 9-11　梁的类型

作用在梁上的常见载荷有下列三种：

(1) 集中载荷。即作用在梁上的横向力(图 9-12(a)中的力 $P$)。

(2) 集中力偶。即作用在通过梁的轴线的平面内的外力偶(图 9-12(a)中的 $m$)。

(3) 分布载荷。即沿梁全长或一段连续分布的横向力(如图 9-12(b))。若均匀分布，则称为均布载荷，用载荷密度 $q$ 表示，单位为 N・m。

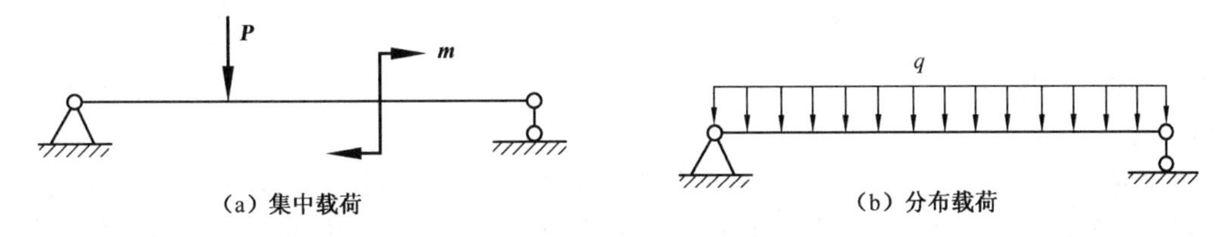


图 9-12　梁的载荷类型

### 2) 梁弯曲时的内力——剪力和弯矩

梁在载荷作用下，根据平衡条件可求得支座反力。当作用在梁上的所有外力(载荷和支座反力)都已知时，用截面法可求出任一横截面上的内力。

设梁 $AB$ 受横向力作用(图 9-13(a))，相应的支反力为 $F_{Ay}$、$F_{By}$(图 9-13(b))。现求距 $A$ 端 $x$ 处横截面上的内力。由截面法将梁切开，任取其中一段，例如左段，作为研究对象。因原来梁处于平衡状态，故左段梁在外力及截面处内力的共同作用下亦应保持平衡。由于外力均垂直于梁的轴线，故截面上必有一与截面相切的内力即 $F_s$和一个在外力作用面内的内力偶即 $M$ 与之平衡，$F_s$和 $M$ 分别称为剪力和弯矩。

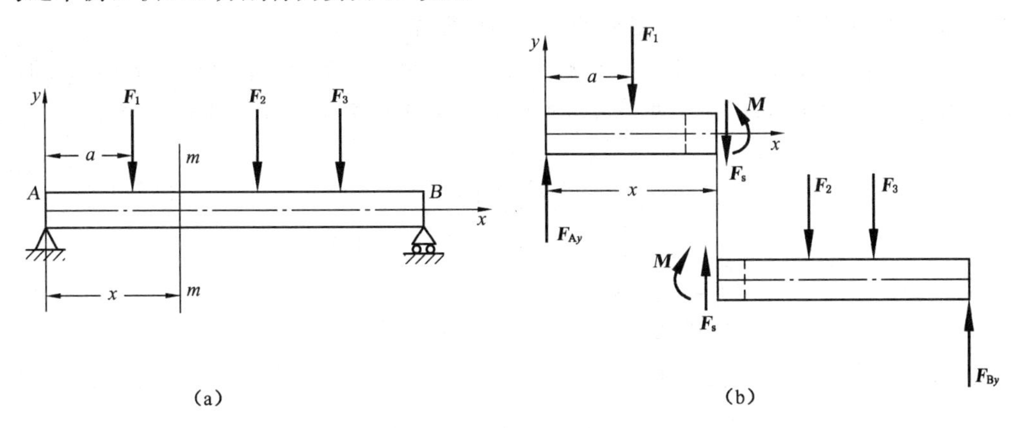


图 9-13　剪力和弯矩

对左段列平衡方程，有

$$\sum F_y = 0, \qquad F_{Ay} - F_1 - F_s = 0$$

得 $$F_s = F_{Ay} - F_1$$

即剪力在数值上等于左段上所有外力的代数和，故有

$$F_s = \sum F_i \tag{9-10}$$

由 $\sum M_C = 0,\quad -F_{Ay}x + F_1(x-a) + M = 0$

得 $$M = F_{Ay}x - F_1(x-a)$$

矩心 $C$ 为截面的形心，故弯矩在数值上等于左段梁上所有外力对截面形心 $C$ 的力矩的代数和，即有

$$M = \sum(F_i x_i + M_{ei}) \tag{9-11}$$

式中，$x_i$ 为外力距截面形心的距离。如果以右段梁为研究对象，求得的截面上的剪力和弯矩数值相同，但方向相反。

为使以上两种情况所得同一横截面上的内力具有相同的正负号，对剪力与弯矩的正负作如下规定：研究对象的横截面左上右下的剪力为正，反之为负；使弯曲变形为凹向上的弯矩为正，反之为负（图 9-14）。

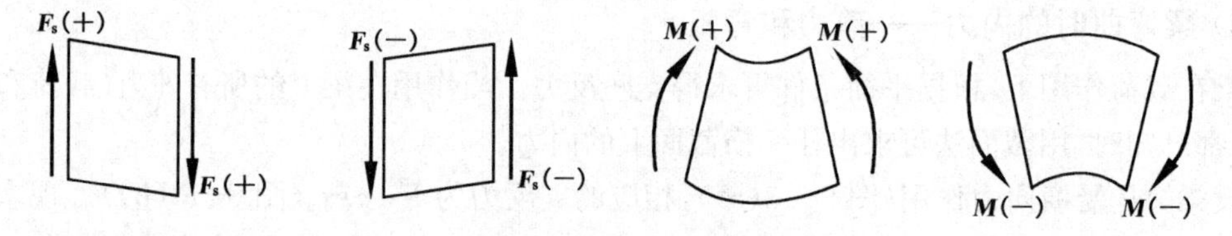


图 9-14 剪力和弯矩的符号

综上所述，可得如下结论：

弯曲时梁横截面上的剪力在数值上等于该截面一侧外力的代数和；横截面上的弯矩在数值上等于该截面一侧外力对该截面形心的力矩的代数和。

**【例 9-3】** 如图 9-15 所示简支梁受集中力 $F=1\,000$ N、集中力偶 $M=4$ kN·m 和均布载荷 $q=10$ kN/m 的作用，试根据外力直接求出图中 1-1 和 2-2 截面上的剪力和弯矩。

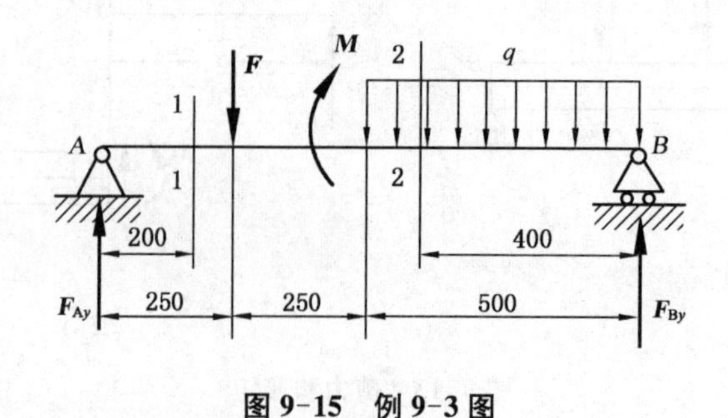


图 9-15 例 9-3 图

**解**：(1)求支反力

$\sum M_B = 0,\qquad F \times 0.75 - F_{Ay} \times 1 - M + 10^4 \times 0.5 \times 0.25 = 0$

$$F_{Ay} = -2\,000\ \text{N}$$

$\sum F_y = 0$，　　$F_{Ay} - F - 0.5q + F_{By} = 0$

$$F_{By} = 8\,000\ \text{N}$$

(2) 求截面内力

根据式(9-10)、式(9-11)，由左侧外力计算：

1-1 截面　　$F_{s1} = F_{Ay} = -2\,000\ \text{N}$

$$M_1 = F_{Ay} \times 0.2 = -2\,000 \times 0.2 = -400\ \text{N} \cdot \text{m}$$

2-2 截面　　$F_{s2} = F_{Ay} - F - q \times 0.1 = -2\,000 - 1\,000 - 10^4 \times 0.1 = -4\,000\ \text{N}$

$$\begin{aligned} M_2 &= F_{Ay} \times 0.6 - F \times 0.35 + M - q \times 0.1 \times 0.05 \\ &= -2\,000 \times 0.6 - 1\,000 \times 0.35 + 4\,000 - 10^4 \times 0.1 \times 0.05 \\ &= 2\,400\ \text{N} \cdot \text{m} \end{aligned}$$

由右侧外力计算：

1-1 截面　　$F_{s1} = -F_{By} + q \times 0.5 + F = -8\,000 + 10^4 \times 0.5 + 1\,000 = -2\,000\ \text{N}$

$$\begin{aligned} M_1 &= F_{By} \times 0.8 - q \times 0.5 \times 0.55 - M - F \times 0.05 \\ &= 8\,000 \times 0.8 - 10^4 \times 0.5 \times 0.55 - 4\,000 - 1\,000 \times 0.05 \\ &= -400\ \text{N} \cdot \text{m} \end{aligned}$$

2-2 截面　　$F_{s2} = q \times 0.4 - F_{By} = 10 \times 0.4 - 8\,000 = -4\,000\ \text{N}$

$$\begin{aligned} M_2 &= F_{By} \times 0.4 - q \times 0.4 \times 0.2 = 8\,000 \times 0.4 - 10^4 \times 0.4 \times 0.2 \\ &= 2\,400\ \text{N} \cdot \text{m} \end{aligned}$$

两侧计算结果完全相同，但截面1-1上的内力由左侧计算较简便，截面2-2上的内力则由右侧计算较方便。

由以上计算结果可知，计算内力时可任取截面左侧或右侧，一般取外力较少的杆段为好。

**3）弯矩图**

在一般情况下，梁横截面上的剪力和弯矩是随截面的位置不同而变化的。如果沿梁轴线方向选取坐标 $x$ 表示横截面的位置，则梁的各截面上的剪力和弯矩都可表示为 $x$ 的函数，即

$$F_s = F_s(x),\ M = M(x)$$

上两式分别称为梁的剪力方程和弯矩方程。

如果以 $x$ 为横坐标轴，以 $F_s$ 或 $M$ 为纵坐标轴，分别绘制 $F_s = F_s(x)$、$M = M(x)$ 的函数曲线，则分别称为剪力图和弯矩图。

从剪力图和弯矩图上可以很容易确定梁的最大剪力和最大弯矩，以及梁的危险截面的位置。在梁的强度计算和刚度计算中，一般弯矩起主要作用，因此我们主要研究弯矩方程的建立和弯矩图的绘制。下面举例说明弯矩图的作法。

**【例 9-4】** 图 9-16(a)所示悬臂梁，在自由端受集中力作用，试作弯矩图。

**解**：(1)列弯矩方程

选取截面 $A$ 的形心为坐标原点，坐标轴如图 9-16(a)所示。在截面 $x$ 处切取左段为研究对象，则有

$$M(x)=-Fx \quad (0\leqslant x\leqslant l)$$

(2) 画弯矩图

弯矩 $M$ 为 $x$ 的一次函数,所以弯矩图为一条斜直线。

由上式可知

$$x=0,\ M=0$$
$$x=l,\ M=-Fl$$

过原点(0,0)与点($l$,$-F l$)连直线即得弯矩图(图 9-16 (b))。

由图 9-16(b)可知,弯矩的最大值在固定端的左侧截面上,$|M|_{\max}=Fl$,故固定端截面为危险截面。

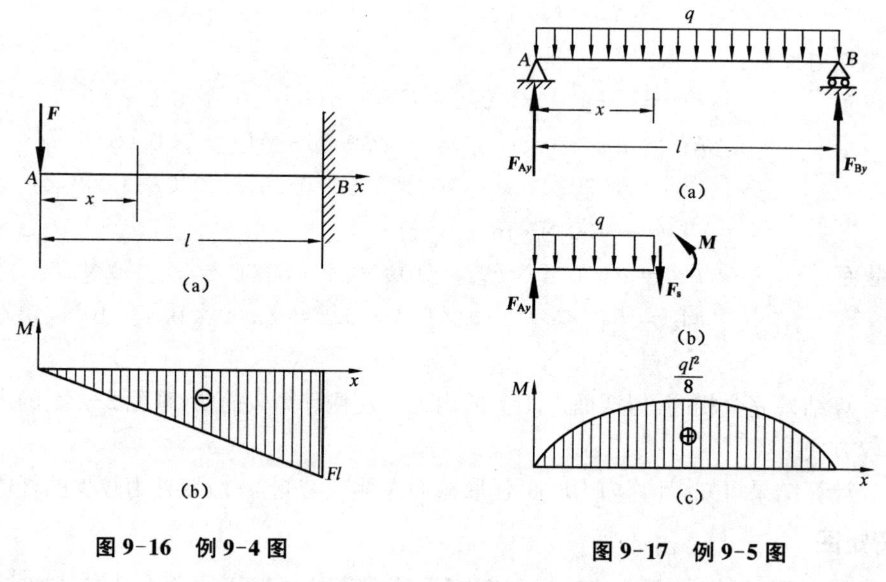


图 9-16　例 9-4 图

图 9-17　例 9-5 图

**【例 9-5】** 图 9-17(a)所示简支梁,在全梁上受集度的均布载荷,试作此梁的弯矩图。

解:(1)求支反力

由 $\sum M_{\mathrm{A}}=0$ 及 $\sum M_{\mathrm{B}}=0$,得

$$F_{\mathrm{Ay}}=F_{\mathrm{By}}=\frac{ql}{2}$$

(2) 列弯矩方程

取 $A$ 为坐标原点,并在截面 $x$ 处切取左段为研究对象(图 9-17(b)),以截面的形心为矩心,则

$$M=F_{\mathrm{Ay}}x-\frac{qx^2}{2}=\frac{qxl}{2}-\frac{qx^2}{2} \quad (0\leqslant x\leqslant l)$$

(3) 画弯矩图

上式表明,弯矩 $M$ 是 $x$ 的二次函数,弯矩图是一条抛物线。由均布载荷在梁上的对称分布特点可知,抛物线的最大值应在梁的中点处。也可用求极值的方法确定极值所在位置即极

值的 $x$ 坐标值，代入弯矩方程，求出弯矩的最大值。

由三组特殊点，可大致确定这条曲线的形状(图 9-17(c))。

$$x=0,\ M=0$$

$$x=\frac{l}{2},\ M=\frac{ql^2}{8}$$

$$x=l,\ M=0$$

**【例 9-6】** 图 9-18(a)所示简支梁，在 $C$ 点处受集中载荷 $F$ 作用。试作出弯矩图。

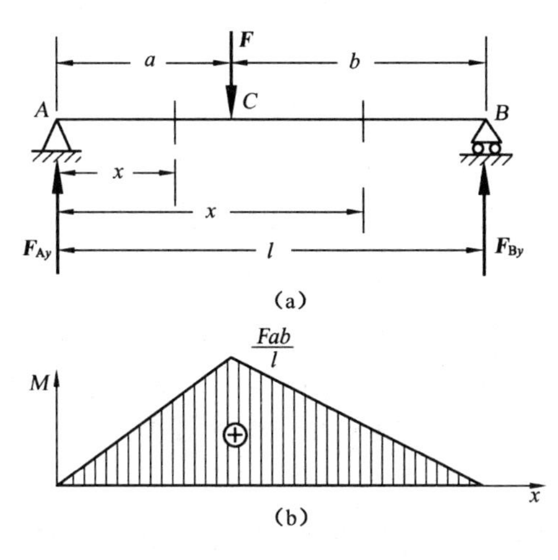


**图 9-18　例 9-6 图**

**解**：(1) 求支反力

由 $\sum M_{\mathrm{A}}=0$ 及 $\sum M_{\mathrm{B}}=0$，得

$$F_{\mathrm{Ay}}=\frac{Fb}{l},\ F_{\mathrm{By}}=\frac{Fa}{l}$$

(2) 列弯矩方程

因梁在 $C$ 点处有集中力，故应分段考虑。

$AC$ 段　　$M(x)=F_{\mathrm{Ay}}x=\dfrac{Fbx}{l}\ (0\leqslant x\leqslant a)$

$CB$ 段　　$M(x)=F_{\mathrm{By}}(l-x)=\dfrac{Fa}{l}(l-x)\ (a\leqslant x\leqslant l)$

(3) 画弯矩图

由弯矩方程知，$C$ 截面左右段均为斜直线。

$AC$ 段　$x=0$，　$M=0$；　$x=a$，　$M=\dfrac{Fab}{l}$

$BC$ 段　$x=a$，　$M=\dfrac{Fab}{l}$；$x=l$，　$M=0$

弯矩图如图 9-18(b)所示。最大弯矩在集中力作用处横截面 $C$，$M_{\max}=\dfrac{Fab}{l}$。

**【例 9-7】** 图 9-19(a)所示为简支梁，在 $C$ 点处作用有一集中力偶 $M_e$。试作其弯矩图。

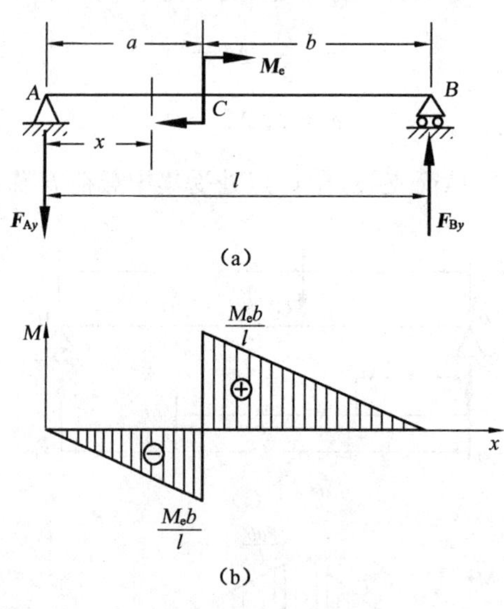


**图 9-19　例 9-7 图**

**解**：(1) 求支反力

由于梁上仅有一外力偶作用，所以支座两端反力必构成一力偶与之平衡，故有

$$F_{Ay}=F_{By}=\frac{M_e}{l}$$

(2) 列弯矩方程

因梁在 $C$ 点处有集中力偶，故弯矩应分段考虑。

$AC$ 段，$C$(左)

$$M(x)=-F_{Ay}x=-\frac{M_e}{l}x\ (0\leqslant x\leqslant a)$$

$BC$ 段，$C$(右)

$$M(x)=F_{By}(l-x)=-\frac{M_e}{l}(l-x)\ (a\leqslant x\leqslant l)$$

(3) 画弯矩图

由弯矩方程可知，$C$ 截面左右均为斜直线。

$AC$ 段　　$x=0$，$M=0$；$x=a$，$M=-\dfrac{M_e a}{l}$

$BC$ 段　　$x=a$，$M=\dfrac{M_e b}{l}$；$x=l$，$M=0$

弯矩图如图 9-19(b)所示，如 $b>a$，则最大弯矩发生在集中力偶作用处右侧横截面上，$M_{\max}=\dfrac{M_e b}{l}$。

由以上例题的弯矩图可归纳出以下特点：

(1) 梁上没有均布载荷作用的部分，弯矩图为倾斜直线。

(2) 梁上有均布载荷作用的一段，弯矩图为抛物线，均布载荷向下时抛物线开口向下(⌒)。

(3) 在集中力作用处，弯矩图上在此出现折角(即两侧斜率不同)。

(4) 梁上集中力偶作用处，弯矩图有突变，突变的值即为该处集中力偶的力偶矩。从左至右，若力偶为顺时针转向，弯矩图向上突变；反之，若力偶为逆时针转向，则弯矩图向下突变。

(5) 绝对值最大的弯矩总是出现在剪力为零的截面上、集中力作用处、集中力偶作用处。

利用上述特点，可以不列梁的内力方程，而简捷地画出梁的弯矩图。方法是：以梁上的界点将梁分为若干段，求出各界点处的内力值，最后根据以上归纳的特点画出各段弯矩图。

## 9.1.5　梁弯曲时横截面上的正应力强度计算

### 1) 纯弯曲的定义

大多数情况下，梁横截面上既有剪力又有弯矩。对于横截面上的某点而言，则既有正应力$\sigma$又有切应力$\tau$。当梁的横截面上仅有弯矩而无剪力，称为纯弯曲。但是梁的强度主要取决于横截面上的正应力，所以本节将讨论梁在纯弯曲时横截面上的正应力计算。

### 2) 纯弯曲时横截面上的正应力计算

对弯曲变形的变形特点作出的平面假设认为：原为平面的横截面变形后仍保持为平面，且仍垂直于变形后梁的轴线，只是绕横截面内某一轴旋转了一角度，如图 9-20(a)、(b)所示。

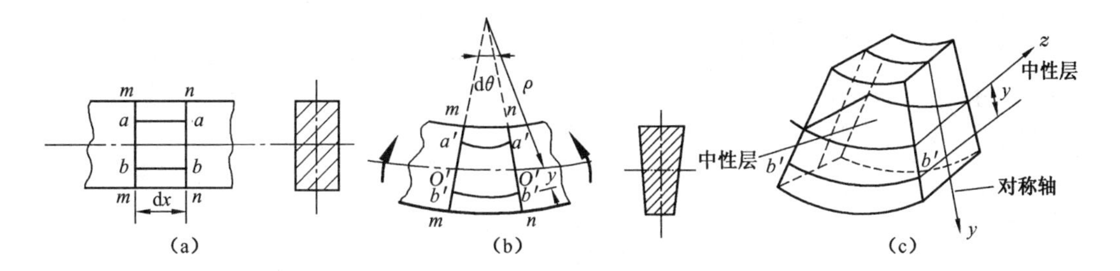


图 9-20　纯弯曲实验

若设想梁由无数纵向纤维组成，所有纵向纤维只受到轴向拉伸与压缩，由变形的连续性可知，从梁上半部的压缩到下半部的伸长，其间必有一层长度不变，该层称为中性层，中性层与横截面的交线，称为中性轴，如图 9-20(c)。

经理论分析，知中性轴通过横截面的形心。变形时横截面绕其中性轴转动。由上述分析可得纯弯曲时梁横截面上的正应力计算公式

$$\sigma = \frac{My}{I_z} \tag{9-12}$$

式中：$M$——横截面上的弯矩(N·m)；

$y$——横截面上欲求应力的点到中性轴的距离(m)；

$I_z$——截面对中性轴 $z$ 的惯性矩($m^4$)，只与截面的形状和尺寸有关的几何量。

由上式可知，梁弯曲时，横截面上任一点处的正应力与该截面上的弯矩成正比，与惯性矩成反比，并沿截面高度呈线性分布。$y$ 值相同的点，正应力相等；中性轴上各点的正应力为零。在中性轴的上、下两侧，一侧受拉，一侧受压。距中性轴越远，正应力越大(图 9-21)。

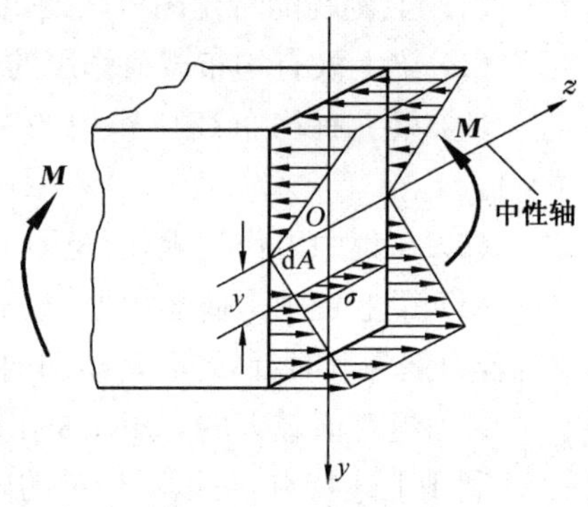

图 9-21　正应力分布

当 $y = y_{\max}$ 时，弯曲正应力最大，其值为

$$\sigma_{\max} = \frac{My_{\max}}{I_z} = \frac{M}{W_z} \tag{9-13}$$

式中，$W_z$ 为截面对于中性轴的弯曲截面系数，是一个与截面形状和尺寸有关的几何量，$W_z = I_z / y_{\max}$。

**3）截面惯性矩和弯曲截面系数**

工程上常用的矩形、圆形及环形的惯性矩和弯曲截面系数见表 9-1。对于其他截面和各种轧制型钢，其弯曲截面系数可查有关资料。

**表 9-1　简单截面的惯性矩和弯曲截面系数**

| 图　形 | 形心位置 | 形心轴惯性矩 | 弯曲截面系数 |
| --- | --- | --- | --- |
| b, h, C, z, Y, y | $\bar{y}=\frac{1}{2}h$ ($y=0$) | $I_z=\frac{1}{12}bh^3$ | $W_z=\frac{1}{6}bh^2$ |
| D, C, z, y | 圆心 | $I_z=\frac{\pi}{64}D^4$ | $W_z=\frac{\pi}{32}D^3$ |
| d, D, C, z, y | 圆心 | $I_z = \frac{\pi}{64}(D^4 - d^4) = \frac{\pi}{64}D^4(1-\alpha^4)$<br>$\alpha = \frac{d}{D}$ | $W_z=\frac{\pi}{32}D^3(1-\alpha^4)$<br>$\alpha=\frac{d}{D}$ |

**4）梁的正应力强度计算**

由梁的弯曲正应力公式可知，梁弯曲时截面上的最大正应力发生在截面的上、下边缘处。对于等截面梁来说，全梁的最大正应力一定在弯矩最大截面上的上、下边缘处，这个截面称为危险截面。其上、下边缘的点称为危险点。要使梁具有足够的强度，必须使梁内的最大工作应力 $\sigma_{\max}$不超过材料的许用应力[$\sigma$]，即

$$\sigma_{\max} = \frac{M_{\max}}{W_z} \leqslant [\sigma] \tag{9-14}$$

在应用上述强度条件时,应注意下列问题:

(1) 由于塑性材料的抗拉和抗压许用应力相同,可以直接使用式(9-14)进行强度计算。为了使截面上的最大拉应力和最大压应力同时达到其许用应力,通常将梁的横截面做成与中性轴对称的形状,例如工字形、圆形、矩形等。

(2) 脆性材料的抗拉能力远小于其抗压能力,此时应分别计算横截面的最大拉应力和最大压应力。

根据强度条件,一般可进行对梁的强度校核、截面设计及确定许可载荷。

**【例 9-8】** 图 9-22(a)所示为一矩形截面简支梁。已知 $F = 5$ kN,$a = 180$ mm, $b = 30$ mm,$h = 60$ mm, 试求竖放与横放时梁横截面上的最大正应力。

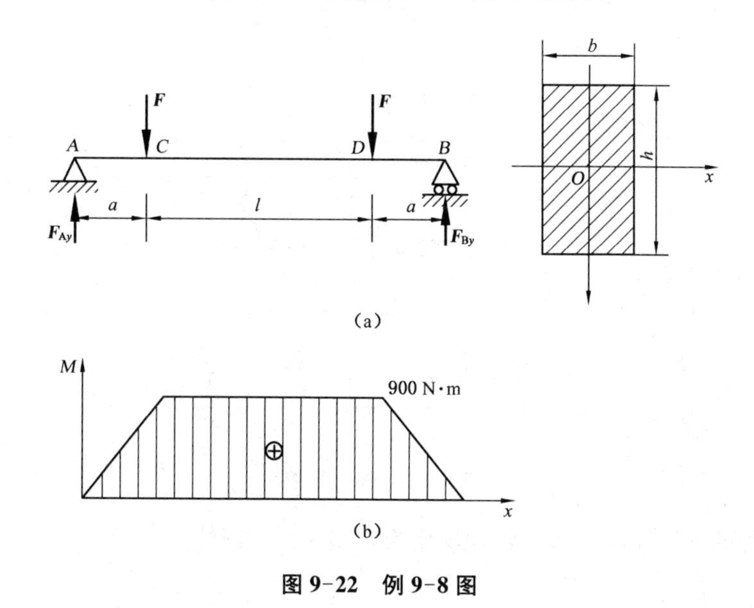


**图 9-22　例 9-8 图**

**解**:(1)求支反力

$$F_{Ay} = F_{By} = 5 \text{ kN}$$

(2) 画弯矩图如图 9-22(b)所示

竖放时最大正应力为

$$\sigma_{\max} = \frac{M}{W_z} = \frac{M}{\dfrac{bh^2}{6}} = \frac{900 \times 10^3}{\dfrac{30 \times (60)^2}{6}} = 50 \text{ MPa}$$

横放时最大正应力为

$$\sigma_{\max} = \frac{M}{W_z} = \frac{M}{\dfrac{hb^2}{6}} = \frac{900 \times 10^3}{\dfrac{60 \times (30)^2}{6}} = 100 \text{ MPa}$$

由以上计算可知,对相同截面形状的梁,放置方法不同,截面上的最大应力也不同。对矩形截面，竖放要比横放合理。

**【例 9-9】** 图 9-23(a)所示为齿轮轴受力简图。已知齿轮 $C$ 所受的径向力 $F_{RC}=6\,\mathrm{kN}$，齿轮 $D$ 所受的径向力 $F_{RD}=9\,\mathrm{kN}$，轴的跨距 $L=450\,\mathrm{mm}$，材料的许用应力 $[\sigma]=100\,\mathrm{MPa}$，试确定轴的直径。

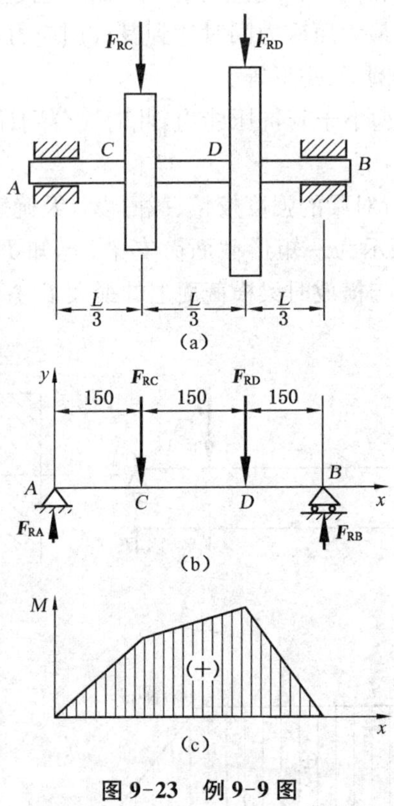


**图 9-23　例 9-9 图**

**解:**(1)画轴的计算简图。将齿轮轴简化为受集中力作用的简支梁 $AB$，如图 9-23(b)。

(2) 求支座反力。

$$\sum M_A=0$$

$$F_{RB}L-F_{RD}\frac{2L}{3}-F_{RC}\frac{L}{3}=0$$

$$F_{RB}=\frac{2F_{RD}+F_{RC}}{3}=\frac{2\times 9+6}{3}=8\,\mathrm{kN}$$

$$\sum F_Y=0,\ F_{RA}+F_{RB}-F_{RC}-F_{RD}=0$$

$$F_{RA}=F_{RC}+F_{RD}-F_{RB}=(6+9-8)=7\,\mathrm{kN}$$

(3) 画弯矩图。由梁的受力得出梁的弯矩图为折线，求各点的弯矩：

$$M_A=0,\quad M_C=F_{RA}\frac{L}{3}=\frac{7\times 450}{3}=1\,050\,\mathrm{kN\cdot mm}$$

$$M_D=F_{RB}\frac{L}{3}=\frac{8\times 450}{3}=1\,200\,\mathrm{kN\cdot mm},\quad M_B=0$$

连接各点画出弯矩，如图 9-23(c)所示，得最大弯矩在截面 $D$ 处，其 $M_{max}=1\,200\ \text{kN}\cdot\text{mm}$。

(4) 根据强度条件确定轴的直径。设轴的直径为 $d$，则由强度条件得

$$\sigma_{max}=\frac{M_{max}}{W_z}\leqslant[\sigma]$$

$$W_z\geqslant\frac{M_{max}}{[\sigma]}$$

$$\frac{\pi d^3}{32}\geqslant\frac{M_{max}}{[\sigma]}$$

$$d\geqslant\sqrt[3]{\frac{32M_{max}}{\pi[\sigma]}}=\sqrt[3]{\frac{32\times1\,200\times10^3}{\pi\times100}}=49.6\ \text{mm}$$

取齿轮轴的直径为 $d=50$ mm。

## 9.1.6　扭转和弯曲组合变形的强度计算

工程机械中的转轴，通常发生弯曲和扭转变形。以带传动轴为例：

**1）外力分析**

如图 9-24(a)所示，已知带轮紧边拉力为 $F_1$，松边拉力为 $F_2(F_1>F_2)$，轴的跨距为 $l$，轴的直径为 $d$，带轮的直径为 $D$。按力系简化原则，将带的拉力 $F_1$ 和 $F_2$ 分别向轴心 $C$ 点简化，得一个水平力 $F_C=(F_2+F_1)$ 和附加力偶 $M_C=(F_1-F_2)D/2$(图 9-24(b))。根据力的可叠加性原理，轴的受力可视为受集中力 $F_C$(图 9-24(c))和转矩 $M_A$、$M_C$(平衡时有 $M_A=M_C$) 作用(图 9-24(e))的叠加。

**2）内力分析**

作出弯矩图和转矩图分别如图 9-24(d)、(f)所示。由弯矩图和转矩图可知，跨度中点 $C$ 处为危险截面。

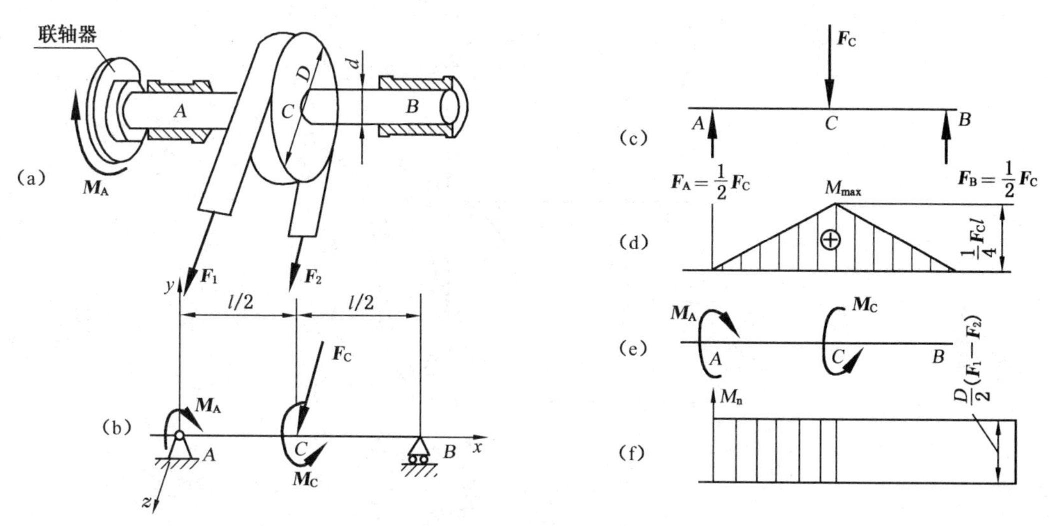


图 9-24　带传动

**3）应力分析**

在水平力 $F_C$作用下，轴在水平面内弯曲，其最大弯曲正应力 $\sigma$ 在轴中间截面直径的两端（如图 9-25 所示的 $C_1$、$C_2$处）；在 $M_A$、$M_C$作用下，$AC$ 段各截面圆周边的切应力均达最大值 $\tau$ 且相同。$\sigma$、$\tau$ 由下式确定：

$$\sigma = \frac{M}{W_z},\ \tau = \frac{M_n}{W_p}$$

式中：$M$——危险截面弯矩（N·mm）；

$W_z$——危险截面的弯曲截面系数（$mm^3$），$W_z = \frac{\pi d^3}{32} \approx 0.1d^3$；

$M_n$——危险截面扭矩（N·mm）；

$W_p$——危险截面扭转截面系数（$mm^3$），$W_p = \frac{\pi d^3}{16} \approx 0.2d^3$。

如图 9-25 所示，在危险点 $C_1$、$C_2$处同时作用最大弯曲正应力和最大扭转切应力，处于既有正应力又有切应力的复杂应力状态。根据第三强度理论，其强度条件可用下式表示：

$$\sigma_{r3} = \sqrt{\sigma^2 + 4\tau^2} \leqslant [\sigma] \tag{9-15}$$

对于圆轴 $W_p = 2W_z$，经简化可表达为

$$\sigma_{r3} = \frac{\sqrt{M^2 + M_n^2}}{W_z} \leqslant [\sigma] \tag{9-16}$$

根据第四强度理论，其强度条件可用下式表示：

$$\sigma_{r4} = \sqrt{\sigma^2 + 3\tau^2} \leqslant [\sigma] \tag{9-17}$$

对圆轴经简化可表达为

$$\sigma_{r4} = \frac{\sqrt{M^2 + 0.75M_n^2}}{W_z} \leqslant [\sigma] \tag{9-18}$$

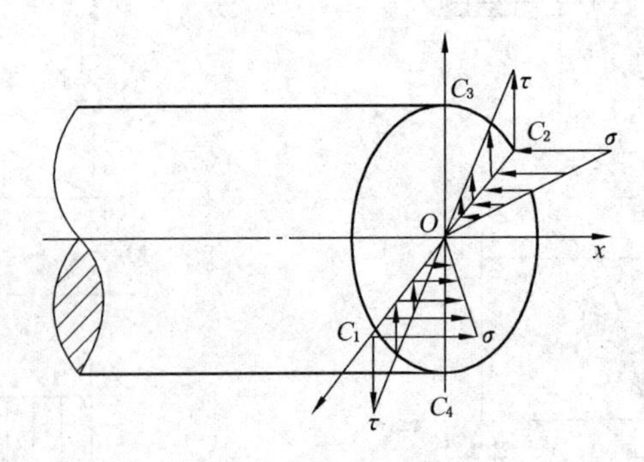


**图 9-25　应力分布**

**【例 9-10】**　如图 9-24 所示的带传动，已知带轮直径 $D = 500$ mm，轴的直径 $d = 90$ mm，跨度 $l = 1\,000$ mm，带的紧边拉力 $F_1 = 8\,000$ N，松边拉力 $F_2 = 4\,000$ N，轴的材料为 35 钢，其

许用应力$[\sigma]=60\ \text{MPa}$，试用第三强度理论校核此轴的强度。

**解**：(1) 外力分析。将带受的拉力平移到轴线，画受力简图，如图 9-24(b)所示，图中垂直轴线的力为

$$F_C=F_1+F_2=8\,000+4\,000=12\,000\ \text{N}$$

作用面垂直轴线的附加力偶矩为

$$M_C=\frac{(F_1-F_2)D}{2}=\frac{(8\,000-4\,000)\times 500}{2}=10^6\ \text{N}\cdot\text{mm}$$

$F_C$与$A$、$B$处的支反力使轴产生平面弯曲变形，附加力偶矩$M$与联轴器上外力偶使轴产生扭转变形，因此轴$AB$发生弯扭组合变形。

(2) 支反力$F_A$、$F_B$的计算，如图 9-24(c)所示。

$$\sum M_A=0,\ F_B\times l-F_C\times\frac{l}{2}=0,\ F_B=6\,000\ \text{N}$$

$$\sum F_Y=0,\ F_A+F_B-F_C=0,\ F_A=6\,000\ \text{N}$$

(3) 内力分析。作弯矩图和扭矩图，如图 9-24(d)、(f)所示。

由此截面$C$为危险截面，该截面上的弯矩与扭矩值分别为

$$M_{max}=\frac{(F_1+F_2)l}{4}=\frac{(8\,000+4\,000)\times 1\,000}{4}=3\times 10^6\ \text{N}\cdot\text{mm}$$

$$M_n=\frac{(F_1-F_2)D}{2}=\frac{(8\,000-4\,000)\times 500}{2}=10^6\ \text{N}\cdot\text{mm}$$

(4) 校核强度

将上面计算的数值代入式(9-16)，得

$$\sigma_{r3}=\frac{\sqrt{M_{max}^2+M_n^2}}{W_z}=\frac{\sqrt{(3\times 10^6)^2+(10^6)^2}}{\frac{\pi\times 90^3}{32}}=44.2\ \text{MPa}<[\sigma]$$

故此轴的强度足够。

**相关知识**

## 9.2.1　轴的分类

### 1）根据承载情况分类

根据轴的受载情况的不同，可将轴分为转轴、传动轴和心轴三类。

(1) 转轴：既受弯矩又受转矩的轴，如图 9-26 所示。

(2) 传动轴：主要受转矩，不受弯矩或弯矩很小的轴，如图 9-27 所示。

(3) 心轴：只受弯矩而不受转矩的轴，如图 9-28 所示。根据轴工作时是否转动，心轴又可

分为固定心轴(图 9-28(a))和转动心轴(图 9-28(b))。

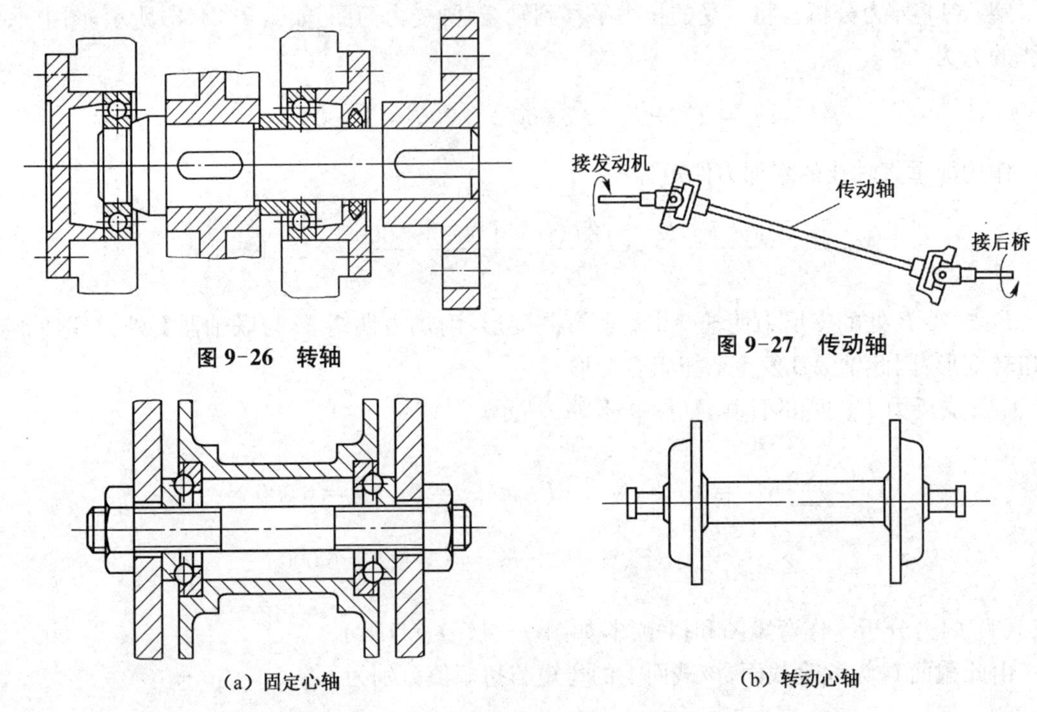


图 9-26　转轴

图 9-27　传动轴

(a) 固定心轴

(b) 转动心轴

图 9-28　心轴

**2）根据轴线形状分类**

按轴线形状的不同，轴可分为曲轴、直轴和钢丝软轴。

(1) 曲轴:各轴段轴线不在同一直线上(图 9-29)。

(2) 直轴:各轴段轴线为同一直线。直轴按外形不同又可分为光轴和阶梯轴。

(3) 钢丝软轴:由多组钢丝分层卷绕而成,具有良好挠性,可将回转运动灵活地传到不开敞的空间位置(图 9-30)。

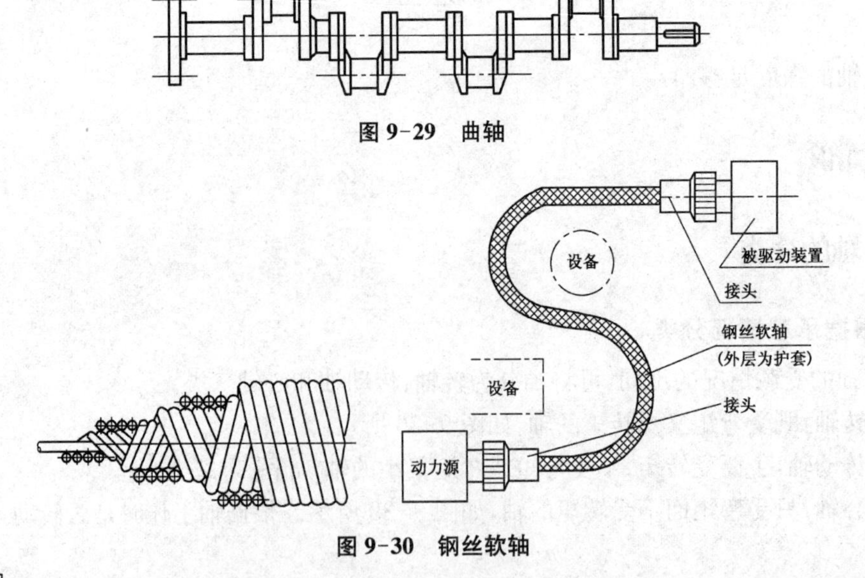


图 9-29　曲轴

图 9-30　钢丝软轴

### 9.2.2　轴的材料

轴的材料首先应有足够的强度，对应力集中敏感性低，还应满足刚度、耐磨性、耐腐蚀性及良好的加工性。选择轴的材料时，应考虑轴所受载荷的大小和性质、转速高低、周围环境、轴的形状和尺寸、生产批量、重要程度、材料机械性能及经济性等因素。

轴的材料主要是碳钢和合金钢。钢轴的毛坯多数用轧制圆钢和锻件，有的则直接用圆钢。轴的常用材料机械性能见表 9-2。

由于碳钢比合金钢价廉，对应力集中的敏感性较低，同时也可以用热处理或化学热处理的办法提高其耐磨性和抗疲劳强度，故采用碳钢制造尤为广泛，其中最常用的是 45 号钢。

合金钢比碳钢具有更高的力学性能和更好的淬火性能。因此，在传递大动力，并要求减小尺寸与质量，提高轴颈的耐磨性，以及处于高温或低温条件下工作的轴，常采用合金钢。

必须指出：在一般工作温度下（低于 200℃），各种碳钢和合金钢的弹性模量均相差不多，因此在选择钢的种类和决定钢的热处理方法时，所根据的是强度与耐磨性，而不是轴的弯曲或扭转刚度。但也应当注意，在既定条件下，有时也可以选择强度较低的钢材，而用适当增大轴的截面面积的办法来提高轴的刚度。

各种热处理（如高频淬火、渗碳、氮化、氰化等）以及表面强化处理（如喷丸、滚压等），对提高轴的抗疲劳强度都有着显著的效果。

高强度铸铁和球墨铸铁容易做成复杂的形状，且具有价廉、良好的吸振性和耐磨性以及对应力集中的敏感性较低等优点，可用于制造外形复杂的轴。

**表 9-2　轴的常用材料机械性能**

| 材料牌号 | 热处理 | 毛坯直径(mm) | 硬度(HBS) | 抗拉强度极限 $\sigma_b$ | 屈服强度极限 $\sigma_s$ | 弯曲疲劳极限 $\sigma_{-1}$ | 剪切疲劳极限 $\tau_{-1}$ | 许用弯曲应力 $[\sigma_{-1}]$ | 备　注 |
|---|---|---|---|---|---|---|---|---|---|
| Q235A | 热轧或锻后空冷 | ≤100 | | 400～420 | 225 | 170 | 105 | 40 | 用于不重要及受载荷不大的轴 |
| | | >100～250 | | 375～390 | 215 | | | | |
| 45 | 正火回火 | ≤10 | 170～217 | 590 | 295 | 225 | 140 | 55 | 应用最广泛 |
| | | >100～300 | 162～217 | 570 | 285 | 245 | 135 | | |
| | 调质 | ≤200 | 217～255 | 650 | 360 | 275 | 155 | 60 | |
| 40Cr | 调质 | ≤100<br>>100～300 | 241～286 | 735<br>685 | 540<br>490 | 355<br>355 | 200<br>185 | 70 | 用于载荷较大，而无很大冲击的重要轴 |
| 40CrNi | 调质 | ≤100<br>>100～300 | 270～300<br>240～270 | 900<br>785 | 735<br>570 | 430<br>370 | 260<br>210 | 75 | 用于很重要的轴 |
| 38SiMnMo | 调质 | ≤100<br>>100～300 | 229～286<br>217～269 | 735<br>685 | 590<br>540 | 365<br>345 | 210<br>195 | 70 | 用于重要的轴，性能近于 40CrNi |
| 38CrMoAlA | 调质 | ≤60<br>>60～100<br>>100～160 | 293～321<br>277～302<br>241～277 | 930<br>835<br>785 | 785<br>685<br>590 | 440<br>410<br>375 | 280<br>270<br>220 | 75 | 用于要求高耐磨性、高强度且热处理（氮化）变形很小的轴 |

续表 9-2

| 材料牌号 | 热处理 | 毛坯直径(mm) | 硬度(HBS) | 抗拉强度极限 $\sigma_b$ | 屈服强度极限 $\sigma_s$ | 弯曲疲劳极限 $\sigma_{-1}$ | 剪切疲劳极限 $\tau_{-1}$ | 许用弯曲应力 $[\sigma_{-1}]$ | 备　注 |
|---|---|---|---|---|---|---|---|---|---|
| 20Cr | 渗碳<br>淬火<br>回火 | 15<br>30<br>≤60 | 表面<br>56～<br>62HRC | 850<br>650<br>650 | 550<br>400<br>400 | 375<br>280<br>280 | 215<br>160<br>160 | 60 | 用于要求强度及韧性均较高的轴 |
| 3Cr13 | 调质 | ≤100 | ≥241 | 835 | 635 | 395 | 230 | 75 | 用于腐蚀条件下的轴 |
| 1Cr18Ni9Ti | 淬火 | ≤100 | ≤192 | 530 | 195 | 190 | 115 | 45 | 用于高低温及腐蚀条件下的轴 |
| | | 100～200 | | 490 | | 180 | 110 | | |
| QT600-3 | | | 190～270 | 600 | 370 | 215 | 185 | | 用于制造复杂外形的轴 |
| QT800-2 | | | 245～335 | 800 | 480 | 290 | 250 | | |

注：(1) 剪切屈服极限 $\tau_s \approx (0.55 \sim 0.62)\sigma_s$，$\sigma_0 \approx 1.4\sigma_{-1}$，$\tau_0 \approx 1.5\tau_{-1}$；

(2) 等效系数 $\psi$：碳素钢，$\psi_\sigma = 0.1 \sim 0.2$，$\psi_\tau = 0.05 \sim 0.1$；合金钢，$\psi_\sigma = 0.2 \sim 0.3$，$\psi_\tau = 0.1 \sim 0.15$。

### 9.2.3　按扭转强度估算直径

对只受转矩或以承受转矩为主的传动轴，按扭转强度条件计算轴的直径。若有弯矩作用，可用降低许用应力的方法来考虑其影响。扭转强度约束条件为

$$\tau_T = \frac{T}{W_T} = \frac{9.55 \times 10^6 \dfrac{P}{n}}{W_T} \leqslant [\tau_T] \tag{9-19}$$

式中：$\tau_T$——轴危险截面的最大扭切应力(MPa)；

$T$——轴所传递的转矩(N·mm)；

$W_T$——轴危险截面的抗扭截面模量($mm^3$)；

$P$——轴所传递的功率(kW)；

$n$——轴的转速(r/min)；

$[\tau_T]$——轴的许用扭切应力(MPa)，见表 9-3。

对实心圆轴，$W_T = \dfrac{\pi d^3}{16} \approx \dfrac{d^3}{5}$，以此代入式(9-19)，可得扭转强度条件的设计式：

$$d \geqslant \sqrt[3]{\frac{5}{[\tau_T]}\left(9.55 \times 10^6 \frac{P}{n}\right)} = C\sqrt[3]{\frac{P}{n}} \tag{9-20}$$

常用材料的$[\tau_T]$值、$C$ 值为由轴的材料和受载情况决定的系数，其值可查表 9-3。当作用在轴上的弯矩比转矩小，或轴只受转矩时，$[\tau_T]$值取较大值，$C$ 值取较小值，否则相反。

应用式(9-20)求出的 $d$ 值，一般作为轴受转矩作用段最细处的直径，一般是轴端直径。若计算的轴段有键槽，则会削弱轴的强度，作为补偿，此时应将计算所得的直径适当增大，若该轴段同一剖面上有一个键槽，则将 $d$ 增大 3%～5%，若有两个键槽，则增大 7%～10%。

表 9-3 几种轴的材料的[$\tau_T$]和 $C$ 值

| 轴的材料 | Q235 | 1Cr18Ni9Ti | 35 | 45 | 40Cr,35SiMn,2Cr13,20CrMnTi |
|---|---|---|---|---|---|
| [$\tau_T$] | 12～20 | 12～25 | 20～30 | 30～40 | 40～52 |
| $C$ | 160～135 | 148～125 | 135～118 | 118～107 | 107～98 |

**任务实施**

如图 9-1 所示卷扬机,轴Ⅰ只受转矩,为传动轴;轴Ⅱ既受转矩,又受弯矩,故为转轴;轴Ⅲ只受弯矩,且为转动的,故为心轴;轴Ⅳ只受弯矩,且为转动的,故为心轴。现已知 $n = 970\ \text{r/min}$,$P = 27\ \text{kW}$,取 $C = 110$(查表 9-3),则电机轴直径估算为

$$d \geqslant \sqrt[3]{\frac{5}{[\tau_T]}\left(9.55\times 10^6\,\frac{P}{n}\right)} = C\sqrt[3]{\frac{P}{n}} = 110\sqrt[3]{\frac{27}{970}} = 33.34\ \text{mm}$$

还要考虑键槽和圆整,可取轴直径为 35 mm。

# 任务二 轴的结构设计

**任务导入**

图 9-31 为某公司实习学员设计的减速器中的轴系零部件,其中有很多错误,试分析错误原因。注意:①轴承部件采用两端固定式支承,轴承采用油脂润滑;②同类错误按一处计;③将错误处圈出并引出编号,并做简单说明。

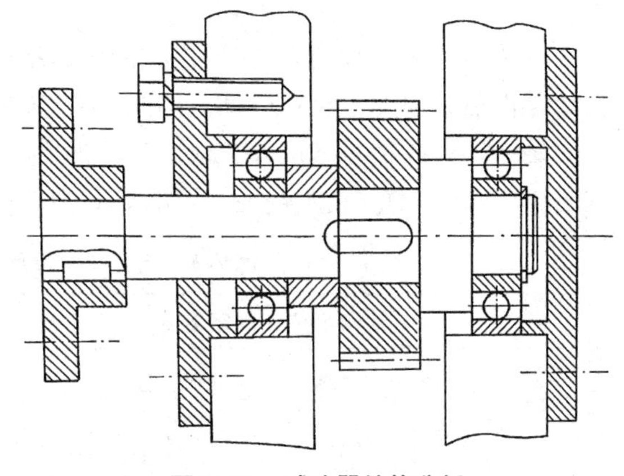

图 9-31 减速器结构分析

**任务分析**

轴的结构设计的任务,就是在满足强度、刚度和振动稳定性的基础上,针对不同的情况进行具体分析,合理考虑机器的总体布局、轴上零件的类型及其定位方式、轴上载荷的大小、性质、方向和分布情况等,同时要考虑轴的加工和装配工艺等,合理地确定轴的结构形状和尺寸。

**相关知识**

## 9.3.1 轴的结构组成及设计的主要要求

轴主要由轴颈、轴头、轴身三部分组成。轴上被支承部分叫做轴颈;安装轮毂部分叫做轴头;连接轴颈和轴头的部分叫轴身。如图 9-32 所示,①和④为轴头;③和⑤为轴颈;其余为轴身。

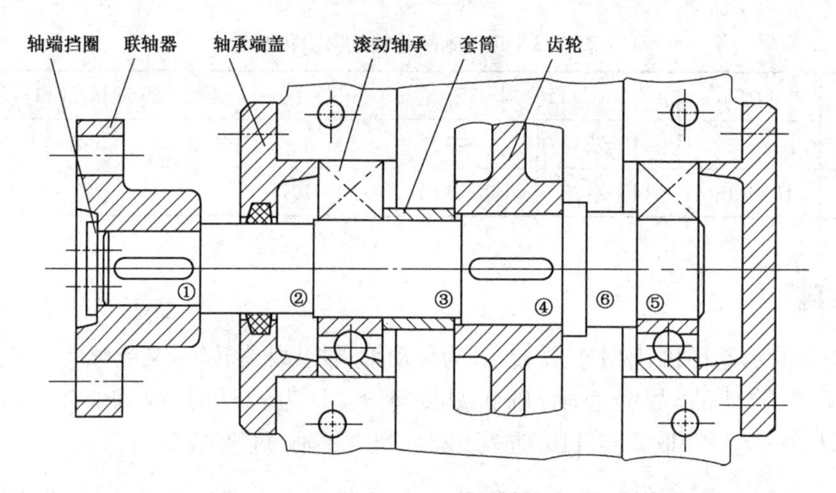


图 9-32　轴系结构图

轴结构设计的主要要求是：①轴应便于加工，轴上零件要易于装拆（制造安装要求）；②轴和轴上零件要有准确的工作位置（定位）；③各零件要牢固而可靠地相对固定（固定）；④改善受力状况，减小应力集中。

对轴的结构进行设计主要是确定轴的结构形状和尺寸。一般在进行结构设计时的已知条件有机器的装配简图、轴的转速、传递的功率、轴上零件的主要参数和尺寸等。

## 9.3.2　轴上零件的轴向定位及固定

为了传递运动和动力，保证机械的工作精度和使用可靠，零件必须可靠地安装在轴上，不允许零件沿轴向发生相对运动。因此，轴上零件都必须有可靠的轴向定位措施。

轴上零件的轴向定位方法取决于零件所承受的轴向载荷大小。常用的轴向定位和固定方式有轴肩、轴环、套筒、圆锥面、轴端挡圈、弹性挡圈、圆螺母和止动垫圈等，详见表 9-4。

表 9-4　常用轴上零件的轴向定位和固定方式

| 轴向定位和固定方式 | | 特点和应用 |
|---|---|---|
| 轴肩和轴环 | 轴肩　轴环<br>$h>R>r$　$h>C>r$ | 能承受较大的轴向力，加工方便，定位可靠，应用最广泛<br>为使零件端面与轴肩（轴环）贴合，轴肩（轴环）的高度 $h$、零件孔端的圆角 $R$（或倒角 $C$）与轴肩（轴环）的圆角 $r$ 应满足左图的关系。与滚动轴承相配时 $h$ 值按轴承标准中的安装尺寸获得。$h$、$R$、$C$ 可参阅有关手册<br>一般定位高度 $h$ 取为（0.07～0.1）$d$，轴环宽度 $b=1.4h$ |

续表 9-4

| | 轴向定位和固定方式 | 特点和应用 |
|---|---|---|
| 套筒 | 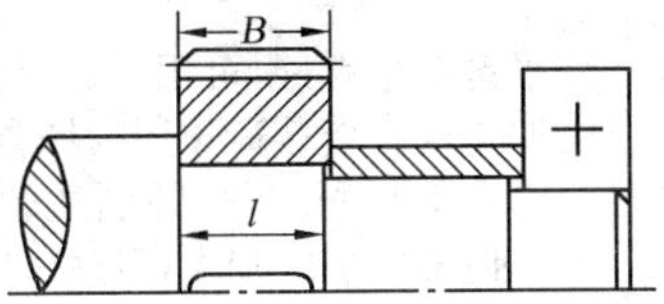 | 定位可靠，加工方便，可简化轴结构<br>用于轴上间距不大的两零件间的轴向定位和固定。与滚动轴承组合时，套筒的厚度不应超过轴承内圈的厚度。与轮毂相配装的轴段长度，一般应略小于轮毂宽 2～3 mm |
| 圆螺母和止动垫圈 | 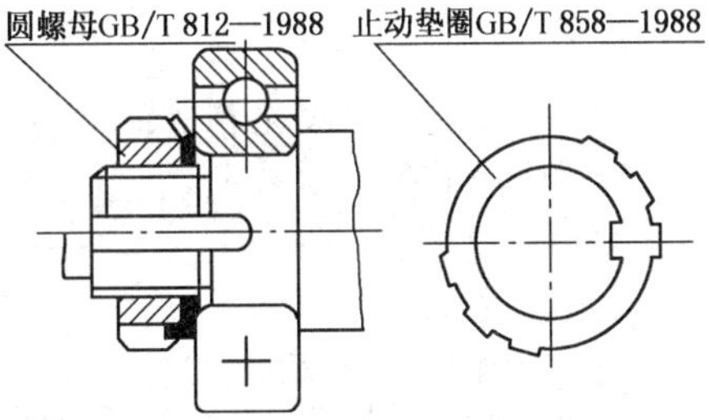 圆螺母GB/T 812—1988 止动垫圈GB/T 858—1988 | 固定可靠，可以承受较大的轴向力，能实现轴上零件的间隙调整。但切制螺纹将会产生较大的应力集中，降低轴的疲劳强度。多用于固定装在轴端的零件 |
| 轴端挡圈 | 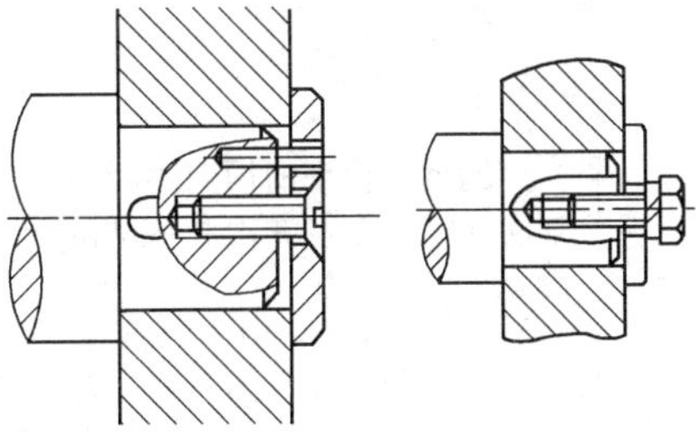 | 能承受较大的轴向力及冲击载荷，需采用防松措施。常用于轴端零件的固定 |
| 圆锥面 | 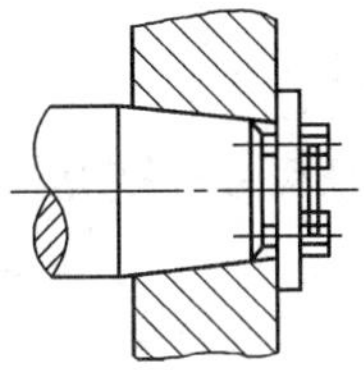 | 能承受冲击载荷，装拆方便，常用于轴端零件的定位和固定。但配合面加工比较困难 |
| 弹性挡圈 | 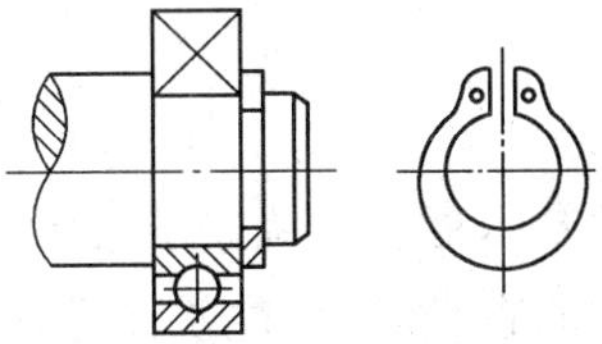 | 能承受较小的轴向力，结构简单，装拆方便，但可靠性差。常用于固定滚动轴承和滑移齿轮的限位 |

## 9.3.3 轴上零件的周向固定

轴上零件的周向定位方法主要有键连接、花键连接、型面和过盈配合等。对于传递转矩不大的场合，也可采用紧定螺钉或圆锥销同时作为轴向固定和周向固定，详见表 9-5。

表 9-5 轴上零件的周向固定方式

| 周向固定方式 | | 特点及应用 |
|---|---|---|
| 键 | 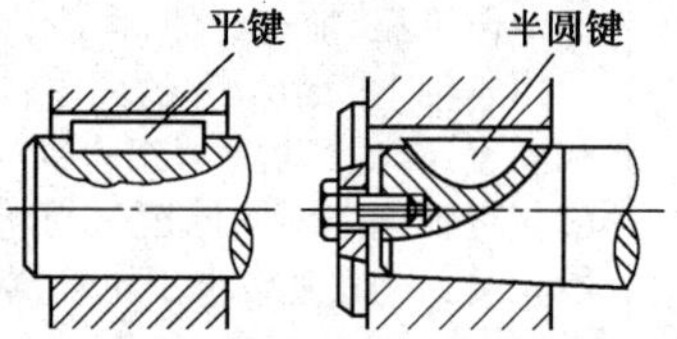 平键　半圆键 | 平键对中性好,可用于较高精度、高转速及受冲击或交变载荷作用的场合<br>半圆键装配方便,特别适合锥形轴端的连接。但轴的削弱较大,只适于轻载 |
| 花键 | 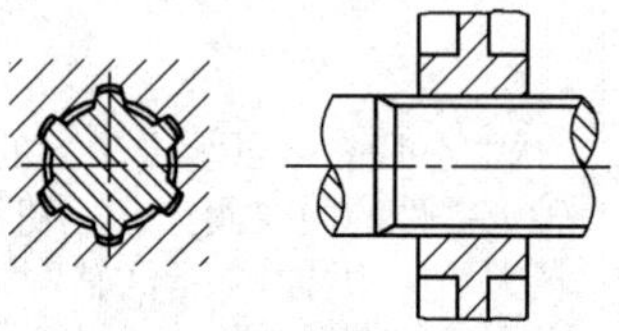 | 承载能力强,定心精度高,导向性好。但制造成本较高 |
| 过盈配合 | 过盈配合 | 对中性好,承载能力高。适用于不常拆卸的部位。可与平键联合使用,能承受较大的交变载荷 |
| 紧定螺钉 | 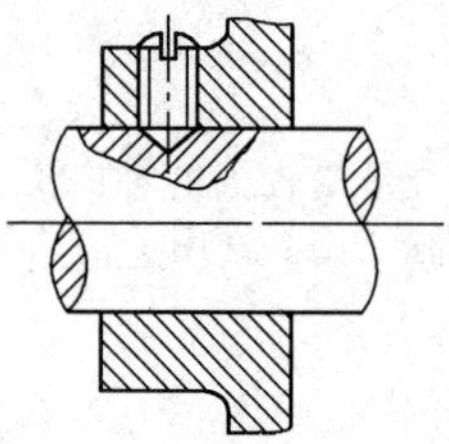 | 只能承受较小的周向力,结构简单,可兼作轴向固定。在有冲击和振动的场合应有放松措施 |
| 圆锥销 | 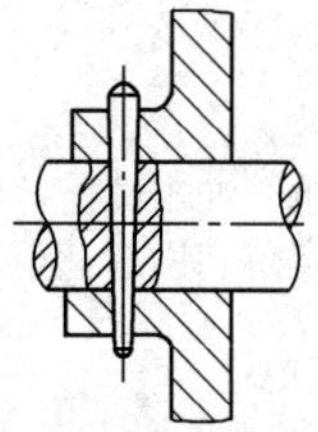 | 用于受力不大的场合,可做安全销使用 |

## 9.3.4 确定各轴段的直径和长度

轴上零件的装配方案和定位方法确定之后,轴的基本形状就确定下来了。轴的直径大小应该根据轴所承受的载荷来确定。但是,初步确定轴的直径时,往往不知道支反力的作用点,不能决定弯矩的大小和分布情况。因而,在实际设计中,通常是按扭矩强度条件来初步估算轴的直径,并将这一估算值作为轴受扭段的最小直径(也可以凭经验和参考同类机械用类比的方法确定)。

轴的最小直径确定后,可按轴上零件的装配方案和定位要求,逐步确定各轴段的直径,并根据轴上零件的轴向尺寸、各零件的相互位置关系以及零件装配所需的装配和调整空间,确定轴的各段长度。

具体工作时，需要注意以下几个问题：

(1) 轴的直径除了应满足强度和刚度的要求外，还应注意应尽量采用标准直径(表 9-6)，另外与滚动轴承配合处，必须符合滚动轴承内径的标准系列；螺纹处的直径应符合螺纹标准系列；安装联轴器处的轴径应按联轴器孔径设计。

**表 9-6　标准直径(GB/T 2822—2005)**　　单位：mm

| 10 | 11 | 12 | 14 | 16 | 18 | 20 | 22 | 25 | 28 | 30 | 32 | 36 |
|---|---|---|---|---|---|---|---|---|---|---|---|---|
| 40 | 45 | 50 | 56 | 60 | 63 | 71 | 75 | 80 | 85 | 90 | 95 | 100 |

(2) 轴上与零件相配合部分的轴段长度，应比轮毂长度略短 2～3 mm，以保证零件轴向定位可靠。

(3) 若在轴上装有滑移的零件，应该考虑零件的滑移距离。

(4) 轴上各零件之间应该留有适当的间隙，以防止运转时相碰。

## 9.3.5　轴的结构工艺性要求

(1) 一般将轴设计成阶梯轴，目的是提供定位和固定的轴肩、轴环，区别不同的尺寸精度和表面粗糙度以及配合的要求，同时也便于零件的装拆和固定，如图 9-32 所示，可将齿轮、套筒、轴承、轴承盖等零件依次从左边装入，既保证零件有可靠的定位，又不易划伤配合表面。轴的两端和各阶梯端面应有倒角，易于相配零件导入，且不易划伤人手及相配合零件。

(2) 轴上要求磨削的表面，如与滚动轴承配合处，需在轴肩处留出砂轮越程槽，如图 9-33 所示，以使砂轮边缘可磨削到轴肩部，保证轴肩的垂直度。对于轴上需车削螺纹的部分，应具有退刀槽，以保证车削时能退刀，如图 9-34 所示。

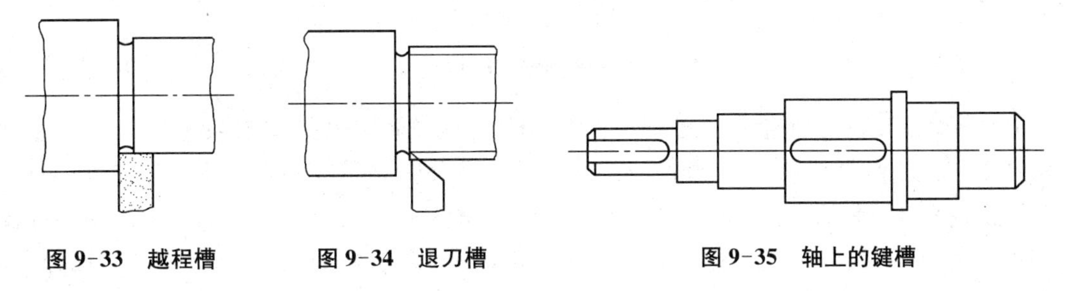

**图 9-33　越程槽**　　**图 9-34　退刀槽**　　**图 9-35　轴上的键槽**

(3) 轴上各圆角、倒角、砂轮越程槽及退刀槽等尺寸尽可能统一，同一轴上的各个键槽应开在同一母线位置上，如图 9-35。

(4) 为便于装配，轴端应有倒角。轴肩高度不能妨碍零件的拆卸。对于阶梯轴，一般设计成两端小中间大的形状，以便于零件从两端装拆。

(5) 减小轴的应力集中。轴的结构应尽量避免形状的突然变化，以免产生应力集中。如直径过渡处应尽可能用轴肩圆角来代替环形槽，并尽可能采用较大的圆角半径。图 9-36 所示为几种减轻应力集中例子。

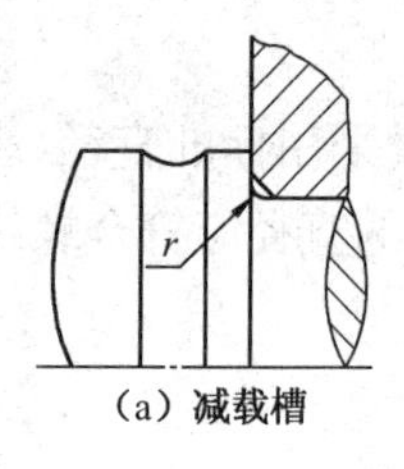

（a）减载槽

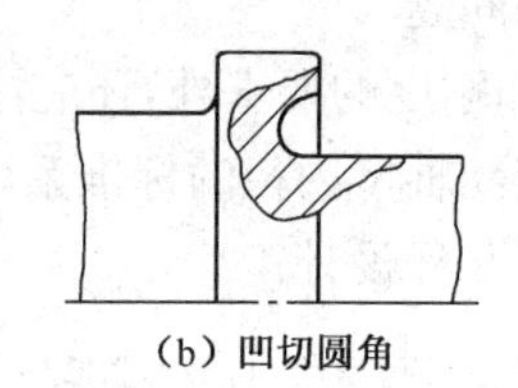
（b）凹切圆角

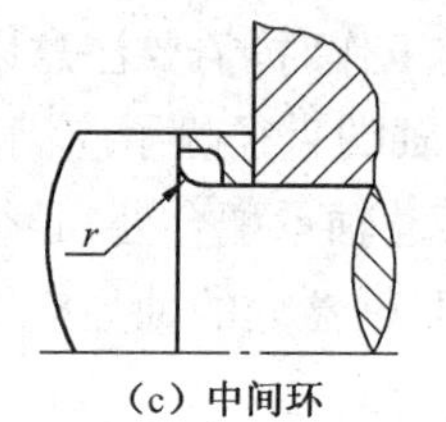

（c）中间环

图 9-36　减小应力集中

此外，轴的表面质量对疲劳强度影响很大，可采取降低轴表面粗糙度值，采用滚压、喷丸等表面强化措施来提高轴的疲劳强度。

## 任务实施

减速器中的轴系零部件（图 9-32）中存在错误如下（见图 9-37 图解）：

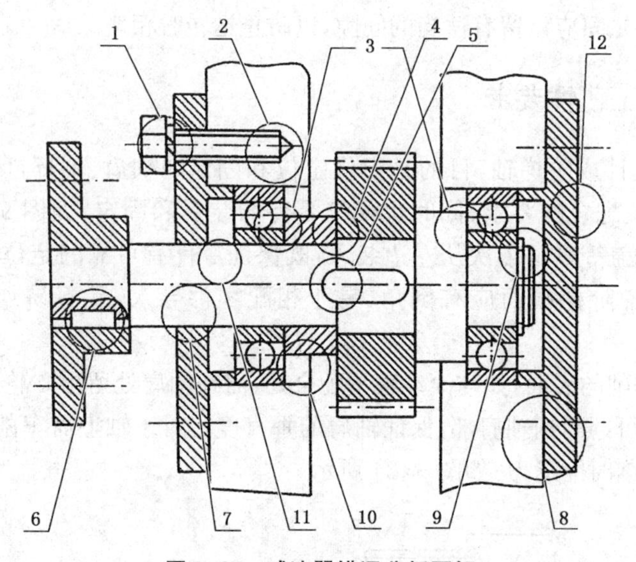


图 9-37　减速器错误分析图解

①弹簧垫圈开口方向错误；②螺栓布置不合理，且螺纹孔结构表示错误；③轴套过高，超过轴承内圈定位高度；④齿轮所在轴段过长，出现过定位现象，轴套定位齿轮不可靠；⑤键太长，轴套无法装入；⑥键顶面与轮毂接触，且键与固定齿轮的键不位于同一轴向剖面的同一母线上；⑦轴与端盖直接接触，且无密封圈；⑧重复定位轴承；⑨箱体的加工面未与非加工面分开，且无调整垫片；⑩齿轮油润滑，轴承脂润滑而无挡油盘；⑪悬伸轴精加工面过长，装配轴承不便；⑫应减小轴承盖加工面。

# 任务三　设计单级齿轮减速器中的输出轴

## 任务导入

设计如图 7-69、图 9-38 所示的单级斜齿圆柱齿轮减速器的低速轴，轴输出端与联轴器相接。已知该轴传递功率为 $P=8\ \mathrm{kW}$，转速 $n=250\ \mathrm{r/min}$，轴上从动轮的齿轮分度圆直径 $d=312\ \mathrm{mm}$，齿宽 $b=90\ \mathrm{mm}$，螺旋角 $\beta=12^\circ$，法面压力角 $\alpha_n=20^\circ$。载荷基本平稳，工作时单向运转。

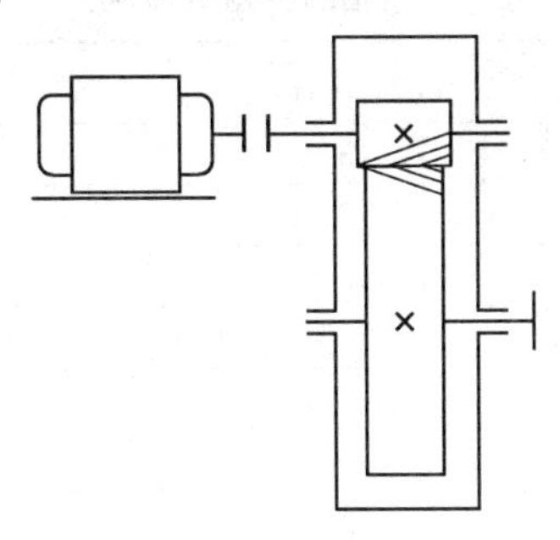

图 9-38　一级圆柱齿轮减速器简图

## 任务分析

轴的结构设计完之后，就需要对轴的工作能力及结构设计的合理性进行检验。根据轴的几何尺寸和形状就可以确定轴上载荷的大小、方向及作用点和轴的支点位置，从而可以求出支反力，画出弯矩图和转矩图，然后按照当量弯矩对轴径进行校核。

## 相关知识

### 轴的弯曲扭转强度计算

对于同时承受弯矩和转矩的轴，可根据转矩和弯矩的合成强度进行计算。计算时，先根据结构设计所确定的轴的几何结构和轴上零件的位置，画出轴的受力简图，然后绘制弯矩图、转矩图，按第三强度理论条件建立轴的弯扭合成强度约束条件：

$$\sigma_{ca}=\frac{\sqrt{M^2+T^2}}{W_T}=\frac{M_{ca}}{W}\leqslant[\sigma] \tag{9-21}$$

考虑到弯矩 $M$ 所产生的弯曲应力和转矩 $T$ 所产生的扭切应力的性质不同，对上式中的转矩 $T$ 乘以折合系数 $\alpha$，则强度约束条件一般公式为

$$\sigma_{ca}=\frac{\sqrt{M^2+(\alpha T)^2}}{W_T}=\frac{M_{ca}}{W}\leqslant[\sigma_{-1}]_b \tag{9-22}$$

式中：$M_{ca}=\sqrt{M^2+(\alpha T)^2}$ 称为当量弯矩；

$\alpha$——根据转矩性质而定的折合系数。

对于不变的转矩，取 $\alpha\approx0.3$；对于脉动循环的转矩，取 $\alpha\approx0.6$；对于对称循环的转矩，取 $\alpha=1$。

对实心轴，式(9-22)也可写为下式：

$$d\geqslant\sqrt[3]{\frac{M_{ca}}{0.1[\sigma_{-1}]_b}} \tag{9-23}$$

若计算的剖面有键槽，则应将计算所得的轴径 $d$ 增大 3%～7%，方法同扭转强度计算。

表 9-7　轴的许用弯曲应力　　单位：MPa

| 材料 | $\sigma_b$ | $[\sigma_{+1}]_b$ | $[\sigma_0]_b$ | $[\sigma_{-1}]_b$ |
|---|---|---|---|---|
| 碳　钢 | 400 | 130 | 70 | 40 |
| | 500 | 170 | 75 | 45 |
| | 600 | 200 | 95 | 55 |
| | 700 | 230 | 110 | 65 |
| 合金钢 | 800 | 270 | 130 | 75 |
| | 900 | 300 | 140 | 80 |
| | 1 000 | 330 | 150 | 90 |
| | 1 200 | 400 | 180 | 110 |

## 任务实施

**1）选择轴的材料，确定许用应力**

选用轴的材料为 45 钢，调质处理，查表 9-2 可知 $\sigma_b = 650$ MPa，$\sigma_s = 360$ MPa，查表 9-7 可知 $[\sigma_{+1}]_b = 215$ MPa，$[\sigma_0]_b = 102$ MPa，$[\sigma_{-1}]_b = 60$ MPa。

**2）按扭转强度估算轴的最小直径**

单级齿轮减速器的低速轴为转轴，输出端与联轴器相接，从结构要求考虑，输出端轴径应最小。最小直径为

$$d \geqslant C\sqrt[3]{\frac{p}{n}}$$

查表 9-3 可得 45 钢取 $C = 112$，则

$$d \geqslant 112 \times \sqrt[3]{\frac{8}{250}}\ \text{mm} = 35.55\ \text{mm}$$

考虑键槽的影响以及联轴器孔径系列标准，取 $d = 40$ mm。

**3）齿轮上作用力计算**

齿轮所受的转矩为

$$T = 9.55 \times 10^6\ \frac{P}{n} = 9.55 \times 10^6 \times \frac{8}{250} = 305.6 \times 10^3\ \text{N} \cdot \text{mm}$$

齿轮作用力：

圆周力　$F_t = 2T/d = 2 \times 305.6 \times 10^3/312 = 1\,959$ N

径向力　$F_r = F_t \tan\alpha_n/\cos\beta = 1\,959\tan 20^\circ/\cos 12^\circ = 729$ N

轴向力　$F_a = F_t \tan\beta = 1\,959\tan 12^\circ = 417$ N

**4）轴的结构设计**

轴结构设计时，需同时考虑轴系中相配零件的尺寸以及轴上零件的固定方式，按比例绘制轴系结构草图。

(1) 联轴器的选取。查设计手册选取 TL7 型弹性套柱销联轴器,其孔径为 40 mm,与轴配合部分长度为84 mm。

(2) 确定轴上零件的位置及固定方式。单级齿轮减速器,将齿轮布置在箱体内壁的中央,轴承对称布置在齿轮两边,轴外伸端安装联轴器,如图 9-39 所示。齿轮靠轴环和套筒实现轴向定位和固定,靠平键和过盈配合实现周向固定;两端轴承靠套筒或轴肩实现轴向定位,靠过盈配合实现周向固定;轴通过两端轴承盖实现轴向定位;联轴器靠轴肩、平键和过盈配合分别实现轴向定位和周向固定。

(3) 确定各段轴的直径

①段直径(外伸端):将估算轴径作为外伸端直径 $d_1 = 40$ mm,与联轴器相配。

②段直径:考虑联轴器用轴肩实现轴向定位,取第二段直径为 $d_2 = 48$ mm。

③段直径:初选轴承型号为深沟球轴承 6310,考虑滚动轴承标准,取 $d_3 = 50$ mm。

④段直径:轴头按表 9-6 标准直径,取 $d_4 = 56$ mm。

⑤段直径:齿轮右端用轴环定位,轴环直径 $d_5$满足齿轮的定位要求,取 $d_5 = 65$ mm。

⑥段直径:为满足右侧轴承的安装要求,右侧轴承定位段直径应根据选定轴承的安装尺寸确定,$d_6 = 60$ mm。

⑦段直径:右端轴承型号与左端轴承相同,所以右侧轴承段直径取 $d_7 = 50$ mm。

(4) 确定各段轴的长度

①段长度:应略短于联轴器轴孔长度,取 $L_1 = 82$ mm。

④段长度:应略短于齿轮宽度,取 $L_4 = 88$ mm。

⑦段长度:即为轴承宽度,查手册可得 $L_7 = 27$ mm。

③段长度:取齿轮端面和箱体内壁距离为 15 mm、轴承内侧与箱体内壁距离为 5 mm,故 $L_3 = 5 + 15 + 2 + 27 = 49$ mm。

⑤段长度:即轴环宽度 $L_5 = 1.4h = 1.4 \times 4.5 = 6.3 \approx 6$ mm。

⑥段长度:$L_6 = 20 - 6 = 14$ mm。

②段长度:综合考虑轴承端盖的尺寸及与减速器箱体尺寸的关系,$L_2 = 58$ mm。

(5) 画出轴的结构草图(图 9-39)。

**5) 校核轴的强度**

(1) 画出轴的计算简图、计算支反力和弯矩

由轴的结构简图,可确定轴承支点跨距,由此可画出轴的受力简图,如图 9-40 所示。

水平面支反力　　$F_{HA} = F_{HB} = \dfrac{F_t}{2} = 979.5\ \text{N}$

水平面弯矩　$M_{HC} = F_{HA} \times \dfrac{L}{2} = 979.5 \times \dfrac{157}{2} = 76\,890.75\ \text{N} \cdot \text{mm}$

垂直面支反力由静力学平衡方程可求得

$$F_{VA} = 739.6\ \text{N},\ F_{VB} = 10.6\ \text{N(方向向下)}$$

垂直面弯矩

$$M_{VC'} = F_{VA} \times 78.5 = 739.6 \times 78.5 = 58\,058.6\ \text{N} \cdot \text{mm}$$

$$M_{VC''} = -F_{VB} \times 78.5 = -10.6 \times 78.5 = -832.1\ \text{N} \cdot \text{mm}$$

合成弯矩

$$M_{C'}=\sqrt{M_{HC}^2+M_{VC'}^2}=\sqrt{76\,890.75^2+58\,058.6^2}=96\,348.3\ \text{N}\cdot\text{mm}$$

$$M_{C''}=\sqrt{M_{HC}^2+M_{VC''}^2}=\sqrt{76\,890.75^2+(-832.1)^2}=76\,895.25\ \text{N}\cdot\text{mm}$$

画出各平面弯矩图和扭矩图，见图 9-40。

(2) 计算当量弯矩 $M_e$

转矩按脉动循环考虑，应力折合系数为

$$\alpha=\frac{[\sigma_{-1}]_b}{[\sigma_0]_b}=\frac{60}{102}\approx 0.59$$

$C$ 剖面最大当量弯矩为

$$M_{Ce'}=\sqrt{M_{C'}^2+(\alpha T)^2}=\sqrt{96\,348.3^2+(0.59\times 305\,600)^2}=204\,432.2\ \text{N}\cdot\text{mm}$$

画出当量弯矩图，见图 9-40。

(3) 校核轴径

由当量弯矩图可知，$C$ 剖面上当量弯矩最大，为危险截面，校核该截面直径

$$d_C=\sqrt[3]{\frac{M_{Ce'}}{0.1[\sigma_{-1}]_b}}=\sqrt[3]{\frac{204\,432.2}{0.1\times 60}}=32.4\ \text{mm}$$

考虑该截面上键槽影响，直径增加 3%：

$$d_C=1.03\times 32.4=33.39\ \text{mm}$$

结构设计确定的直径为 56 mm，强度足够。

**6）绘制轴的零件工作图（略）**

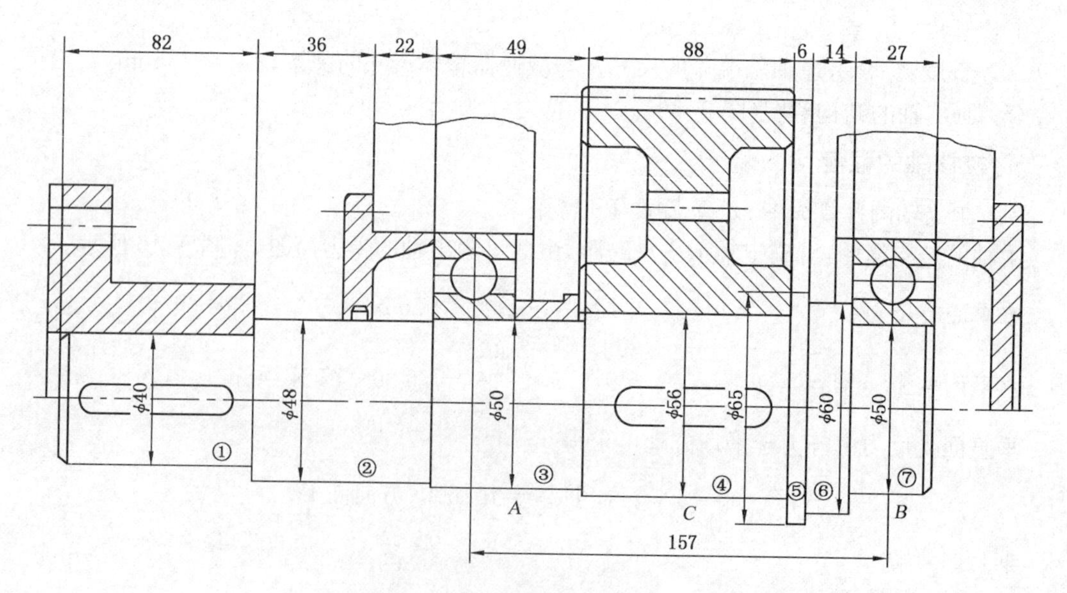


图 9-39　轴的结构设计图

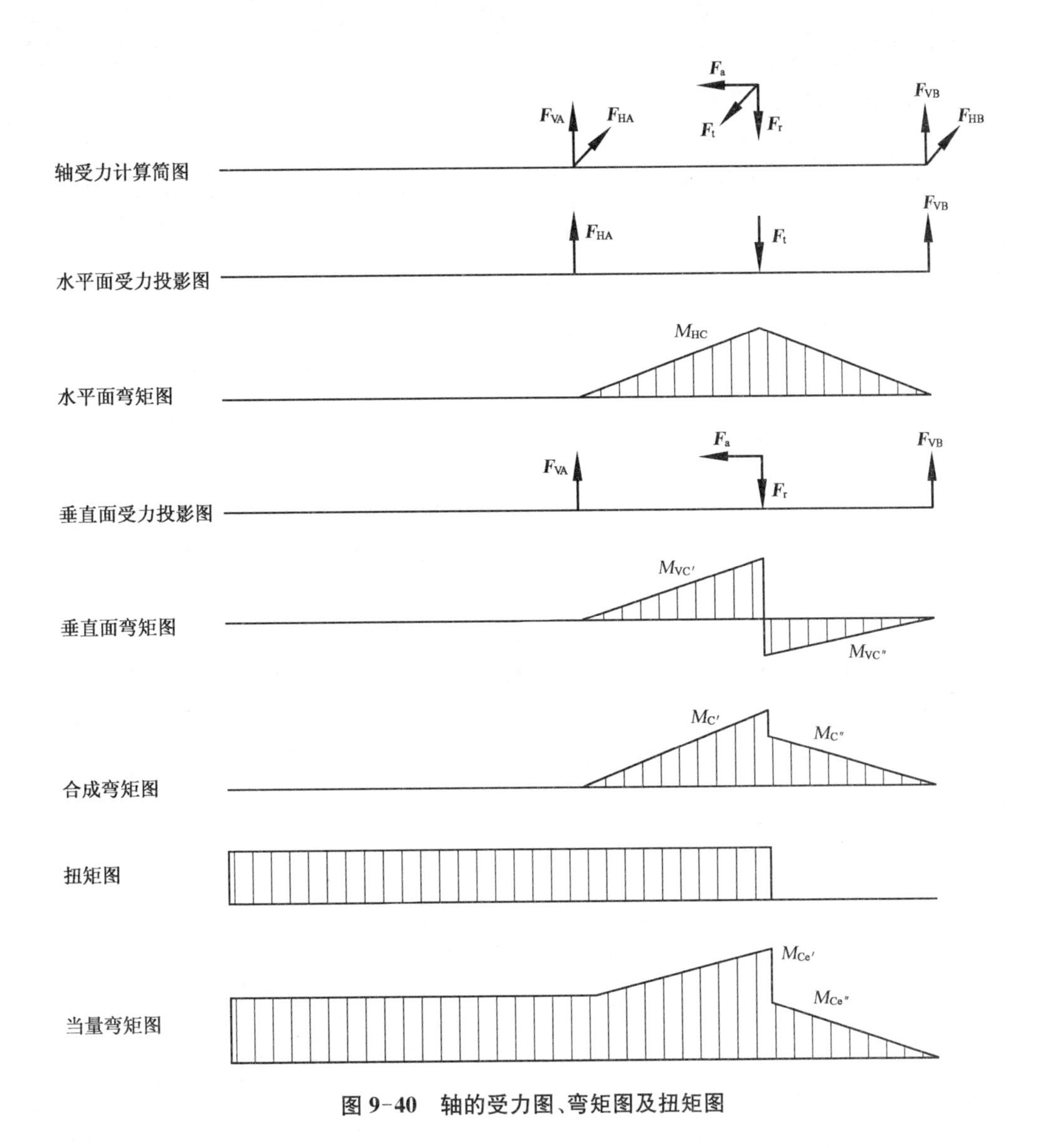


图 9-40　轴的受力图、弯矩图及扭矩图

## 技能训练

轴的装配结构分析与装配草图绘制。

**1）目的要求**

(1) 通过测量和计算，了解轴的结构工艺性和轴的轴向、周向定位与固定，掌握常用量具测定阶梯轴的方法，加深对轴肩、轴环定位高度的认识。

(2) 通过分析轴系上的零件，对轴的装配结构有初步了解。

(3) 分析轴的装配结构，找出不合理的方面，在以后的设计中尽量避免。

(4) 掌握测量轴段尺寸与轴装配件装配尺寸的确定与测量方法。

(5) 掌握轴装配草图的绘制，复习制图的基本知识。

**2）操作设备和工具**

(1) 减速器输出轴系一个。

(2) 游标卡尺、千分尺各一把。

(3) 内六角扳手、活动扳手、拉马、螺丝刀。

(4) 绘图纸、圆规、三角板、铅笔、橡皮等绘图工具。

**3）训练内容**

(1) 绘制减速器传动系统图。

(2) 绘制轴的装配草图。

(3) 分析轴部件拆装的注意事项。

**4）实施步骤**

(1) 减速器的拆卸：①用马拉拆卸带轮；②用内六角扳手、活动扳手拆卸轴承端盖及上下箱连接螺钉或螺栓，并抬下减速箱上箱盖；③分析减速器的传动原理，绘制传动系统图；④分组分别分析各轴系零件的装配关系，并记住各零件的装配位置及方位；⑤用轴用弹性挡圈钳拆卸弹性挡圈；⑥用拉马拆卸滚动轴承和齿轮；⑦绘制轴部件装配草图。

(2) 减速箱轴部件的装配：①清洗轴及轴上零件；②装配轴上齿轮、轴承及定位零件；③将轴部件装入减速器下箱体内，并放入内嵌式轴承端盖；④合盖上箱体，压入凸缘式轴承盖，旋拧螺钉和螺栓；⑤装入带轮定位键，用锤击法装入带轮；⑥手动转动带轮，凭手感测试、调整轴系的装配图间隙。

## 思考与练习

9-1　轴的功用是什么？怎样区别心轴、转轴、传动轴？

9-2　有一离心泵，由电动机经联轴器传动，传递功率 $P=2.8$ kW，电动机轴的转速 $n=2\,900$ r/min，轴的材料为45钢调质，试初步估算电动机轴所需的最小轴径。

9-3　判断图中卷筒传动系统的 0、Ⅰ、Ⅱ、Ⅲ、Ⅳ、Ⅴ等各轴类型。

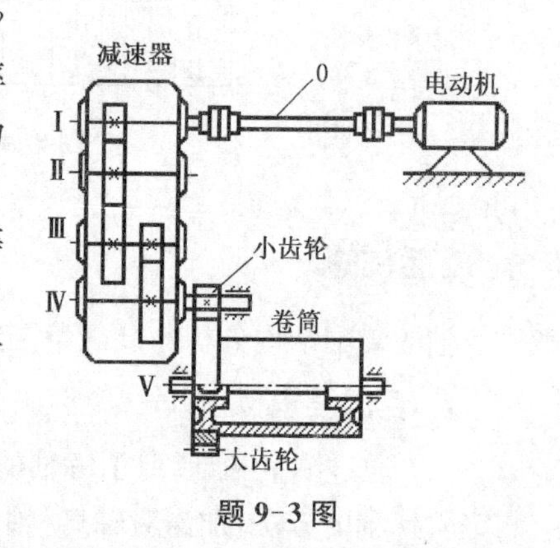


题 9-3 图

9-4　轴系零件的轴向固定方法有哪些？周向固定方法有哪些？

9-5　指出图中轴的结构有哪些不合理的地方，并画出改正后的轴结构图。

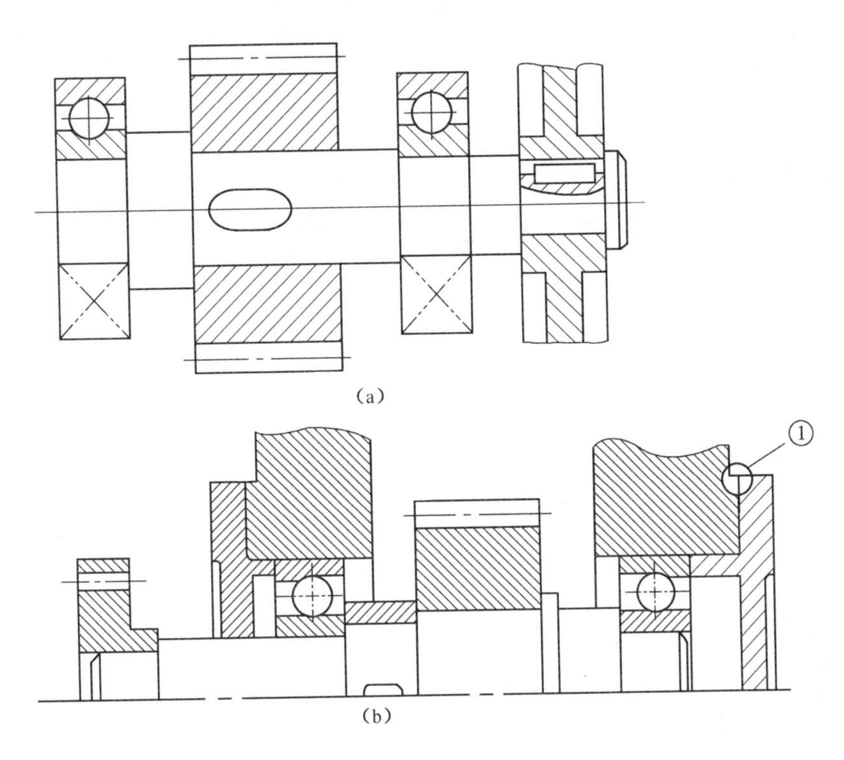


题 9-5 图

9-6　试设计图中所示直齿圆柱齿轮减速器的输出轴。已知输出轴传递的功率 $P=11$ kW，输出轴的转速 $n_2=225$ r/min，齿轮的齿数 $z_1=18$，$z_2=72$，齿轮的模数 $m=4$ mm，齿轮 2 的轮毂宽度 $L_2=75$ mm，联轴器轮毂宽度为 70 mm，建议选用深沟球轴承。

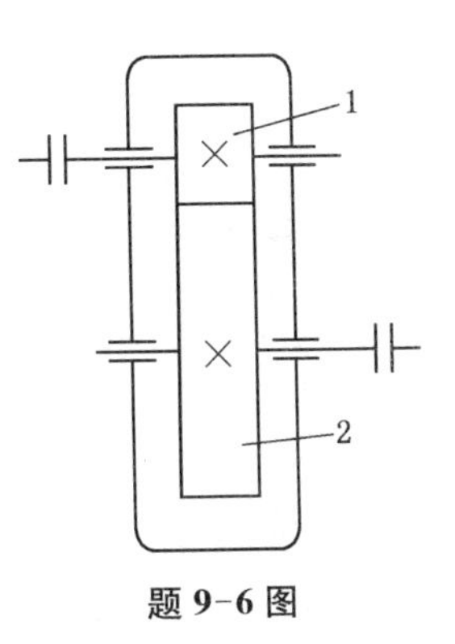


题 9-6 图

# 项目十 其他零部件设计

## 学习目标

**1）知识目标**

（1）常用联轴器的类型和特点；

（2）常用离合器的类型和特点。

**2）能力目标**

（1）掌握联轴器与离合器的主要类型和用途；

（2）掌握联轴器和离合器的结构特点、工作原理和选用步骤。

## 任务一 选用电动起重机中的联轴器

### 任务导入

功率 $P=10\,\mathrm{kW}$、转速 $n=970\,\mathrm{r/min}$ 的电动起重机中，连接直径 $d=42\,\mathrm{mm}$ 的主、从动轴，试选择联轴器的型号。

### 任务分析

联轴器和离合器都是用来连接轴与轴（有时也连接轴与其他回转零件），以传递运动与转矩。联轴器用来把两轴连接在一起，机器运转时两轴不能分离；只有在机器停车并将连接拆开后，两轴才能分离。而离合器在机器运转过程中，可使两轴随时接合或分离，它可用来操纵机器传动系统的断续，以便进行变速及换向等。

在工程实践中，联轴器是一种非常实用的连接轴与轴的装置，为了能合理地选择出合适的联轴器，我们需要了解联轴器的功用、类型、结构和工作原理。

### 相关知识

#### 10.1.1 联轴器的类型、特点及应用

联轴器所连接的两轴，由于制造及安装误差、承载后变形、温度变化和轴承磨损等原因，不

能保证严格对中，使两轴线之间出现相对位移，如图 10-1 所示。如果联轴器对各种位移没有补偿能力，工作中将会产生附加动载荷，使工作情况恶化。因此，要求联轴器具有补偿一定范围内两轴线相对位移量的能力。对于经常负载启动或工作载荷变化的场合，要求联轴器中有起缓冲、减振作用的弹性元件，以保护原动机和工作机不受或少受损伤，同时，还要求联轴器安全、可靠，有足够的强度和使用寿命。

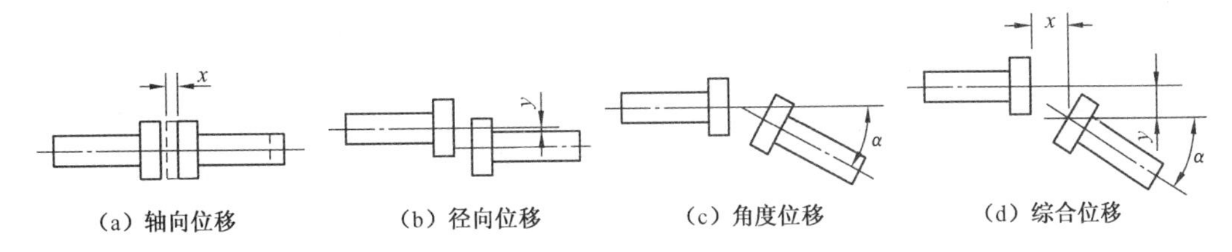


图 10-1　联轴器所连接两轴的偏移形式

联轴器可分为刚性联轴器和挠性联轴器两大类。

**1）刚性联轴器**

刚性联轴器不具有缓冲性和补偿两轴线相对位移的能力，要求两轴严格对中，但此类联轴器结构简单，制造成本较低，装拆、维护方便，能保证两轴有较高的对中性，传递转矩较大，应用广泛。常用的有凸缘联轴器、套筒联轴器和夹壳联轴器等。

(1) 凸缘联轴器

凸缘联轴器是刚性联轴器中应用最广泛的一种，结构如图 10-2 所示，是由 2 个带凸缘的半联轴器用螺栓连接而成，联轴器与轴之间均用键连接。常用的结构形式有两种，图 10-2(a) 所示为两半联轴器的凸肩与凹槽相配合而对中，用普通螺栓连接，依靠接合面间的摩擦力传递转矩，对中精度高，装拆时，轴必须做轴向移动。图 10-2(b)所示为两半联轴器用铰制孔螺栓连接，靠螺栓杆与螺栓孔配合对中，依靠螺栓杆的剪切及其与孔的挤压传递转矩，装拆时轴不需做轴向移动。为了运行安全，凸缘联轴器可做成带防护边的，如图 10-2(c)所示。

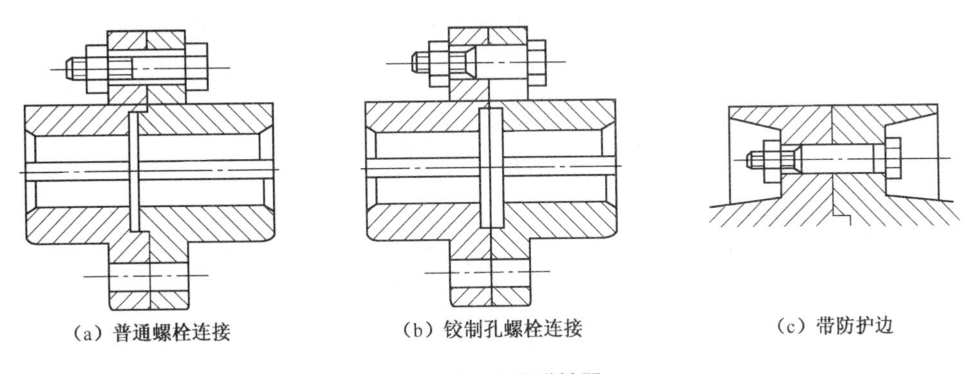


图 10-2　凸缘联轴器

由于凸缘联轴器属于刚性联轴器，对所联两轴间的相对位移缺乏补偿能力，故对两轴对中性的要求很高。当两轴有相对位移存在时，就会在机件内引起附加载荷，使工作情况恶化，这是它的主要缺点。但由于构造简单、成本低、可传递较大转矩，故当转速低、无冲击、轴的刚性大、对中性较好时亦常采用。

（2）套筒联轴器

如图 10-3 所示，套筒联轴器是利用套筒及连接零件（键或销）将两轴连接起来。图 10-3(a) 中的螺钉用作轴向固定，图 10-3(b) 中的锥销当轴超载时会被剪断，可起到安全保护的作用。

套筒联轴器结构简单，径向尺寸小，容易制造，但缺点是装拆时因需要做轴向移动而使用不太方便，适用于载荷不大、工作平稳、两轴严格对中并要求联轴器径向尺寸小的场合。此种联轴器目前尚未标准化。

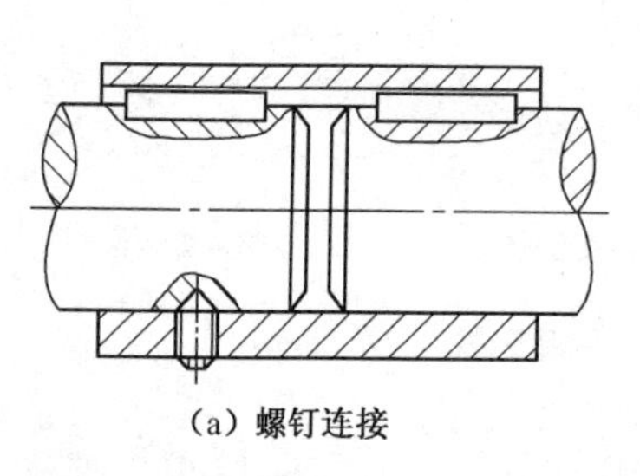
(a) 螺钉连接

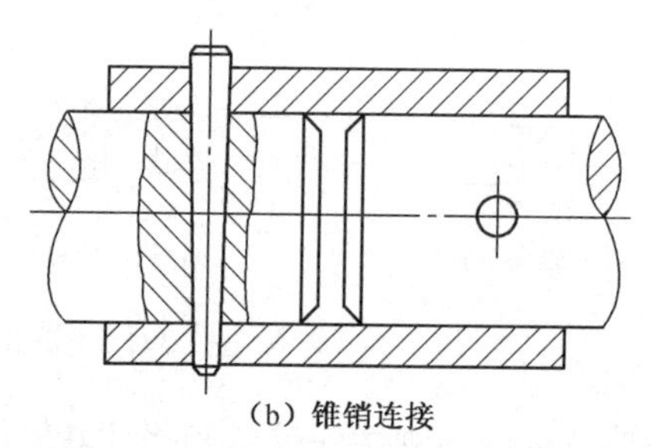
(b) 锥销连接

图 10-3　套筒联轴器

**2）挠性联轴器**

挠性联轴器又可分为无弹性元件挠性联轴器和有弹性元件挠性联轴器，前一类只具有补偿两轴线相对位移的能力，但不能缓冲减振，常见的有滑块联轴器、齿式联轴器和万向联轴器等；后一类因含有弹性元件，除具有补偿两轴线相对位移的能力外，还具有缓冲和减振作用，但传递的转矩因受到弹性元件强度的限制，一般不及无弹性元件挠性联轴器，常见的有弹性套柱销联轴器、弹性柱销联轴器、梅花形联轴器、轮胎式联轴器、蛇形弹簧联轴器和簧片联轴器等。

（1）滑块联轴器

滑块联轴器属无弹性元件的挠性联轴器。如图 10-4 所示，由两个半联轴器和一个中间圆盘所组成。中间圆盘两端的凸块相互垂直，并分别与两半联轴器的凹槽相嵌合，凸块的中线通过圆盘中心，中间圆盘的凸块在半联轴器的凹槽内滑动，可以补偿两轴的相对位移。对凹槽和凸块工作面的硬度要求较高，并需加润滑剂。转速高时易磨损，且附加载荷大，故宜用于低速场合。它允许的径向位移 $y \leqslant 0.04d$（$d$ 为轴径），角位移 $\alpha \leqslant 30°$。

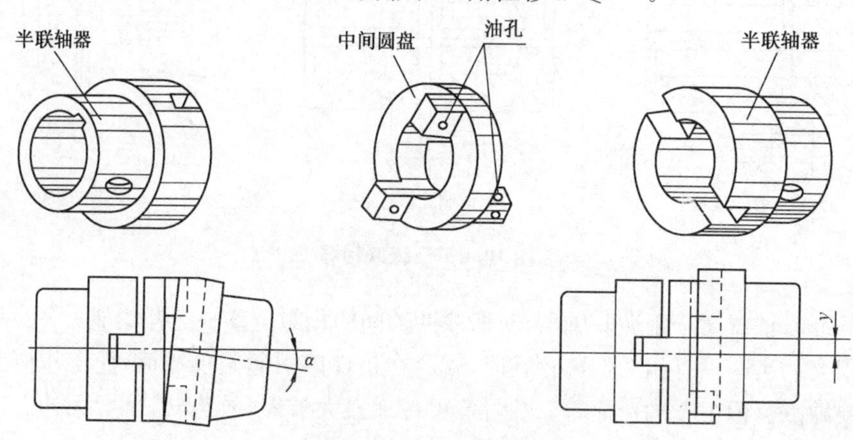


图 10-4　滑块联轴器

(2) 万向联轴器

万向联轴器属无弹性元件的挠性联轴器，如图 10-5 所示，由两个叉形接头和十字轴组成，利用中间连接件十字轴连接的两叉形半联轴器均能绕十字轴的轴线转动，从而使联轴器的两轴线能成任意角度 $\alpha$，一般 $\alpha$ 最大可达 35°～45°。但 $\alpha$ 角越大，传动效率越低。万向联轴器单个使用时，当主动轴以等角速度转动时，从动轴做变角速度回转，从而在传动中引起附加动载荷。为避免这种现象，可采用两个万向联轴器成对使用，使两次角速度变化的影响相互抵消，使主动轴和从动轴同步转动，如图 10-6 所示。各轴相互位置在安装时必须满足：①主动轴、从动轴与中间轴 $C$ 的夹角必须相等，即 $\alpha_1=\alpha_2$；②中间轴两端的叉形平面必须位于同一平面内。如图 10-7 所示。

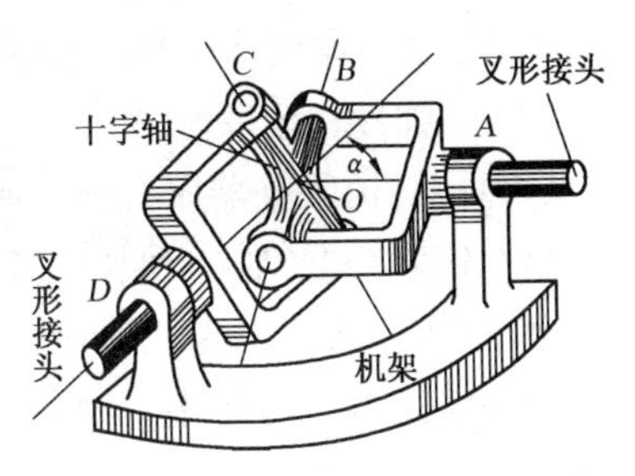


图 10-5　万向联轴器

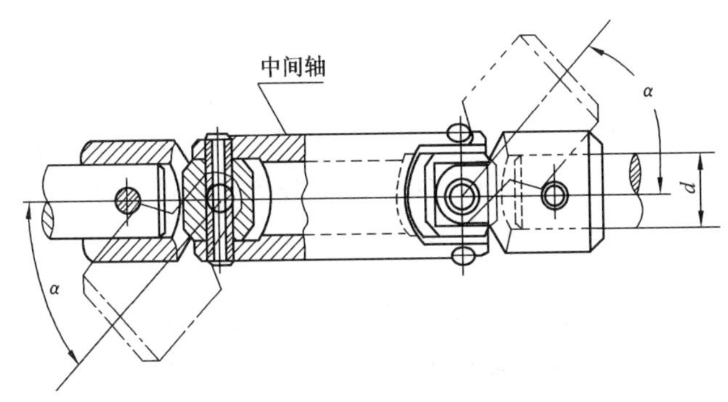


图 10-6　双万向联轴器结构简图

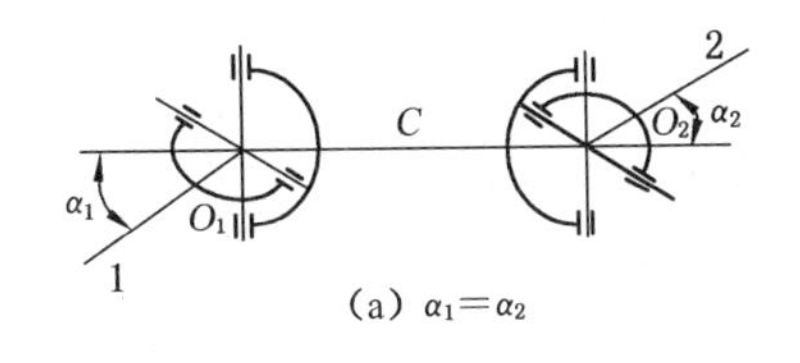


(a) $\alpha_1=\alpha_2$

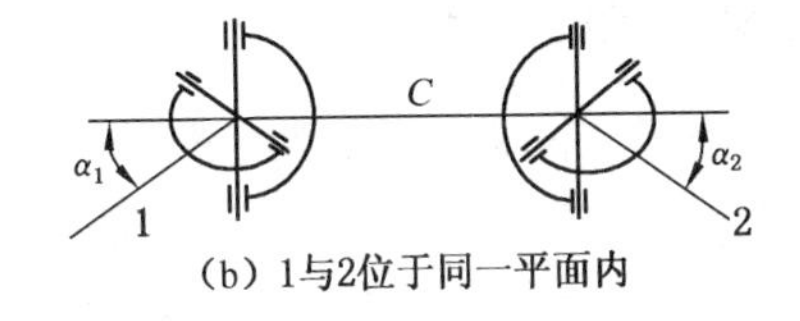


(b) 1与2位于同一平面内

图 10-7　万向联轴器成对使用

万向联轴器能补偿较大的角位移，结构紧凑，使用、维护方便，广泛用于汽车、工程机械等的传动系统中。

(3) 弹性套柱销联轴器

弹性套柱销联轴器属有弹性元件的挠性联轴器，其结构与凸缘联轴器相似，如图 10-8 所示。不同之处是用带有弹性圈的柱销代替了螺栓连接，弹性圈一般用耐油橡胶制成，剖面为梯形以提高弹性。柱销材料多采用 45 钢。为补偿较大的轴向位移，安装时在两轴间留有一定的轴向间隙 $c$；为了便于更换易损件弹性套，设计时应留一定的距离 $B$。

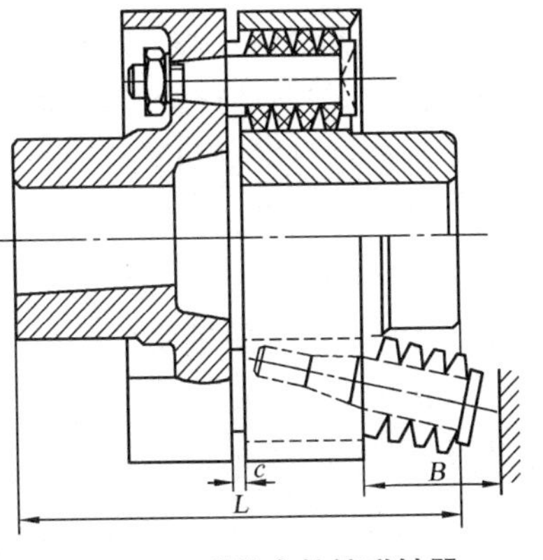


图 10-8　弹性套柱销联轴器

弹性套柱销联轴器制造简单，装拆方便，但寿命较短。适用于连接载荷平稳，需正反转或启动频繁的小转矩轴，多用于电动机轴与工作机械的连接上。

（4）弹性柱销联轴器

弹性柱销联轴器属有弹性元件的挠性联轴器，其结构与弹性套柱销联轴器结构相似（如图 10-9 所示），只是柱销材料为尼龙，柱销形状一端为柱形，另一端制成腰鼓形，以增大角度位移的补偿能力。为防止柱销脱落，柱销两端装有挡板，用螺钉固定。

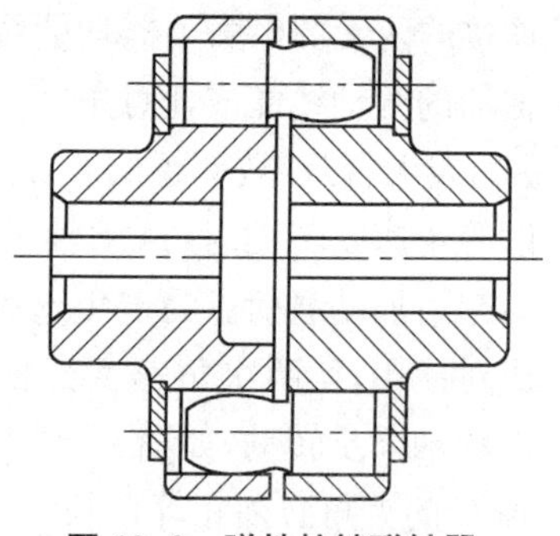

图 10-9　弹性柱销联轴器

弹性柱销联轴器结构简单，能补偿两轴间的相对位移，并具有一定的缓冲、吸振能力，应用广泛，可代替弹性套柱销联轴器。但因尼龙对温度敏感，使用时受温度限制，一般在 $-20\sim70$℃之间使用。

## 10.1.2　联轴器的选用

常用联轴器已标准化，选用联轴器时，通常先根据使用要求和工作条件确定合适的类型，再按转矩、轴径和转速选择联轴器的型号，必要时应校核其薄弱件的承载能力。

**1）联轴器的类型选择**

选择联轴器类型的原则是使用要求应与所选联轴器的特性一致。例如，两轴要精确对中，轴的刚性较好，可选刚性固定式的凸缘联轴器，否则选具有补偿能力的刚性可移式联轴器；两轴轴线要求有一定夹角的，可选十字轴式万向联轴器；转速较高、要求消除冲击和吸收振动的，选弹性联轴器。

**2）联轴器的类型选择**

联轴器主要性能参数为：额定转矩 $T_n$、许用转速 $[n]$、位移补偿量和被连接轴的直径范围等。考虑工作机启动、制动、变速时的惯性力和冲击载荷等因素，应按计算转矩 $T_c$ 选择联轴器。计算转矩 $T_c$ 和工作转矩 $T$ 之间的关系为

$$T_c = KT \tag{10-1}$$

式中，$K$ 为工作情况系数，见表 10-1。一般刚性联轴器选用较大的值，挠性联轴器选用较小的值；被传动的转动惯量小，载荷平稳时取较小值。

所选型号联轴器必须同时满足：

(1) $T_c \leqslant T_n$。

(2) $n \leqslant [n]$。

(3) 轴径与联轴器孔径一致。

**表 10-1　工作情况系数 K**

| 原动机 | 工作机械 | $K$ |
| --- | --- | --- |
| 电动机 | 皮带运输机、鼓风机、连续运转的金属切削机床<br>链式运输机、刮板运输机、螺旋运输机、离心泵、木工机械<br>往复运动的金属切削机床<br>往复式泵、往复式压缩机、球磨机、破碎机、冲剪机<br>起重机、升降机、轧钢机 | 1.25～1.5<br>1.5～2.0<br>1.5～2.0<br>2.0～3.0<br>3.0～4.0 |
| 涡轮机 | 发电机、离心泵、鼓风机 | 1.2～1.5 |
| 往复式发动机 | 发电机<br>离心泵<br>往复式工作机 | 1.5～2.0<br>3～4<br>4～5 |

## 任务实施

**1）选择联轴器类型**

为缓和振动和冲击，选择弹性套柱销联轴器。

**2）选择联轴器型号**

（1）计算转矩：由表 10-1 查取 $K=3.5$，按式(10-1)计算：

$$T_c = K \cdot T = K \times 9\,550\,\frac{P}{n} = 3.5 \times 9\,550 \times \frac{10}{970} = 344.6\ \text{N}\cdot\text{m}$$

（2）按计算转矩、转速和轴径，由 GB/T 4323—2002 中选用 TL7 型弹性套柱销联轴器，标记为：TL7 联轴器 42×112　GB/T 4323—2002。查得有关数据：额定转矩 $T_n=500\ \text{N}\cdot\text{m}$，许用转速 $[n]=2\,800\ \text{r/min}$，轴径 $40\sim45\ \text{mm}$。

满足 $T_c \leqslant T_n$、$n \leqslant [n]$，适用。

# 任务二　离合器设计

## 任务导入

设计机床主传动机构中使用多盘摩擦离合器。已知：传递功率 $P=5\ \text{kW}$，转速 $n=1\,200\ \text{r/min}$，摩擦盘材料均为淬火钢，主动盘数为 4，从动盘数为 5，结合面内径 $D_1=60\ \text{mm}$，外径 $D_2=100\ \text{mm}$，试求所需的操纵轴向力 $F_Q$。

## 任务分析

离合器要求接合平稳，分离彻底，操纵省力，调节和维修方便，结构简单，尺寸小，重量轻，转动惯性小，接合元件耐磨和易于散热等。离合器的操纵方式除机械操纵外，还有电磁、液压、气动操纵，已成为自动化机械中的重要组成部分。

相关知识

## 10.2.1　离合器的性能与分类

### 1）离合器的性能要求

离合器在机器传动过程中能方便地接合和分离。对其基本要求是:工作可靠,接合、分离迅速而平稳,操纵灵活、省力,调节和修理方便,外形尺寸小,重量轻,对摩擦式离合器还要求其耐磨性好并具有良好的散热能力。

### 2）离合器的分类

离合器的类型很多。按实现接合和分离的过程可分为操纵离合器和自动离合器;按离合的工作原理可分为嵌合式离合器和摩擦式离合器。

嵌合式离合器通过主、从动元件上牙齿之间的嵌合力来传递回转运动和动力,工作比较可靠,传递的转矩较大,但接合时有冲击,运转中接合困难。

摩擦式离合器是通过主、从动元件间的摩擦力来传递回转运动和动力,运动中接合方便,有过载保护性能,但传递转矩较小,适用于高速、低转矩的工作场合。

## 10.2.2　常用离合器的结构和特点

### 1）牙嵌式离合器

牙嵌式离合器如图 10-10 所示,是由两端面上带牙的半离合器组成。半离合器用平键固定在主动轴上,半离合器用导向键或花键与从动轴连接。在半离合器上固定有对中环,从动轴可在对中环中自由转动,通过滑环的轴向移动操纵离合器的接合和分离,滑环的移动可用杠杆、液压、气压或电磁吸力等操纵机构控制。

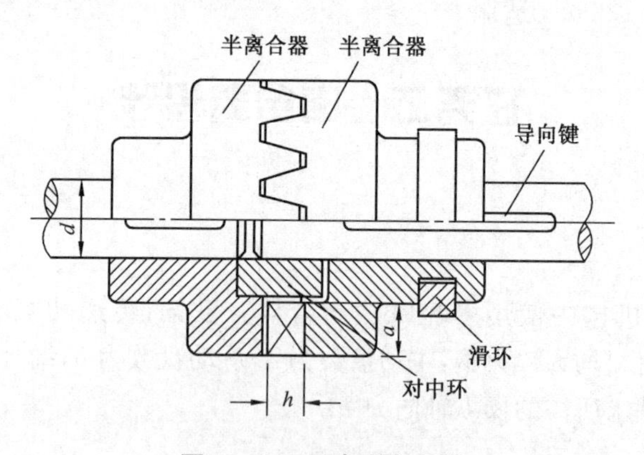


图 10-10　牙嵌式离合器

牙嵌式离合器结构简单,尺寸小,接合时两半离合器间没有相对滑动,但只能在低速或停车时接合,以避免因冲击折断牙齿。

#### 2）圆盘摩擦离合器

摩擦离合器依靠两接触面间的摩擦力来传递运动和动力。按结构形式不同，可分为圆盘式、圆锥式、块式和带式等类型，最常用的是圆盘摩擦离合器。圆盘摩擦离合器分为单片式和多片式两种，如图 10-11 和图 10-12 所示。

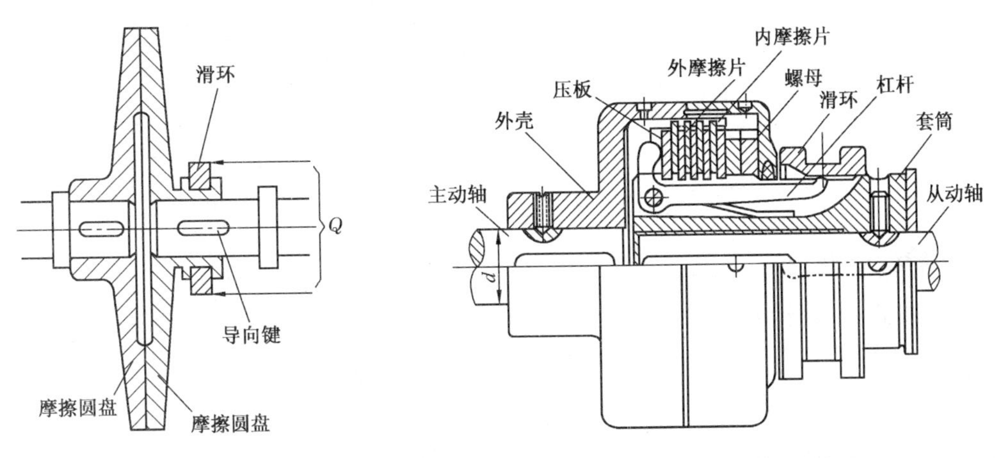


图 10-11　单片式摩擦离合器

图 10-12　多片式摩擦离合器

单片式摩擦离合器由摩擦圆盘和滑环组成。圆盘其一与主动轴连接，圆盘其二通过导向键与从动轴连接并可在轴上移动。操纵滑环可使两圆盘接合或分离。轴向压力 $F_Q$ 使两圆盘接合，并在工作表面产生摩擦力，以传递转矩。单片式摩擦离合器结构简单，但径向尺寸较大，只能传递不大的转矩。

多片式摩擦离合器有两组摩擦片，主动轴与外壳相连接，外壳内装有一组外摩擦片，形状如图 10-13(a)所示，其外缘有凸齿插入外壳上的内齿槽内，与外壳一起转动，其内孔不与任何零件接触。从动轴与套筒相连接，套筒上装有一组内摩擦片，形状如图 10-13(b)所示，其外缘不与任何零件接触，随从动轴一起转动。滑环由操纵机构控制，当滑环向左移动时，使杠杆绕支点顺时针转动，通过压板将两组摩擦片压紧，实现接合；滑环向右移动，则实现离合器分离。摩擦片间的压力由螺母调节。若摩擦片为图 10-13(c)的形状，则分离时能自动弹开。

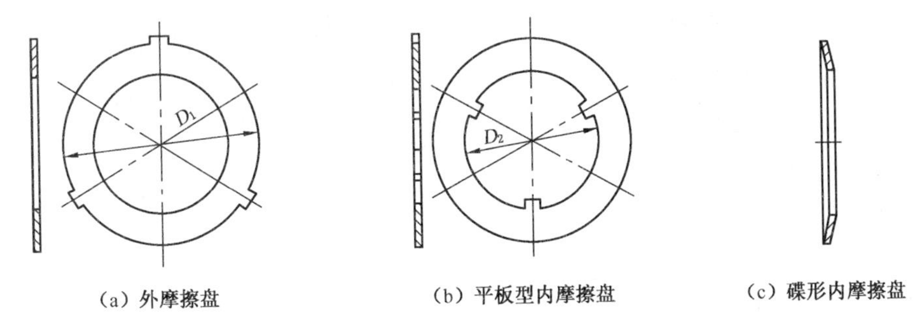


(a) 外摩擦盘　　(b) 平板型内摩擦盘　　(c) 碟形内摩擦盘

图 10-13　片式摩擦离合器摩擦片结构

多片式摩擦离合器由于摩擦面增多，传递转矩的能力提高，径向尺寸相对减小，但结构较为复杂。

## 任务实施

**1）载荷计算**

离合器传递的公称转矩为

$$T = 9.55 \times 10^6 \frac{P}{n} = 9.55 \times 10^6 \times \frac{5.0}{1\,200} = 3.98 \times 10^4 \text{ N} \cdot \text{mm}$$

计算转矩为

$$T_{ca} = KT = 1.3 \times 3.98 \times 10^3 = 5.17 \times 10^4 \text{ N} \cdot \text{mm}$$

**2）求解轴向力**

参考机械设计手册，取摩擦系数 $f = 0.2$，许用压强 $[p] = 0.3$ MPa，由

$$T_{max} = \frac{ZfF_Q(D_2 + D_1)}{4} \geqslant KT$$

得

$$F_Q \geqslant \frac{4KT}{Zf(D_2 + D_1)} = \frac{4 \times 5.17 \times 10^4}{8 \times 0.2 \times (60 + 110)} = 0.76 \times 10^3 \text{ N}$$

**3）压强验算**

取

$$F_Q = 0.8 \times 10^3 \text{ N}$$

$$p = \frac{4F_Q}{\pi(D_2^2 - D_1^2)} = \frac{4 \times 0.8 \times 10^3}{\pi(110^2 - 60^2)} = 0.12 \text{ MPa} < [p]$$

所需操纵轴向力

$$F_Q \geqslant 0.76 \times 10^3 \text{ N}$$

## 技能训练

联轴器的安装调试。

**1）训练目的**

（1）能进行联轴器的拆卸。

（2）能正确进行联轴器的安装。

（3）掌握联轴器的类型、结构和组成。

（4）掌握工具的使用方法。

（5）能进行安全文明操作。

**2）操作设备和工具**

（1）带有联轴器的设备一套。

（2）扳手、手锤、铜棒。

（3）游标卡尺、千分尺、外径百分表、刀口直尺。

（4）机械油、红丹粉。

**3）训练内容和要求**

（1）凸缘联轴器的拆装。

（2）操作要求

① 在联轴器拆卸前，要对联轴器各零部件之间互相配合的位置做一些记号，以作安装时的参考。

② 联轴器螺母、螺栓、垫圈等必须保证其各自的规格、大小一致，以免影响联轴器的动平衡。

③ 拆下联轴器时，不可直接用锤子敲击而应垫以铜棒，且应打联轴器轮毂处而不能打联轴器外缘，因为此处极易被打坏。

④ 拆卸后对联轴器的全部零件进行清洗。用机油将零部件清洗干净，清洗后的零部件用压缩空气吹干。对于要在短时间内准备运行的联轴器，可在干燥后的零部件表面涂些透平油或机油，以防止生锈。对于需要过较长时间才使用的联轴器，应涂防锈油保养。

**4）训练步骤**

（1）看懂装配图，了解装配关系、技术要求和配合性质。

（2）用游标卡尺、内径百分表，检查轴和配合件的配合尺寸。若配合尺寸不合格，应经过磨、刮、铰削加工修复至合格。

（3）按照平键的尺寸，用锉刀修整轴槽和轮毂槽的尺寸。去除键槽上的锐边，以防装配时造成过大的过盈。

（4）测量两被连接轴的轴心线到各自安装平面间的距离，以便后面的组件选取。

（5）将两个半联轴器通过件分别安装在对应的轴上。

（6）将其中一轴所装的组件（可选取大而重、轴心线距离安装基准较远的，一般选取主机）先固定在基准平面上。

（7）通过调整垫铁使两半联轴器的轴心线高低保持一致，其精度必须进行检测以达到规定要求。

（8）以固定的轴组件为基准，利用刀口直尺或塞尺矫正另一被连接的半联轴器，使两个半联轴器在水平面上中心一致，必要时也可用百分尺进行校正。

（9）均匀连接两个半联轴器，依次均匀地旋紧螺母。

（10）检查两个半联轴器的连接平面是否有间隙，可用塞尺对四周进行检查，要求塞尺不能塞进结合面中。

（11）逐步均匀地旋紧轴组件的安装螺母，并检查两轴的转动松紧是否一致，不能出现卡滞现象，否则要重新调整。

## 思考与练习

10-1　什么是刚性联轴器？什么是挠性联轴器？两者有什么区别？

10-2　电动机与水泵之间用联轴器连接，已知电动机功率 $P = 11\ \mathrm{kW}$，转速 $n = 960\ \mathrm{r/min}$，电动机外伸轴端直径 $d_1 = 42\ \mathrm{mm}$，水泵轴的直径为 $d' = 38\ \mathrm{mm}$，试选择联轴器类型和型号。

10-3　离合器的类型有哪些？它们的特点是什么？适用于哪些场合？

# 参考文献

[1] 史新逸,李敏,徐剑锋.机械设计基础(项目化教程)[M].1版.北京:化学工业出版社,2012

[2] 张淑敏.新编机械设计基础[M].1版.北京:机械工业出版社,2012

[3] 邓铭瑶.机械基础及机械实训[M].1版.北京:中国电力出版社,2011

[4] 金莹,程联社.机械设计基础项目化教程[M].1版.西安:西安电子科技大学出版社,2011

[5] 林承全.机械设计与实践[M]. 2版. 南京:南京大学出版社,2014

[6] 熊玲鸿,张永智.机械设计基础[M].1版.哈尔滨:哈尔滨工程大学出版社,2010

[7] 陈立德.机械设计基础[M].3版.北京:高等教育出版社,2007

[8] 李海萍.机械设计基础[M].北京:机械工业出版社,2005

[9] 邵刚.机械设计基础[M].2版.北京:电子工业出版社,2009

[10] 张建中.机械设计基础[M].北京:高等教育出版社,2007

[11] 李国斌,梁建和.机械设计基础[M].北京:清华大学出版社,2007

[12] 李育锡.机械设计基础[M].北京:高等教育出版社,2007

[13] 祖国庆,马春英.机械设计基础[M].北京:中国铁路出版社,2007

[14] 束德林.工程材料力学性能[M].2版.北京:机械工业出版社,2007

[15] 栾学钢.机械设计基础[M].北京:高等教育出版社,2001

[16] 朱龙根.机械设计基础[M].北京:机械工业出版社,2006

[17] 丁洪生.机械设计基础[M].北京:机械工业出版社,2004

[18] 朱双霞,史逸,李梁.机械设计基础课程设计[M].哈尔滨:哈尔滨工程大学出版社,2009